Politik gestalten – Kommunikation, Deliberation und Partizipation bei politisch relevanten Projekten

Reihe herausgegeben von

Frank Brettschneider, Fachbereich Kommunikationswissenschaft, Universität Hohenheim, Stuttgart, Deutschland

Angelika Vetter, Sozialwissenschaften, Universität Stuttgart, Stuttgart, Deutschland

André Bächtiger, Luzern, Deutschland

Großprojekte aus den Bereichen Energie, Verkehr und Stadtentwicklung stoßen immer wieder auf Protest von Teilen der Bevölkerung. Stets artikulieren lokale Bürgerinitiativen ihren Unmut. Umwelt- und Naturschutzverbände springen ihnen bei. Und in der Regel werden die Konflikte auch von Parteien aufgegriffen, teilweise für Wahlen instrumentalisiert. Die Legitimation von Großprojekten beruht nicht nur auf gesetzlich vorgeschriebenen, formalen Rechtsverfahren, sondern sie bedarf auch einer frühzeitigen und dialogischen Bürgerbeteiligung. Das Gleiche gilt nicht nur für Großprojekte, sondern auch für andere politisch relevante Vorhaben: etwa die Integration von Flüchtlingen, für nachhaltige Kommunalentwicklung oder für Gesetzesvorhaben. In der Reihe sollen politik- und kommunikationswissenschaftliche Arbeiten zum oben genannten Themenfeld versammelt werden. Im Mittelpunkt stehen Fragen der Kommunikation, der Deliberation und der Bürgerbeteiligung – aus nationaler und aus international vergleichender Perspektive. Die Reihe richtet sich aber nicht nur an ein wissenschaftliches Publikum, sondern auch an Praktiker aus Politik und Verwaltung. Neben wissenschaftlichen Erkenntnissen werden sie daher auch Handlungsempfehlungen und Praxisbeispiele enthalten.

Charlotte Krause

Integrierte Innenentwicklung als ganzheitliche Nachhaltigkeitsstrategie der Stadtplanung im Spannungsfeld zwischen Public Value und Partikularinteressen

Springer VS

Charlotte Krause
Wirtschafts- und Sozialwissenschaften
Universität Hohenheim
Stuttgart, Deutschland

D100

ISSN 2524-4744
Politik gestalten – Kommunikation, Deliberation und Partizipation bei politisch relevanten Projekten
ISBN 978-3-658-49823-8 ISBN 978-3-658-49824-5 (eBook)
https://doi.org/10.1007/978-3-658-49824-5

Die Deutsche Nationalbibliothek verzeichnet diese Publikation in der Deutschen Nationalbibliografie; detaillierte bibliografische Daten sind im Internet über https://portal.dnb.de abrufbar.

Planung/Lektorat: Carina Reibold
Springer VS ist ein Imprint der eingetragenen Gesellschaft Springer Fachmedien Wiesbaden GmbH und ist ein Teil von Springer Nature.
Die Anschrift der Gesellschaft ist: Abraham-Lincoln-Str. 46, 65189 Wiesbaden, Germany

Geleitwort

Eine ganzheitliche und integrierte Ausrichtung der Innenentwicklung erfordert die Integration und Vernetzung des gesamten kommunalen Wirkens. Dabei ist Ganzheitlichkeit im Rahmen der kommunalen Selbstverwaltung individuell zu bewerten. Frau Krause unterbreitet einen ganzheitlichen Vorschlag und greift hierbei auf die Handlungsfelder der Bauleitplanung (§ 1 Abs. 6 BauGB) zurück, welche sie im Sinne eines integrierten Stadtentwicklungsansatzes miteinander vernetzt. Zur Ausgestaltung der vierzehn vorgeschlagenen Handlungsfelder bietet sie eine umfangreiche Palette an möglichen Maßnahmen und rechtlichen Instrumenten an.

Grundsätzlich obliegt den Kommunen ein gemeinwohlorientiertes Handeln und die Herstellung eines Public Values. Frau Krause zeigt den durch die vierzehn Handlungsfelder einer ganzheitlichen und integrierten Innenentwicklung generierten Public Value auf und stellt Konfliktpotenziale vor. Diese begründen sich insbesondere in der subjektiven Bewertung des Gemeinwohlbeitrags einer öffentlichen Leistung aus Sicht der Bürgerschaft. Da die Bewertung des Public Values im Auge des Betrachters liegt und nicht immer eindeutig von Einzelinteressen abzugrenzen ist, erfordert eine gemeinwohlorientierte Innenentwicklung ein umfassendes Stimmungsbild aus der Bevölkerung. Um dieses abzurufen, ist ein guter Dialog mit der Bürgerschaft erforderlich. Hierfür betrachtet Frau Krause verschiedene Möglichkeiten informativer, konsultativer und kooperativer informeller Beteiligung. Sie stellt kommunikative Beteiligungsformate vor und ordnet sie den verschiedenen Projektphasen zu. Die Initiierung und Konzeptionierung integriert ausgerichteter Innenentwicklungsprojekte, die Analyse der projektrelevanten Gegebenheiten, die Projektplanung, -umsetzung, -steuerung sowie -evaluierung sind wiederum Bestandteile eines Projektmanagementansatzes, den Frau Krause im Rahmen der vorliegenden Arbeit für eine gelingende Realisierung von Innenentwicklungsprojekten entwickelt.

im August 2025 Prof. Dr. Gerald G. Sander

Vorwort

Kommunen sehen sich mit großen Herausforderungen, wie dem demographischen Wandel oder den Auswirkungen des Klimawandels konfrontiert. Eine nachhaltige Siedlungsentwicklung im Sinne einer intergenerativen Gerechtigkeit ist daher unerlässlich. Sie erfordert eine Priorisierung der Innenentwicklung gegenüber weiteren Flächeninanspruchnahmen im Außenbereich. Doch zum einen finden weiterhin Entwicklungen im Außenbereich statt. Zum anderen stellt die Umsetzung von Innenentwicklungsvorhaben Kommunen vor große Herausforderungen. Bisherige Innenentwicklungsansätze umfassen nur eine Selektion des umfangreichen Portfolios kommunaler Aufgaben. Sie betrachten das Thema nicht ganzheitlich und integriert. Auch geben sie wenig Aufschluss über die Organisation von Innenentwicklungsmaßnahmen sowie über den Umgang mit Konflikten.

Im Sinne einer zukunftsweisenden Stadtentwicklung verfolgte ich das Ziel, Kommunen einen ganzheitlichen integrierten Innenentwicklungsansatz mit entsprechender Umsetzungsstrategie unter Berücksichtigung möglicher Spannungsfelder zwischen verschiedenen Gemeinwohl- und Einzelinteressen aufzuzeigen. Hierfür erforschte ich verschiedene Handlungsfelder und untermauerte sie rechtlich. Zudem ergründete ich kommunikative Beteiligungsmöglichkeiten, welche zur Lösung von Konflikten beitragen. Schließlich entwickelte ich einen Projektmanagementansatz, der den Anforderungen an eine gelingende Implementierung von Innenentwicklungsvorhaben entspricht.

Die vorliegende Arbeit beleuchtet den Themenkomplex aus Sicht der Kommunalverwaltung interdisziplinär unter Einbeziehung ökologischer, ökonomischer und soziokultureller Nachhaltigkeitsaspekte. Sie vereint rechtliche Rahmenbedingungen mit praktischen Möglichkeiten und Erfahrungswerten und formt daraus eine projektorientierte Gesamtstrategie. Um sich dem Forschungsgegenstand möglichst facettenreich anzunähern, führte ich sowohl theoretische als auch empirische Untersuchungen durch. Als Forschungsmethoden führte ich auf Basis eines Literaturreviews qualitative Inhaltsanalysen von genuinen Dokumenten sowie von Experteninterviews durch.

Im Rahmen meiner Promotion durfte ich eine vielfältige Unterstützung erfahren.

Bedanken möchte ich mich ganz besonders bei meinem Erstbetreuer Herrn Prof. Dr. iur. Gerald G. Sander M.A., Mag. rer. publ., bei meinem Zweitbetreuer Herrn Prof. Dr. Frank Brettschneider sowie bei meiner dritten Betreuerin Frau Prof. Dr. Birgit Schenk und beim Vorsitzenden der Prüfungskommission Herrn Prof. Dr. Jens Vogelgesang.

Ein besonderer Dank gilt außerdem Herrn Prof. Dr. Felix Hammer, Herrn Albert Geiger, Frau Prof. Dr. Cornelie Wolf und Herrn Dr. Jens Krause.

Des Weiteren möchte ich mich bei der Universität Hohenheim, bei der Hochschule für öffentliche Verwaltung und Finanzen Ludwigsburg sowie bei den Verantwortlichen des Promotionskollegs *Good Administration* und des damit einhergehenden Qualifizierungsprogramms bedanken, an dem ich während meiner Promotion teilnehmen durfte.

Ein großer Dank gilt auch dem Expertenkreis, der mir im Rahmen meiner empirischen Arbeit mit seiner Expertise zur Verfügung stand.

Ein außerordentlicher Dank gilt zudem meiner Familie, die mir während meiner Promotion zur Seite stand.

Ich widme die vorliegende Arbeit meinem Sohn Emil und meinem Opa Lothar.

im August 2025 Charlotte Krause

Inhaltsverzeichnis

Abkürzungsverzeichnis

Abb.	Abbildung
Abs.	Absatz
Anl.	Anlage
ARL	Akademie für Raumentwicklung in der Leibniz-Gemeinschaft
Art.	Artikel
BauGB	Baugesetzbuch
BauNVO	Baunutzungsverordnung
BBR	Bundesamtes für Bauwesen und Raumordnung
BBSR	Bundesinstitut für Bau-, Stadt- und Raumforschung
BMI	Bundesministerium des Innern und für Heimat
BMUB	Bundesministerium für Umwelt, Naturschutz, nukleare Sicherheit und Verbraucherschutz
BMVBS	Bundesministerium für Verkehr, Bau und Stadtentwicklung
BMWSB	Bundesministerium für Wohnen, Stadtentwicklung und Bauwesen
BNatschG	Bundesnaturschutzgesetz
BRD	Bundesrepublik Deutschland
BVerwG	Bundesverwaltungsgericht
BW	Baden-Württemberg
bzgl.	bezüglich
BZK	Ministry of the Interior and Kingdom Relations; übersetzt ins Deutsche: Ministerium des Innern und für königliche Beziehungen
bzw.	beziehungsweise

ca.	circa
CD	Compact Disk; sinngemäß übertragen ins Deutsche: optischer Datenträger
CO_2	Kohlenstoffdioxid/Kohlendioxid
D	Dokument
dB(A)	Maßeinheit des Schalldruckpegels nach Frequenzbewertungskurve A
DGB	Dialogisches Bürgerbeteiligungsgesetz
Difu	Deutsches Institut für Urbanistik
DIN	Deutsches Institut für Normung
DIPAS	Digitales Partizipationssystem
Diss.	Dissertation
DN	Katalog der Deutschen Nationalbibliothek
Dr.	Doktor
Dr. iur.	doctor iuris; übersetzt ins Deutsche: Doktor des Rechts
Dr. rer. soc.	Doctor rerum socialium; übersetzt ins Deutsche: Doktor der Sozialwissenschaften
DUH	Deutsche Umwelthilfe
DWA	Deutsche Vereinigung für Wasserwirtschaft, Abwasser und Abfall
e. V.	eingetragener Verein
EFRE	Europäische Fonds für regionale Entwicklung
ehem.	ehemals
EK	Europäische Kommission
E-Ladesäulen	Elektroladesäulen
E-Mail	electronic mail; übersetzt ins Deutsche: Elektronischer Brief
E-Mobilität	Elektromobilität
EU	Europäische Union
ExWoSt	Experimenteller Wohnungs- und Städtebau
f.	fortfolgende(r) (Einzahl)
ff.	fortfolgende (Mehrzahl)
GABl	Gemeinsames Amtsblatt
GemHVO BW	Gemeindehaushaltsverordnung Baden-Württemberg
GemO BW	Gemeindeordnung Baden-Württemberg
GG	Grundgesetz
GmbH	Gesellschaft mit beschränkter Haftung
HohSearch	Literatursuchmaschine der Universität Hohenheim
HOAI	Honorarordnung für Architekten und Ingenieure
I	Interview

ID	Identifikationsnummer
IHK	Industrie- und Handelskammer
IM BW	Innenministerium Baden-Württemberg
ISEK	Integriertes Stadtentwicklungskonzept
KBA	Kraftfahrtbundesamt
KfW	Kreditanstalt für Wiederaufbau
km^2	Quadratkilometer
M.A.	Master of Arts
mag. rer. publ.	Magister der Verwaltungswissenschaften
MAXQDA	Software zur Qualitativen Datenanalyse
MIL	Ministerium für Infrastruktur und Landwirtschaft des Landes Brandenburg
MLW BW	Ministerium für Landesentwicklung und Wohnen Baden-Württemberg
MUNLV	Ministerium für Umwelt und Naturschutz, Landwirtschaft und Verbraucherschutz des Landes Nordrhein-Westfalen
Nr.	Nummer
NRW	Nord-Rhein-Westfahlen
o. g.	oben genannt(e)
o. J.	ohne Jahr
OK	Online-Kommentar
ÖPNV	Öffentlicher Personennahverkehr
Pdf	Portable Document Format; sinngemäß übertragen ins Deutsche: Übertragbares Dateiformat
PIK	Potsdam Institut für Klimafolgenforschung
Pkw	Personenkraftwagen
Prof.	Professor(in)
RKI	Robert Koch Institut
Rn	Randnummer
S.	Satz
S.	Seite
SDG	Sustainable Development Goals; übersetzt ins Deutsche: Ziele für eine nachhaltige Entwicklung
SenStadtWohn	Senatsverwaltung für Stadtentwicklung, Bauen und Wohnen Berlin
SenUVK	Senatsverwaltung für Mobilität, Verkehr, Klimaschutz und Umwelt Berlin
sog.	sogenannt(e)
Stm BW	Staatsministerium Baden-Württemberg

Tab.	Tabelle
u. a.	und andere
u. a.	unter anderem
UBA	Umweltbundesamt
UN	United Nations; übersetzt ins Deutsche: Vereinte Nationen
Univ.	Universität
USA	United States of Amerika; übersetzt ins Deutsche: Vereinigte Staaten von Amerika
v.	von/vom
VDI	Verein Deutscher Ingenieure
vgl.	vergleiche
VwV	Verwaltungsvorschrift
WBGU	Wissenschaftlicher Beirat der Bundesregierung
WebOPAC	Literatursuchmaschine der Hochschule für Verwaltung und Finanzen Ludwigsburg
WHO	World Health Organization; übersetzt ins Deutsche: Weltgesundheitsorganisation
WILA	Wissenschaftsladen Bonn
WLAN	Wireless Local Area Network; übersetzt ins Deutsche: drahtloses Lokal-Netzwerk
WoFG	Wohnraumförderungsgesetz
z. B.	zum Beispiel
zgl.	zugleich
zit.	zitiert

Abbildungsverzeichnis

Tabellenverzeichnis

Einleitung 1

1.1 Problemstellung

Das Spannungsfeld zwischen Wachstum und Schrumpfung prägt seit jeher das deutsche Städtesystem und befeuert Standortkonkurrenzen.[1] Umzugs- und Wanderungsdynamiken wirken sich gerade in deutschen Großstädten massiv auf die Einwohnerstruktur aus. Vor allem die Innenstädte deutscher Großstädte erfuhren in den vergangenen fünfzehn Jahren einen deutlichen Bevölkerungszuwachs,[2] sodass das Leerwohnungsniveau im städtischen Raum sehr niedrig ist.[3] Bei genauer Betrachtung zeigt sich jedoch auch, dass die Einwohnerzahl hierbei eine geringere Steigerung erfährt, als die Zahl der Privathaushalte. Diese Beobachtung ist auf einen sich wandelnden Lebensstil hin zu Einpersonenhaushalten zurückzuführen.[4] Trotz Zunahme der baulichen Dichte sank in den vergangenen fünfzig Jahren die funktionale Dichte stetig. Kommunen sind gefordert, sich flexibel auf das sich wandelnde Nutzungsverhalten in Bezug auf öffentliche Räume und auf sich ändernde Bedarfe in den Bereichen der öffentlichen Infrastruktur, der Flächeninanspruchnahme sowie der verkehrlichen Situation einzustellen.[5] Daher bedarf es ein ganzheitliches, nachhaltiges Konzept, das seinen Blick über

---

[1] *Göddecke-Stellmann,* Renaissance der Großstädte, 2011, S. 9 f.

[2] *Körner-Blätgen/Sturm,* Wandel demografischer Strukturen in deutschen Großstädten, 2016, S. 3, 5.

[3] *Rumley,* Haushälterischer Umgang mit dem Boden, 2003, S. 39.

[4] *Körner-Blätgen/Sturm,* Wandel demografischer Strukturen in deutschen Großstädten, 2016, S. 14.

[5] *Reiß-Schmidt,* Wachstum nach innen, 2007, S. 45.

C. Krause, *Integrierte Innenentwicklung als ganzheitliche Nachhaltigkeitsstrategie der Stadtplanung im Spannungsfeld zwischen Public Value und Partikularinteressen*,
Politik gestalten – Kommunikation, Deliberation und Partizipation bei politisch relevanten Projekten, https://doi.org/10.1007/978-3-658-49824-5_1

die bisher noch häufig geführte reine Diskussion zwischen der Innen- und der Außenentwicklung hinaus weitet.[6]

Stadtentwicklungsprozesse werden neben der Entwicklung der Bevölkerungsdichte durch eine zunehmend älter werdende Bürgerschaft in erheblichem Maße beeinflusst.[7] Der demografische Wandel[8] mit seinem Geburtenrückgang und dem gesellschaftlichen Alterungsprozess[9] stellt Kommunen vor große Herausforderungen.[10] Der ländliche Raum muss seit 2004 Bevölkerungsverluste verzeichnen. Insbesondere prosperierende Städte mit ihrer Attraktivität für neue Fachkräfte und für jüngere Bevölkerungsgruppen bergen hingegen das Potenzial, ihre Einwohnerzahl und Wirtschaftskraft beizubehalten oder gar ein Wachstum zu erfahren. Doch auch hier lässt sich feststellen, dass vor allem Stadtrandgebiete altern,[11] während die Innenstädte deutscher Großstädte auffallend jung geprägt sind.[12] Letztere erfahren einen stetigen Zuwachs durch Studierende sowie durch Arbeitnehmende.[13] Da junge Menschen nach ihrer Zuwanderung in der Regel auch in den Städten bleiben, verzeichnen diese eine höhere Geburtenrate als ländliche Gebiete. Großstädte werden nicht nur vergleichsweise jünger, sondern durch einen besonders starken Zuzug von jungen Frauen auch weiblicher und individueller.[14] Die vergleichsweise große Vielfalt an Möglichkeiten im Ausbildungsbereich, bei der Berufsausübung und hinsichtlich sozialer Normvorstellungen zieht junge Menschen aus dem In- und Ausland in die Großstadt.[15]

[6] *Speer,* Innere Qualitäten der Stadt entwickeln, 2003, S. 33.

[7] *Göddecke-Stellmann,* Renaissance der Großstädte, 2011, S. 1.

[8] *EU2020,* Neue Leipzig Charta, 2020, S. 1.

[9] *BMWSB,* Integrierte Städtebauliche Entwicklungskonzepte in der Städtebauförderung, 2023, S. 11.

[10] *Reiß-Schmidt,* Wachstum nach innen, 2007, S. 45.

[11] *Göddecke-Stellmann,* Renaissance der Großstädte, 2011, S. 9 f.

[12] *Körner-Blätgen/Sturm,* Wandel demografischer Strukturen in deutschen Großstädten, 2016, S. 8.

[13] *UBA,* Die Stadt für Morgen, 2017, S. 8.

[14] *Körner-Blätgen/Sturm,* Wandel demografischer Strukturen in deutschen Großstädten, 2016, S. 1, 8, 13.

[15] *BMI,* Stadtentwicklungsbericht der Bundesregierung, 2020, S. 12.

Überdies beeinflusst auch die Zuwanderung die wachsende Stadtbevölkerung und fordert von den Kommunen eine Internationalisierung ihrer Daseinsvorsorge.[16] Sie trägt ebenso wie die Digitalisierung, wie die Gentrifizierung[17] und wie sich wandelnde Lebensstile und Wertevorstellungen zu einem tiefgreifenden gesellschaftlichen Wandel bei.[18] Dieser geht wiederum mit sozialen Spannungen, Armut und sozialen Auf- und Abstiegen einher.[19]

Aufgabe der Stadtentwicklung ist es, diese Themen aufzugreifen. Auch sollte sie entsprechende Mehrbedarfe an Kindergarten- und Schulplätzen erkennen,[20] bezahlbaren Wohnraum schaffen[21] und insbesondere familientaugliche Wohnmöglichkeiten anbieten.[22] Gleichzeitig verlangt jedoch auch der durch den demografischen Wandel rapide zunehmende Anteil an älteren Bevölkerungsgruppen einen altersgerechten und barrierefreien Wohnraum[23] sowie eine entsprechende Umrüstung der (verkehrlichen) Infrastruktur.[24]

Die beschriebene Bevölkerungsentwicklung mit dem damit einhergehenden gesellschaftlichen Wandel wirkt sich auf die Nachfragesituation am Immobilienmarkt aus. Junge Familien präferieren häufig Neubauten gegenüber den Altbaubeständen. Dadurch zeichnen sich Entleerungsprozesse in den Stadtkernen und älteren Wohngebieten ab. Die damit einhergehende ausbleibende Nachfrage birgt das Risiko für Leerstände und sinkende Immobilienwerte, welche wiederum potenzielle Interessenten verunsichern können.[25] Aufgabe der Stadtentwicklung ist es, neue Formen des urbanen Lebens mit den sich wandelnden

---

[16] *Körner-Blätgen/Sturm,* Wandel demografischer Strukturen in deutschen Großstädten, 2016, S. 1, 21; *Reinke,* DNT Journal 2019, S. 169; *BMWSB,* Integrierte Städtebauliche Entwicklungskonzepte in der Städtebauförderung, 2023, S. 11.

[17] *EU2020,* Neue Leipzig Charta, 2020, S. 1, 3 f.

[18] *Göddecke-Stellmann,* Renaissance der Großstädte, 2011, S. 1.

[19] *EU2020,* Neue Leipzig Charta, 2020, S. 3 f.

[20] *Körner-Blätgen/Sturm,* Wandel demografischer Strukturen in deutschen Großstädten, 2016, S. 1, 21; *Reinke,* DNT Journal 2019, S. 169; *BMWSB,* Integrierte Städtebauliche Entwicklungskonzepte in der Städtebauförderung, 2023, S. 11.

[21] *EU2020,* Neue Leipzig Charta, 2020, S. 3 f.

[22] *Körner-Blätgen/Sturm,* Wandel demografischer Strukturen in deutschen Großstädten, 2016, S. 21.

[23] *UBA,* Die Stadt für Morgen, 2017, S. 8.

[24] *Körner-Blätgen/Sturm,* Wandel demografischer Strukturen in deutschen Großstädten, 2016, S. 21.

[25] *Elgendy/Dahm/Ruther-Mehlis,* Siedlungsflächenmanagement, 2014, S. 24.

Anforderungen aufzugreifen und vorhandene Infrastrukturangebote entsprechend zu modifizieren.[26]

Zudem sollte sie wirtschaftliche Entwicklungen aufgreifen, denn auch der wirtschaftliche Strukturwandel impliziert ein hohes Maß an Komplexität und Vielschichtigkeit. Eine Herausforderung stellt in diesem Zusammenhang die Internationalisierung und Globalisierung der Wirtschaft und der Märkte dar. Vor allem das an Relevanz stark zunehmende Online-Shopping verändert die Angebots- und Nachfragesituation. Betroffen sind insbesondere die lokalen Einzelhandelsstrukturen sowie die Anforderungen an die urbane Logistik.[27] Der wirtschaftliche Strukturwandel kann zudem bestehende gesellschaftliche Disparitäten verstärken[28] und strukturelle Unterschiede zwischen wirtschaftlich verschieden starken Kommunen unterstreichen. Wirtschaftsstarke Kommunen profitieren von der Anziehung hochqualifizierter Beschäftigter und haben höhere Wachstumschancen. Strukturschwächere Kommunen sind hingegen besonders gefordert, in einem herausfordernden Umfeld zukunftsweisende Strukturen zu schaffen.[29]

Auch der Verkehr in Städten stellt Kommunen vor große Herausforderungen, denn mit ihm geht eine Zunahme von gesundheitlichen und umweltrelevanten Problemen einher. Die CO_2-Belastung steht in einem engen Zusammenhang mit dem Angebot an alternativen Verkehrsmitteln zum individuellen Pkw.[30] Kommunen sollten daher im Rahmen von Stadtentwicklungsprozessen den verkehrlich bedingten Problematiken, wie etwa Lärmbelastungen oder Luftverschmutzungen, entgegenwirken.[31]

Eng damit zusammenhängend erfordert der Klimawandel Schutz und Anpassung[32] zur Eindämmung der Umweltbelastungen. Mit dem Verlust der Biodiversität[33] und der zunehmenden Knappheit von Trinkwasservorräten bei gleichzeitigem Auftreten von Überschwemmungen, Erdrutschen, Dürren, Stürmen, städtischen Hitzeinseln und Extremwetterereignissen, sind Kommunen verstärkt

---

[26] *Göddecke-Stellmann,* Renaissance der Großstädte, 2011, S. 1, 10.

[27] *UBA,* Die Stadt für Morgen, 2017, S. 8; *BMWSB,* Integrierte Städtebauliche Entwicklungskonzepte in der Städtebauförderung, 2023, S. 12.

[28] *EU2020,* Neue Leipzig Charta, 2020, S. 1.

[29] *Göddecke-Stellmann,* Renaissance der Großstädte, 2011, S. 10.

[30] *BMI,* Stadtentwicklungsbericht der Bundesregierung, 2020, S. 16.

[31] *UBA,* Die Stadt für Morgen, 2017, S. 8.

[32] *BMWSB,* Integrierte Städtebauliche Entwicklungskonzepte in der Städtebauförderung, 2023, S. 12 ff.

[33] *EU2020,* Neue Leipzig Charta, 2020, S. 1, 3 f.

belastet. Das Ausmaß der Auswirkungen des Klimawandels hängt dabei maßgeblich von geographischen, infrastrukturellen, städtebaulichen und bevölkerungsspezifischen Faktoren ab. Mit Möglichkeiten zum Auf- bzw. Ausbau der lokalen Krisenbewältigungskapazitäten obliegt den Kommunen eine Einflussnahme hinsichtlich der Vulnerabilität der Stadtbevölkerung in Bezug auf klimatische Herausforderungen.[34] Besonders effektiv können sie die Auswirkungen des fortschreitenden Klimawandels durch eine Steuerung der Flächenversiegelung in Landschaft und Innenbereich verringern.[35] Zum Erhalt der Natur und Landschaft, die es nach § 1 BNatSchG zu schützen gilt, bedarf es einer koordinierten, integrativen und auf Langfristigkeit angelegten Vorgehensweise.[36]

Neben klimatischen Krisen häufen sich auch andere Katastrophensituationen, wie etwa Pandemien. Solchen Herausforderungen müssen sich Kommunen trotz oftmals knapper Ressourcen stellen.[37]

Auch hadern Kommunen häufig mit Gestaltungsdefiziten und Flächenkonkurrenzen[38] auf einem angespannten Immobilienmarkt.[39] Um die urbane Attraktivität zu steigern, ist ein dynamisches und flexibles stätisches Profil mit einem Stadtkern, mit Wiedererkennungswert und mit Innovationskraft erforderlich. Eine mit Blick in die Zukunft widerstandsfähige Stadtentwicklung muss im Stande sein, multiple Herausforderungen zu bewerkstelligen.[40] Insbesondere sollte sie den stadtgesellschaftlichen Zusammenhalt fördern[41] und den vielfältigen Anforderungen einer diversen Stadtgesellschaft gerecht werden.[42] Sie sollte eine Kommunikationsbereitschaft zeigen und soziokulturelle Prozesse wirtschaftlichen

---

[34] *WBGU,* Hauptgutachten, 2016, S. 85 ff.; *Halbig/Kurmutz/Knopf,* Klimawandelgerechtes Stadtgrün, 2016, S. 681; *Albrecht,* ZUR 2020, S. 12.

[35] *BMVBS/BBR,* Integrierte Stadtentwicklung als Erfolgsbedingung einer nachhaltigen Stadt, 2007, S. 12.

[36] *Albrecht,* ZUR 2020, S. 13.

[37] *EU2020,* Neue Leipzig Charta, 2020, S. 1; *BMWSB,* Integrierte Städtebauliche Entwicklungskonzepte in der Städtebauförderung, 2023, S. 11.

[38] *BMWSB,* Integrierte Städtebauliche Entwicklungskonzepte in der Städtebauförderung, 2023, S. 7 ff.; *BMI,* Stadtentwicklungsbericht der Bundesregierung, 2020, S. 15.

[39] *Körner-Blätgen/Sturm,* Wandel demografischer Strukturen in deutschen Großstädten, 2016, S. 21; *Rumley,* Haushälterischer Umgang mit dem Boden, 2003, S. 39 f.

[40] *BMWSB,* Integrierte Städtebauliche Entwicklungskonzepte in der Städtebauförderung, 2023, S. 10 f.; *Elgendy/Dahm/Ruther-Mehlis,* Siedlungsflächenmanagement, 2014, S. 24; *Göddecke-Stellmann,* Renaissance der Großstädte, 2011, S. 1.

[41] *Körner-Blätgen/Sturm,* Wandel demografischer Strukturen in deutschen Großstädten, 2016, S. 21.

[42] *BMI,* Stadtentwicklungsbericht der Bundesregierung, 2020, S. 6.

Überlegungen gleichsetzen.[43] Auch sollte sie bestrebt sein, eine Identifikation der Stadtbevölkerung mit ihrer Kommune herzustellen.[44]

Zur Bewerkstelligung der genannten Herausforderungen sollten Städte transformativen Prozessen offen gegenübertreten.[45] Sie sollten die Themen Inklusion, Sicherheit, Widerstandsfähigkeit und Nachhaltigkeit priorisieren[46] und eine Lebendigkeit sowie eine hohe Wohn- und Lebensqualität in ihren städtischen Quartieren anstreben.[47]

Der Status quo zeigt vielerorts ein Fortbestehen der Außenentwicklung trotz klarer Priorisierung der Innenentwicklung. Besonders betrifft dieses Phänomen Städte, die sich in einem raschen Wandel befinden[48] und denen die Zeit zur Umsetzung zeitintensiver, langjähriger, hoch komplexer Innenentwicklungsvorhaben fehlt. Auch mangelt es häufig an Unterstützung seitens der Bevölkerung.[49] Für Kommunen besonders herausfordernd ist nämlich, dass Innenentwicklungsmaßnahmen zivilgesellschaftlich zunehmend kritisch begleitet werden.[50]

Die Stadtplanungspraxis zeigt, dass sich die Umsetzung von Innenentwicklungsvorhaben weitaus diffiziler gestaltet, als eine Ausweisung neuer Flächen im Außenbereich. Neben den erweiterten rechtlichen Optionen durch § 13a BauGB ist daher ein Planungsverständnis und eine Ausgestaltung von Innenentwicklungsmaßnahmen[51] über das formelle Planungssystem und über die bisherige Planungspraxis hinaus erforderlich.[52] Erfahrungen zeigen, dass unter stadtwirtschaftlich, ökologisch, sozial und städtebaulich betrachteten Nachhaltigkeitsgesichtspunkten ein Stadtentwicklungskonzept erforderlich ist, aus dem kompakte, resiliente und sozial durchmischte Städte hervorgehen.[53]

---

[43] *Körner-Blätgen/Sturm,* Wandel demografischer Strukturen in deutschen Großstädten, 2016, S. 21.

[44] *BMWSB,* Integrierte Städtebauliche Entwicklungskonzepte in der Städtebauförderung, 2023, S. 21; *BMWSB,* Innenstadtratgeber, 2023, S. 3.

[45] *BMWSB,* Innenstadtratgeber, 2023, S. 4.

[46] *EU2020,* Neue Leipzig Charta, 2020, S. 1.

[47] *Schubert u. a.,* Innenentwicklung in städtischen Quartieren, 2019, S. 6; *BMI,* Memorandum Urbane Resilienz, 2021, S. 6 f.; *BMI,* Stadtentwicklungsbericht der Bundesregierung, 2020, S. 17.

[48] *Reiß-Schmidt,* Wachstum nach innen, 2007, S. 48, 50.

[49] *Lüpke,* Innenentwicklung als dominierende Aufgabe der Stadtentwicklung, 2007, S. 43.

[50] *BMWSB,* Integrierte Städtebauliche Entwicklungskonzepte in der Städtebauförderung, 2023, S. 14.

[51] *Spangenberger,* UPR 2009, S. 217.

[52] *Maurer,* Thesen zur Innenentwicklung, 2003, S. 116.

[53] *Reiß-Schmidt,* Wachstum nach innen, 2007, S. 53.

Auf internationaler Ebene wurden 2015 insgesamt siebzehn globale Nachhaltigkeitsziele in den *Sustainable Development Goals* festgeschrieben und in den Rahmen *Agenda 2030* gefasst.[54] Neben dem *Sendai Rahmenwerk für Katastrophenvorsorge*, der *New Urban Agenda* und dem *Pariser Klimaschutzabkommen* sind die SDGs eine zentrale internationale Rahmensetzung zur Förderung eines nachhaltigen Handelns.[55] Sie sehen eine globale Erreichung diverser Nachhaltigkeitsziele bis 2030 vor. Weltweite Herausforderungen, wie der Klimawandel oder der Verlust der Biodiversität, welche die Gesellschaft zu einem ressourcenschonenden Umgang zwingen, unterstreichen die Notwendigkeit zum global gemeinsamen Handeln.[56] Der jährlich erscheinende evidenzbasierte Fortschrittsbericht nahm im Jahr 2020 das elfte Ziel, nämlich *Nachhaltige Städte und Gemeinden*, in den Fokus. Es zeigt sich ein großes kommunales Handlungspotenzial in Bezug auf die Themen Inklusion, Sicherheit, Resilienz und Nachhaltigkeit. Das SDG 11 ist jenes Nachhaltigkeitsziel, mit dem sich die vorliegende Arbeit schwerpunktmäßig auseinandersetzen wird. Dieses Ziel greift auch die Europäische Ebene auf, denn bereits vor der Verabschiedung der SDGs im Jahr 2015 wurde im Jahr 2007 die *Leipzig-Charta* verabschiedet. Diese strebt eine nachhaltige europäische Stadt an. Im Jahr 2020 wurde sie durch die *Neue Leipzig Charta* abgelöst bzw. ergänzt. Letztere verfolgt das europäische Leitziel einer integrierten und partizipativen Stadtentwicklung. Die *Neue Leipzig Charta* greift die seit 2007 beobachteten Veränderungen und Herausforderungen auf und stellt unter Verfolgung eines gemeinwohlorientierten, integrierten Entwicklungsansatzes die Resilienz und Nachhaltigkeit urbaner Räume in den Fokus.[57] Sie fordert ein möglichst hohes Maß an Beteiligung und Koproduktion und forciert dabei den Raumbezug im Sinne einer gerechten, grünen und produktiven Kommune.[58]

Den globalen und europäischen Zielen entsprechend fördert auch die Politik der deutschen Bundesregierung die Bestrebungen von Nachhaltigkeit, Funktionalität und Gemeinwohlorientierung im Rahmen einer integrierten Stadtentwicklung. Der Bund fördert die Funktionalität urbaner Strukturen bei gleichzeitiger Attraktivitätssteigerung und Stabilisierung der kommunalen Wirtschaftskraft. Er fordert seitens der Städte und Gemeinden klimatische Anpassungs- und Schutzmaßnahmen und legt dabei Wert auf eine hohe Lebensqualität und gerechte

---

[54] *BMI,* Stadtentwicklungsbericht der Bundesregierung, 2020, S. 19 f.; *Vereinte Nationen,* Ziele für nachhaltige Entwicklung, 2022, S. 48 ff.

[55] *BMI,* Memorandum Urbane Resilienz, 2021, S. 3.

[56] *Koch/Krellenberg,* Nachhaltige Stadtentwicklung, 2021, S. 5, 27.

[57] *BMI,* Stadtentwicklungsbericht der Bundesregierung, 2020, S. 19 f.

[58] *BMI,* Memorandum Urbane Resilienz, 2021, S. 3.

Lebensverhältnisse. Die Bundesebene verfolgt das Ziel, Dichte, kurze Wege und barrierefrei zugänglichen qualitativ hochwertigen öffentlichen (Frei-)Raum in städtischen Quartieren zu gewährleisten. Sie unterstützt die Kommunen bei der Herstellung einer guten Baukultur und städtebaulichen Vielfalt. Dabei legt sie ein besonderes Augenmerkt auf die Individualität der jeweiligen Kommune. Städte und Gemeinden werden seitens des Bundes darin bestärkt, den sozialen Zusammenhalt sowie die Vielfalt urbaner Lebensstile zu fördern. Mit der Förderung von Kommunikation und Innovation soll durch Wohlstand und Fortschrittszentriertheit die Nachhaltigkeit der Stadtgesellschaft gestärkt werden. Dabei liegt ein Schwerpunkt auf Nähe und Transparenz zwischen Bürgerschaft und Kommunalverwaltung, indem eine fachliche und inhaltliche Öffnung für zivile Ideen sowie das Ehrenamt gefördert werden. Auch auf regionaler Ebene sieht der Bund ein Potenzial, um die urbane Komplexität zu durchdringen. Bei der Bewältigung all der zuvor genannten Herausforderungen kommt jedoch der kommunalen Ebene eine Schlüsselrolle zu. Daher wird sich die vorliegende Arbeit schwerpunktmäßig mit der Konzeption kommunaler Umsetzungsmöglichkeiten befassen.[59]

1.2 Zielsetzung der Arbeit

Eine nachhaltige Raumentwicklung, welche zukünftigen Generationen Möglichkeiten offenhält, erfordert eine Präferenz der Innen- gegenüber der Außenentwicklung.[60] Die dabei erforderliche Auseinandersetzung mit dem Bestehenden ermöglicht einerseits eine qualifizierte Schrumpfung, denn sie wirkt einer Flächeninanspruchnahme über den Innenbereich hinaus entgegen. Andererseits fördert sie ein bestandsorientiertes Wachstum durch die Aktivierung von Flächenpotenzialen im Innenbereich.[61] Sie ist daher als Chance für die städtebauliche und klimatische Wertsteigerung von Frei-, Lebens- und Wohnräumen im Innenbereich sowie als Möglichkeit für eine Ressourcenschonung im Außenbereich zu betrachten.[62] Da die Gegebenheiten lokal und stadtspezifisch variieren, gibt

---

[59] *BMI,* Stadtentwicklungsbericht der Bundesregierung, 2020, S. 17, 18, 21.

[60] *Scholl,* Innenentwicklung vor Außenentwicklung, 2003, S. 3; *Scholl,* Thesen zur inneren Entwicklung unserer Städte und Regionen, 2007, S. 81; *Kron,* Zukunftsfähige Stadtplanung in Stuttgart, 2007, S. 13.

[61] *Reiß-Schmidt,* Strategisches Flächenmanagement und Innenentwicklung, 2003, S. 45.

[62] *Scholl,* Thesen zur inneren Entwicklung unserer Städte und Regionen, 2007, S. 84.

es kein allgemeingültiges Innenentwicklungskonzept. Stattdessen herrscht vielerorts eine gewisse Unsicherheit in Bezug auf die Umsetzung nachhaltiger Innenentwicklungsmaßnahmen.[63]

Ziel der vorliegenden Arbeit ist es, Kommunen einen ganzheitlichen integrierten Innenentwicklungsansatz mit verschiedenen Möglichkeiten und Instrumentarien aufzuzeigen. Dieser soll ihnen als Unterstützung bei der Konzeption des jeweils individuellen lokalen Innenentwicklungsansatzes dienen. Dabei soll auf mögliche Konflikt- und Spannungsfelder zwischen verschiedenen Interessensgruppen eingegangen werden. In diesem Zusammenhang sollen auch geeignete Bewältigungsoptionen und Konfliktlösestrategien aufgezeigt werden. Schließlich sollen Vorschläge für den Weg von der reinen Planung hin zu einer gelingenden Umsetzung unterbreitet werden. Die vorliegende Arbeit soll auf diesem Wege Kommunen die Möglichkeit geben, ein für sie maßgeschneidertes individuelles Innenentwicklungskonzept zu erarbeiten und Schritt für Schritt umzusetzen.

Das Promotionsvorhaben soll sich auf Kommunen in Deutschland konzentrieren und den Themenkomplex aus Sicht der Kommunalverwaltung interdisziplinär unter Einbeziehung ökologischer, ökonomischer und soziokultureller Nachhaltigkeitsaspekte beleuchten. Es soll die rechtlichen Rahmenbedingungen mit praktischen Möglichkeiten und Erfahrungswerten vereinen und daraus eine projektorientierte Gesamtstrategie formen.

1.3 Aufbau der Arbeit

Die vorliegende Arbeit besteht aus acht Kapiteln. Nach dieser Einleitung in Problemstellung, Zielsetzung und Aufbau der Arbeit, wird in Kapitel zwei die konzeptionelle Ausgangslage zur Innenentwicklung von Städten dargestellt. Dabei wird zunächst der Begriff der Innenentwicklung definiert und abgegrenzt. Anschließend werden verschiedene Handlungsfelder aufgezeigt, welche in der Vergangenheit bereits in Forschungsarbeiten und Praxisleitfäden aufgegriffen wurden. Schließlich wird eine Forschungslücke abgeleitet, welche zum dritten Kapitel überleitet, in dem das Forschungsdesign unter Bezugnahme auf die Forschungsfragen und die gewählte Methodik beschrieben wird.

Kapitel vier beschreibt als erstes Hauptkapitel einen Vorschlag für die Entwicklung einer ganzheitlichen Nachhaltigkeitsstrategie im Sinne eines integrierten Ansatzes. In diesem Zusammenhang wird zunächst ein Verständnis für

---

[63] *BMVBS/BBR*, Integrierte Stadtentwicklung als Erfolgsbedingung einer nachhaltigen Stadt, 2007, S. 5.

eine integrierte ganzheitliche Nachhaltigkeitsstrategie innerhalb des Bezugsrahmens der Stadtplanung geschaffen. Anschließend werden mögliche Bestandteile eines solchen strategischen Ansatzes aufgezeigt. Schließlich werden verschiedene Handlungsfelder eines ganzheitlichen Stadtentwicklungskonzeptes am Beispiel der Innenentwicklung vorgestellt und hinsichtlich möglicher Schnittstellen und Synergien diskutiert.

Kapitel fünf greift als zweites Hauptkapitel die in Kapitel vier vorgestellten Handlungsfelder auf und untermauert sie mit Umsetzungsvorschlägen und rechtlichen Möglichkeiten. Außerdem eröffnet es die Diskussion um mögliche Spannungsfelder zwischen Gemeinwohl- und Partikularinteressen in Bezug auf eine ganzheitliche Nachhaltigkeitsstrategie am Beispiel der Innenentwicklung. Dabei beleuchtet es verschiedene Interessen, bevor schließlich diverse Konfliktpotenziale und geeignete Lösungsansätze diskutiert werden.

Kapitel sechs als drittes Hauptkapitel widmet sich der Umsetzung einer integrierten Innenentwicklung. Dabei werden verschiedene Projektmanagementansätze hinsichtlich ihrer Geeignetheit für eine ganzheitliche integrierte Innenentwicklung untersucht. Schließlich wird ein auf die Bedarfe einer integrierten Innenentwicklung ausgelegter Projektmanagementansatz entwickelt. Insbesondere zur Prävention und erfolgreichen Bewältigung der in Kapitel fünf untersuchten Spannungsfelder werden als dritter Baustein des Kapitels sechs verschiedene kommunikative Beteiligungsansätze hinsichtlich ihrer Bedeutung für die Innenentwicklung diskutiert und in den Projektverlauf eingeordnet.

Die Kapitel vier bis sechs bauen inhaltlich aufeinander auf und können zugleich separat betrachtet werden.

In Kapitel sieben werden die zuvor dargestellten Erkenntnisse sowie die angewandte empirische Methodik diskutiert und kritisch gewürdigt, bevor Kapitel acht die Arbeit mit einem Fazit und Forschungsausblick abschließt.

Für die vorliegende Arbeit wurde ein interdisziplinärer Ansatz gewählt, welcher Erkenntnisse im Bereich der Nachhaltigkeit, der Soziologie, der Stadtplanung, der Politik und des deutschen Rechts vereint.[64] Nachfolgend wird sich zur Sicherstellung einer praktischen Anwendbarkeit in erster Linie auf die Gegebenheiten, Institutionen und Gesetze in Deutschland konzentriert. Sofern landesgesetzliche Regelungen aufgeführt werden, beziehen diese sich auf das Landesrecht in Baden-Württemberg. Dennoch sind die Erkenntnisse zweifelsohne auf andere Länder übertragbar.

---

[64] *Koch/Krellenberg,* Nachhaltige Stadtentwicklung, 2021, S. 2.

2 Konzeptionelle Ausgangslage zur Innenentwicklung

Häufig ist die Landschaft durch eine Zersiedelung geprägt. Die Flächeninanspruchnahme im Außenbereich zeichnet sich durch eine willkürliche Streuung einzelner Gebäude, Wohngebiete, gewerblicher Betriebe sowie Einkaufszentren aus und zerstört damit das Landschaftsbild. Der in den USA vorherrschende Begriff *Urban Sprawl* (= Landschaftszersiedlung) bedeutet für die Landbevölkerung geringere wirtschaftliche Optionen, höhere Kosten für Mobilität, weniger verfügbare Transportmöglichkeiten und eine geringere Lebenserwartung im Vergleich zur Stadtbevölkerung.[1]

Als Konsequenz dessen erfährt insbesondere unter dem Nachhaltigkeitsgedanken die Entwicklung im *Innen*, also das Aufgreifen der physischen und sozialen Strukturen unserer bestehenden Städte, einen Bedeutungszuwachs. Denn: Stadtumbau, also die Auseinandersetzung mit dem Bestehenden, meint – subsumiert unter dem Begriff der *Innenentwicklung* – eine intelligente Nutzung der Potenziale des Bestandes. Bedenkt man, dass die Stadtstrukturen des Jahres 2030 bereits heute weitestgehend bebaut sind, so ist mit Blick in die Zukunft ein flexibler und phantasievoller Umgang mit den zur Verfügung stehenden Ressourcen im *Innen* unausweichlich. Wachstumspotenziale nach innen sind daher zu identifizieren und gezielt zu nutzen.[2] Innenentwicklung ist nicht immer nachhaltig. Ihre Maßnahmen können neben zahlreichen Synergien auch Zielkonflikte

[1] *Fina,* Wie zersiedelt ist noch nachhaltig?, 2014, S. 201; *Ewing/Hamidi,* Measuring Sprawl, 2014, S. 9; *Evert,* Lexikon, 2001, S. 755; *UBA,* UBA-Texte 2003, S. 1 f.

[2] *Reiß-Schmidt,* Wachstum nach innen, 2007, S. 46.

C. Krause, *Integrierte Innenentwicklung als ganzheitliche Nachhaltigkeitsstrategie der Stadtplanung im Spannungsfeld zwischen Public Value und Partikularinteressen*, Politik gestalten – Kommunikation, Deliberation und Partizipation bei politisch relevanten Projekten, https://doi.org/10.1007/978-3-658-49824-5_2

zwischen sozialen, ökonomischen und ökologischen Interessen aufwerfen,[3] auf welche an späterer Stelle näher eingegangen werden soll.

In diesem Kapitel wird zunächst der Begriff der Innenentwicklung analysiert. Hierbei erfolgt eine Abgrenzung zur Innenstadt und zur Außenentwicklung. Zudem werden die Kernproblematiken, nämlich die Dichte im Innen und die Zersiedelung im Außen, aufgegriffen. In einem weiteren Schritt werden die verschiedenen bestehenden Konzepte, also die einfache und die doppelte sowie die dreifache Innenentwicklung, mit ihren jeweiligen Handlungsfeldern betrachtet. In einem letzten Schritt zeigt dieses Kapitel die in der vorliegenden Arbeit aufzugreifenden Forschungslücken auf.

2.1 Begriff der Innenentwicklung

Das Wort *Innenentwicklung* wird verschiedenartig definiert und abgegrenzt.[4] Im Allgemeinen versteht man darunter jede bauliche Entwicklung, die in einem bestehenden Siedlungszusammenhang durchgeführt wird. Dabei gilt die Entwicklung eines neuen städtischen Quartiers auf einer brachliegenden Konversionsfläche ebenso als Innenentwicklungsvorhaben, wie etwa die Aufstockung eines Bestandsgebäudes. Die Spannweite von Innenentwicklungsmaßnahmen reicht also von infrastrukturellen und baulichen Großprojekten hin zu kleinteiligen Nachverdichtungsprojekten.[5]

Im alltäglichen Sprachgebrauch wird der Begriff Innenentwicklung als eine im bestehenden Siedlungsbereich einer Kommune vollzogene Entwicklung beschrieben, die auf eine weitere Flächeninanspruchnahme verzichtet. Gemeint ist hier neben einem baulichen Auffüllen eine Anreicherung und Verdichtung von bestehenden Siedlungsstrukturen unter Rückgriff auf bereits verfügbare Erschließungsanlagen.[6]

Im Zuge der Innenentwicklung im engeren Sinne wird die bauliche Dichte über ihr bisheriges Maß hinaus erhöht. Das Wort Dichte taucht in verschiedenen Kontexten in Bezug auf die Innenentwicklung auf: So beschreibt beispielsweise die BauNVO die bauliche Dichte von Grundstücken. Damit kann z. B. die Geschossflächenzahl gemeint sein. Um letztlich jedoch die bauliche Dichte

[3] *Siedentop,* Fub 2003, S. 89.

[4] *BBSR,* Erfolgsfaktoren für Wohnungsbauvorhaben, 2018, S. 19.

[5] *Schubert u. a.,* Innenentwicklung in städtischen Quartieren, 2019, S. 7; *Schiller u. a.,* UBA-Texte 2009, S. 19 ff.

[6] *BBSR,* Erfolgsfaktoren für Wohnungsbauvorhaben, 2018, S. 19.

bewerten zu können, ist neben der Betrachtung der Bebauung eines Grundstücks auch die Einbeziehung des Verhältnisses zwischen bebautem und unbebautem Raum relevant.[7] Zur Einordnung der baulichen Dichte sind zudem ökonomische, ökologische und soziale Faktoren zu berücksichtigen. Aus ökonomischer Sicht sind beispielsweise Bau- und Grundstückskosten oder die Kosten für die Schaffung von Infrastruktur und zentralörtlichen Einrichtungen zu betrachten. Ein ökologischer Aspekt kann etwa eine flächen- und ressourcenschonende Siedlungsentwicklung sein. Als soziale Anforderung kommt beispielsweise die Schaffung eines gesunden Wohnumfeldes durch eine adäquate Freiraumversorgung und urbanes Grün in Betracht.[8]

Innenentwicklung kann somit als eine die gesamte Kommune betreffende Strategie verstanden werden. Sie vereint unterschiedliche Planungs- und Handlungsmöglichkeiten innerhalb des baulichen Bestandes miteinander. Ihre Ausrichtung spiegelt vor allem eine Mobilmachung verschiedener Nutzungsmöglichkeiten im Innenbereich wider und ihre exakte Ausprägung ergibt sich im jeweiligen städtebaulichen Kontext.[9]

§ 13a BauGB regelt Bebauungspläne der Innenentwicklung. Er ist grundsätzlich auf alle Bebauungsplan-Verfahren anwendbar, die Flächen wieder nutzbar machen, die nachverdichten oder die als andere Maßnahmen der Innenentwicklung verstanden werden können.[10] Innenentwicklung konzentriert sich auf den als solchen abgegrenzten Innenbereich. Darüber hinaus sind jedoch auch Flächen ohne Baurecht im Siedlungsbestand relevant. Als Beispiele hierfür können größere Brachflächen genannt werden. Bauvorhaben der Innenentwicklung können nämlich aus planungs- und genehmigungsrechtlicher Sicht entweder im Geltungsbereich eines bestehenden Bebauungsplans oder im Innenbereich nach § 34 BauGB zulässig sein.[11] Die zu überplanende Fläche muss also nicht zwingend nach § 34 BauGB baulich nutzbar gewesen sein. Dies untermauert der an die ergänzende Bodenschutzklausel in § 1a Abs. 2 S. 1 BauGB anknüpfende Hinweis auf eine Wiedernutzbarmachung von Flächen anstelle einer bloßen Wiedernutzbarmachung von Grundstücken in § 13a Abs. 1 S. 1 BauGB. Diese differente

---

[7] *Schubert u. a.,* Innenentwicklung in städtischen Quartieren, 2019, S. 7; *Schiller u. a.,* UBA-Texte 2009, S. 63, 67.

[8] *Jenssen,* RaumPlanung 2009, S. 281; *Westphal,* Dichte und Schrumpfung, 2008, S. 42.

[9] *Spangenberger,* UPR 2009, S. 217; *Siedentop,* Fub 2003, S. 90 ff.

[10] *Schmidt-Eichstaedt,* BauR 2007, S. 1148.

[11] *BBSR,* Erfolgsfaktoren für Wohnungsbauvorhaben, 2018, S. 19.

Nennung impliziert die Öffnung des Anwendungsbereichs auch für größere Flächen innerhalb einer bestehenden Siedlung, die derzeit nicht baulich nutzbar sind.[12]

Fraglich ist, was nun *Innenbereich* im Zusammenhang mit Innenentwicklung konkret bedeutet und wo eine Abgrenzung vorzunehmen ist.

Zunächst ist der Begriff Innenbereich von der Innenstadt abzugrenzen. Innenstadt meint klassischer Weise den Stadtkern mit den Ursprüngen einer Stadt. Oftmals zeichnet sie sich durch markante historische Bauten und ein Einkaufszentrum aus. Zur Innenstadt zählt nach diesem Verständnis neben dem Stadtkern auch der Innenstadtrand. Stadtviertel aus der Gründer- oder Nachkriegszeit und Stadterweiterungen fallen hingegen nicht unter den Begriff der *Innenstadt.*[13]

Der Begriff *Innenbereich* ist weiter abzugrenzen von dem des *Außenbereichs.*[14] Die Bundesregierung formulierte in ihrer Nachhaltigkeitsstrategie das sog. *30-Hektar-Ziel* und das damit zusammenhängende Qualitätsziel, das ein Verhältnis von drei zu eins der Innenentwicklung zur Außenentwicklung fordert. Die vom Statistischen Bundesamt erhobenen Siedlungs- und Verkehrsflächen, welche die tatsächliche Nutzungsart aufzeigen, gelten hier als zentrale Messgrößen. Im Zusammengang mit diesen Flächenstatistiken und unter Berücksichtigung des 30-Hektar-Ziels bedeutet *innen* innerhalb von bestehenden Siedlungs- und Verkehrsflächen und *außen* außerhalb dieser Flächen.[15]

Zu betrachten sind an dieser Stelle mögliche Unterscheidungsmerkmale des *Innen* vom *Außen.* Im Rahmen einer Außenentwicklung, also bei Entwicklungsvorhaben im Außenbereich, werden unbebaute zumeist land- oder forstwirtschaftlich genutzte Areale einer baulichen Nutzung zugeführt. Die Flächen liegen häufig an den äußeren Stadträndern[16] und außerhalb des räumlichen Geltungsbereichs qualifizierter Bebauungspläne im Sinne von § 30 BauGB. Die Außenbereichsflächen liegen zudem außerhalb der im Zusammenhang bebauten Ortsteile (§ 34 BauGB),[17] also außerhalb von Flächen, die nicht durch einen

---

[12] *Schmidt-Eichstaedt,* BauR 2007, S. 1148.

[13] *Göddecke-Stellmann,* Renaissance der Großstädte, 2011, S. 3.

[14] *BBSR,* Erfolgsfaktoren für Wohnungsbauvorhaben, 2018, S. 19.

[15] *BBSR,* Innenentwicklungspotenziale in Deutschland, 2014, S. 31 ff.; *Die Bundesregierung,* Nationale Nachhaltigkeitsstrategie, 2012, S. 40, 70, 194 ff.; *Statistisches Bundesamt,* Flächenerhebung nach Art der tatsächlichen Nutzung, 2022, S. 4, 8, 9 und Anlage 2, S. 1 f.; *Statistisches Bundesamt,* Umweltökonomische Gesamtrechnungen, 2015, S. 10.

[16] *Lüpke,* Innenentwicklung als dominierende Aufgabe der Stadtentwicklung, 2007, S. 32.

[17] *BBSR,* Innenentwicklungspotenziale in Deutschland, 2014, S. 31 ff.; *Schrödter u. a.,* Baugesetzbuch, 1998, S. 670.

qualifizierten Bebauungsplan überplant wurden.[18] Insbesondere § 34 BauGB bietet häufig Raum für rechtliche Diskussionen und gerichtliche Interpretationen, da nicht eindeutig daraus hervorgeht, welche Siedlungsstrukturen hierunter zu verstehen sind.[19] Bei all der dargestellten rechtlichen Unschärfe kann festgestellt werden, dass neben den in § 35 BauGB genannten Ausnahmen grundsätzlich im Außenbereich keine Flächen bebaut werden dürfen.[20] Es gibt jedoch den Sonderfall der sogenannten *Außenbereichsinsel.* Hierbei handelt es sich um einen *Außenbereich im Innenbereich.* Außenbereichsinseln sind größere Freiflächen, welche nicht selten unter § 35 BauGB fallen. Innenentwicklungsmaßnahmen auf diesen Flächen dürfen über § 13a BauGB unter der Voraussetzung einer baulichen Wiedernutzung geplant werden.[21]

Nachdem nun die Grenzen zwischen *innen, Innenstadt* und *außen* deutlich wurden, kann festgehalten werden, dass sich *Innenentwicklung* auf bereits existierenden Siedlungs- und Verkehrsflächen abspielt. Diese können beispielsweise Gebäude- oder Freiflächen sein. Auch Verkehrsflächen, Betriebsflächen, Erholungsflächen und Friedhofsflächen sind entsprechende Entwicklungspotenzialflächen, sofern sie im Zusammenhang bebauter Ortsteile (§ 34 BauGB) oder in Bebauungsplan-Gebieten (§ 30 BauGB) liegen.[22]

Zusammenfassend lässt sich feststellen, dass die Unterscheidung dessen, was unter *innen* im Zusammenhang mit der Innenentwicklung zu verstehen ist, komplex ist. Es wird deutlich, dass die Präzisierung dessen sehr unterschiedlich erfolgt. Daher ist es wichtig, die Intention dahinter zu verstehen. Innenentwicklung soll primär eine nachhaltige flächensparende Siedlungspolitik umsetzen und den Siedlungsbestand in seiner Qualität verbessern. Dabei soll sie einen weiteren Flächenverbrauch zu Siedlungs- oder Verkehrszwecken vermeiden.[23]

---

[18] *BBSR,* Innenentwicklungspotenziale in Deutschland, 2014, S. 31 ff.; *Korda,* Städtebau, 2005, S. 189.

[19] *BBSR,* Erfolgsfaktoren für Wohnungsbauvorhaben, 2018, S. 19.

[20] *BBSR,* Innenentwicklungspotenziale in Deutschland, 2014, S. 31 ff.; *Schrödter u. a.,* Baugesetzbuch, 1998, S. 670.

[21] *Schmidt-Eichstaedt,* BauR 2007, S. 1148; zu Begriff siehe auch: BVerwG, Beschluss v. 15.9.2005 – 4 BN 37/05.

[22] *Böhm u. a.,* BfN-Skripten 2016, S. 17.

[23] *BBSR,* Innenentwicklungspotenziale in Deutschland, 2014, S. 31 ff.; *Die Bundesregierung,* Nationale Nachhaltigkeitsstrategie, 2012, S. 40, 194 ff.

2.2 Bislang erforschte Handlungsfelder

2.2.1 Einfache Innenentwicklung

Nachdem nun die zentralen Begriffe im Zusammenhang mit der Innenentwicklung vorgestellt wurden, wird im Folgenden auf die Inhalte der einfachen Innenentwicklung sowie auf deren Ziele, Chancen und Defizite eingegangen.

Geschichtlich betrachtet wurde eine Entwicklung im Innenbereich, insbesondere in Form von Nachverdichtungen, aufgrund der Einschnürung von Städten durch Festungsanlagen notwendig. Hinzu kam eine eingeschränkte Mobilität, sodass ein weitläufiges Siedlungswachstum in den Außenbereich hinein vielerlei Hürden mit sich brachte. Bei aufkommenden Flächenmehrbedarfen wurden entweder neue Städte gegründet oder bestehende Kommunen erweitert. Die Innenentwicklung ist somit ein historisches Unterfangen, das beispielsweise in der Deindustrialisierung alter Industrieregionen ein zentrales Instrument der Stadtplanung war.[24] Heute erfährt die Innenentwicklung abermals eine große Relevanz. Hierfür gibt es verschiedene Gründe. Flächenzuwächse finden in Deutschland überwiegend in prosperierenden Stadtkreisen statt. Aber auch in Gegenden mit stagnierenden und schrumpfenden Einwohnerzahlen wird weiterhin im Außenbereich erschlossen.[25] Die Innenentwicklung greift diese Problematik auf. Sie reduziert einerseits weitere Zersiedelungen und Flächenverbräuche in der Landschaft und deckt andererseits städtebauliche, ökonomische und soziale Bedarfe.[26] Die Innenentwicklung ermöglicht eine permanente Weiterentwicklung und Optimierung der städtischen Qualitäten bei gleichzeitiger Schonung der Ressource *Fläche* auf der grünen Wiese. Dadurch kann im Außenbereich der natürliche Lebensraum mit seiner Artenvielfalt erhalten bleiben.[27] Dies ermöglicht es nachfolgenden Generationen, selbstbestimmt ihre Lebensräume zu gestalten[28] und schont gleichzeitig die Umwelt.[29]

Neben der Vermeidung weiterer Versiegelungen in der freien Landschaft führt die Innenentwicklung große Bereiche der Kernstädte neuen Nutzungen zu. Dies

---

[24] *Lüpke,* Innenentwicklung als dominierende Aufgabe der Stadtentwicklung, 2007, S. 32 ff.

[25] *Goetzke/Hoymann,* Auf dem Weg zu einer an den Klimawandel angepassten Siedlungsentwicklung, 2014, S. 303.

[26] *Reinke,* Doppelte Innenentwicklung, 2016, S. 31.

[27] *Kron,* Zukunftsfähige Stadtplanung in Stuttgart, 2007, S. 12.

[28] *Scholl,* Innenentwicklung vor Außenentwicklung, 2003, S. 11.

[29] *Kühnau u. a.,* Doppelte Innenentwicklung, 2017, S. 7.

bringt positive ökonomische Effekte mit sich.[30] Die Innenentwicklung kann den Abwanderungsprozess attraktiver Unternehmen aufhalten, indem sie Wohnraum und Raum für moderne Arbeitsplätze schafft.[31] Hierbei können Brachflächen einer (neuen) Nutzung zugeführt und Gebäudeleerstände in den Zentren gefüllt werden. Vor allem diejenigen Bauten, die im Rahmen der Siedlungserweiterungen der Fünfziger- und Siebzigerjahre entstanden und die sich durch eine geringe Anpassungsfähigkeit erkennbar machen, bieten Potenzial zur Reduktion von strukturellen Leerständen, Unternutzungen und Dauerbrachen. Anstelle einer Verödung der Innenstadtbereiche und Ortskerne sowie einer fragmentierten Flächennutzung wortlos zuzusehen, ermöglicht die Innenentwicklung eine Revitalisierung der Ortskerne.[32] Sie bietet quasi eine zweite Chance zur Reparatur der im Zuge des Wiederaufbaus begangenen Fehler. Im Sinne einer Stadtreparatur hilft die Innenentwicklung bei der Verbesserung der städtischen Qualität.[33] Auch zur Vermeidung von Standortnachteilen durch die Schattenkosten der Infrastruktur trägt ein *Innen vor Außen* langfristig bei. Durch eine effiziente Raum- und Infrastrukturnutzung fördert die Innenentwicklung die intergenerative Gerechtigkeit – insbesondere auch mit Blick auf einen möglichen Bevölkerungsrückgang.[34] Kurzum: Die Innenentwicklung verfolgt das Ziel der Bestandssicherung und nutzt die vorhandene Infrastruktur.[35]

Die durch die Innenentwicklung entstehenden wirtschaftlichen und sozialen Vorteile liegen auf der Hand: In kompakten Strukturen fallen sowohl der Aufwand für Mobilität als auch der Energiebedarf geringer aus, als in zersiedelten Regionen. Die öffentliche und soziale Infrastruktur lässt sich hier viel effizienter organisieren.[36] In Regionen mit einer anhaltenden Erweiterung der Siedlungsflächen bei parallelem Rückgang der Siedlungsdichte lassen sich hingegen kostspielige Parallelinfrastrukturen feststellen. Diese gehen häufig mit einer mangelnden Auslastung und einem kostenintensiven Betriebs- und Wartungsaufwand einher.[37]

---

[30] *Lüpke,* Innenentwicklung als dominierende Aufgabe der Stadtentwicklung, 2007, S. 34.

[31] *Reiß-Schmidt,* Wachstum nach innen, 2007, S. 47.

[32] *Kötter,* Forum Wohnen und Stadtentwicklung 2010, S. 7 f.; *BBR,* Wohnungs- und Immobilienmärkte in Deutschland 2006, 2007, S. 12.

[33] *Kron,* Zukunftsfähige Stadtplanung in Stuttgart, 2007, S. 21 f.

[34] *Reiß-Schmidt,* Wachstum nach innen, 2007, S. 46.

[35] *Kron,* Zukunftsfähige Stadtplanung in Stuttgart, 2007, S. 21 f.

[36] *Kühnau u. a.,* Doppelte Innenentwicklung, 2017, S. 7.

[37] *Kötter,* Forum Wohnen und Stadtentwicklung 2010, S. 7 f.

Für eine optimale Nutzung der Innenentwicklungsflächen ist ein vielfältiger Nutzungsmix auf Grundlage aufwändiger architektonischer und städtebaulicher Wettbewerbe oder Gutachterverfahren erforderlich. Dies hat zur Folge, dass die Innenentwicklung gegenüber einer Entwicklung im *Außen* aus verfahrensrechtlicher Sicht komplexer und dadurch kosten- und zeitintensiver ist.[38] Nicht erkannte Altlasten können beispielsweise ein Kostenrisiko darstellen. Dasselbe gilt für überhöhte Buchwerte von Liegenschaften. Auch die jahrzehntelange Planungs- und Umsetzungsdauer von Innenentwicklungsmaßnahmen[39] aufgrund ihres unvorhersehbaren Ablaufs[40] und aufgrund der Notwendigkeit zur Einbeziehung einer Vielzahl an verschiedenen Interessen wird nicht selten unterschätzt. Im Gegensatz zu Projekten im Außenbereich erfordert die Innenentwicklung viel Sensibilität beim Ausloten tragfähiger Kompromisse und bei der Vorbereitung verbindlicher Vereinbarungen zwischen verschiedenen Beteiligten mit den unterschiedlichsten Meinungen und Interessen. Das gesteigerte Konfliktpotenzial[41] liegt in Anbetracht der zahlreichen öffentlichen und privaten Stakeholder, der abermals zahlreichen Aufgabenstellungen, der ungewissen Konsequenzen von Entscheidungen sowie der Schnittstellen zwischen privaten und öffentlichen Interessen auf der Hand. Die geschilderte Komplexität und die damit verbundene Langatmigkeit von Entwicklungsmaßnahmen im Innenbereich führt häufig zu einer Überschneidung von Handlungsfeldern und Interessen. Sie bringt dadurch verschiedenste Probleme mit sich. Zudem lassen Innenentwicklungsvorhaben im Gegensatz zu Siedlungserweiterungen keine isolierten Maßnahmen zu.[42] Ein Beispiel hierfür ist die zumeist höherwertige Nachnutzung,[43] aufgrund der hohen Revitalisierungskosten für innerstädtische Brachflächen,[44] die wiederum eine Flächenbereitstellung für das produzierende Gewerbe erschwert.[45] Die hieraus entstehenden Standortkonkurrenzen stellen eine wirtschaftlich gewichtige Nebenwirkung der Innenentwicklung dar. Ein weiteres Hemmnis für die Innenentwicklung ist die Bevorzugung eines Bauens auf der grünen Wiese von Seiten

---

[38] *Kron,* Zukunftsfähige Stadtplanung in Stuttgart, 2007, S. 21 f.

[39] *Scholl,* Innenentwicklung vor Außenentwicklung, 2003, S. 11.

[40] *Maurer,* Thesen zur Innenentwicklung, 2003, S. 115.

[41] *Scholl,* Innenentwicklung vor Außenentwicklung, 2003, S. 11.

[42] *Maurer,* Thesen zur Innenentwicklung, 2003, S. 115.

[43] *Kron,* Zukunftsfähige Stadtplanung in Stuttgart, 2007, S. 21 f.

[44] *Heinig/Krämer/Weigel,* Bipolare Stadtentwicklung in Leipzig, 2007, S. 23.

[45] *Kron,* Zukunftsfähige Stadtplanung in Stuttgart, 2007, S. 21 f.

gewerblicher wie auch privater Investoren. Trotz der offensichtlichen infrastrukturellen Vorteile, die im Innenbereich vorherrschen,[46] steht der Innenentwicklung bis heute noch eine stark nach außen hin geprägte Mentalität der Eigenheiminteressierten entgegen.[47] Und auch die Planungssituation konzentriert sich bis dato noch nicht vollumfänglich auf die Entwicklung im Innen: Im Zuge des 1990-Booms wurde auf der grünen Wiese vielfach Baurecht geschaffen, welches teilweise bereits erschlossen und zum Teil wiederum noch nicht baulich genutzt wird. Dieser Status Quo spiegelt sich in der bedarfsüberschreitenden Entwicklung von Einfamilienhausgebieten wider.[48] Erschwerend kommt hinzu, dass es sich bei den Potenzialflächen für die Innenentwicklung um ein Bauerwartungsland handelt, das nicht prompt neu genutzt werden kann, sondern dessen Entwicklung sich über Jahrzehnte hinziehen kann.[49] Nach einer Innenentwicklung strebende Städte sollten insbesondere durch informelle Instrumente, kooperative Verfahren und neue Kommunikationsformen ihre Wettbewerbsfähigkeit fördern, indem sie innerstädtische Standorte und Quartiere konkurrenzfähig zur grünen Wiese aufstellen. Wie sich dies konkret gestalten lässt, wird Teil der Kapitel vier bis sechs der vorliegenden Arbeit sein.[50]

Zu guter Letzt muss festgestellt werden, dass Innenentwicklung nicht automatisch einen nachhaltigen und schonenden Umgang mit der Ressource Fläche bedeutet.[51] So birgt die Innenentwicklung beispielsweise auch ein Konfliktpotenzial mit dem Klima- und Naturschutz: Entwicklungsmaßnahmen der *einfachen* Innenentwicklung forcieren primär eine Flächenschonung im Außenbereich, wodurch Flächenressourcen im Außen erhalten bleiben. Durch die Entwicklung im Innenbereich ist jedoch jener wertvolle Lebensraum für Flora und Fauna gefährdet, welcher z. B. auf innerstädtischen Brachflächen vorzufinden ist.[52] Der Druck auf das Stadtgrün wächst also durch bauliche Entwicklungen im Innenbereich.[53] Die Innenentwicklung sollte auch dazu dienen, neue

---

[46] *Heinig/Krämer/Weigel,* Bipolare Stadtentwicklung in Leipzig, 2007, S. 23.

[47] *Lüpke,* Innenentwicklung als dominierende Aufgabe der Stadtentwicklung, 2007, S. 34.

[48] *Heinig/Krämer/Weigel,* Bipolare Stadtentwicklung in Leipzig, 2007, S. 23.

[49] *Kron,* Zukunftsfähige Stadtplanung in Stuttgart, 2007, S. 21 f.

[50] *Heinig/Krämer/Weigel,* Bipolare Stadtentwicklung in Leipzig, 2007, S. 23 f.

[51] *Kron,* Zukunftsfähige Stadtplanung in Stuttgart, 2007, S. 21 f.

[52] *Goetzke/Hoymann,* Auf dem Weg zu einer an den Klimawandel angepassten Siedlungsentwicklung, 2014, S. 309.

[53] *Reinke,* DNT Journal 2019, S. 169.

Frei- und Grünflächen im Innenbereich zu schaffen und damit die Stadtqualität zu steigern und „Mut zur Lücke“ zu beweisen.[54] Diese Lücke der einfachen Innenentwicklung wird durch deren Fortschreibung, nämlich durch die doppelte Innenentwicklung, aufgegriffen.

2.2.2 Doppelte Innenentwicklung

Wie zuletzt deutlich wurde, sind Kommunen gefordert, ihren Flächenverbrauch zu reduzieren, wobei ein Druck auf innerstädtische Grün- und Freiräume entsteht. Dabei ist die Stadtnatur vor allem zur Bewältigung der Auswirkungen des Klimawandels von zentraler Bedeutung. In einem integrierten Ansatz greift die doppelte Innenentwicklung die Entwicklung, Vernetzung und qualitative Verbesserung der innerstädtischen Freiflächen auf.[55] Sie forciert hierbei neben der baulichen Verdichtung einerseits den Erhalt, die Weiterentwicklung und die Qualifizierung des Stadtgrüns andererseits, indem sie beide Faktoren konzeptionell zusammenführt.[56] Sie entwickelt Freiflächen im Siedlungsbestand also sowohl baulich als auch grünflächig.[57] Hierbei greift sie Entwicklungsziele für die Stadtnatur und Landschaft auf und stellt verschiedene Möglichkeiten zum Ausbau und zur Vernetzung des urbanen Grüns vor.[58] *Urbanes Grün* umfasst alle städtischen Grünräume, unabhängig davon, ob sie temporärer oder dauerhafter Natur sind. Beispiele für städtische Grünstrukturen sind Bauwerksbegrünungen, Parks, Gärten, Straßenbäume, Stadtwälder, Friedhöfe, zugewucherte Brachflächen und Kleingartenanlagen. Auch Gewässer und die dazugehörigen Uferbereiche, also die sogenannten *Blauräume*, gehören zum städtischen Grün. Bislang graue und überwiegend versiegelte freie Flächen sollen also im Zuge der doppelten Innenentwicklung zu urbanem Grün entwickelt werden. Die sogenannte qualifizierte Innenentwicklung lenkt bei ihrer Planung die Aufmerksamkeit auf naturschutzrelevante Aspekte.[59] Hierbei berücksichtigt sie neben den ökologischen Funktionen

[54] *Kron,* Zukunftsfähige Stadtplanung in Stuttgart, 2007, S. 21 f.

[55] *Kühnau u. a.,* Natur und Landschaft 2016, S. 329.

[56] *Difu,* Was ist eigentlich…Doppelte Innenentwicklung, 2023, S. 1.

[57] *Böhm u. a.,* BfN-Skripten 2016, S. 16 f.

[58] *Kühnau u. a.,* Natur und Landschaft 2016, S. 330.

[59] *Kühnau u. a.,* Doppelte Innenentwicklung, 2017, S. 8.

des Stadtgrüns auch seine sozialen Bestimmungen sowie wirtschaftliche Faktoren. Sie fordert die Kommunen heraus, Stadtnatur in ihrer Multifunktionalität zu erkennen.[60]

Die doppelte Innenentwicklung hilft, eine hohe Wohn- und Lebensqualität in den urbanen Räumen zu schaffen bzw. zu bewahren. Die Lebensqualität der Bewohnerschaft steigt durch die steigende Attraktivität der Stadtquartiere aufgrund eines ästhetischen und gleichzeitig nutzbaren Stadtgrüns[61] am jeweiligen Wohnstandort.[62] Als Maßnahmen kommen etwa die Schaffung von Erholungsräumen, von Freizeit-, Sport- und Bewegungsangeboten oder von soziokulturellen Begegnungsräumen in Betracht.[63] Derartige Maßnahmen wirken sich positiv auf die Erhaltung und Verbesserung der naturschutzfachlichen Qualitäten an innerstädtischen Wohnstandorten aus.[64] Sie fördern zudem die Gesundheit der Bewohnerschaft. Sie tragen außerdem zur Identitätsbildung bei. Neben der Verbesserung der Wohnraumqualität ermöglicht die doppelte Innenentwicklung mit dem Erhalt oder gar der Entwicklung der ökologischen Funktionen des Stadtgrüns einen innerstädtischen Arten- und Biotopschutz.[65] Sie trägt zudem zum langfristigen Erhalt der Biodiversität in unbebauten Räumen bei und leistet damit einen hohen Beitrag zum Erreichen des 30-Hektar-Ziels der bundesweiten Nachhaltigkeitsstrategie. Eng verbunden damit lindert die doppelte Innenentwicklung zudem die Auswirkungen des Klimawandels im Siedlungsraum.[66] Mit den durch die doppelte Innenentwicklung geförderten Grünstrukturen und Freiräumen können klimawandelbedingte Erscheinungen, wie Hitze und Starkregen reduziert werden.[67] Auch kann eine umweltsensible Bildung vorangebracht werden.[68]

Neben den zahlreichen Chancen, welche die doppelte Innenentwicklung birgt, sei an dieser Stelle darauf hingewiesen, dass eine erfolgreiche integrierte Freiraum- und Siedlungsentwicklung ressortübergreifend gedacht und umgesetzt werden sollte. Dies bedeutet, dass die Stadtplanung bauliche, wirtschaftliche, umweltspezifische und soziale Interessen vereinen sollte. Die recht

---

[60] *Kühnau u. a.,* Natur und Landschaft 2016, S. 330; *Deutscher Rat für Landespflege,* Durch doppelte Innenentwicklung Freiraumqualitäten erhalten, 2006, S. 6 ff.

[61] *Difu,* Was ist eigentlich...Doppelte Innenentwicklung, 2023, S. 1.

[62] *Kühnau u. a.,* Doppelte Innenentwicklung, 2017, S. 7.

[63] *Böhm u. a.,* BfN-Skripten 2016, S. 171.

[64] *Kühnau u. a.,* Doppelte Innenentwicklung, 2017, S. 7.

[65] *Böhm u. a.,* BfN-Skripten 2016, S. 171, 16 f.

[66] *Kühnau u. a.,* Doppelte Innenentwicklung, 2017, S. 7.

[67] *Difu,* Was ist eigentlich...Doppelte Innenentwicklung, 2023, S. 1.

[68] *Böhm u. a.,* BfN-Skripten 2016, S. 171.

starren Silodenkweisen, wie sie zum Teil in Kommunalverwaltungen bis heute noch vorherrschen, sollten hierfür überwunden werden. Hierzu mehr in Kapitel sechs dieser Arbeit.[69]

Das Stadtgrün wird bereits von einem Großteil der deutschen Großstädte als relevant in Bezug auf die Innenentwicklung eingestuft. Bislang mangelt es jedoch oftmals noch an der Umsetzung.[70]

Durch die Relevanz grüner Strukturen im Zuge von baulichen Nachverdichtungen können auch kompakte Städte wirksam gegen den Klimawandel vorgehen.[71] Die nachfolgend vorgestellte dreifache Innenentwicklung ergänzt und unterstreicht die Ziele der einfachen und doppelten Innenentwicklung in großen Teilen.

2.2.3 Dreifache Innenentwicklung

Anfang des Jahres 2023 veröffentlichte das Umweltbundesamt ein Leitbild zur dreifachen Innenentwicklung. Hierbei wird der Verkehrs- und Mobilitätswende in Kombination mit den beiden Handlungsfeldern der doppelten Innenentwicklung eine ebenso große Bedeutung zugeschrieben. Mit dem Ziel einer hohen Lebensqualität für die städtische Bewohnerschaft erweitert die dreifache Innenentwicklung somit den Handlungsspielraum der doppelten Innenentwicklung um die räumliche Dimension der Mobilität. Exemplarisch bedeutet dies eine Umnutzung von Flächen, die bis dato für den motorisierten Verkehr genutzt wurden. Aufgrund der bereits erwähnten vielfältigen Nutzungskonkurrenzen und des massiven Entwicklungsdrucks auf innerstädtische Flächen sowie der rasant steigenden Bodenpreise bei begrenzten kommunalen Zugriffsmöglichkeiten auf Flächen ist ein ressourcenschonender Umgang mit ebendiesen auch aus verkehrlicher Sicht ein Schlüsselthema nachhaltiger Stadtplanung. Urbane Räume müssen nachhaltig mit der Ressource Boden wirtschaften. Dies sollten sie auch mit Blick auf Verkehrsräume tun, denn gerade diese haben in Bezug auf den Klimawandel einen besonders hohen Stellenwert.[72] Die dreifache Innenentwicklung soll urbane

[69] *Gstach/Berding,* Doppelte Innenentwicklung, 2016, S. 670.

[70] *Reinke,* Doppelte Innenentwicklung, 2016, S. 33.

[71] *Albrecht,* ZUR 2020, S. 14; *Müller/Leibniz-Institut,* Risiken beherrschen – Chancen nutzen, 2013, S. 22 ff.; *Kühnau u. a.,* Doppelte Innenentwicklung, 2017, S. 6 ff.

[72] *Schubert u. a.,* Dreifache Innenentwicklung, 2023, S. 5.

Freiräume, die Mobilität in der Stadt und das städtische Baugeschehen gleichermaßen weiterentwickeln.[73] Sie schafft damit einen Rahmen, um Städte durch die Zusammenführung von baulicher, grünstruktureller und verkehrlicher Entwicklung lebenswert und resilient zu machen. Umgenutzt verlieren die kargen Verkehrsflächen zum einen ihre negativen Auswirkungen auf die Umwelt. Zum anderen wirken sie sich weniger schädlich auf die Gesundheit der sich in ihrer Nähe aufhaltenden Lebewesen aus, da die Schadstoff- und Lärmbelastung reduziert werden kann. Verkehrsflächen sollen durch die dreifache Innenentwicklung stattdessen für andere Nutzungen zur Verfügung stehen. Als weitere Potenzialflächen im Sinne eines umwelt- und gesundheitsbewussten Nachhaltigkeitsstrebens können umgenutzte Verkehrsflächen zu Erholungsflächen, zu urbanen Grünflächen[74] und zu Orten der Begegnung werden. Zuvorderst bezweckt die dreifache Innenentwicklung die Förderung einer umweltfreundlichen Mobilität der Menschen und die Bereitstellung der entsprechenden Räume hierfür. Die Mobilität soll einen Wandel weg vom individuellen Pkw-Verkehr erfahren. Angestrebt werden stattdessen ein attraktives ÖPNV-Angebot und ein gesundheitsförderliches Fuß- und Radwegenetz. Durch die dreifache Innenentwicklung werden Verbesserungen in Bezug auf die Umweltqualität und neue Möglichkeiten bei der Akquirierung von urbanem Raum erwartet. Die dreifache Innenentwicklung lässt also auf eine gesteigerte Lebensqualität in der Stadt hoffen.[75]

2.3 Forschungslücke

In der Problemstellung der vorliegenden Arbeit wurde deutlich, mit welchen Herausforderungen die Stadtentwicklung auf internationaler, nationaler und kommunaler Ebene konfrontiert ist. Die daraus resultierende Zielsetzung der vorliegenden Arbeit (siehe Kapitel eins) stellt die Anforderungen an eine zukunftsweisende Stadtentwicklung am Beispiel der Innenentwicklung heraus.

Die Innenentwicklung ist in ihrer ursprünglichen Ausprägung und in ihren Fortschreibungen, der doppelten und der dreifachen Innenentwicklung, ein seit vielen Jahren frequentierter Forschungsgegenstand. Dennoch wird häufig über

---

[73] *Preuß/Michalski,* Mobilität, Flächen und Bauen neu denken und gemeinsam qualifizieren, 2023, S. 9.

[74] *Schubert u. a.,* Dreifache Innenentwicklung, 2023, S. 5.

[75] *Preuß/Michalski,* Mobilität, Flächen und Bauen neu denken und gemeinsam qualifizieren, 2023, S. 9.

die Probleme der Innenentwicklung sowie über mögliche Lösungsszenarien diskutiert, während Umsetzungserfolge weiterhin nur bedingt erkennbar sind.[76]

Forschungslücke 1: Ganzheitliche, nachhaltige und integrierte Herangehensweise
Die drei bestehenden Ansätze tun den dargestellten Herausforderungen und Zielen nicht Genüge. Dies lässt sich beispielsweise daran feststellen, dass die einfache, doppelte und dreifache Innenentwicklung mit ihren Handlungsfeldern nur einen Teil des kommunalen Wirkungsfeldes umfassen. Insbesondere mit Blick auf komplexe kommunale Nachhaltigkeitsbestrebungen ist eine ganzheitliche Herangehensweise jedoch erstrebenswert. In diesem Zusammenhang lässt sich eine Forschungslücke hinsichtlich weiterer Handlungsfelder für einen ganzheitlichen und nachhaltigen Ansatz zur Innenentwicklung von Städten erkennen. Auch kann angezweifelt werden, ob die aufgezeigten Handlungsfelder der bisherigen drei Innenentwicklungsansätze dem Gedanken einer integrierten Stadtplanung/Stadtentwicklung entsprechen. Eine weitere Forschungslücke besteht also in der Entwicklung eines integrierten und ganzheitlichen Innenentwicklungsansatzes, der mit Blick auf die zahlreichen Herausforderungen nachhaltig und wirkungsvoll ausgestaltet ist. Ein entsprechender Innenentwicklungsansatz soll im Rahmen der vorliegenden Arbeit entwickelt werden.

Forschungslücke 2: Umsetzungsstrategie und Konfliktbewältigung
Bei der Entwicklung und Umsetzung eines ganzheitlichen, nachhaltigen und integriert ausgerichteten Innenentwicklungsansatzes ist eine klare politische Haltung mit dem Willen und Mut für Veränderungen gefordert. So manchem Gegenwind, den kommunalpolitische Entscheidungen im Bereich der Innenentwicklung erfahren, ist im Sinne einer intergenerativen Gerechtigkeit seitens kommunaler Gremien und Verwaltungen adäquat zu begegnen.[77] Hierbei spielen verschiedene Kommunikations- und Beteiligungsstrategien eine wichtige Rolle. Bleiben diese aus, so kostet die Stadtentwicklung unkalkulierbare Zeit und bleibt hinsichtlich ihres Erfolges ergebnisoffen.[78] Neben der Berücksichtigung externer Interessengruppen ist eine verwaltungsinterne ämterübergreifende Zusammenarbeit unabdingbar, wenngleich bislang unzureichend praktiziert.[79] Die drei bislang erforschten Innenentwicklungsansätze greifen die genannten Aspekte nur unzureichend auf. Vor allem die Spannungsfelder zwischen verschiedenen einzelnen und

[76] *UBA,* Die Stadt für Morgen, 2017, S. 9.

[77] *UBA,* Die Stadt für Morgen, 2017, S. 9.

[78] *Thiesen,* Forum Wohnen und Stadtentwicklung 2016, S. 37 f.

[79] *Gstach/Berding,* Doppelte Innenentwicklung, 2016, S. 670 f.

gemeinwohlzentrierten Interessen beeinflussen den Umsetzungserfolg von Innenentwicklungsmaßnahmen jedoch erheblich. Eine weitere Forschungslücke besteht also im Transfer von der Strategie in die Umsetzung. Ein entsprechender Umsetzungsvorschlag unter Einbeziehung verschiedener Stakeholder, Konfliktpotenziale sowie geeigneter verwaltungsinterner Strukturen soll im Rahmen der vorliegenden Arbeit entwickelt werden.

Die bislang lückenhaft erforschten organisatorischen, praktischen und rechtlichen Rahmenbedingungen für eine erfolgreiche Realisierung einer integrierten Innenentwicklung im Sinne einer ganzheitlich gedachten nachhaltigen Stadtentwicklungsstrategie unter Einbeziehung des Spannungsfeldes zwischen Gemeinwohl- und Partikularinteressen sollen im Rahmen der vorliegenden Arbeit erforscht werden. Dabei soll mit Blick auf die Strategieentwicklung ein besonderes Augenmerk auf die Wechselwirkungen verschiedener Individualmaßnahmen zueinander gelegt werden.[80] Auch soll im Rahmen der vorliegenden Forschungsarbeit das Konfliktpotenzial verschiedener Interessensgruppen aufgearbeitet werden, um partizipativ eine bestmögliche Entwicklung in den sich transformierenden Innenräumen zu erzielen.[81]

Nachdem die Forschungslücken und Forschungsschwerpunkte der vorliegenden Arbeit aufgezeigt wurden, werden in Kapitel drei die hieraus abgeleiteten Forschungsfragen sowie das zu deren Beantwortung geeignete Forschungsdesign vorgestellt.

---

[80] *Goetzke/Hoymann,* Auf dem Weg zu einer an den Klimawandel angepassten Siedlungsentwicklung, 2014, S. 309.

[81] *Gstach/Berding,* Doppelte Innenentwicklung, 2016, S. 662 ff.

Forschungsfragen und Forschungsdesign

3

3.1 Forschungsfragen

In Kapitel zwei wurden die ihm Rahmen der vorliegenden Arbeit zu ergründenden Forschungslücken herausgearbeitet. Zur Schließung der Forschungslücken wurden zwei Forschungsfragen formuliert. Aufgrund der Komplexität der Forschungsfragen wurden sie in mehrere, untergeordnete Fragestellungen untergliedert, die in den Hauptkapiteln vier bis sechs beantwortet werden (Tabelle 3.1).

Tabelle 3.1 Forschungsfragen und Ziele der Arbeit

1
Forschungslücke
Ganzheitliche, nachhaltige und integrierte Herangehensweise in Bezug auf Innenentwicklungsvorhaben
Forschungsziel
Entwicklung einer ganzheitlichen Nachhaltigkeitsstrategie für eine integrierte Innenentwicklung… *…unter Berücksichtigung der Strategiebestandteile* *…unter Berücksichtigung der Handlungsfelder* *…unter Berücksichtigung der rechtlichen Rahmenbedingungen*

(Fortsetzung)

C. Krause, *Integrierte Innenentwicklung als ganzheitliche Nachhaltigkeitsstrategie der Stadtplanung im Spannungsfeld zwischen Public Value und Partikularinteressen*, Politik gestalten – Kommunikation, Deliberation und Partizipation bei politisch relevanten Projekten, https://doi.org/10.1007/978-3-658-49824-5_3

Tabelle 3.1 (Fortsetzung)

Forschungsfrage
Wie kann eine ganzheitliche Nachhaltigkeitsstrategie im Sinne einer integrierten Innenentwicklung ausgestaltet sein? *a) Welche Bestandteile sollte eine ganzheitliche Nachhaltigkeitsstrategie umfassen?* *b) Welche Handlungsfelder sollte eine integrierte Innenentwicklung umfassen, um ganzheitlich und nachhaltig ausgerichtet zu sein?* *c) Wie kann das Stadtplanungsrecht die integrierte Innenentwicklung als ganzheitliche Nachhaltigkeitsstrategie stützen?*
2
Forschungslücke
Umsetzungsstrategie und Konfliktbewältigung bei Innenentwicklungsvorhaben
Forschungsziel
Entwicklung eines Umsetzungsmodells für ein ganzheitliches nachhaltiges Stadtplanungs-/Stadtentwicklungskonzept im Sinne einer integrierten Innenentwicklung…
…unter Berücksichtigung des Konfliktpotenzials zwischen Einzel- und Gemeinwohlinteressen in Bezug auf die erforschten Handlungsfelder
…unter Berücksichtigung möglicher Umgangsmöglichkeiten mit Konflikten zwischen Einzel- und Gemeinwohlinteressen in Bezug auf die erforschten Handlungsfelder
…unter Berücksichtigung der erforderlichen Schritte einer erfolgreich umgesetzten integrierten Innenentwicklung
…unter Berücksichtigung verschiedener kommunikativer Beteiligungsinstrumente
Forschungsfrage
Wie kann die Umsetzung von ganzheitlichen nachhaltigen Stadtplanungs-/Stadtentwicklungskonzepten im Sinne einer integrierten Innenentwicklung unter Berücksichtigung des Konfliktpotenzials zwischen Partikular- und Public Value-Interessen in Bezug auf die erforschten Handlungsfelder gelingen? *a) Welche Aspekte könnten ein durch die integrierte Innenentwicklung induziertes Spannungsfeld zwischen Public Value und Partikularinteressen in Bezug auf die erforschten Handlungsfelder deutlich machen?* *b) Wie lassen sich die erforschten Spannungsfelder lösen?* *c) Welche Schritte benötigt die erfolgreiche Umsetzung einer ganzheitlichen nachhaltigen Stadtplanungs-/Stadtentwicklungsstrategie im Sinne einer integrierten Innenentwicklung?* *d) Welche Instrumente kommunikativer Partizipation kommen hierbei in Betracht?*

3.2 Forschungsdesign

3.2.1 Methodik der Datenerhebung

Der Forschungsgegenstand unterliegt einem stetigen sozialen Wandel und ist zudem bislang nur lückenhaft erforscht. Es konnten daher keine Hypothesen formuliert und überprüft werden.[1] Stattdessen verlangte die offene Fragestellung ein exploratives Vorgehen,[2] denn dabei sollte sich dem Forschungsgegenstand so nah wie möglich angenähert werden, um neue Erkenntnisse zu erzielen.[3]

Das explorative Vorgehen erfolgte in drei Stufen (Tabelle 3.2):

Tabelle 3.2 Stufen der Datenerhebung

3 Stufen der Datenerhebung	
1.Stufe	Literaturreview
2.Stufe	Dokumentenanalyse
3.Stufe	Experteninterviews

In einem ersten Schritt wurde der bisherige Forschungsstand zur jeweiligen Fragestellung aufgearbeitet. Hierfür wurde ein Review der einschlägigen Fachliteratur erstellt. Auf die hierbei herausgearbeiteten Ergebnisse wurde durch eine Dokumentenanalyse und durch Experteninterviews kumulativ aufgebaut.[4]

3.2.1.1 Literaturreview

Bei der Literaturrecherche wurde interdisziplinär vorgegangen. Es wurden keine Ausschlüsse aufgrund der wissenschaftlichen Disziplin, aufgrund der Forschungsmethodik oder aus ähnlichen Gründen vorgenommen. Bei der Quellensuche wurde nach Webster und Watson vorgegangen. Demnach wurden zunächst besonders themenrelevante Paper und Tagungsbände zu verschiedenen Schlagworten recherchiert. Einschlägige Artikel wurden anschließend hinsichtlich der in ihnen zitierten Publikationen untersucht. Auf diese Weise wurde bis zu einer Sättigung in Bezug auf neue Erkenntnisse verfahren. Mit den im Rahmen der

---

[1] *Mayring,* Qualitative Forschungsdesigns, 2020, S. 12.

[2] *Döring,* Forschungsmethoden und Evaluation in den Sozial- und Humanwissenschaften, 2023, S. 152, 529, 532 ff.

[3] *Mayring,* Qualitative Forschungsdesigns, 2020, S. 10.

[4] *Döring,* Forschungsmethoden und Evaluation in den Sozial- und Humanwissenschaften, 2023, S. 25 ff.

Recherchearbeit weiteren identifizierten Schlagworten wurde die Literaturrecherche gleichermaßen fortgesetzt.[5] Die vorliegende Arbeit fußt auf deutschem Recht. Aufgrund der rechtlichen Gegebenheiten konnten englischsprachige Quellen nur selten praktische Anwendung finden, weshalb sich die der Arbeit zugrundeliegende Literatur überwiegend auf deutschsprachige Quellen beschränkt. Eine Ausnahme bilden übergeordnete Konzepte, wie etwa die SDG.

In folgenden Suchmaschinen und Literaturdatenbanken wurde zwischen dem 1. Januar 2023 und dem 31. Mai 2023 sowie am 13. September 2024 systematisch nach einschlägiger Literatur recherchiert:

- WebOPAC der Hochschule für öffentliche Verwaltung und Finanzen Ludwigsburg unter Einbeziehung der Fernleih-Suche, die alle Bibliothekskataloge deutschlandweit abbildet
- DN (Katalog der Deutschen Nationalbibliothek)
- HohSearch (Katalog der Universität Hohenheim)
- Google Scholar (fächerübergreifende Recherche nach wissenschaftlichen Literaturhinweisen)
- Google (orientierende Recherche).

Aufgrund der Literaturrecherche wurde die theoretische Basis für die empirische Forschung erarbeitet. Sie diente auch der Bildung von theoretischen Unterkategorien sowie als Grundlage für die Formulierung der Fragen für den Interviewleitfaden.

3.2.1.2 Dokumentenanalyse

Im Rahmen der Literaturrecherche wurden neben wissenschaftlicher Literatur auch Dokumente mit qualitativem Charakter erhoben. Bei den Dokumenten handelt es sich um internationale, europäische und deutsche Strategie-Papiere, die von urbaner Resilienz, Entwicklung, Nachhaltigkeit und Ressourcenschonung handeln und daher von hoher Relevanz für das Forschungsobjekt sind. Diese genuinen, nicht forschungsgenerierten Dokumente,[6] sind jeweils als Einheit wahrnehmbar, archivierbar, abrufbar[7] und staatlichen Ursprungs.[8] Neben

---

[5] *Webster/Watson,* MIS Quarterly 2002, S. xv ff.

[6] *Döring,* Forschungsmethoden und Evaluation in den Sozial- und Humanwissenschaften, 2023, S. 529, 532 ff.

[7] *Döring,* Forschungsmethoden und Evaluation in den Sozial- und Humanwissenschaften, 2023, S. 527.

[8] *Scott,* A Matter of Record, 1990, S. 10.

ihrem informellen Inhalt nehmen sie eine sozial interagierende Funktion ein[9] und beeinflussen das menschliche Denken, Wahrnehmen und Arbeiten.[10] Die analysierten Dokumente sind öffentlich als digitale Dateien über die Online-Archive und Datenbanken der jeweiligen Institutionen zugänglich und stehen somit als öffentlich zugängliches Datenmaterial für empirische Untersuchungen zur Verfügung.[11]

Die Dokumente wurden anhand den folgenden Qualitätsmerkmalen selektiert:

1. Herkunft bzw. Urheberschaft des Dokuments
2. Glaubwürdigkeit und Genauigkeit
3. Repräsentativität und Verfügbarkeit
4. Literarische und interpretative Bedeutung.[12]

Es wurde eine sehr kleine Stichprobe ausgewählt. Die Auswahl erfolgte im Zuge der Datenerhebung schrittweise, homogen und gezielt. Nach Erreichen einer theoretischen Sättigung wurde die Datenerhebung beendet (Tabelle 3.3).[13]

Bei den analysierten Dokumenten handelte es sich um Rohdatenmaterial, welches weder in seiner Form, noch in seinem Inhalt durch den Forschungsprozess beeinflusst war. Die Datenerhebung konnte somit als non-reaktives Verfahren zur Durchführung einer genuinen Dokumentenanalyse erfolgen. Nach der Zusammenstellung der Stichprobe wurden die Daten sinnrekonstruierend interpretativ ausgewertet. Die Auswertung des Rohdatenmaterials erfolgte mittels qualitativer Datenanalyse, welche später näher beschrieben wird.[14]

---

[9] *Prior,* Sociology 2008, S. 822.

[10] *Muckel,* Der Alltag mit Akten, 1997, S. 11.

[11] *Döring,* Forschungsmethoden und Evaluation in den Sozial- und Humanwissenschaften, 2023, S. 527 ff.

[12] *Scott,* A Matter of Record, 1990, S. 19 ff.

[13] *Döring,* Forschungsmethoden und Evaluation in den Sozial- und Humanwissenschaften, 2023, S. 303 ff., 528, 532.

[14] *Döring,* Forschungsmethoden und Evaluation in den Sozial- und Humanwissenschaften, 2023, S. 529 f.

Tabelle 3.3 Stichprobe der Dokumentenanalyse

ID	Quelle	Anzahl der paraphrasierten Elemente
D1	*BMI,* Stadtentwicklungsbericht der Bundesregierung, 2020	67
D2	*BMI,* Memorandum Urbane Resilienz, 2021	47
D3	*Bundesregierung,* Umsetzung der Agenda 2030 für nachhaltige Entwicklung, 2021	8
D4	*Statistisches Bundesamt,* Nachhaltige Entwicklung in Deutschland. Indikatorenbericht 2021, 2021	9
D5	*EK,* Fahrplan für ein ressourcenschonendes Europa, 2011	1
D6	*EU2020,* Neue Leipzig Charta, 2020	23
D7	*Vereinte Nationen,* Ziele für eine nachhaltige Entwicklung, 2023	6

3.2.1.3 Experteninterviews

Die im Rahmen der vorliegenden Arbeit zu beantwortenden Forschungsfragen erforderten die Wahl einer explorativen Forschungsmethodik.[15] Neben der Analyse themenrelevanter Dokumente bot sich eine Erhebung von Expertenwissen im Rahmen von halbstrukturierten Interviews an. Diese ermöglichten, einen möglichst breiten Erkenntnisgewinn in einem äußerst komplexen Themenfeld. Der als Grundlage der halbstrukturierten Experteninterviews dienende Interviewleitfaden bestand aus einem Katalog an offen und geschlossen formulierten Fragen, welche hinsichtlich ihrer Reihenfolge und Tiefe situativ und spontan der jeweiligen Gesprächssituation angepasst werden konnten. Durch diese Flexibilität konnten der Gesprächsfluss aufrechterhalten und erkenntnisreiche Aussagen bei Bedarf vertieft werden.[16] Bei der Erstellung des Interviewleitfadens wurde auf eine offene Fragestellung geachtet. Auch wurde der Interviewleitfaden übersichtlich nach den verschiedenen Themen aufgebaut, wobei er trotzdem jederzeit an

[15] *Mayring,* Qualitative Forschungsdesigns, 2020, S. 10.

[16] *Döring,* Forschungsmethoden und Evaluation in den Sozial- und Humanwissenschaften, 2023, S. 353 ff., 367 f., 371.

den Erzählfluss angepasst werden konnte. Es wurde regelmäßig zum Erzählen aufgefordert und zum Abschluss wurden Ergänzungswünsche abgefragt.[17] Der Interviewleitfaden enthielt Fragen zu den Handlungsfeldern, zu Beispielmaßnahmen, zu Beteiligungsformen, zu Erfahrungen mit Förderprogrammen und zu Konflikten zwischen Gemeinwohl- und Partikularinteressen.

Zur Beantwortung der Forschungsfragen wurde zunächst nach Kommunen gesucht, welche bereits erfolgreich einen integrierten Stadtentwicklungsansatz umsetzten, über mehrere Jahre Erfahrungen damit sammeln konnten und eine Expertise in diesem Bereich mitbrachten. Um Kommunen ausfindig zu machen, welche diese Kriterien erfüllten, bot sich eine Kontaktaufnahme mit dem Deutschen Städtetag an. Zudem wurden verschiedene Kommunen ermittelt, die im Rahmen des Dauerforschungsprogramms *ExWoSt* des Bundesinstituts für Bau-, Stadt- und Raumforschung an einer Studie zur Integrierten Stadtentwicklung im Jahr 2009 (*BMVBS/BBR,* Integrierte Stadtentwicklung, 2009) teilgenommen haben. Um sicherzustellen, dass die ausgewählten Kommunen nicht nur statistisch, sondern auch praktisch bereits einen integrierten Stadtentwicklungsansatz umsetzten, wurde im Rahmen der Interviews der jeweilige Umsetzungsstatus abgefragt. Die Stichprobe wurde also gezielt erhoben.[18]

Die Stichprobengüte wurde durch ein geregeltes Ziehungsverfahren unter Berücksichtigung zuvor definierter Merkmale erzielt.[19] Diese wurden aus den Fragestellungen und theoretischen Vorüberlegungen abgeleitet.[20] Die zentralen Auswahlkriterien stellten eine erfolgreiche Umsetzung eines integrierten Stadtentwicklungsansatzes, eine mehrjährige Arbeitserfahrung mit ebendiesem sowie eine einschlägige fachliche Expertise in diesem Bereich dar.

Nachdem über die genannten Kanäle forschungsrelevante Kommunen recherchiert werden konnten, wurde die Stichprobe anhand ihrer Einwohnerzahl in drei Kategorien unterteilt. Kategorie A bildeten Kleinstädte mit einer Einwohnerzahl von 1 bis 19.999. Kategorie B bildeten Mittelstädte mit einer Einwohnerzahl von 20.000 bis 99.999 und Kategorie C umfasste Großstädte mit einer Einwohnerzahl

---

[17] *Helfferich,* Leitfaden- und Experteninterviews, 2022, S. 883 f.

[18] *Mayer,* Interview und schriftliche Befragung, 2013, S. 59.

[19] *Kelle/Kluge,* Vom Einzelfall zum Typus, 2010, S. 41 f.

[20] *Mayer,* Interview und schriftliche Befragung, 2013, S. 60 f.

ab 100.000.[21] Die Größe der Stichprobe (insgesamt sechzehn Interviews) wurde durch eine inhaltliche Sättigung der Erkenntnisgewinne bestimmt. Diese stellte sich nach zwei Interviews mit Kommunen der Kategorie A, nach vier Interviews mit Kommunen der Kategorie B und nach zehn Interviews der Kategorie C ein.

Neben dem Fragenkatalog sind bei Experteninterviews insbesondere die zu interviewenden Personen relevant, welche mit ihrem Expertenwissen besonders im Fokus des Forschungsinteresses liegen.[22] Die durch die Experteninterviews gewonnenen Erkenntnisse hängen also maßgeblich von den interviewten Personen, dem Expertenkreis, ab.[23] Zu diesem Expertenkreis gehören Personen, die in dem zu erforschenden Themenfeld über Fachwissen verfügen. Als Sachverständige kennen sie sich in ihrem Gebiet aus und verfügen über ein für das jeweilige Forschungsobjekt relevantes, besonderes Erfahrungswissen und implizites Wissen. Es fanden nach der Ermittlung geeigneter Kommunen also Überlegungen dahingehend statt, welcher Personenkreis für die im Rahmen der vorliegenden Arbeit zu ergründenden Forschungslücken eine besondere Expertise einbringen konnte und auf wen schließlich in den Experteninterviews zurückgegriffen werden sollte.[24] In den Expertenkreis wurden diejenigen Beschäftigten aufgenommen, welchen die organisationale Verantwortung für den Bereich Stadtplanung/ Stadtentwicklung in der jeweiligen Kommune oblag.

Es folgt eine Übersicht über die Stichprobe (Kommunen) sowie über den Expertenkreis (Tabelle 3.4).

---

[21] *WBGU,* Hauptgutachten, 2016, S. 60 f.; *Gatzweiler u. a.,* Klein- und Mittelstädte in Deutschland, 2012, S. 17; *BBR,* Stadt- und Gemeindetypen in Deutschland, o. J.

[22] *Helfferich,* Leitfaden- und Experteninterviews, 2022, S. 876 f.

[23] *Gläser/Laudel,* Experteninterviews und qualitative Inhaltsanalyse, 2010, S. 117.

[24] *Liebold/Trinczek,* Experteninterview, 2009, S. 33.

Tabelle 3.4 Stichprobe der Experteninterviews[25]

ID	Kommune	Einwohnerzahl.	Kategorie	Datum	Anzahl der paraphrasierten Elemente
I1 *(Pretest)*	Friedrichshafen	Ca. 65.000	B	22.04.2024	66
I2	Leipzig	Ca. 600.000	C	06.05.2024	71
I3	Essen	Ca. 600.000	C	08.05.2024	66
I4	Heidelberg	Ca. 160.300	C	17.05.2024	99
I5	Solingen	Ca. 165.000	C	23.05.2024	83
I6	Nürnberg	Ca. 544.000	C	27.05.2024	50
I7	Dinslaken	Ca. 67.000	B	11.06.2024	66
I8	Bremen	Ca. 570.000	C	12.06.2024	88
I9	Neutraubling	Ca. 14.500	A	17.06.2024	74
I10	Baunatal	Ca. 28.000	B	19.06.2024	58
I11	Siegen	Ca. 105.000	C	19.06.2024	67
I12	Freudenberg	Ca. 3.700	A	26.06.2024	68
I13	Karlsruhe	Ca. 300.000	C	16.07.2024	52
I14	Halle	Ca. 240.000	C	06.08.2024	67
I15	Ludwigsburg	Ca. 94.000	B	14.08.2024	52
I16	Ulm	Ca. 127.000	C	08.08.2024	40

Expertenkreis von Kommunen der Kategorie A

- ein Bürgermeister[26]
- ein selbstständiger, von der Kommune beauftragter Berater für Stadtentwicklung[27]

Expertenkreis von Kommunen der Kategorie B

- ein Beigeordneter mit Leitung des Baudezernats[28]

---

[25] I16; I14; I5; I11; I6; I2; I13; I4; I3; I8; I15; I7; I1; I10; I9; I12.

[26] I12.

[27] I9.

[28] I1.

- ein Leiter des Referats Stadtentwicklung, Klima und Internationales[29]
- ein Leiter des Fachbereichs Bauen und Umwelt[30]
- ein Leiter der Stabsstelle Stadtentwicklung[31]

Expertenkreis von Kommunen der Kategorie C

- ein Beigeordneter mit Leitung der Bereiche Planen, Bauen, Verkehr und Stadtplanung[32]
- ein Leiter der Abteilung strategische Planung im Team Klimaschutz der Hauptabteilung Stadtplanung, Umwelt und Baurecht[33]
- ein Leiter des Projekts Stadtumbau und ein Leiter des Fachbereichs Städtebau und Bauordnung[34] (beide bei derselben Kommune beschäftigt)
- ein Leiter der Abteilung Stadtplanung und Bauordnung[35]
- ein Mitarbeiter der Stabsstelle Stadtentwicklung[36]
- ein Leiter des Amtes für Stadtplanung und Bauordnung[37]
- eine Leiterin des Stadtdienstes Planung, Mobilität und Denkmalpflege[38]
- eine Leiterin des Sachgebiets Konversion[39]
- eine Leiterin des Bereichs Städtebau im Stadtplanungsamt und eine Leiterin des Bereichs Stadtentwicklung im Amt für Stadt- und Regionalentwicklung[40] (beide bei derselben Kommune beschäftigt)
- ein ehemaliger, langjährig im Bereich der Stadtentwicklung beschäftigter Mitarbeiter und später kommissarischer Leiter des Stadtplanungsamtes, der zwischenzeitlich als selbstständiger Berater für integrierte Stadtentwicklung tätig ist[41]

---

[29] I15.
[30] I10.
[31] I7.
[32] I11.
[33] I16.
[34] I14.
[35] I8.
[36] I6.
[37] I3.
[38] I5.
[39] I4.
[40] I13.
[41] I2.

Zwei Kommunen der Kategorie C stellten für die Experteninterviews jeweils zwei Personen mit einschlägiger Expertise zur Verfügung, da diese sich fachlich ergänzten und gemeinsam den Fragenkatalog des Interviewleitfadens bestmöglich beantworten konnten.

Es musste hinterfragt werden, inwiefern die genauen Funktionen aussagekräftig in Bezug auf den Erkenntnisgewinn sind, denn die organisatorische und fachliche Verantwortung für die Stadtentwicklung und Stadtplanung obliegt in Abhängigkeit zur Kommunengröße und -struktur in jeder Kommune einer anderen Stelle und einer anderen hierarchischen Ebene. Auch vergibt jede Kommune individuelle Stellenbezeichnungen für teilweise ähnliche Funktionen. In den Gesprächen bestätigte sich die Irrelevanz der Stellenzuordnung und -bezeichnung hinsichtlich der fachlichen Expertise. Vielmehr ließen sich strukturelle Gründe für die unterschiedlichen Zuständigkeitszuordnungen und Stellenbezeichnung erkennen. So ließ sich beispielsweise feststellen, dass Kommunen der Kategorie A aufgrund ihrer Größe und personellen Aufstellung tendenziell keine interne explizite Stelle für den Bereich Stadtentwicklung und Stadtplanung vorhalten können. Stattdessen siedeln sie diesen Bereich entweder direkt beim Bürgermeister an oder beauftragen externe Firmen damit.

Es wurde ein Pretest im Umfang und in Form eines Experteninterviews mit einem Experten einer Kommune der Kategorie B durchgeführt. Nach Durchführung des Pretests wurden keine inhaltlichen Modifikationen am Interviewleitfaden vorgenommen. Auch erschienen die im Rahmen des Pretests erhobenen Daten zur Beantwortung der Forschungsfragen geeignet und relevant. Daher fanden sie bei der Datenauswertung und -verwendung gleichberechtigt mit den Daten aus den anderen Interviews Berücksichtigung.[42]

Die Kontaktaufnahme mit dem Expertenkreis erfolgte entweder persönlich oder über die jeweiligen Sekretariate per E-Mail. Die Terminabstimmung und Klärung einzelner Unklarheiten erfolgte per E-Mail oder telefonischer Korrespondenz. Der Interviewleitfaden wurde zusammen mit einer Terminbestätigung vor dem jeweiligen Interviewtermin an die Expertin oder den Experten versandt. Da der Expertenkreis über die gesamte Bundesrepublik Deutschland verteilt war, wurden die Interviews über ein Videokonferenzprogramm durchgeführt. Die Interviewtermine fanden zwischen dem 14. März 2024 und dem 14. August 2024 statt. Von den Interviews wurden Tonbandaufzeichnungen erstellt, um die Gespräche später wortgetreu transkribieren und auswerten zu können. Um das jeweilige

---

[42] *Helfferich,* Leitfaden- und Experteninterviews, 2022, S. 888 f.

Einverständnis zur Gesprächsaufzeichnung und Datenverwendung wurde im Vorfeld durch die Übersendung zweier Einwilligungserklärungen gebeten. Die Tonbandaufzeichnungen ermöglichten es, von einer wortgetreuen Protokollführung während der Gespräche abzusehen[43] und dennoch eine lückenlose Dokumentation für die anschließende wörtliche Verschriftlichung vorliegen zu haben.[44]

Zur Erleichterung der späteren Datenanalyse wurden die Gesprächsaufnahmen transkribiert.[45] Hierbei wurden die einfachen Transkriptionsregeln von Dresing und Pehl herangezogen. Mit dem Ziel einer guten Lesbarkeit und mit einem Fokus auf dem semantischen Gesprächsinhalt, wurde auf Details zur Aussprache bei der Transkription verzichtet. Bei der wörtlichen Transkription wurden Wortschleifungen bereinigt, indem sie an das Schriftdeutsch angenähert wurden. Bei syntaktischen Missständen wurde die Satzform beibehalten und dialektische Besonderheiten wurden durch eine Übersetzung ins Hochdeutsche ausgeglichen. Abgebrochene Wörter wurden ignoriert und Interpunktionen erfuhren eine Glättung. Zur besseren Übersicht über den Gesprächsverlauf erhielt jeder Sprecherbeitrag jeweils einen eigenen Absatz, der mit Zeitmarken versehen wurde. Die interviewte Person wurde durch ein *B* und die interviewende Person durch ein *I* gekennzeichnet. Teilweise wurden zwei Personen zur selben Zeit interviewt. Dies wurde dann durch ein *B1* und ein *B2* kenntlich gemacht.[46] Die Transkription der Interviews erfolgte durch einen Dienstleister. Die Auswertung der Transkripte erfolgte mittels qualitativer Datenanalyse, welche an späterer Stelle näher beschrieben wird.[47]

3.2.2 Methodik der Datenanalyse

3.2.2.1 Qualitative Dokumentenanalyse

Für die qualitative Dokumentenanalyse wurde das gesammelte qualitative Ausgangsmaterial (genuine, textuelle, offizielle Dokumente) interpretativ ausgewertet.

---

[43] *Scholl,* Die Befragung, 2018, S. 71.

[44] *Döring,* Forschungsmethoden und Evaluation in den Sozial- und Humanwissenschaften, 2023, S. 355, 575.

[45] *Scholl,* Die Befragung, 2018, S. 71.

[46] *Dresing/Pehl,* Praxisbuch Interview, 2018, S. 17 ff., 21 f., S. 24 f.

[47] *Döring,* Forschungsmethoden und Evaluation in den Sozial- und Humanwissenschaften, 2023, S. 364.

Es durchlief eine qualitative Inhaltsanalyse und wurde hinsichtlich seiner inhaltlichen und formalen Merkmale aufbereitet.[48] Die gesammelten Dokumente wurden mit der Software *MAXQDA 24* ausgewertet und interpretativ analysiert. Hierbei erfolgte die interpretative Auswertung in einem systematischen Kodierungsprozess durch Segmentierung des Datenmaterials in kleinere Analyseeinheiten, durch Kategorisierung ebendieser und durch Interpretation der segmentierten, kategorisierten Textstellen. Nachdem die Bedeutungsinhalte der Dokumente schrittweise herausgearbeitet waren, wurden sie im Ergebnis durch übergeordnete Kategorien dargestellt. Einzelne deduktive Elemente sind in der Ergebnisdarstellung enthalten, da auch theoriebasierte Kategorien berücksichtigt wurden.[49]

Aufgrund der wissenschaftlichen Literatur wurden die in Abbildung 3.1 dargestellten deduktiven Kategorien generiert.

- Handlungsfelder
- Public Value
- Maßnahmen
- Verwaltungsebene
- Ressourcen
- Übergeordnete Ziele
- Beteiligungsformat

Abbildung 3.1 Deduktive Kategorien als Grundlage für die Dokumentenanalyse

Bei der qualitativen Inhaltsanalyse der offiziellen, genuinen Dokumente diente die Methode Philipp Mayrings als Orientierung. Die Entscheidung für die gewählte Vorgehensweise fußte auf einer intensiven Abwägung unterschiedlicher Vorgehensweisen bei qualitativen Inhaltsanalysen. Im Zuge der inhaltlich-strukturierenden Analyse wurden die Inhalte zusammenfassend analysiert, um durch die Paraphrasierung und Verdichtung von Textsegmenten inhaltlich-thematische Kategorien zu generieren.[50] Eine zusammenfassende Vorgehensweise wurde gewählt, um das aus der Dokumentenanalyse gewonnene Datenmaterial auf seine wesentlichen Inhalte zu beschränken. Hierfür wurde angelehnt an

[48] *Döring,* Forschungsmethoden und Evaluation in den Sozial- und Humanwissenschaften, 2023, S. 529, 532 ff., 537.

[49] *Döring,* Forschungsmethoden und Evaluation in den Sozial- und Humanwissenschaften, 2023, S. 592 ff.; 598.

[50] *Schreier,* Forum Qualitative Sozialforschung 2014, S. 14; *Schreier,* Qualitative Content Analysis in Practice, 2012, S. 110.

Philipp Mayrings Vorgehensweise bei der qualitativen Inhaltsanalyse[51] das in Abbildung 3.2 dargestellte Ablaufmodell zur deduktiven Kategorienanwendung und induktiven Kategorienbildung entwickelt.

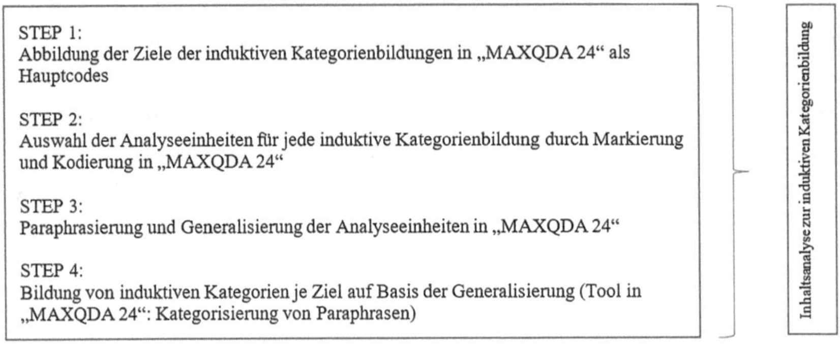

Abbildung 3.2 Induktive Kategorienbildung im Zuge der Dokumentenanalyse

Durch die qualitative Dokumentenanalyse konnten die deduktiv generierten Kategorien durch zahlreiche induktive Kategorien ergänzt werden.

3.2.2.2 Qualitative Inhaltsanalyse der Interview-Transkripte

Die Daten, welche im Zuge der Experteninterviews generiert werden konnten, wurden ebenfalls einer zusammenfassenden qualitativen Inhaltsanalyse mit der Software *MAXQDA 24* unterzogen. Ihr Ziel bestand in einer systematischen Reduktion der Interview-Transkripte auf ihre zur Beantwortung der Forschungsfragen wesentlichen Aspekte. Dabei sollten möglichst wenige inhaltliche Verluste verzeichnet werden. Zur Ergänzung der auf Basis der wissenschaftlichen Literatur gebildeten Kategoriensysteme erfolgte eine Bündelung der aus den Interview-Transkripten generierten Daten. Zur Erzielung vergleichbarer Ergebnisse wurde bei der Analyse der Daten zum einen literaturbasiert deduktiv und zum anderen induktiv unter Aufgreifen der in den Experteninterviews neu genannten Aspekte vorgegangen.[52] Aufgrund der wissenschaftlichen Literatur und der zuvor durchgeführten qualitativen Dokumentenanalyse wurden die in Abbildung 3.3 dargestellten deduktiven Kategorien generiert.

[51] *Mayring,* Qualitative Inhaltsanalyse, 2022, S. 68 ff., 84 ff.

[52] *Mayring,* Qualitative Inhaltsanalyse, 2022, S. 84 f., 22 ff., 47, 50 ff., 61, 67.

- Förderprogramme
- Organisationsform
- Risiken und Risikomanagement
- Übergeordnete Ziele
- Region/Interkommunale Zusammenarbeit
- Externe Stakeholder
- Interne Stakeholder
- Funktion
- Einwohnerzahl
- Beteiligungsformate
- Stärken von Beteiligungsinstrumenten allgemein
- Schwächen von Beteiligungsinstrumenten allgemein
- Einsatzzeitpunkte von Beteiligungsinstrumenten allgemein
- Ziele von Beteiligungsinstrumenten allgemein
- Verschiedene Interessensgruppen allgemein
- Rechtliche Instrumente allgemein
- Konfliktpotenziale allgemein
- Umgangsstrategien mit Konflikten allgemein
- Beispielmaßnahmen
- Partikularinteressen allgemein
- Public Value allgemein
- Handlungsfelder
- Umsetzungsstatus einer integrierten Stadtentwicklung

Abbildung 3.3 Deduktive Kategorien als Grundlage für die qualitative Inhaltsanalyse der Interviews

Bei der qualitativen Inhaltsanalyse der Transkripte der Experteninterviews diente ebenfalls die Methode Philipp Mayrings zur Orientierung. Im Rahmen der inhaltlich-strukturierenden Analyse wurden die Inhalte zusammenfassend analysiert. Durch die Paraphrasierung und Verdichtung von Textsegmenten konnten inhaltlich-thematische Kategorien generiert[53] und die wesentlichen Inhalte der Experteninterviews durch eine Reduktion des gewonnenen Datenmaterials herausgefiltert werden.[54]

Hierfür wurde angelehnt an Philipp Mayrings Vorgehensweise bei der qualitativen Inhaltsanalyse[55] der in den Abbildungen 3.4, 3.5 und 3.6 dargestellte Ablauf zur deduktiven Kategorienanwendung in Kombination mit einer induktiven Kategorienbildung entwickelt.

---

[53] *Schreier,* Forum Qualitative Sozialforschung 2014, S. 14; *Schreier,* Qualitative Content Analysis in Practice, 2012, S. 110.

[54] *Mayring,* Qualitative Inhaltsanalyse, 2022, S. 68.

[55] *Mayring,* Qualitative Inhaltsanalyse, 2022, S. 69 ff., 84 ff.

STEP 1:
Abbildung der Ziele der induktiven Kategorienbildungen als Hauptcodes in „MAXQDA 24"

STEP 2:
Auswahl der Analyseeinheiten für jede induktive Kategorienbildung durch Markierung und Kodierung in „MAXQDA 24"

STEP 3:
Paraphrasierung und Generalisierung der Analyseeinheiten in „MAXQDA 24"

STEP 4:
Bildung von induktiven Kategorien je Ziel bzw. Hauptcode auf Basis der Generalisierung (Tool in „MAXQDA 24": Kategorisierung von Paraphrasen)

Inhaltsanalyse zur induktiven Kategorienbildung

Abbildung 3.4 Induktive Kategorienbildung im Zuge der qualitativen Inhaltsanalyse der Interviews

STEP 5:
Formulierung von Reduktionen des ersten Durchlaufs des Zusammenfassens je induktiver Kategorie (Tool in „MAXQDA 24": Summarys)

STEP 6:
Vergleich der Personen auf Basis der Reduktionen des ersten Durchlaufs und Durchführung der Reduktionen des zweiten Durchlaufs (=Ergebnistext; Tool in „MAXQDA 24": Verarbeitung von Summarys zu Code-Summarys)

Beschreibung und Analyse der Daten (Tool in „MAXQDA 24": Gruppenvergleiche)

Zusammenfassende Inhaltsanalyse

Abbildung 3.5 Zusammenfassende Inhaltsanalyse im Zuge der qualitativen Inhaltsanalyse der Interviews

STEP 7:
Abgleich der Kategoriensysteme aus wissenschaftlicher Literatur, Dokumentenanalyse und Interviews

Interpretation der Ergebnisse aus der Inhaltsanalyse der Interviews durch Ergänzungen im bestehenden Text

Interpretation der Ergebnisse

Abbildung 3.6 Interpretation der Ergebnisse

Durch die qualitative Inhaltsanalyse der Experteninterviews konnten die deduktiven Kategorien sowie die im Zuge der Dokumentenanalyse induktiv generierten Kategorien durch eine Vielzahl weiterer induktiver Kategorien ergänzt werden.

Die Ergebnisse des angewandten Methodendreiklangs aus Literaturreview, Dokumentenanalyse und Experteninterviews werden in den nachfolgenden Kapiteln dargestellt.

4 Entwicklung einer ganzheitlichen Nachhaltigkeitsstrategie im Sinne eines integrierten Ansatzes

Städte sind mit instabilen Bevölkerungsstrukturen konfrontiert. Gleichzeitig liegen häufig soziale Missstände in einzelnen Ortsteilen vor. Auch lässt sich teilweise eine Verjüngung in Bezug auf die städtische Altersstruktur erkennen. Diese genannten Herausforderungen sind die Folgen von Landflucht, von Zuwanderungsprozessen hinein in Stadtgebiete, vom demographischen Wandel, von Umzügen innerhalb der Städte sowie von sozialen Entmischungen.[1] Hinzu kommen die bereits heute spürbaren Auswirkungen des Klimawandels. Steigende Temperaturen und Extremwetterereignisse sprechen neben dem Verlust der Biodiversität für sich. Sie machen die Dringlichkeit einer nachhaltigen Stadtplanung[2] mit städtebaulich tragfähigen Konzepten deutlich. Kommunen sind geforderter denn je, Ziele und Qualitätsstandards über Flächennutzungen, -verbräuche und -erschließungen zu definieren. Hierbei muss mehrdimensional gedacht werden, indem soziale, wirtschaftliche und ökologische Aspekte in die kommunalen Nachhaltigkeitsbestrebungen einbezogen werden. Eine nachhaltige Stadtplanung erfordert eine hoch-individualisierte, kreative und projektgesteuerte Vorgehensweise. Sie benötigt ein integratives Konzept, welches demographische Parameter, eine intelligente Organisation, tragfähige Finanzierungsmodelle und einen zukunftsgerichteten Städtebau miteinander vereint. Der Status Quo im deutschen Städtebau lässt hinsichtlich der genannten zukunftsträchtigen Anforderungen noch reichlich Luft nach oben. So belegt eine Umfrage aus dem Jahr 2011, dass nur circa die Hälfte – und zwar überwiegend die größeren – der befragten Kommunen überhaupt über ein Stadtentwicklungskonzept verfügt. Dennoch

---

[1] *Kötter,* Forum Wohnen und Stadtentwicklung 2010, S. 7.

[2] *Koch/Krellenberg,* Nachhaltige Stadtentwicklung, 2021, S. 1 f.

C. Krause, *Integrierte Innenentwicklung als ganzheitliche Nachhaltigkeitsstrategie der Stadtplanung im Spannungsfeld zwischen Public Value und Partikularinteressen*, Politik gestalten – Kommunikation, Deliberation und Partizipation bei politisch relevanten Projekten, https://doi.org/10.1007/978-3-658-49824-5_4

haben immerhin siebzig Prozent der befragten Kommunen die Innenentwicklung konzeptuell als kommunales Aufgabenfeld verankert und für fünfundachtzig Prozent der Kommunen ist die Relevanz dessen unstrittig. Vor allem in Großstädten wurde die Innenentwicklung als Bestandteil in die jeweiligen Stadtentwicklungskonzepte aufgenommen. Sie wird häufig als Stadtplanungsangelegenheit betrachtet oder ist im Bereich der Liegenschaftsverwaltung angesiedelt. Eine verwaltungsweite Tragweite, welche über Ämtergrenzen hinweg reicht, ist eher die Ausnahme. Es hat sich bislang noch keine gesamtstädtisch gebündelte Konzeptionierung durchgesetzt, sondern es wird weiterhin an einzelnen Maßnahmen gearbeitet.[3]

Doch um die international verfolgten Nachhaltigkeits- und Klimaschutzziele umzusetzen, ist die Innenentwicklung als zentraler Baustein von ganzheitlich und integriert ausgerichteten kommunalen Stadtentwicklungskonzepten anzusehen.[4]

Im Folgenden wird daher eine ganzheitliche Nachhaltigkeitsstrategie im Sinne eines integrierten Ansatzes entwickelt. Für das Verständnis einer ganzheitlichen Nachhaltigkeitsstrategie wird zunächst die *Stadtplanung* als übergeordneter Rahmen abgegrenzt. Anschließend werden die Begriffe *Nachhaltigkeit* und *Ganzheitlichkeit* in Bezug auf die Stadtplanung basierend auf den Ergebnissen der Literaturrecherche definiert. Schließlich wird ein integrierter Strategieansatz vorgestellt. Im darauffolgenden Schritt werden die Bestandteile einer ganzheitlichen Nachhaltigkeitsstrategie aufgezeigt, bevor schließlich die Handlungsfelder einer integrierten Innenentwicklung abgeleitet und diskutiert werden.

4.1 Verständnis einer ganzheitlichen Nachhaltigkeitsstrategie

4.1.1 Stadtplanung als übergeordneter Rahmen

Um sich dem Thema Stadtplanung bzw. Stadtentwicklung anzunähern, sind zunächst die Bedeutung sowie die zentralen Merkmale einer *Stadt* als Basis für die stadtplanerische Rahmensetzung zu beschreiben.

Art. 28 GG räumt den Gemeinden das Recht zur kommunalen Selbstverwaltung ein. Dieses darf ein jede Kommune im Rahmen der jeweilig geltenden länderspezifischen Gemeindeordnung ausüben. Exemplarisch wird nachfolgend die Gemeindeordnung des Landes Baden-Württemberg herangezogen, auf die

[3] *Stadt Fellbach,* Flächen gewinnen durch Innenentwicklung, 2011, S. 14, 22.

[4] *Spangenberger,* UPR 2009, S. 221.

sich die weiteren Ausführungen beziehen. Hiernach (§ 1 GemO BW) bildet die Gebietskörperschaft *Gemeinde* die Grundlage des demokratischen Staates. Sie erfüllt die ihr übertragenen Aufgaben und fördert dabei das Gemeinwohl ihrer Einwohnerschaft. Unter kommunaler Selbstverwaltung handelnd, verwaltet sie nach § 2 GemO BW, soweit keine spezialgesetzliche Ausnahme zum Tragen kommt, alle öffentlichen Aufgaben in ihrem Gemeindegebiet unter eigener Verantwortung. Als *Stadt* werden Gemeinden bezeichnet, welche die Kriterien einer Stadt nach § 5 GemO BW erfüllen. Hiernach muss ihre Einwohnerzahl bei mindestens 10.000 liegen, wovon ein Großteil in einem geschlossenen Siedlungsgebiet wohnen muss. Dies ist beispielsweise dann der Fall, wenn ein zusammenhängender verdichteter Ortskern mit Zentrumsfunktion vorhanden ist. Auch müssen Gemeinden in ihrer Siedlungsform und kulturellen sowie wirtschaftlichen Konstitution städtisch geprägt sein. Sie müssen also bestimmte Kriterien für ein *städtisches Gepräge* in Bezug auf ihre Verkehrsanbindung, ihre kommunale Infrastruktur, ihre wirtschaftlichen Verhältnisse, ihr kulturelles Angebot und ihr Erscheinungsbild erfüllen. Zudem muss eine Stadt Mittelpunkt ihres Verwaltungsraums sein und dabei gewisse Funktionen für die Gemeinden in ihrem Umland erfüllen.[5]

Neben der Mindesteinwohnerzahl, der Siedlungsform, den kulturellen sowie wirtschaftlichen Verhältnissen mit städtischem Gepräge und der urbanen Heterogenität bzw. gesellschaftlichen Pluralität kennzeichnet die *Stadt* auch ein zumeist hohes Angebot an Arbeitsplätzen, eine hohe Bevölkerungsdichte, eine funktionale Gliederung und eine künstliche Umweltgestaltung. Zudem sind Städte häufig Produktionsstandorte, Handelsknotenpunkte und politische Zentren, welche Raum für Wissenschaft und zivilisatorischen Fortschritt bieten. Die Stadt-Umland-Beziehungen einbindend, zeichnen Städte außerdem verschiedene Macht- und Gesellschaftsstrukturen aus.[6]

Stadtkulturen sind geprägt von physischer Nähe bei gleichzeitiger Reserviertheit und sozialer Distanz unter der Bevölkerung. Sie gelten insbesondere dann als urban, wenn sie über eine gewisse kulturelle und bildungsrelevante Infrastruktur sowie über bestimmte städtebauliche Elemente verfügen.[7]

Unterschiedliche Dynamiken, wie beispielsweise die lokalen demographischen Strukturen, die individuelle Ausstattung mit Ressourcen, die jeweilige

---

[5] Verordnung des Innenministeriums zur Durchführung der Gemeindeordnung vom 11.12.2000, zit. nach *Landtag BW,* Drucksache 13/4665, 2005, S. 4 f.

[6] *WBGU,* Hauptgutachten, 2016, S. 59 f.

[7] *Brunotte u. a.,* Lexikon der Geographie, 2002, S. 273.

naturräumliche Lage, die örtlichen wirtschaftlichen Gegebenheiten, die infrastrukturellen Voraussetzungen sowie die jeweils agierenden politischen Systeme treiben das Städtewachstum voran. Kommunen sehen sich zunehmend vor neuen Herausforderungen hinsichtlich der Gestaltung des örtlichen Verkehrs, der Ausgestaltung ihrer sozialen Dienstleistungsangebote, des Designs eines lebenswerten Wohnumfeldes sowie der Schaffung von Wohnraum.[8]

Zur Bewältigung dieser komplexen Herausforderungen ist eine zukunftsweisende urbane Entwicklung erforderlich. In diesem Kontext tauchen regelmäßig verschiedene Begrifflichkeiten auf, welche im Folgenden voneinander abgegrenzt werden.

Der *Städtebau* dient der Sicherung der baulichen Ordnung im städtischen Raum. Er ist für das Physische zuständig und vereint architektonische, gestalterische, soziale, ökologische, bautechnische und baupolizeiliche Aufgaben. Er bezieht dabei Ingenieurtätigkeiten und wohnliche Bedarfe ein. Damit unterscheidet er sich maßgeblich von der *Stadtplanung*. Diese umfasst als Oberbegriff alle städtischen Planungen zu einem bestimmten Zeitpunkt. Sie verfolgt das Ziel, eine Stadt in eine bestimmte Gestalt zu bringen. Dabei integriert sie zahlreiche Pläne aus den verschiedensten Bereichen, wie beispielsweise dem Verkehr oder der Ver- und Entsorgung. Die Stadtplanung setzt ihre Interessen durch Bebauungspläne und Flächennutzungspläne um, welche Regionalplänen untergeordnet sind. Sie berücksichtigt die Bedürfnisse der Bevölkerung und greift dabei wirtschaftliche, ökologische und kommunalpolitische Zielsetzungen auf.[9] Auch die Wahrung sozialer Interessen obliegt der Ausgestaltung der Stadtplanung im Rahmen der Bauleitplanung,[10] welche im Bauplanungsrecht eingebettet ist. Zusammen mit der Zulässigkeit von Vorhaben und der Bodenordnung bildet diese die rechtliche Grundlage für den Städtebau. Mit ihren Flächennutzungsplänen und Bebauungsplänen beeinflusst sie maßgeblich die Ordnung und Nachhaltigkeit städtebaulicher Entwicklungen. Den rechtlichen Rahmen für eine integrierte, nachhaltige Innenentwicklung setzt also das Bauplanungsrecht als Teil des Baurechts. Daher ist das BauGB für die vorliegende Arbeit von zentraler Relevanz.[11]

Derzeit wird ein Gesetz zur Stärkung der integrierten Stadtentwicklung diskutiert. Dabei soll im Jahr 2025 eine BauGB-Nouvelle erscheinen, welche die Dimensionen der *Neuen Leipzig Charta* für eine nachhaltige Stadtentwicklung aufgreift. Das neue BauGB soll u. a. den Wohnungsneubau stärken und die

---

[8] *WBGU,* Hauptgutachten, 2016, S. 48 ff.

[9] *Brunotte u. a.,* Lexikon der Geographie, 2002, S. 263, 277.

[10] *Kötter,* Forum Wohnen und Stadtentwicklung 2010, S. 7.

[11] *MLW BW,* Bauplanungsrecht, o. J.

Stadt- und Siedlungsentwicklung zukunftsfest gestalten. Hierbei soll ein besonderes Augenmerk auf der Bewältigung der Folgen des Klimawandels und auf der Energiewende liegen. Aktuell liegt ein entsprechender Referentenentwurf des Bundesministeriums für Wohnen, Stadtentwicklung und Bauwesen vor, der jedoch innerhalb der Bundesregierung noch nicht final abgestimmt ist. Es ist momentan unklar, wann und mit welchen tatsächlichen Änderungen die neue Fassung des BauGB verabschiedet wird. Aus diesem Grund baut die vorliegende Arbeit auf das zum Zeitpunkt der Einreichung geltende Recht auf. An den entsprechenden Stellen wird auf mögliche Änderungen aufgrund der zu erwartenden BauGB-Nouvelle verwiesen. Grundsätzlich lässt sich jedoch feststellen, dass alle Inhalte des neuen BauGB laut Referentenentwurf vom 29.07.2024 auf den Dimensionen einer nachhaltigen Stadtentwicklung im Sinne der *Neuen Leipzig Charta* beruhen. Die vorliegende Arbeit greift die entsprechenden Themenschwerpunkte bereits auf und unterstreicht die Relevanz einer gerechten, grünen und produktiven Stadt.[12]

Eine zentrale Aufgabe der Stadtplanung bzw. Stadtentwicklung ist die Aufwertung des öffentlichen Raums.[13] Hierbei arbeiten die Stadtpolitik und die städtische Gestaltung Hand in Hand und bedingen und ergänzen sich gegenseitig.[14] Die zwei aktuell wohl am intensivsten debattierten Herausforderungen der Stadtplanung sind jedoch zum einen die Integration von Aufgaben zur Bewältigung der Auswirkungen des Klimawandels in den Planungsalltag. Zum anderen gilt es, auf den demografischen Wandel zu reagieren. Den Wechselwirkungen dieser beiden zentralen Herausforderungen der Stadtplanung ist flexibel und zugleich verknüpfend zu begegnen.[15]

Die Stadtplanung nutzt hierbei neben den genannten formellen Instrumenten auch informelle Mittel, wie etwa die *Stadtentwicklungsplanung*. Hierunter versteht sich eine ressortübergreifende, gesamtstädtische Entwicklungsplanung mit dem Ziel einer langfristigen Strukturverbesserung und Resilienz gegenüber urbanen Krisen.[16]

---

[12] *BMWSB*, Referentenentwurf, 2024, S. 1 ff.

[13] *Kron*, Zukunftsfähige Stadtplanung in Stuttgart, 2007, S. 16.

[14] *Kaltenbrunner*, Die Architekt 2017, S. 27.

[15] *Dosch*, Wie sich Städte auf den Klimawandel vorbereiten können, 2015, S. 98 f.

[16] *Brunotte u. a.*, Lexikon der Geographie, 2002, S. 264, 277.

Der räumlich-baulich sichtbare Prozess der Stadtentwicklung, dessen Dynamik in erheblichem Maße durch die konjunkturelle Lage und die lokale Wirtschaftskraft geprägt ist,[17] berücksichtigt neben der wirtschaftlichen Dimension demographische und gesellschaftliche Aspekte. Er bringt diese mit räumlichen, technologischen, ökologischen, ökonomischen, sozialen und politischen Veränderungsprozessen in Einklang.[18]

Die Stadtentwicklung bezieht in ihre Steuerung viele verschiedene, voneinander unabhängige kommunale Themen wirtschaftlicher, politischer, ökologischer und sozialer Art ein.[19]

Als übergreifende Ziele der Stadtentwicklungspolitik gelten die Wohnqualität, die Umweltqualität, die Wettbewerbsfähigkeit, die Versorgung mit Gütern, die politische Leistungsfähigkeit sowie die Zentrum-Umland-Beziehungen. Dabei umfasst das Ziel Umweltqualität beispielsweise die Eindämmung von Umweltbelastungen, die Optimierung des Stadtbildes und die Aufwertung des Quartierlebens. Die angestrebte Wettbewerbsfähigkeit bezieht die Steigerung des wirtschaftlichen Erfolgs ansässiger Unternehmen sowie deren Arbeitsplatzangebot, Qualifikationsprofil und Lohnniveau mit ein. Ein weiteres Ziel der Stadtentwicklungspolitik ist eine optimale Versorgung der Stadtbevölkerung sowie der Wirtschaft mit privaten und öffentlichen Dienstleistungen und Gütern. Das Ziel der Wahrung einer politischen Leistungsfähigkeit forciert eine möglichst zufriedenstellende Umsetzung der Bedürfnisse der Bevölkerung durch öffentliche Maßnahmen. Zwei weitere Ziele des Sechsecks sind die Verbesserung der Wohnqualität sowie der Zentrum-Peripherie-Beziehungen.[20]

Städte zeichnen sich durch Vielfalt, Solidarität und Kreativität aus. Zugängliche, qualitativ hochwertige, sichere und lebendige Städte bieten Raum für Begegnungen, zum Austausch und für integrative Prozesse.[21] Städte stehen untereinander in vielfacher Art und Weise in Verbindung. So sind sie beispielsweise über Verkehrswege, Informationsströme, Machtbeziehungen und den Handel miteinander verbunden. Daher bieten Städtenetzwerke und eine interkommunale Zusammenarbeit zahlreiche Vorteile für die jeweiligen Standort-

[17] *Wehrli-Schindler,* Mit neuen Methoden zu einer differenzierten Innenentwicklung, 2007, S. 58.

[18] *WBGU,* Hauptgutachten, 2016, S. 48 ff.

[19] *Meadows u. a.,* The Limits to Growth, 1972, S. 9.

[20] *Brunotte u. a.,* Lexikon der Geographie, 2002, S. 265.

[21] *EU2020,* Neue Leipzig Charta, 2020, S. 2.

und Lebensbedingungen, wie beispielsweise ökonomische und infrastrukturelle Synergieeffekte.[22]

Wie dargestellt, bietet die Stadtplanung einen geeigneten Rahmen, um den Bedürfnissen der Bevölkerung sowie wirtschaftlichen, ökologischen und kommunalpolitischen Zielsetzungen mit einem formellen Charakter Rechnung zu tragen.[23] Stadtentwicklung dient wiederum derjenigen Ebene der Verwaltung, welche der Bürgerschaft am nächsten ist. Sie ist damit, insbesondere mit Blick auf Nachhaltigkeitsbestrebungen, besonders potenzialträchtig. Sie bietet vergleichsweise gute Voraussetzungen für den Anstoß von partizipativen Lern- und Entscheidungsprozessen.[24] Im nachfolgenden Unterkapitel wird der Nachhaltigkeitsgedanke in Bezug auf stadtplanerische Bestrebungen ergründet.

4.1.2 Begriff der Nachhaltigkeit

In seinen forstwirtschaftlichen Ursprüngen bedeutete Nachhaltigkeit ein schonender Umgang mit den vorhandenen Ressourcen mit dem Ziel, diese dauerhaft ertragsbringend nutzen zu können. In der Übertragung auf komplexere Sachverhalte hat sich dieser Gedanke als Leitvorstellung durchgesetzt. Im Sinne einer intergenerativen Gerechtigkeit sollen die endlichen natürlichen Ressourcen auch künftigen Generationen noch im selben Maße zugänglich sein und dabei in erster Linie deren Lebensgrundlage sicherstellen.[25] Die Rolle der Städte ist hierbei von großer Bedeutung: Zum einen ist ein Großteil der Nachhaltigkeitsdefizite in städtischen Gebieten zu lokalisieren. Zum anderen bestehen im urbanen Raum immense Nachhaltigkeitspotenziale.[26]

Die *Agenda 21* fordert eine Optimierung der ökonomischen und sozialen Lebensbedingungen bei gleichzeitiger Bewahrung der natürlichen Lebensgrundlagen in Form einer Konzeption zur nachhaltigen Entwicklung.[27] Dabei ist zu beachten, dass Nachhaltigkeit nicht gleich *nachhaltige Entwicklung* bedeutet. Nachhaltigkeit ist beständig, statisch und als Zustand zu betrachten. Sie

[22] *WBGU,* Hauptgutachten, 2016, S. 61; *Heineberg/Kraas/Krajewski,* Stadtgeographie, 2022, S. 80.

[23] *Brunotte u. a.,* Lexikon der Geographie, 2002, S. 277.

[24] *Grundwald/Kopfmüller,* Nachhaltigkeit, Frankfurt, 2022, S. 225.

[25] *Koch/Krellenberg,* Nachhaltige Stadtentwicklung, 2021, S. 5 f., 9; *Pufé,* Nachhaltigkeit, 2017, S. 42 ff.; *Grundwald/Kopfmüller,* Nachhaltigkeit, Frankfurt, 2022, S. 27 ff.

[26] *Grundwald/Kopfmüller,* Nachhaltigkeit, Frankfurt, 2022, S. 225.

[27] *Born/Kreuzer,* Nachhaltigkeit Lokal, 2002, S. 5, 12 ff.

unterstreicht den Erhalt eines regenerierbaren Systems in seinen wesentlichen natürlichen Eigenschaften. Eine nachhaltige Entwicklung ist hingegen prozesshaft, dynamisch und in Bewegung.[28] In der vorliegenden Arbeit finden beide Begriffe kontextual Anwendung, wobei der Fokus auf einer nachhaltigen (Stadt-) Entwicklung liegt.

Gemäß der Weltkommission für Umwelt und Entwicklung bedeutet eine dauerhafte Entwicklung ein Wachstum, welches respektvoll mit den begrenzten natürlichen Ressourcen umgeht und dabei Luft, Gewässer, Wälder und Böden schont. Dabei soll die Artenvielfalt erhalten bleiben. Rohstoffe und Energie sollen effizient genutzt werden. In Bezug auf das Ziel einer nachhaltigen Entwicklung sind dabei u. a. technologische, soziale, wirtschaftliche und ökologische Einflüsse zu berücksichtigen.[29] Die nationale Stadtentwicklungspolitik in Deutschland greift die Nachhaltigkeitsziele aus dem Brundtland-Bericht auf und spricht sich für wirtschaftlichen Wohlstand, soziale Gerechtigkeit und Zusammenhalt sowie für den Umweltschutz aus.[30] Dabei gilt es, eine intergenerative Gerechtigkeit sicherzustellen, denn eine *dauerhafte Entwicklung* respektiert die Bedürfnisse der heutigen und künftigen Generationen. Sie ist die Basis für eine nachhaltige Entwicklung, denn künftige Generationen sollen weiterhin die Möglichkeit haben, ihren Lebensstil frei wählen zu können.[31] Auch die EU forciert eine *nachhaltige Entwicklung* als übergeordnetes, für alle Politikbereiche und Maßnahmen verbindliches Ziel. Vertraglich hat sie die Gewährleistung einer stetigen Optimierung von Lebensqualität und Wohlergehen auf der Erde im Sinne einer intergenerativen Gerechtigkeit festgelegt. Bestandteile der Europäischen Nachhaltigkeitsstrategie sind eine dynamische Wirtschaft mit einer Vollbeschäftigung, ein hohes Bildungsangebot, der Schutz von Gesundheit, ein sozialer sowie territorialer Zusammenhalt und der Umweltschutz. Hierbei stellt sie die Werte Weltfrieden, Sicherheit und kulturelle Vielfalt an oberste Stelle.[32]

Interessant ist, inwiefern die Stadtplanung bzw. die Stadtentwicklung nachhaltig gestaltet werden kann.

[28] *Pufé,* Nachhaltigkeit, 2017, S. 43, 117.

[29] *Hauff,* Unsere gemeinsame Zukunft, 1987, S. XV, 5.

[30] *BMVBS/BBR,* Integrierte Stadtentwicklung als Erfolgsbedingung einer nachhaltigen Stadt, 2007, S. 9; *Rat der EU,* Schlussfolgerungen des Vorsitzes, 2005, Anlage 1 S. 28 f.

[31] *Hauff,* Unsere gemeinsame Zukunft, 1987, S. XV.

[32] *BMVBS/BBR,* Integrierte Stadtentwicklung als Erfolgsbedingung einer nachhaltigen Stadt, 2007, S. 9; *Rat der EU,* Überprüfung der EU-Strategie für nachhaltige Entwicklung, 2006, Anlage, S. 2.

Das sogenannte Nachhaltigkeitsdreieck greift die Dimensionen Ökonomie, Ökologie und Soziales auf[33] und setzt diese integrativ in einen Zusammenhang. Nachfolgend werden die drei Dimensionen näher betrachtet.[34] Sie gelten als ganzheitlicher Denkansatz und vereinen alle Lebensbereiche miteinander. Sie sind zudem von verschiedenen Rahmenbedingungen losgelöst und fördern eine zukunftsfähige kommunale Entwicklung.[35]

> *„Bei einer kombinierten, ausgewogenen und integrierten Anwendung tragen diese Dimensionen zur Entwicklung widerstandsfähiger Städte bei, die soziale, wirtschaftliche und ökologische Herausforderungen bewältigen können und so das Ziel verfolgen, eine hohe Lebensqualität für alle zu garantieren.“*[36]

Die *ökologische Nachhaltigkeit* forciert die Nutzung eines Systems unter dauerhaftem Erhalt seiner wesentlichen Eigenschaften, sodass sein Fortbestand gesichert ist. Viel diskutiert wird in jüngster Zeit, ob die ökologische Nachhaltigkeit derzeit überhaupt noch gegeben ist. Diese Frage ist nicht Forschungsgegenstand der vorliegenden Arbeit, wenngleich sie eine hohe Relevanz hat. Als *ökonomische Nachhaltigkeit* gilt die betriebswirtschaftliche Nutzung eines Systems unter dauerhafter Erhaltung seiner wesentlichen Eigenschaften, sodass ihr ökonomischer Fortbestand gesichert ist. Aus wirtschaftlich-nachhaltiger Sicht bedeutet Wohlstand also nicht allein Besitzvermehrung und Wachstum. Vielmehr soll Letzteres durch ein umwelt- und sozialverträgliches Wirtschaften mit Fokus auf Lebensqualität erzielt werden. Zunehmend ins Bewusstsein der Menschen vordringend ist die *soziale Nachhaltigkeit.* Sie erfordert eine auf menschliche Bedürfnisse ausgerichtete Nutzung eines Systems, die zugleich den dauerhaften gesellschaftlichen Fortbestand sichert.[37] Erreicht werden kann diese durch ein integriertes Entwicklungskonzept, welches einem kontinuierlichen Monitoring unterzogen wird und konsequent die Quartiersebene in den Fokus stellt. Mit der Schwerpunktsetzung auf eine ernsthafte Bürgerbeteiligung sollen Gelegenheiten zur Begegnung und für zivilgesellschaftliches Engagement geschaffen werden und eine Vernetzung bei gleichzeitiger Ressourcenerschließung erfolgen. Allem zugrundeliegend soll auf eine schrittweise, transparente Realisierung mit einer

---

[33] *Koch/Krellenberg,* Nachhaltige Stadtentwicklung, 2021, S. 9; *Kegelmann/Martens:* Kommunale Nachhaltigkeit, 2013, S. 8.

[34] *Pufé,* Nachhaltigkeit, 2017, S. 100.

[35] *Born/Kreuzer,* Nachhaltigkeit Lokal, 2002, S. 5, 12 ff.

[36] *EU2020,* Neue Leipzig Charta, 2020, S. 4 f.

[37] *Pufé,* Nachhaltigkeit, 2017, S. 100 ff.

entsprechenden Öffentlichkeitsarbeit und mit Kooperationsangeboten im Sinne einer Anerkennungskultur geachtet werden.[38]

Im Umgang mit Zielkonflikten in Bezug auf die drei vorgestellten Dimensionen nachhaltigen Handelns (wirtschaftlich, ökologisch, sozial) können zur Gewichtung der jeweiligen Argumente verschiedene Theorien angewandt werden. Zum einen kann einer der Dimensionen Vorrang gewährt werden. Eine weitere Möglichkeit sieht eine gleichrangige Betrachtung der verschiedenen Dimensionen vor. Und letztlich kann die Mehrdimensionalität einen übergreifenden Charakter annehmen, indem das Handling unterschiedlicher Interessen integrativ gestaltet wird.[39] Die dritte dieser Theorien kommt dem elften Hauptziel der *Agenda 2030* mit ihren Sustainable Development Goals und dem damit verbundenen integrierten Nachhaltigkeitsverständnis nahe. Ziel des SDG 11 ist es, Städte inklusiv, sicher, resilient und nachhaltig auszurichten. Insbesondere durch eine integrierte und ganzheitliche Herangehensweise kann der Nachhaltigkeitsgedanke in Bezug auf die Innenentwicklung von Städten mehrdimensional, gemeinwohlorientiert und integriert betrachtet werden. Demnach verbindet das Nachhaltigkeitsdreieck alle drei Dimensionen gleichberechtigt miteinander und setzt ein integriertes Zusammenspiel ebendieser voraus.[40]

Die *Leipzig Charta*, welche im Jahr 2007 als europäisches Leitbild zur nachhaltigen Stadt entwickelt wurde, forcierte in einem integrierten gesamtstädtischen Ansatz die soziale Balance und kulturelle Vielfalt bei der baulichen Ausgestaltung von umweltrelevanten Projekten. Mit einem Augenmerk auf eine gerechte, bürgerorientierte, interdisziplinäre nachhaltige Stadtentwicklung nahm sie das Gesamtsystem *Stadt* in den Blick. Sie forcierte die bis heute weit verbreitete, jedoch längst schon nicht mehr zeitgemäße Silo-Denkweise. Mit der Fortschreibung der *Leipzig Charta* im Jahr 2020 definierte die EU die Gemeinwohlorientierung als Leitlinie für eine zukunftsweisende Stadtentwicklungspolitik im Sinne der Nachhaltigkeit. Sie stellte damit einen Bezug zu den SDGs der *Agenda 2030* und zu der darin verankerten transformativen Kraft der Städte her.[41] Einen wirtschaftlichen Wohlstand, den Umweltschutz und soziale Gerechtigkeit gleichwertig aufgreifend, kann die Stadtplanung zur Umsetzung einer

---

[38] *Becker*, Soziale Stadtentwicklung und Gemeinwesenarbeit, 2021, S. 160 ff.; *BMI*, Memorandum Urbane Resilienz, 2021, S. 3 f.

[39] *Grundwald/Kopfmüller*, Nachhaltigkeit, Frankfurt, 2022, S. 85 ff.

[40] *Koch/Krellenberg*, Nachhaltige Stadtentwicklung, 2021, S. 5 f., 8 f.; *Parnell*, World Development 2016, S. 530 ff., 537 ff.

[41] *Koch/Krellenberg*, Nachhaltige Stadtentwicklung, 2021, S. 20; *BMUB*, Leipzig Charta zur nachhaltigen Europäischen Stadt, 2007, S. 2.

nachhaltigen Stadtentwicklung beitragen.[42] Wie sich diese möglichst ganzheitlich ausgestalten lässt, wird nachfolgend aufgezeigt.

4.1.3 Ganzheitlichkeit in der Strategieentwicklung

Zur Definition von Ganzheitlichkeit kann die Grundannahme herangezogen werden, nach der die Welt als Ganzes aus einer Vielzahl an einzelnen, miteinander verknüpften Ganzheiten besteht. Diese einzelnen kleinen Ganzheiten sind von anderen kleinen Ganzheiten klar differenzierbar. Die Vernetztheit der einzelnen kleinen Ganzheiten lässt verschiedene Betrachtungsweisen hinsichtlich ihrer Grenzen zu. Bei näherer Betrachtung des Wortes *Ganzheitlichkeit* lässt sich unter dem darin enthaltenen Begriff *Ganzes* ein Objekt mit erkennbaren Grenzen und mit Verbindungen zu anderen Objekten zu einem bestimmten Zeitpunkt verstehen.[43]

In Bezug auf die Stadtplanung bzw. Stadtentwicklung könnte diese Theorie bedeuten, dass das *Ganze* das vollständige kommunale Wirken umfasst, welches sich aus einzelnen miteinander vernetzten kommunalen Aufgaben zusammensetzt. In Baden-Württemberg bietet etwa der Produktplan BW einen Rahmen für das *Ganze.* Die Beantwortung der spannenden Frage, ob er aufgrund der in Deutschland geltenden kommunalen Selbstverwaltung (Art. 28 Abs. 2 GG) wirklich alle wahrgenommenen kommunalen Aufgaben umfasst, ist nicht Gegenstand der vorliegenden Arbeit. Durch die in der vorliegenden Arbeit stattfindende Betrachtung einzelner kommunaler Aufgaben und die damit einhergehenden Reduktionen ist der Begriff der Ganzheitlichkeit hier an eine nachhaltige Stadtplanungs- bzw. Stadtentwicklungsstrategie im Sinne einer städtebaulichen Innenentwicklung gekoppelt. Diese konzentriert sich auf die Produkte 51 bis 57 des Produktplans BW.[44]

Die Stadtentwicklungsplanung als solche ist eine freiwillige kommunale Aufgabe und unterliegt daher per se einer kommunalen Gestaltungsfreiheit.[45] Die vorliegende Arbeit konsultiert in Bezug auf eine ganzheitliche Stadtplanung bzw. Stadtentwicklung, im Speziellen eine ganzheitliche Innenentwicklung, die

---

[42] *BMVBS/BBR,* Integrierte Stadtentwicklung als Erfolgsbedingung einer nachhaltigen Stadt, 2007, S. 9; *EU2020,* Neue Leipzig Charta, 2020, S. 5 ff.

[43] *Nagel,* Über die Aussage „Das Ganze ist mehr als die Summe seiner Teile“, 1971, S. 126; *Probst/Ulrich,* Anleitung zum ganzheitlichen Denken und Handeln, 1995, S. 96.

[44] *IM BW,* Kommunaler Produktplan BW, 2020, S. 1 ff.

[45] *Heinz,* Stadtentwicklungsplanung, 1998, S. 234.

Bauleitplanung (§ 1 Abs. 6 BauGB). Sie stellt dabei eine Verbindung zu den Handlungsdimensionen der *Neuen Leipzig Charta* her. Diese berücksichtigt neben dem Quartier auch die Gesamtstadt und schließlich die Stadtregion in ihren Empfehlungen. Sie fordert hierbei Gerechtigkeit, Grün und Produktivität. Außerdem legt sie ein besonderes Augenmerk auf die Schlüsselprinzipien Gemeinwohlorientierung, Beteiligung mit Koproduktion, Mehrebenen-Kooperation und Ortsbezogenheit, welche durch einen integrierten Ansatz erreicht werden sollen.[46]

Heruntergebrochen auf eine zu entwickelnde Stadt sollte ein ganzheitliches Stadtentwicklungskonzept also zunächst verschiedene räumliche Ebenen von der Region, über die Gesamtstadt als solche, über die Bezirke, die Stadtteile, die Stadtviertel und Quartiere, bis hin zur unmittelbaren Nachbarschaft berücksichtigen. Zudem sollte es möglichst viele verschiedene Ämter und Abteilungen der Verwaltung in die Pflicht nehmen. Es sollte ebenso diverse Planungen, Pläne, Leitbilder und fachsektorale Konzepte miteinander in Verbindung bringen. Innerhalb der unterschiedlichen Planungsansätze sollte eine ganzheitliche Stadtentwicklung auf die lokalspezifischen Themenbereiche und Handlungsfelder eingehen und die jeweiligen Finanzierungsmöglichkeiten berücksichtigen.[47]

Die Vernetzung verschiedener Ganzheitlichkeiten, also die Vernetzung verschiedener kommunaler Aufgaben zu einem ganzheitlichen kommunalen Wirken,[48] spiegelt sich beispielsweise in den im Rahmen von Stadtentwicklungsprozessen einbezogenen Schnittstellen und Synergien wider. Solche können etwa das kulturelle Leben, die Begegnung von Jung und Alt, die Integration von Zugezogenen, die Sicherstellung von Sicherheit und Frieden oder die Vernetzung verschiedener gesellschaftlicher Schichten betreffen.[49]

Neben der Einbeziehung verschiedener verwaltungsinterner Ansprechpartner sollte sich eine ganzheitliche Stadtentwicklung auch gegenüber externen Stakeholdern, wie Gewerbetreibenden, freien Trägern, Einwohnerschaft, Sozialraumteams und Quartiersverwaltungen öffnen und diese aktiv und umfassend

---

[46] *Koch/Krellenberg,* Nachhaltige Stadtentwicklung, 2021, S. 21; *BBSR,* Nationale Stadtentwicklungspolitik, 2021, S. 7 ff., 12 ff., 15 ff., 22 ff.

[47] *EU2020,* Neue Leipzig Charta, 2020, S. 9; *Franke/Strauss,* Integrierte Stadtentwicklung in deutschen Kommunen, 2010, S. 256; *BMVBS/BBR,* Integrierte Stadtentwicklung in Stadtregionen, 2009, S. 36 ff.; *BMI,* Memorandum Urbane Resilienz, 2021, S. 4, 6 f., 13.

[48] *Probst/Ulrich,* Anleitung zum ganzheitlichen Denken und Handeln, 1995, S. 96.

[49] *Vogler,* Umsetzungsschritte für eine nachhaltige Stadt- und Regionalentwicklung, 2003, S. 98.

beteiligen.[50] Lebendige Städte profitieren in erheblichem Maße von einer Zusammenarbeit. Nur wenn ein lebendiges Bewusstsein für die Stadt(-region) vorhanden ist und die Bevölkerung ihre Stadt schätzen lernt, kann sich auch ein Zusammengehörigkeitsgefühl und ein gewisser Stolz auf die eigene Stadt entwickeln.[51]

Es ist fraglich, ob ein ganzheitlicher Entwicklungsansatz an den noch erkennbaren Überresten der einstigen Stadtmauern endet. Die zuvor als Ganzes betrachtete Stadt mit ihrer Gesamtheit an kommunalen Aufgaben könnte in einem übergeordneten System vielmehr als kleine einzelne Ganzheitlichkeit gelten. Nach dieser Auffassung könnte etwa die Landschaft um eine Stadt herum ein solches übergeordnetes Ganzes sein. Die vorliegende Arbeit befasst sich jedoch primär mit dem kommunalen Nachhaltigkeitsstreben. Daher betrachtet sie zunächst die Stadt als Ganzes. Hierbei ist jedoch zu berücksichtigen, dass eine ganzheitliche Stadtentwicklung den Wert des *Draußen* anerkennt und ihn gegenüber jüngeren Generationen transportiert. Zu diesem *Draußen* gehört beispielsweise die Landwirtschaft, deren Zukunft in einer Kulturlandschaft liegt und deren Produkte auf kurzen Wegen für die städtische Bevölkerung zugänglich gemacht werden sollten. Die Landschaft im *Draußen* ist nicht gleichzusetzen mit Natur. Vielmehr resultiert der Begriff *Landschaft* aus einem komplexen Zusammenspiel aus Landwirtschaft, Forstwirtschaft und Naturraum. Da es sich hierbei nicht um alleinige Aufgaben der Naturschutzbehörden, sondern eben auch um Themenfelder der Stadtentwicklung handelt, sollte eine ganzheitliche Stadtentwicklung Maßnahmen, wie die Renaturierung von Flusslandschaften oder wie die Pflege der umliegenden Wälder einbeziehen.[52] Neben der Bereitstellung eines angemessenen Zugangs zu Infrastruktur und Einkommensmöglichkeiten sowie neben der Ermöglichung einer guten Lebensqualität sollte eine ganzheitliche Stadtplanung ressourcenschonend und klimaverträglich agieren.[53] Hierfür bedarf es einer integriert ausgerichteten Strategie, auf die im Folgenden eingegangen wird.

---

[50] *Franke/Strauss,* Integrierte Stadtentwicklung in deutschen Kommunen, 2010, S. 256; *BMVBS/BBR,* Integrierte Stadtentwicklung in Stadtregionen, 2009, S. 36 ff.

[51] *Vogler,* Umsetzungsschritte für eine nachhaltige Stadt- und Regionalentwicklung, 2003, S. 97 f.

[52] *Vogler,* Umsetzungsschritte für eine nachhaltige Stadt- und Regionalentwicklung, 2003, S. 97 ff.

[53] *WBGU,* Hauptgutachten, 2016, S. 413; *WBGU,* Hauptgutachten, 2011, S. 34 ff., 252 ff., 289 ff.

4.1.4 Integrierte strategische Ansätze

In den 1960er und 1970er Jahren erfuhren integrierte Stadtentwicklungsstrategien einen Hype, bevor sie in den Achtzigerjahren nahezu irrelevant schienen. Seit den 1990er Jahren gewinnen sie wieder an Bedeutung – wenn auch unter anderen Rahmenbedingungen und deutlich modifiziert. Während die Stadtplanung bzw. Stadtentwicklung einst auf neue politische Paradigmen wie einen steigenden internationalen Wettbewerbsdruck reagierte, so sind die aktuellen Gründe für integrierte Stadtentwicklungsansätze vielfältiger Natur: Vor dem Hintergrund einer räumlichen Fragmentierung,[54] die sich etwa in einer stadtgesellschaftlichen Kluft äußert, ist eine integrierte strategische Betrachtung der Stadtentwicklung mehr denn je erforderlich. Vor allem die Indikatoren Arbeitslosigkeit und Armut, aber auch andere teilgesellschaftliche Benachteiligungen machen deutlich, dass die Vorzüge prosperierender Wirtschaftsbereiche nicht in allen Teilen der Gesellschaft ankommen. Es lässt sich feststellen, dass sich die genannten Problematiken vorwiegend auf Stadtgebiete mit ohnehin schon wirtschaftlichen, sozialen, städtebaulichen und ökologischen Benachteiligungen konzentrieren.[55]

Dies wiederum verschärft die soziale Polarisierung abermals. Die veränderten Rahmenbedingungen, wie der demographische Wandel, und die damit in Verbindung stehenden Trends, wie die Globalisierung,[56] tun hier ihr Übriges. Auch vor dem Hintergrund einer durch die krisenbehaftete[57] kommunale Haushaltssituation bedingten finanziellen Not der öffentlichen Hand empfiehlt es sich, Stadtentwicklung integriert anzugehen. Angesichts des wirtschaftlichen Strukturwandels,[58] der durch eine zunehmende Nachfrageorientierung der Märkte die Standortkonkurrenzen weiter verstärkt, ist auch in Zukunft von einer intensiven Unterstützung durch die öffentliche Hand im Hinblick auf strukturelle innerstädtische Problemlagen auszugehen.[59]

---

[54] *Franke/Strauss,* Integrierte Stadtentwicklung in deutschen Kommunen, 2010, S. 253 f.; *Heinz,* Stadtentwicklungsplanung, 1998, S. 234 ff.

[55] *Stadt Fellbach,* Flächen gewinnen durch Innenentwicklung, 2011, S. 20; *BMVBS/BBR,* Integrierte Stadtentwicklung als Erfolgsbedingung einer nachhaltigen Stadt, 2007, S. 45 f.

[56] *Stadt Fellbach,* Flächen gewinnen durch Innenentwicklung, 2011, S. 20; *Franke/Strauss,* Integrierte Stadtentwicklung in deutschen Kommunen, 2010, S. 253 f.

[57] *Heinig/Krämer/Weigel,* Bipolare Stadtentwicklung in Leipzig, 2007, S. 30.

[58] *Stadt Fellbach,* Flächen gewinnen durch Innenentwicklung, 2011, S. 20; *Franke/Strauss,* Integrierte Stadtentwicklung in deutschen Kommunen, 2010, S. 253 f.

[59] *Heinig/Krämer/Weigel,* Bipolare Stadtentwicklung in Leipzig, 2007, S. 30.

Die neuen Aufgabenstellungen für die Stadtentwicklung[60] haben die SDG 11 in ihrem Unterziel 11.3 aufgegriffen. Hierbei geht es um eine integrierte Siedlungsplanung und -steuerung und damit um eine integrierte Herangehensweise bei der Stadtentwicklung. Auch das im Jahr 2007 verabschiedete europäische Leitdokument zur nachhaltigen Stadt, die *Leipzig Charta*, forderte eine integrierte gesamtstädtische Stadtentwicklung. Ihre Fortschreibung, die *Neue Leipzig Charta*, greift diesen integrierten Ansatz ebenfalls auf.[61] Der Bund und der Deutsche Städtetag schließen sich dem im Hinblick auf die aktuellen Herausforderungen an. Sie haben erkannt, dass integrierte Stadtentwicklungskonzepte, welche seit Anfang der Neunzigerjahre erheblich an Bedeutung gewinnen,[62] eine informelle Steuerung anstelle der reinen Anwendung formeller bauleitplanerischer Instrumente forcieren.[63] Eine integrierte Stadtentwicklung ist in der Lage,[64] der zunehmenden Komplexität von Steuerungs- und Finanzierungsproblematiken souverän zu begegnen.[65]

Die genannten Gründe machen die Notwendigkeit zur Schaffung neuer urbaner Qualitäten deutlich. Hierfür sollten neue Stadtentwicklungspotenziale freigelegt und geeignete Stadtentwicklungsstrategien entwickelt werden.[66] Fraglich ist an dieser Stelle, was nun konkret zur Überwindung der Planungsparadigmen benötigt wird, um den Herausforderungen, mit denen die *Stadt von morgen* konfrontiert ist, zu begegnen.[67]

Eine integrierte Stadtentwicklung lässt sich als ein unterschiedliche sektorale Handlungsfelder einbeziehender Ansatz verstehen. Sie impliziert eine räumliche, zeitliche und sachliche Vernetzung und Koordinierung verschiedener kommunaler Zielvorgaben in unterschiedlichen politischen Handlungsfeldern mit einer entsprechenden Rückkopplung mit anderen sektoralen Bereichen der Verwaltung. Im

---

[60] *Stadt Fellbach,* Flächen gewinnen durch Innenentwicklung, 2011, S. 20.

[61] *Koch/Krellenberg,* Nachhaltige Stadtentwicklung, 2021, S. 20 f.; *Watson,* Planning Theory 2016, S. 1 ff.

[62] *Franke/Strauss,* Integrierte Stadtentwicklung in deutschen Kommunen, 2010, S. 253 f.

[63] *Heinig/Krämer/Weigel,* Bipolare Stadtentwicklung in Leipzig, 2007, S. 30.

[64] *BMVBS/BBR,* Integrierte Stadtentwicklung als Erfolgsbedingung einer nachhaltigen Stadt, 2007, S. 45 f.

[65] *Reiß-Schmidt,* Renaissance „Integrierter Konzepte" in der Stadtentwicklung?, 2002, zit. nach *Franke/Strauss,* Integrierte Stadtentwicklung in deutschen Kommunen, 2010, S. 253.

[66] *Göddecke-Stellmann,* Renaissance der Großstädte, 2011, S. 10.

[67] *Franke/Strauss,* Integrierte Stadtentwicklung in deutschen Kommunen, 2010, S. 253 f.

besten Falle lassen sich Synergien zwischen den verschiedenen Disziplinen erkennen.[68] So kann etwa eine integrierte Entwicklung von benachteiligten Quartieren an dieser Stelle als vorsorglich wahrgenommene Daueraufgabe betrachtet werden. An diesem Beispiel wird deutlich, dass ein integrierter Ansatz eine stabile finanzielle und personelle Ressourcenbereitstellung, einen zum Qualitätserhalt regelmäßig evaluierten Prozess und eine interkommunale Netzwerkpflege in Form von Kooperation und Erfahrungsaustausch erfordert.[69]

Die in integrierten Stadtentwicklungskonzepten geplanten Entwicklungsvorhaben sind langfristig beschrieben.[70] Sie unterliegen einem begrenzten finanziellen Rahmen.[71] Sie gehen über eine reine städtebauliche Entwicklung hinaus und integrieren Belange verschiedenster Art.[72] Dabei orientieren sie sich am konkreten Gebiet und beziehen die jeweiligen örtlich-spezifischen Defizite und Potenziale mit ein.[73] Dieser Gebietsbezug ermöglicht adressatenbezogene, individuelle Politikansätze und dient einer passgenauen Kommunikation und Zusammenarbeit zwischen allen beteiligten Akteuren. Integrierte Stadtentwicklungskonzepte schreiben der Integration aller Bevölkerungsgruppen einen hohen Stellenwert zu. Unter hoher Priorisierung widmen sich integrierte Ansätze zudem benachteiligten Stadtteilen.[74]

Integrierte Stadtentwicklungsstrategien verknüpfen Fachinvestitionen mit Finanzierungsmöglichkeiten, wie städtebauliche Förderprogramme, kommunale Haushaltsmittel oder Ko-Finanzierungen durch Dritte. Sie setzen zudem stabilisierend im Hinblick auf benachteiligte Gebiete an, indem sie die Wirtschaftskraft stärken. In diesem Zusammenhang fördern sie etwa den Aufbau einer lokalen Wirtschaftsstruktur, Start-Ups und das Angebot an Ausbildungs-,

---

[68] *Koch/Krellenberg,* Nachhaltige Stadtentwicklung, 2021, S. 21; *BMVBS/BBR,* Integrierte Stadtentwicklung in Stadtregionen, 2009, S. 36 ff., 101 ff.

[69] *BMVBS/BBR,* Integrierte Stadtentwicklung als Erfolgsbedingung einer nachhaltigen Stadt, 2007, S. 45 f.

[70] *Koch/Krellenberg,* Nachhaltige Stadtentwicklung, 2021, S. 21; *BMVBS/BBR,* Integrierte Stadtentwicklung in Stadtregionen, 2009, S. 36 ff., 101 ff.

[71] *BZK,* Ministerial Meeting Urban Policy „Cities Empower Europe", 2005, zit. nach *BMVBS/BBR,* Integrierte Stadtentwicklung als Erfolgsbedingung einer nachhaltigen Stadt, 2007, S. 15.

[72] *Heinig/Krämer/Weigel,* Bipolare Stadtentwicklung in Leipzig, 2007, S. 30.

[73] *Reiß-Schmidt,* Renaissance „Integrierter Konzepte" in der Stadtentwicklung?, 2002, zit. nach *Franke/Strauss,* Integrierte Stadtentwicklung in deutschen Kommunen, 2010, S. 254.

[74] *BMVBS/BBR,* Integrierte Stadtentwicklung als Erfolgsbedingung einer nachhaltigen Stadt, 2007, S. 18, 45 f.

Weiterbildungs- und Beschäftigungsstätten. Integrierte Stadtentwicklungsstrategien nehmen zudem das lokale Bildungs- und Ausbildungswesen in den Blick. Schulen können beispielsweise zur Netzwerkbildung und zum Aufbau von Kooperationsbeziehungen innerhalb der Stadt dienen. Die integrierte Stadtentwicklung vereint hierfür zahlreiche relevante Akteure und trägt auf informellem Wege zu deren Vernetzung bei. Als beteiligte Stakeholder können an dieser Stelle die Eltern, Schüler, Wirtschaft, Träger und Vertretungen der Kommunalverwaltung sowie der Kinder- und Jugendarbeit genannt werden. Integrierte Stadtentwicklungsstrategien priorisieren effektiv und ermöglichen damit die Schonung von Ressourcen. Sie beobachten und evaluieren kontinuierlich ihre (Teil-)Konzepte, Strategien und Projekte, schreiben diese fort und steuern nach.[75] Neben einer Zusammenarbeit zwischen den verschiedenen Fachdisziplinen und Zuständigkeitsbereichen innerhalb der Kommunalverwaltung[76] wird der Kommunikation mit externen Akteuren ein hoher Stellenwert zugesprochen.[77] Diese kann in Form einer frühzeitigen und umfassenden Einbeziehung aller für eine nachhaltige Stadtplanung/Stadtentwicklung bedeutsamen Stakeholder, wie der örtlichen Bevölkerung, der Wirtschaftsakteure, der Nachbarkommunen,[78] der Wohnungswirtschaft, der Versorgungsträger und der gewerblichen Interessenvertretungen, in die Strategieentwicklung[79] ausgestaltet werden.[80] Hierfür nutzt die informelle Steuerung neue Kooperationsformen[81] und innovative Beteiligungskonzepte, wie etwa Zukunftskonferenzen oder Nachbarschaftsforen. Auch runde Tische und fachspezifische Arbeitskreise werden eingesetzt.[82] Die Zuschreibung einer Relevanz der unterschiedlichen Perspektiven ermöglicht eine interaktive und konsensorientierte Stadtplanung, die nicht länger rein politisch-administrativer

---

[75] *BMVBS/BBR,* Integrierte Stadtentwicklung als Erfolgsbedingung einer nachhaltigen Stadt, 2007, S. 45 f.; *Heinig/Krämer/Weigel,* Bipolare Stadtentwicklung in Leipzig, 2007, S. 30.

[76] *Koch/Krellenberg,* Nachhaltige Stadtentwicklung, 2021, S. 21; *BMVBS/BBR,* Integrierte Stadtentwicklung in Stadtregionen, 2009, S. 103.

[77] *Heinig/Krämer/Weigel,* Bipolare Stadtentwicklung in Leipzig, 2007, S. 30.

[78] *BZK,* Ministerial Meeting Urban Policy „Cities Empower Europe", 2005, zit. nach *BMVBS/BBR,* Integrierte Stadtentwicklung als Erfolgsbedingung einer nachhaltigen Stadt, 2007, S. 15.

[79] *Heinig/Krämer/Weigel,* Bipolare Stadtentwicklung in Leipzig, 2007, S. 30.

[80] *BZK,* Ministerial Meeting Urban Policy „Cities Empower Europe", 2005, zit. nach *BMVBS/BBR,* Integrierte Stadtentwicklung als Erfolgsbedingung einer nachhaltigen Stadt, 2007, S. 15.

[81] *Heinig/Krämer/Weigel,* Bipolare Stadtentwicklung in Leipzig, 2007, S. 30.

[82] *Reiß-Schmidt,* Renaissance „Integrierter Konzepte" in der Stadtentwicklung?, 2002, zit. nach *Franke/Strauss,* Integrierte Stadtentwicklung in deutschen Kommunen, 2010, S. 254.

Art ist.[83] Die damit verbundene Mitarbeit an der Entwicklung der eigenen Stadt fördert die Akzeptanz der stadterneuernden Maßnahmen, die Identifikation seitens der Bevölkerung[84] und deren Sensibilisierung für die stadtökonomische Notwendigkeit der durchgeführten Stadtentwicklungsmaßnahmen.[85]

Die dargestellten Handlungsbereiche sind nicht abschließend zu betrachten. Sie verdeutlichen vielmehr, dass eine integrierte Stadtentwicklung ein hohes Maß an Rationalität und finanziellem Weitblick über Ämtergrenzen hinweg in Bezug auf kommunale Entscheidungen einräumt. Fraglich ist, ob der integrierte Stadtentwicklungsansatz als Optimum unter den Stadtentwicklungsstrategien zu bewerten ist. Fraglich ist auch, ob die dadurch geförderten transparenteren Verwaltungsstrukturen wirklich zu einer besseren Bewältigung komplexer Wirkungszusammenhänge führen oder ob sich die integrierte Stadtentwicklungsplanung in der Realität nur schwerlich realisieren lässt. Diese Unsicherheit ist durchaus berechtigt, denn in der Vergangenheit gab es immer wieder Schwierigkeiten bei der Umsetzung entsprechender Konzepte.[86] Seit Ende der 1980er Jahre kehrten Städte integrierten Stadtentwicklungsplanungen daher immer wieder den Rücken zu und schufen sogar ihre dafür einst eingerichteten Stadtentwicklungsämter ab. Sie fokussierten sich stattdessen auf einzelne Projekte und orientierten sich vermehrt am Marktgeschehen.[87] Betrachtet man gescheiterte Strategien, so lässt sich immer wieder beobachten, dass diesen lediglich ein additiver Charakter zugesprochen wurde. Dadurch waren sie kaum zur tatsächlichen Umsetzung geeignet. Auch ließen oftmals die zum Teil noch sehr starren Verwaltungsstrukturen keine integrierte Vorgehensweise zu.[88] Die Zielsetzungen waren teils derartig hoch, sodass deren Umsetzung weit hinter den ursprünglichen Konzepten zurückblieb. Beteiligungsverfahren, welche eigentlich die Offenheit einer integrierten Stadtentwicklung befördern sollten, schlugen oftmals um in unübersichtliche, willkürliche, unverbindliche komplexe Vorgänge. Überraschend ist

---

[83] *Franke/Strauss,* Integrierte Stadtentwicklung in deutschen Kommunen, 2010, S. 254; *Heinz,* Stadtentwicklungsplanung, 1998, S. 242.

[84] *BMVBS/BBR,* Integrierte Stadtentwicklung als Erfolgsbedingung einer nachhaltigen Stadt, 2007, S. 45 f.

[85] *Heinig/Krämer/Weigel,* Bipolare Stadtentwicklung in Leipzig, 2007, S. 30.

[86] *Franke/Strauss,* Integrierte Stadtentwicklung in deutschen Kommunen, 2010, S. 253 f.; *Heinz,* Stadtentwicklungsplanung, 1998, S. 234 ff.

[87] *Reiß-Schmidt,* Renaissance „Integrierter Konzepte" in der Stadtentwicklung?, 2002, zit. nach *Franke/Strauss,* Integrierte Stadtentwicklung in deutschen Kommunen, 2010, S. 253 f.

[88] *Franke/Strauss,* Integrierte Stadtentwicklung in deutschen Kommunen, 2010, S. 253 f.; *Heinz,* Stadtentwicklungsplanung, 1998, S. 234 f.

unter den genannten Unwägbarkeiten vergangener integrierter, wenig erfolgreicher Anläufe die Beobachtung von dogmatischen Bestrebungen nach der perfekten Lösung. Anstatt Rückschläge als Anlass zum Abbruch zu werten, sollten integrierte Stadtentwicklungsprozesse vielmehr als Lernprozesse verstanden werden, welche Misserfolge als Bottom-up-Vorschläge zulassen, um sie in ihre Top-down-Zielvorgaben zu integrieren.[89]

Für eine gelingende Realisierung dieser komplexen Strategieansätze wird eine ausgeprägte kommunale Planungshoheit benötigt. Ebenso sind personelle und finanzielle Ressourcen sowie informelle (Raum-)Entwicklungsmöglichkeiten erforderlich.[90] Hierfür bedarf es zunächst ein Upgrade des integrierten kommunalen Handelns hin zur Chefsache. Darüber hinaus ist eine Organisationsstruktur anzustreben, die fernab von der klassischen Linienorganisation ein ressortübergreifendes Handeln sowie kurze Wege ermöglicht. Konkret eignen sich hierfür Stabsstellen oder eine Matrixstruktur.[91] Die Verwaltung und Kommunalpolitik sollte an einer Kooperation und Koproduktion interessiert sein und alle wichtigen Stakeholder innerhalb und außerhalb von Stadtverwaltung und -politik einbeziehen. Besonders wichtig ist die Beteiligung der örtlichen Bevölkerung, der lokalen zivilen Verbände und der ortsansässigen Privatwirtschaft. Letztere kann vor allem in finanzieller Hinsicht förderlich sein. Neben einer Öffnung der Kommunikationswege nach außen sind detaillierte Zielsetzungen und Strategien, untermauert durch entsprechende Maßnahmenpakete und Projekte, insbesondere dann von Erfolg gekrönt, wenn sie einen konkreten Gebietsbezug aufweisen.[92] Ihre räumliche Dimension sollten integrierte Stadtentwicklungsstrategien also auf eine resiliente und strukturierte Raumnutzung ausrichten. Ein entsprechendes Maß an Flexibilität ist empfehlenswert, um sich von den Auswirkungen der Veränderungen schnellstmöglich erholen zu können.[93] Wichtig im Hinblick auf ebendiese ist die regelmäßige Fortschreibung, Evaluierung und Anpassung der Konzepte in Bezug auf alle für die jeweilige Kommune relevanten Handlungsfelder und kommunalen Tätigkeitsbereiche. Dabei sollten alle zu involvierenden

---

89 *Reiß-Schmidt,* Renaissance „Integrierter Konzepte" in der Stadtentwicklung?, 2002, zit. nach *Franke/Strauss,* Integrierte Stadtentwicklung in deutschen Kommunen, 2010, S. 253 f.

90 *Koch/Krellenberg,* Nachhaltige Stadtentwicklung, 2021, S. 21; *Watson,* Planning Theory 2016, S. 439, 446.

91 *Franke/Strauss,* Integrierte Stadtentwicklung in deutschen Kommunen, 2010, S. 256.

92 *BMVBS/BBR,* Integrierte Stadtentwicklung als Erfolgsbedingung einer nachhaltigen Stadt, 2007, S. 45 f.

93 *Albrecht,* ZUR 2020, S. 13; *Overbeck/Hartz/Fleischhauer,* Ein 10-Punkte-Plan „Klimaanpassung", 2008, S. 363 ff., 371 ff.

Akteure, alle individuellen räumlichen Gegebenheiten und alle potenziellen Finanzierungsquellen berücksichtigt werden.[94]

Wachsende, prosperierende Städte verfolgen bereits langfristig angelegte, realistische, integrierte Stadtentwicklungsstrategien. Sie setzen ihre Teilziele Schritt für Schritt um. Gerade kleinere oder strukturschwächere Kommunen sollten die Vorreiterrolle derartiger Positiv-Beispiele erkennen und in Bezug auf ihre eigenen integrierten Stadtentwicklungskonzepte nutzen.[95]

4.2 Bestandteile einer ganzheitlichen Nachhaltigkeitsstrategie

Eine ganzheitliche kommunale Nachhaltigkeitsstrategie greift den Nachhaltigkeitsgedanken in einem ganzheitlichen Verständnis in Bezug auf das urbane Nachhaltigkeitsbestreben auf. Sie formt daraus eine Strategie, welche Kommunen als Orientierungshilfe dienen soll. Dabei verlangt sie den Erhalt der wesentlichen Eigenschaften und des natürlichen regenerierbaren Bestandes durch eine entsprechend sensible Nutzung der vorhandenen Ressourcen unter Bezugnahme auf ökologische, wirtschaftliche und soziale Aspekte.[96]

Die in der Agenda 2030 verankerten Nachhaltigkeitsziele unterstreichen mit den SDG 11 die kommunale Verantwortung[97], die natürlichen Lebensgrundlagen zu erhalten.[98] Städte und Siedlungen sollen demnach an Widerstandskraft und Sicherheit hinzugewinnen und sich gleichzeitig inklusiv und nachhaltig aufstellen.[99] Sie sollen ihre Stadtentwicklungspolitik auf Langfristigkeit und Nachhaltigkeit ausrichten und die gesellschaftliche Teilhabe fördern. Zudem schreiben sie einem ressourceneffizienten, wirtschaftlichen und barrierefreien Bauen bzw. Umbauen sowie der Wahrung der urbanen Attraktivität eine hohe Bedeutung zu.[100] In Verbindung mit den anderen SDG mit kommunalem Bezug

---

[94] *Franke/Strauss,* Integrierte Stadtentwicklung in deutschen Kommunen, 2010, S. 261.

[95] *Göddecke-Stellmann,* Renaissance der Großstädte, 2011, S. 10.

[96] *Pufé,* Nachhaltigkeit, 2017, S. 100, 117.

[97] *Koch/Krellenberg,* Nachhaltige Stadtentwicklung, 2021, S. 7 f.

[98] *WBGU,* Hauptgutachten, 2016, S. 145.

[99] *Koch/Krellenberg,* Nachhaltige Stadtentwicklung, 2021, S. 8 f.; *Parnell,* World Development 2016, S. 530 ff., 537 ff.

[100] *Die Bundesregierung,* Bericht über die Umsetzung der Agenda 2030 für nachhaltige Entwicklung, 2021, S. 84.

wird dem SDG 11 die Qualität eines globalen Rahmens für eine nachhaltige Stadtentwicklung zugeschrieben. Daher spielt es bei der Ausgestaltung des strategischen Ziel-Katalogs für eine ganzheitliche Nachhaltigkeitsstrategie eine tragende Rolle. Neben der Prämisse einer partizipativen, integrierten und nachhaltigen Stadtplanung und der Entwicklung einer Resilienz gegenüber Katastrophen forciert das SDG 11 eine nachhaltigere Nutzung von Flächen, einen nachhaltigeren Umgang mit dem öffentlichen Raum und den Ausbau nachhaltiger urbaner Mobilität. Zudem soll eine ausgeglichene Betrachtung sozialer, kultureller, wirtschaftlicher und ökologischer Faktoren stattfinden. Konkret definiert das SDG 11 folgende operative Unterziele, welche in ganzheitlichen kommunalen Nachhaltigkeitsstrategien Einzug finden sollten:

1. Schaffung von ausreichend bezahlbarem, sicherem und adäquatem Wohnraum
2. Schaffung eines sicheren, bezahlbaren, nachhaltigen und barrierefrei zugänglichen Verkehrssystems unter Gewährleistung von verkehrlicher Sicherheit und Förderung des ÖPNVs
3. Schutz und Bewahrung des Weltkultur- und des Weltnaturerbes
4. Reduktion der durch Katastrophen bedingten Todesfälle, ökonomischen Verluste und weiteren Betroffenheiten
5. Senkung der durch die Städte verursachten Umweltbelastung mit einem Fokus auf Luftqualität und Abfallaufkommen
6. Gewährleistung eines inklusiven, barrierefreien und sicheren Zugangs zu urbanem Grün und zu öffentlichem Raum.[101]

Ergänzt werden die aufgeführten globalen kommunalen Nachhaltigkeitsziele durch die folgenden europäischen Strategieziele:

7. Transformation des Arbeitsmarktes unter Gewährleistung eines Zugangs zu ebendiesem für alle Bevölkerungsgruppen
8. Schaffung der Möglichkeiten zur Erzielung eines angemessenen Einkommens und Vermögens für alle Bevölkerungsgruppen
9. Einsatz für Bildungsgerechtigkeit
10. Förderung der Institution Familie
11. Ausbau einer Chancengerechtigkeit für alle Geschlechter
12. Bereitstellung von adäquatem Wohnraum für alle Bevölkerungsgruppen

---

[101] *Koch/Krellenberg,* Nachhaltige Stadtentwicklung, 2021, S. 8 ff.

13. Schaffung eines gleichwertigen Zugangs zu kommunalen Dienstleistungen.[102]

Außerdem umfasst das SDG 11 folgende strategische bzw. organisatorische Unterziele zur Umsetzung ganzheitlicher kommunaler Nachhaltigkeitsstrategien:

1. Gestaltung einer inklusiven und nachhaltigen Urbanisierung unter Förderung einer partizipativen, integrierten und nachhaltigen Stadtplanung/ Stadtentwicklung
2. Förderung positiver ökologischer, ökonomischer und sozialer Verbindungen zwischen verschiedenen Gebieten durch eine vernetzte, über die eigenen Stadtgrenzen hinaus planende Stadtentwicklung
3. Förderung einer integrierten Stadtentwicklung, welche sich den Themen Inklusion, Ressourcenschonung, Klimaanpassung und urbane Resilienz annimmt und ein ganzheitliches Katastrophenrisikomanagement gewährleitet.[103]

Ergänzt werden können in diesem Zusammenhang die folgenden, im Rahmen einer Hintergrundstudie zur Leipzig Charta publizierten Ziele, welche den Gedanken an Ganzheitlichkeit in Bezug auf strategisch-organisationale Ansätze aufgreifen:

4. Verlassen des bislang seitens der Kommunen eher starr verfolgten Top-down-Ansatzes mit Orientierung in Richtung Bottom-up-Prozesse mit ausgeprägter Beteiligung Externer
5. Forcierung einer gesamtstädtischen Zielsetzung und Strategieentwicklung unter Einbeziehung stadtteilspezifischer Maßnahmen und Projekte
6. Erhöhung der Relevanz lokaler Probleme und Potenziale im Zuge der Strategie- und Handlungsfeldentwicklung.[104]

---

[102] *BZK,* Gemeinsamer Rahmen für die zukünftige Städtepolitik in Europa, 2004, zit. nach *BMVBS/BBR,* Integrierte Stadtentwicklung als Erfolgsbedingung einer nachhaltigen Stadt, 2007, S. 6 f.

[103] *Koch/Krellenberg,* Nachhaltige Stadtentwicklung, 2021, S. 9 ff.

[104] *BMVBS/BBR,* Integrierte Stadtentwicklung als Erfolgsbedingung einer nachhaltigen Stadt, 2007, S. 17 f.

Bei der praktischen Umsetzung ganzheitlicher Nachhaltigkeitsstrategien kommt es regelmäßig zu Rückschritten oder Stillständen, weshalb oftmals ein experimenteller Eindruck entsteht.[105] In der kommunalen Praxis herrscht zwar kein einheitliches Vorgehen bei der Fokussierung auf ein Mehr an Nachhaltigkeit in Stadtentwicklungsstrategien vor. Empfehlenswert ist jedoch ein flexibles und ämterübergreifendes Verständnis sowie ein grobes Ablaufschema, an dem sich orientiert werden kann.[106]

Das bislang uneinheitliche Vorgehen in der Umsetzung kommunaler Nachhaltigkeitsstrategien fußt auf der fehlenden unmittelbaren Rechtswirksamkeit der SDGs für Kommunen. Sie wurden lediglich in rechtlich unverbindlichen multilateralen Verträgen festgeschrieben und werden von kommunaler Seite oftmals als unverbindliche Schönwetterstrategie angesehen. Die zur Erreichung ambitionierter Nachhaltigkeitsbestrebungen erforderliche Motivation muss von kommunaler Seite also intrinsisch aufgebracht werden. Dies stellt Städte vor große Herausforderungen, genauso wie ihre teils fehlende Handlungskompetenz. Auch bestehen seitens der Kommunen teilweise Zweifel an der Wirksamkeit der SDG. Diese Skepsis lässt sich wiederum sicherlich auf das zuvor beschriebene Implementation-Gap zurückführen.[107]

Die genannten kritischen Punkte in Bezug auf die in der Agenda 2030 verankerten Nachhaltigkeitsziele legen dar, dass diese kein Allheilmittel für mehr Nachhaltigkeit sind. Stattdessen können sie Kommunen als Inspirationsquelle dienen. Wie die SDG 11 auf die kommunale Ebene anwendbar reduziert werden können, wurde im Rahmen dieses Kapitels exemplarisch aufgezeigt. In jedem Falle sollten strategische Nachhaltigkeitsziele jedoch lokal ausgerichtet sein und die spezifischen örtlichen Herausforderungen in Bezug auf eine nachhaltige Stadtentwicklung aufgreifen. Die universell kommunizierten Ziele sollten daher kontextual angepasst werden. Zudem ist die nachhaltige Transformation von Städten als stetiger Prozess zu verstehen, der ein hohes Maß an Kommunikation erfordert.[108]

---

[105] *Koch/Krellenberg,* Nachhaltige Stadtentwicklung, 2021, S. 25 ff.; *Patel u. a.,* Sustainability Science 2017, S. 785 ff.

[106] *Koch/Krellenberg,* Nachhaltige Stadtentwicklung, 2021, S. 25 ff.; *Siragusa u. a.,* European Handbook for SDG Voluntary Local Reviews, 2020, S. 4, 12 ff.

[107] *Koch/Krellenberg,* Nachhaltige Stadtentwicklung, 2021, S. 12 ff., 27.

[108] *Koch/Krellenberg,* Nachhaltige Stadtentwicklung, 2021, S. 11 ff., 43; *Krellenberg u. a.,* Sustainability 2019, S. 6; *Koch u. a.,* DisP 2019, S. 14 ff.

4.3 Handlungsfelder einer nachhaltigen Stadtentwicklung am Beispiel der Innenentwicklung

4.3.1 Betätigungsfelder einer integrierten Innenentwicklung

> *„Um die Chancen des Reurbanisierungstrends für die Innenentwicklung auch über die grossen Entwicklungsgebiete hinaus optimal nutzen zu können und die Attraktivität des Lebens in der Stadt weiter zu erhöhen, braucht es neben den konkreten Arealplanungen ein Bündel von Massnahmen in verschiedenen Handlungsfeldern.“*[109]

Zur Beantwortung der Frage, welche Handlungsfelder für eine ganzheitliche, nachhaltige und integrierte Innenentwicklung relevant sind, können verschiedene politische Strategiepapiere auf internationaler, europäischer und nationaler Ebene herangezogen werden. Ebenfalls aufschlussreich kann die Betrachtung bereits implementierter integrierter Stadtentwicklungskonzepte in der Verwaltungspraxis sein. Zu guter Letzt bildet das Stadtplanungsrecht den rechtlichen Rahmen für integrierte Stadtentwicklungsbestrebungen und beinhaltet in § 1 Abs. 6 BauGB einen umfassenden Handlungskatalog. Gleicht man die genannten Quellen ab, so wird deutlich, dass sich die Inhalte gleichen und lediglich die Zusammenführung der in den jeweiligen Handlungsfeldern enthaltenen Teilaspekte sowie deren Betitelung abweichen. Eine Ganzheitlichkeit lässt sich aufgrund der individuellen Portfolien kommunaler Daseinsvorsorge, die aus der kommunalen Selbstverwaltung heraus resultieren, nicht verallgemeinert darstellen. Die Handlungsfelder des § 1 Abs. 6 BauGB bilden jedoch einen umfassenden Rahmen für eine integrierte Auseinandersetzung mit der Gesamtheit an kommunalen Aufgaben im Rahmen der Innenentwicklung. Aus den genannten Gründen wird nach den folgenden Handlungsfeldern gegliedert:

1. Das Thema Gesundheit, auch in Kombination mit einer guten Wohnqualität, ist im Fokus des § 1 Abs. 6 Nr. 1 BauGB sowie der Neuen Leipzig Charta aus dem Jahr 2020[110] und des Memorandums an eine urbane Resilienz, welches das BMI im Jahr 2021 veröffentlicht hat.[111]

---

[109] *Wehrli-Schindler,* Mit neuen Methoden zu einer differenzierten Innenentwicklung, 2007, S. 60.

[110] *EU2020,* Neue Leipzig Charta, 2020, S. 9, 12 f., 6f

[111] *BMI,* Memorandum Urbane Resilienz, 2021, S. 4, 8 ff.

2. § 1 Abs. 6 Nr. 2 BauGB nimmt sich der Aufenthaltsqualität sowie der Schaffung eines sozialen Gleichgewichts an. Untermauert wird das Handlungsfeld durch die Nachhaltigkeitsstrategie der Bundesregierung,[112] durch das Memorandum an eine urbane Resilienz der Bundesregierung[113] und durch die Neue Leipzig Charta.[114]
3. In ihrer Relevanz unterstrichen durch Bund und EU widmet sich § 1 Abs. 6 Nr. 3 BauGB der Kultur, Bildung und Freizeitgestaltung.[115]
4. Mit einem Augenmerk auf die Förderung von Attraktivität, Lebenswert und Vitalität als Basis für eine Identifikation mit dem eigenen Stadtteil[116] sowie auf eine bedarfsgerechte Infrastrukturbereitstellung[117] unterstreichen sowohl EU als auch Bundesregierung die Relevanz von § 1 Abs. 6 Nr. 4 BauGB.
5. § 1 Abs. 6 Nr. 5 BauGB setzt sich mit dem baukulturellen Erbe auseinander und wird darin von Seiten der Bundesregierung, wie auch der EU bestärkt.[118]
6. Kirchliche Belange unterstreicht § 1 Abs. 6 Nr. 6 BauGB, während sich
7. § 1 Abs. 6 Nr. 7 BauGB, unterstützt vom Bund, um den Klimaschutz und um Klimafolgeanpassungen kümmert.[119]
8. Der Wirtschaft, dem produzierenden Gewerbe, Unternehmen im Allgemeinen[120], der Industrie, der Landwirtschaft, der Fischerei,[121] dem Gastgewerbe, der Wissenschaft, dem Dienstleistungssektor sowie dem Einzelhandel wird

[112] *BMI,* Stadtentwicklungsbericht der Bundesregierung, 2020, S. 42, 57; *Die Bundesregierung,* Bericht über die Umsetzung der Agenda 2030 für nachhaltige Entwicklung, 2021, S. 85; *Statistisches Bundesamt,* Nachhaltige Entwicklung in Deutschland, 2021, S. 96 ff.

[113] *BMI,* Memorandum Urbane Resilienz, 2021, S. 4., 8 ff.

[114] *EU2020,* Neue Leipzig Charta, 2020, S. 9, 12 f.

[115] *BMI,* Memorandum Urbane Resilienz, 2021, S. 4, 8 ff.; *Die Bundesregierung,* Bericht über die Umsetzung der Agenda 2030 für nachhaltige Entwicklung, 2021, S. 85; *Statistisches Bundesamt,* Nachhaltige Entwicklung in Deutschland, 2021, S. 98 ff.; *EU2020,* Neue Leipzig Charta, 2020, S. 7 f., 9.

[116] *BMI,* Stadtentwicklungsbericht der Bundesregierung, 2020, S. 72.

[117] *BMI,* Memorandum Urbane Resilienz, 2021, S. 4., 8 ff.; *EK,* Mitteilung der Kommission, 2011, S. 22; *EU2020,* Neue Leipzig Charta, 2020, S. 9.

[118] *BMI,* Memorandum Urbane Resilienz, 2021, S. 8 ff.; *EU2020,* Neue Leipzig Charta, 2020, S. 9.

[119] *BMI,* Memorandum Urbane Resilienz, 2021, S. 4.

[120] *EU2020,* Neue Leipzig Charta, 2020, S. 7 f., 12 f.

[121] *EK,* Mitteilung der Kommission, 2011, S. 22, 15.

nicht zuletzt durch eine Analyse und Steuerung des Konsum- bzw. Produktionsverhaltens[122] in § 1 Abs. 6 Nr. 8 BauGB nachgegangen.

9. Dem Konzept der dreifachen Innenentwicklung entsprechend befasst sich § 1 Abs. 6 Nr. 9 BauGB mit den Themen Mobilität[123] und Verkehr[124] und forciert eine Mobilitätswende[125] durch die Reduktion des Flächen-[126] und Energieverbrauchs im Verkehrsbereich.[127] Erreicht werden sollen die genannten Ziele durch ein geringeres Verkehrsaufkommen bei sinkendem Mobilitätsbedarf.[128] Zur Sicherung der innerstädtischen Mobilität[129] spielt der Ausbau des ÖPNV-Angebotes eine entscheidende Rolle.[130]
10. Insbesondere mit seinem Bestreben nach einer zivilen Anschlussnutzung militärischer Anlagen ergänzt § 1 Abs. 6 Nr. 10 BauGB das Ziel der Brachflächenreaktivierung.[131]
11. Im Sinne einer Innenentwicklung im engeren Sinne steckt § 1 Abs. 6 Nr. 11 BauGB einen städtebaulichen Rahmen für die Priorisierung der Innenentwicklung. Er verfolgt dabei das primäre Ziel, eine weitere Landschaftszersiedelung einzudämmen.[132] Durch die Reduktion der Flächeninanspruchnahme[133] soll ressourcenschonend gebaut[134] und mehr

---

[122] *EU2020,* Neue Leipzig Charta, 2020, S. 6 ff.

[123] *EK,* Mitteilung der Kommission, 2011, S. 22; *EU2020,* Neue Leipzig Charta, 2020, S. 6 f.; *BMI,* Stadtentwicklungsbericht der Bundesregierung, 2020, S. 120 f.; *BMI,* Memorandum Urbane Resilienz, 2021, S. 8 ff.

[124] *EK,* Mitteilung der Kommission, 2011, S. 23; *Die Bundesregierung,* Bericht über die Umsetzung der Agenda 2030 für nachhaltige Entwicklung, 2021, S. 85.

[125] *BMI,* Memorandum Urbane Resilienz, 2021, S. 4.

[126] *Die Bundesregierung,* Bericht über die Umsetzung der Agenda 2030 für nachhaltige Entwicklung, 2021, S. 85; *Statistisches Bundesamt,* Nachhaltige Entwicklung in Deutschland, 2021, S. 84 ff.; *EU2020,* Neue Leipzig Charta, 2020, S. 12 f.

[127] *Statistisches Bundesamt,* Nachhaltige Entwicklung in Deutschland, 2021, S. 90 ff., 92 ff.

[128] *EU2020,* Neue Leipzig Charta, 2020, S. 12 f.

[129] *Statistisches Bundesamt,* Nachhaltige Entwicklung in Deutschland, 2021, S. 90 ff.; *Vereinte Nationen,* The Sustainable Development Goals Report 2023, 2023, S. 36.

[130] *EU2020,* Neue Leipzig Charta, 2020, S. 9; *Statistisches Bundesamt,* Nachhaltige Entwicklung in Deutschland, 2021, S. 94 ff.

[131] *EU2020,* Neue Leipzig Charta, 2020, S. 12 f.

[132] *EU2020,* Neue Leipzig Charta, 2020, S. 12 f.; *Vereinte Nationen,* The Sustainable Development Goals Report 2023, 2023, S. 37.

[133] *EU2020,* Neue Leipzig Charta, 2020, S. 12 f.; *Die Bundesregierung,* Bericht über die Umsetzung der Agenda 2030 für nachhaltige Entwicklung, 2021, S. 85; *Statistisches Bundesamt,* Nachhaltige Entwicklung in Deutschland, 2021, S. 84 ff.

[134] *EK,* Mitteilung der Kommission, 2011, S. 23.

Kompaktheit erzielt werden. Eine Stadt der kurzen Wege[135] mit einer hohen Siedlungsdichte[136] soll eine polyzentrische Siedlungsstruktur schaffen[137] und das städtische Bild prägen. Für eine nachhaltige Veränderung der Stadt- und Raumstruktur[138] und den daraus entstehenden baulichen Strukturen[139] bedarf es städtebaulicher Leitbilder,[140] welche ein Wachstum nach Innen in den Fokus stellen.[141]

12. § 1 Abs. 6 Nr. 12 BauGB schreibt dem Hochwasserschutz eine besondere Bedeutung zu.
13. Mit Themen rund um Zuwanderung befasst sich § 1 Abs. 6 Nr. 13 BauGB.
14. Nach dem Konzept der doppelten Innenentwicklung besonders relevant, sollen mit § 1 Abs. 6 Nr. 14 BauGB urbane Grün- und Freiflächen gefördert werden.[142] Dadurch sollen Luft und Klima geschützt,[143] die Biodiversität erhalten[144] und die Lebensqualität und Gesundheit der Stadtbevölkerung gefördert werden.[145]

Zunächst werden die zentralen Handlungsfelder der Bauleitplanung mit jeweils einzelnen für die Innenentwicklung von Städten besonders relevant erscheinenden Themen vorgestellt. Anschließend werden sie in eine Übersicht über mögliche Vernetzungen und Synergien überführt.

Die vorgestellten Handlungsfelder des § 1 Abs. 6 BauGB sollen laut Referentenentwurf vom 29.07.2024 anders angeordnet werden. Sie verlieren dadurch

[135] *EU2020,* Neue Leipzig Charta, 2020, S. 12 f.

[136] *Die Bundesregierung,* Bericht über die Umsetzung der Agenda 2030 für nachhaltige Entwicklung, 2021, S. 85; *EU2020,* Neue Leipzig Charta, 2020, S. 12 f.

[137] *EU2020,* Neue Leipzig Charta, 2020, S. 12 f.

[138] *BMI,* Memorandum Urbane Resilienz, 2021, S. 8 ff.

[139] *BMI,* Stadtentwicklungsbericht der Bundesregierung, 2020, S. 94.

[140] *BMI,* Memorandum Urbane Resilienz, 2021, S. 8.

[141] *Vereinte Nationen,* Ziele für nachhaltige Entwicklung, 2023, S. 36.

[142] *BMI,* Memorandum Urbane Resilienz, 2021, S. 4, 8 ff.; *EU2020,* Neue Leipzig Charta, 2020, S. 6 f., 9, 12 f.; *Die Bundesregierung,* Bericht über die Umsetzung der Agenda 2030 für nachhaltige Entwicklung, 2021, S. 85; *Statistisches Bundesamt,* Nachhaltige Entwicklung in Deutschland, 2021, S. 86 ff.

[143] *EU2020,* Neue Leipzig Charta, 2020, S. 6 f., 12 f.; *BMI,* Stadtentwicklungsbericht der Bundesregierung, 2020, S. 133 f.

[144] *EK,* Mitteilung der Kommission, 2011, S. 15.

[145] *BMI,* Stadtentwicklungsbericht der Bundesregierung, 2020, S. 107 f.

jedoch nicht an Relevanz. In den nachfolgenden Handlungsfeldbeschreibungen wird auf die geplanten Änderungen hingewiesen.[146]

Handlungsfeld 1: Erhalt von Gesundheit und Sicherheit
Handlungsfeld 1 empfiehlt die Erfüllung der Bedarfe an ein gesundes Wohnen und Arbeiten. Hierfür bietet sich ein Blick in § 136 Abs. 3 BauGB an, der Kriterien zur Beurteilung städtebaulicher Missstände aufführt. In Bezug auf wohnliche, die Arbeitsumgebung betreffende Bedarfe sind demnach etwa die Sicherheit der Bevölkerung, entsprechende Lichtverhältnisse, die Sonneneinstrahlung und die Luftzufuhr zu berücksichtigen. Auch die Bausubstanz sowie die Zugänglichkeit von Grundstücken sind zu beachten. Das Verhältnis zwischen Wohn- und Arbeitsnutzung der örtlichen Bebauung ist sorgfältig abzuwägen, ebenso wie die Flächennutzung und die vorhandene Erschließung. Im Zuge dessen empfiehlt sich eine Bewertung nach der Art, dem Maß und dem Zustand der bebauten und unbebauten Flächen. Um den Kriterien einer gesunden Wohn- und Arbeitsumgebung gerecht zu werden, sollten zudem die von Grundstücken, Gewerbe, Verkehr und sonstigen Einrichtungen ausgehenden Einwirkungen beachtet werden. Insbesondere Lärm, Verunreinigungen und Erosionen sollten dabei ernst genommen werden. Zudem sollte die vorhandene Bebauung samt den verfügbaren Versorgungseinrichtungen auf ihre energetische Effizienz und Beschaffenheit geprüft werden. Die ebenfalls in Handlungsfeld 1 enthaltene Empfehlung zur Gewährleistung einer sicheren Wohn- und Arbeitsumgebung dient primär dazu, die Kommunen hinsichtlich der Berücksichtigung sicherheitsrelevanter Aspekte bei ihren Planungen zu sensibilisieren.[147]

Handlungsfeld 1 trägt zur Erreichung des Fernziels der Innenentwicklung, nämlich zu einer kompakten Stadt mit Lebensqualität, bei.[148] Es sichert die menschliche Gesundheit und legt seinen Schwerpunkt auf eine gesundheitsförderliche Wohn- und Lebensqualität mit dem Ziel, immissionsbedingte Leiden, wie Stress oder chronische Schädigungen des Gehörs, zu reduzieren. Ein Ansatz mit besonders großer Wirkung ist die Förderung des urbanen Grüns. Nicht überbaubare grüne Grundstücksflächen laden zur Interaktion innerhalb der Bewohnerschaft ein. Die Erholungseffekte wirken sich positiv auf die gesundheitsfördernde Leistungsfähigkeit der Wohn- und Arbeitsumgebung aus und tragen zudem maßgeblich zu einem optimalen Lebensraum für Flora und Fauna im Innenbereich bei. Optisch und strukturell ansprechende Grünflächen laden zu Bewegung ein

[146] *BMWSB,* Referentenentwurf, 2024, S. 7 ff.

[147] *Dirnberger,* BeckOK BauGB, 2018 § 1 Rn. 82, 84.

[148] *Baldauf*, Innenentwicklung PUR planen und realisieren, 2003, S. 32.

und können helfen, gesundheitlichen Problematiken entgegenzuwirken.[149] Vor allem mobilitätseingeschränkte Bevölkerungsgruppen profitieren von städtischen, gut erreichbaren Frei- und Grünflächen in Bezug auf ihre Gesundheit. Wohnungsnahe Entfaltungsräume können auch Kindern zu Gute kommen und sie beispielsweise vor Entwicklungsstörungen bewahren.[150] Und auch Jugendliche schätzen die urbanen Erholungsräume.[151]

Handlungsfeld 1 dient dem Erhalt von Gesundheit und Sicherheit. Es wird in § 1 Abs. 6 Nr. 1 BauGB als erstes Handlungsfeld der Bauleitplanung genannt. Laut Referentenentwurf vom 29.07.2024 findet sich das Handlungsfeld in § 1c Abs. 2 Nr. 1 der für das Jahr 2025 vorgesehenen novellierten Fassung des BauGB wieder.[152]

Handlungsfeld 2: Förderung des Wohn- und Sozialraums
In Bezug auf die Befriedigung der Wohnbedürfnisse der städtischen Bevölkerung sind zum einen quantitative Faktoren, wie die Anzahl der benötigten Wohnungen, und zum anderen qualitative Anforderungen, wie die Art der benötigten Wohnungen, zu berücksichtigen. Zudem sollten Kommunen auf sozial ausgeglichene gesellschaftliche Strukturen achten. Eng damit einher geht die Unterstützung bei der Eigentumsbildung einerseits und die Ermöglichung eines kostensparenden Bauens andererseits. Bei all diesen Fragen sollten Kommunen Überlegungen dahingehend anstellen, inwiefern sich die demographischen Entwicklungen der Zukunft auf die Stadtentwicklung auswirken werden.[153]

Handlungsfeld 2 verbessert die wohnungswirtschaftliche Situation[154] und fördert das urbane Wohnen, wodurch es der Gefahr einer Stadtumlandwanderung entgegenwirkt.[155] Auch frühere Industriestandorte, welche bis heute als Gebäude-

---

149 *Eichholz/Schoppengerd,* Herausforderung Innenentwicklung, 2022, S. 30 ff.; *SenStadtWohn/SenUVK,* Berliner Leitfaden, 2017, S. 13, 21.; *Preuß u. a.,* UBA-Texte 2020, S. 21, 148 ff.; *Fuchs/Schleifnecker,* Handbuch ökologische Siedlungsentwicklung, 2001, S. 124 f.; *BMUB,* Grün in der Stadt, 2015, S. 13 ff.; *Becker u. a.,* Neue Freiräume für den urbanen Alltag, 2009, S. 9 f.

150 *Koch,* Ökologische Stadtentwicklung, 2001, S. 15; *Eichholz/Schoppengerd,* Herausforderung Innenentwicklung, 2022, S. 30 ff.

151 *Eichholz/Schoppengerd,* Herausforderung Innenentwicklung, 2022, S. 30 ff.; *Fuchs/Schleifnecker,* Handbuch ökologische Siedlungsentwicklung, 2001, S. 125.

152 *BMWSB,* Referentenentwurf, 2024, S. 7 ff.

153 *Dirnberger,* BeckOK BauGB, 2018 § 1 Rn. 85–91.

154 *Spangenberger,* UPR 2009, S. 217.

155 *Kron,* Zukunftsfähige Stadtplanung in Stuttgart, 2007, S. 12.

oder Flächenbrachen unter wirtschaftlichen Schwierigkeiten leiden,[156] bezieht Handlungsfeld 2 in die städtische Innenentwicklung ein. Es optimiert deren Wohnqualität und Infrastruktur und steigert dadurch ihre Beliebtheit auf dem Immobilienmarkt. Handlungsfeld 2 forciert eine soziale Wohnraumförderung und ermöglicht dadurch eine hohe Wohnqualität für alle Einkommensgruppen und sozialen Bevölkerungsschichten zu entsprechend preisgünstigen Konditionen. Neben der Schaffung von Lebensqualität[157] und Nutzungsqualität vermeidet Handlungsfeld 2 gegenseitige Störungen.[158] Es wirkt auch in den ehemaligen Arbeiterquartieren, Großwohnsiedlungen und Quartieren mit sozialökonomischen Problemen, wie einer hohen Arbeitslosigkeit, einer hohen Transferleistungsquote, einer niedrigen Kaufkraft und Armut, welche sich häufig am Stadtrand befinden. Es nimmt sich der dort vorherrschenden sozialstrukturellen Probleme an, indem es sich für eine soziale Durchmischung verschiedener Nationalitäten und Bevölkerungsgruppen einsetzt. Gleichzeitig nimmt es sich sozialer Probleme, wie Sprachbarrieren, Konfliktpotenzialen, Rassismus, Zerstörungswut und Kriminalität an. Es legt seinen Fokus auf den Angleich unterschiedlicher Bildungsniveaus, auf die Aufklärung familiärer Missstände sowie auf schulische Unterstützungsangebote für Kinder und Jugendliche. Es sorgt für ein Zusammengehörigkeitsgefühl und wirkt gegen mangelnde Perspektiven, Hoffnungslosigkeit und Einsamkeit, indem es soziale Netzwerke schafft und sich Drogen- und Alkoholproblematiken annimmt.[159]

Handlungsfeld 2 dient der Förderung des Wohn- und Sozialraums. Es wird in § 1 Abs. 6 Nr. 2 BauGB als zweites Handlungsfeld der Bauleitplanung genannt. Laut Referentenentwurf vom 29.07.2024 findet sich das Handlungsfeld in § 1c Abs. 2 Nr. 2 der für das Jahr 2025 vorgesehenen novellierten Fassung des BauGB wieder.[160]

---

156 *BMVBS/BBR,* Integrierte Stadtentwicklung als Erfolgsbedingung einer nachhaltigen Stadt, 2007, S. 26.

157 *Wehrli-Schindler,* Mit neuen Methoden zu einer differenzierten Innenentwicklung, 2007, S. 60; *Eichholz/Schoppengerd,* Herausforderung Innenentwicklung, 2022, S. 30 ff.

158 *Baldauf*, Innenentwicklung PUR planen und realisieren, 2003, S. 32.

159 *BMVBS/BBR,* Integrierte Stadtentwicklung als Erfolgsbedingung einer nachhaltigen Stadt, 2007, S. 23 ff.; *Franke/Löhr/Sander,* Soziale Stadt, 2000, S. 247; *Ministerio de Vivienda,*Wohnungsbaupolitik als Instrument für Stadterneuerung, 2006, S. 1 ff., zit. nach *BMVBS/BBR,* Integrierte Stadtentwicklung als Erfolgsbedingung einer nachhaltigen Stadt, 2007, S. 26 f.

160 *BMWSB,* Referentenentwurf, 2024, S. 7 ff.

Handlungsfeld 3: Gestaltung des Bildungs-, Kultur- und Freizeitangebotes
Die Berücksichtigung der sozialen und kulturellen Bedarfe seitens der Bevölkerung sowie die Relevanz des Bildungswesens und der Belange von Sport, Freizeit und Erholung sollten durch die Kommune vom Grundsatz her berücksichtigt werden. Zudem dient Handlungsfeld 3 dazu, die Position der genannten Themen gegenüber anderen Planungen zu stärken.[161] Mit der Einbeziehung der Belange des Bildungswesens in die Stadtplanung sollen Flächen für Schulen, Hochschulen, Museen, Büchereien sowie für Radio- und Fernseheinrichtungen bereitgestellt werden. Auch Belange des Sports, der Freizeitgestaltung und der Erholung sollen durch Handlungsfeld 3 gefördert werden. Hierunter fallen beispielsweise Spielplätze, Sportplätze, Zeltplätze und Badeplätze sowie Stadien, Schwimmbäder und sonstige Freizeiteinrichtungen. Als Erholungsmöglichkeit kann auch die Landschaft fungieren.[162]

Handlungsfeld 3 hilft durch die Stützung der historischen Funktion urbaner Räume den Innenstädten dabei, zum Treff- und Mittelpunkt sozialer Interaktion zu werden und dadurch insbesondere junge Familien zurück in die Zentren zu holen.[163] Durch die Förderung von Wissenschaft und Forschung trägt Handlungsfeld 3 zur Generierung und Nutzung von Wissen bei, denn dadurch stellt es die Weichen für ein zukunftsweisendes wirtschaftliches Handeln.[164] Bauliche Entwicklungsprojekte tragen in diesem Zuge zur Revitalisierung der Städte bei.[165]

Handlungsfeld 3 dient der Gestaltung des Bildungs-, Kultur- und Freizeitangebotes. Es wird in § 1 Abs. 6 Nr. 3 BauGB als drittes Handlungsfeld der Bauleitplanung genannt. Laut Referentenentwurf vom 29.07.2024 findet sich das Handlungsfeld in § 1c Abs. 2 Nr. 3 der für das Jahr 2025 vorgesehenen novellierten Fassung des BauGB wieder.[166]

Handlungsfeld 4: Entwicklung von Quartier und Infrastruktur
Handlungsfeld 4 verfolgt das Ziel, bestehende im Zusammenhang bebaute Ortsteile (im Sinne von § 34 BauGB) anzupassen, umzubauen, zu erhalten, zu erneuern und fortzuentwickeln. Wenngleich Kommunen diese ebenfalls entwickeln dürfen, sind Splittersiedlungen bzw. Streusiedlungen im Außenbereich von

---

161 *Dirnberger,* BeckOK BauGB, 2018 § 1 Rn. 92.

162 *Battis*, in: *Battis/Krautzberger/Löhr*, BauGB, 2022, § 1 Rn. 58, 59.

163 *Baldauf*, Innenentwicklung PUR planen und realisieren, 2003, S. 32.

164 *Kron,* Zukunftsfähige Stadtplanung in Stuttgart, 2007, S. 18.

165 *Heinig/Krämer/Weigel,* Bipolare Stadtentwicklung in Leipzig, 2007, S. 27 f.

166 *BMWSB,* Referentenentwurf, 2024, S. 7 ff.

Handlungsfeld 4 gemäß § 1 Abs. 6 BauGB ausgenommen. Ein weiterer Schwerpunkt des Handlungsfeldes 4 ist die Fortentwicklung und Aufrechterhaltung zentraler Versorgungseinrichtungen, welche sich aus den tatsächlich vorhandenen Gegebenheiten, aus dem jeweiligen Flächennutzungsplan oder aus dem örtlichen Bebauungsplan ableiten lassen.[167]

Durch die Priorisierung von urbanen Entwicklungen im Innen- anstatt im Außenbereich und dem Entgegenwirken einer Zersiedelung der Landschaft trifft Handlungsfeld 4 den Ursprungsgedanken der Innenentwicklung in seinem Kern.[168] Ergänzend schafft es durch seinen Fokus auf die urbane Versorgung die Basis für alle weiteren Handlungsfelder.[169]

Handlungsfeld 4 dient der Entwicklung von Quartier und Infrastruktur. Es wird in § 1 Abs. 6 Nr. 4 BauGB als viertes Handlungsfeld der Bauleitplanung genannt. Laut Referentenentwurf vom 29.07.2024 findet sich das Handlungsfeld in § 1c Abs. 2 Nr. 5, § 1c Abs. 4 Nr. 4 und 5 sowie § 1c Abs. 5 Nr. 3 der für das Jahr 2025 vorgesehenen novellierten Fassung des BauGB wieder.[170]

Handlungsfeld 5: Erhalt und Gestaltung des Bestandes

Handlungsfeld 5 bezieht den Schutz sowie die Pflege von Denkmälern, Baukultur, erhaltenswerten Ortsteilen und bedeutungsvollen Straßen und Plätzen in die Stadtplanung ein. Es reduziert sich dabei nicht auf denkmalschutzrechtlich relevante Anlagen. Vielmehr berücksichtigt es auch die darüber hinaus gehenden Bauwerke, Straßenzüge und Plätze[171] und forciert die Gestaltung des Landschafts- und Ortsbildes.

Mit seinem Fokus auf den Erhalt des Bestehenden fördert Handlungsfeld 5 maßgeblich die Stadtgestalt und das Landschaftsbild,[172] indem landschaftliche Qualitäten erhalten und entwickelt werden.[173] Durch die Wiedernutzbarmachung von erhaltenswerten Bauten trägt Handlungsfeld 5 zudem zur Bevölkerungsbindung bei.[174]

Handlungsfeld 5 dient dem Erhalt und der Gestaltung des Bestandes. Es wird in § 1 Abs. 6 Nr. 5 BauGB als fünftes Handlungsfeld der Bauleitplanung

---

[167] *Dirnberger,* BeckOK BauGB, 2018 § 1 Rn. 96, 97.

[168] *Kühnau u. a.,* Doppelte Innenentwicklung, 2017, S. 7.

[169] *Dirnberger,* BeckOK BauGB, 2018 § 1 Rn. 97.

[170] *BMWSB,* Referentenentwurf, 2024, S. 7 ff.

[171] *Battis*, in: *Battis/Krautzberger/Löhr*, BauGB, 2022, § 1 Rn. 62.

[172] *Baldauf*, Innenentwicklung PUR planen und realisieren, 2003, S. 32.

[173] *Kron,* Zukunftsfähige Stadtplanung in Stuttgart, 2007, S. 12.

[174] *Heinig/Krämer/Weigel,* Bipolare Stadtentwicklung in Leipzig, 2007, S. 24.

genannt. Laut Referentenentwurf vom 29.07.2024 findet sich das Handlungsfeld in § 1c Abs. 5 Nr. 4 der für das Jahr 2025 vorgesehenen novellierten Fassung des BauGB wieder.[175]

Handlungsfeld 6: Berücksichtigung kirchlicher Erfordernisse
§ 1 Abs. 6 BauGB umfasst die Belange von Kirchen und Religionsgesellschaften im Sinne des öffentlichen Rechts und berücksichtigt dabei insbesondere die katholische und evangelische Kirche sowie die jüdische Kultusgemeinde.[176] Hinsichtlich der Berücksichtigung der Erfordernisse für Gottesdienst und Seelsorge betrachtet Handlungsfeld 6 unter anderem Kirchen mit den dazugehörigen Pfarrhäusern, Klöstern sowie kirchlichen Altenheimen und konfessionellen Kindergärten bzw. Schulen. Auch kirchliche Gemeindezentren, Friedhöfe sowie weitere seelsorgerische Einrichtungen und Moscheen fallen unter die Förderung von Handlungsfeld 6.[177]

Damit leistet Handlungsfeld 6 einen wesentlichen Beitrag zur Sicherstellung infrastruktureller und sozialgemeinschaftlicher Angebote.

Handlungsfeld 6 dient der Berücksichtigung kirchlicher Erfordernisse. Es wird in § 1 Abs. 6 Nr. 6 BauGB als sechstes Handlungsfeld der Bauleitplanung genannt. Laut Referentenentwurf vom 29.07.2024 findet sich das Handlungsfeld in § 1c Abs. 5 Nr. 7 der für das Jahr 2025 vorgesehenen novellierten Fassung des BauGB wieder.[178]

Handlungsfeld 7: Schutz von Umwelt, Natur und Klima
Handlungsfeld 7 betrachtet Umwelt- und Naturschutzbelange sowie jene der Landschaftspflege und bezieht sie in die Stadtplanung ein. Es bildet die Grundlage für die Einordnung der von Bauleitplänen ausgehenden Umweltauswirkungen. Die Nummern 7a, 7c, 7d und 7i des § 1 Abs. 6 BauGB betrachten hierbei die bauleitplanerischen Auswirkungen auf verschiedene Umweltbereiche einschließlich ihrer erwarteten Wechselwirkungen. Die Nummern 7b, 7e, 7h und 7j desselben Paragrafen umfassen hingegen Umweltstandards außerhalb des Bauplanungsrechts. Auch dem Thema Energieeffizienz und erneuerbare Energien wird Handlungsfeld 7 im Sinne von § 1 Abs. 6 Nr. 7f BauGB gerecht.[179]

---

[175] *BMWSB,* Referentenentwurf, 2024, S. 7 ff.

[176] *Dirnberger,* BeckOK BauGB, 2018 § 1 Rn. 100.

[177] *Battis,* in: *Battis/Krautzberger/Löhr*, BauGB, 2022, § 1 Rn. 63.

[178] *BMWSB,* Referentenentwurf, 2024, S. 7 ff.

[179] *Dirnberger,* BeckOK BauGB, 2018 § 1 Rn. 103, 104.

In Bezug auf den Umwelt- und Naturschutz hat die Optimierung des Stadtklimas eine tragende Rolle. Oberstes Ziel von Handlungsfeld 7 ist die Herstellung einer Klimaresilienz.[180] Städte mit einer hohen baulichen Dichte haben häufig den Charakter von Hitzeinseln, sodass der Reduktion dieser Hitzehotspots im Rahmen der Innenentwicklung eine große Bedeutung zukommt. In Zeiten des Klimawandels reguliert Handlungsfeld 7 damit aktiv die negativen Folgen des Stadtklimas auf den städtischen Raum. Hierbei tragen das urbane Grün, Verschattungsmaßnahmen und versickerungsfähige Bodenbeläge maßgeblich zu klimatischen Effekten bei und erhöhen damit die Wohnqualität. Die genannten Maßnahmen tragen zudem wirtschaftliche Einsparpotenziale in sich, sofern bereits im Planungsstadium auf eine klimageeignete Bepflanzung geachtet wird und sich dadurch Folgekosten für klimatische Fehlbepflanzungen reduzieren lassen. Neben dem Schutz der natürlichen Lebensgrundlagen[181] kann Handlungsfeld 7 also maßgeblich zur Vermeidung städtischer Hitzeinseln beitragen.[182]

Handlungsfeld 7 dient dem Schutz von Umwelt, Natur und Klima. Es wird in § 1 Abs. 6 Nr. 7 BauGB als siebtes Handlungsfeld der Bauleitplanung genannt. Laut Referentenentwurf vom 29.07.2024 findet sich das Handlungsfeld in § 1c Abs. 3 der für das Jahr 2025 vorgesehenen novellierten Fassung des BauGB wieder.[183]

Handlungsfeld 8: Förderung der Wirtschaft, Land- und Forstwirtschaft

Durch Handlungsfeld 8 sollen zunächst die Belange der Wirtschaft in der Stadtplanung Berücksichtigung finden. Hierbei kommt der Kommune beispielsweise hinsichtlich der Bereitstellung von Gewerbeflächen eine tragende Rolle zu, welche sie wettbewerbsneutral auszuüben hat.[184] Auch sollen durch Handlungsfeld 8 die Belange der Land- und Forstwirtschaft gefördert werden. Weitere Handlungsbereiche sind der Erhalt, die Sicherung und die Schaffung von Arbeitsplätzen, die Themen Post, Telekommunikation und Mobilfunk sowie die Sicherung des

---

[180] Derzeit nur als Hochschulschrift veröffentlicht, jedoch mit hohem wissenschaftlichen Gehalt, wird zur Vertiefung der Klimaresilienz folgende Masterarbeit empfohlen: *Gärtner/Sander/Bühler-Kölmel,* Klimaresilienz auf kommunaler Ebene, 2024.

[181] *Eichholz/Schoppengerd,* Herausforderung Innenentwicklung, 2022, S. 23 ff.; *Verbücheln u. a.,* Plan4Change, 2017, S. 6; *Möller/Machleidt/MIL,* Leitfaden Immissionsschutz in Bebauungsplänen, 2014, S. 29, 52; *WILA,* Grün statt Grau, 2019, S. 5; *Spangenberger,* UPR 2009, S. 217.

[182] *Seto u. a.,* Human Settlements, Infrastructure, and Spatial Planning, 2014, S. 977.

[183] *BMWSB,* Referentenentwurf, 2024, S. 7 ff.

[184] *Dirnberger,* BeckOK BauGB, 2018 § 1 Rn. 106–107.

Rohstoffvorkommens und die Gewährleistung einer Versorgungssicherheit mit Energie und Wasser.

Handlungsfeld 8 birgt das Potenzial, Wirtschaftsstandorte zu sichern.[185] Durch eine stetige Optimierung der Standorteigenschaften[186] lässt sich bestenfalls ein gewisser Beliebtheits- und Bekanntheitsgrad erzielen.[187] Durch wirtschaftliche Anreize in die Richtung ortsansässiger Wirtschaftsbetriebe[188] kann Handlungsfeld 8 die Entwicklung und Weiterentwicklung neuer Dienstleistungsangebote fördern. Ein weiterer potenzieller Erfolgsfaktor der Themen rund um die Wirtschaftsförderung besteht in der Verknüpfung von Wohnen und Arbeiten.[189] Einerseits werden wohnortnahe Arbeitsplatzangebote geschaffen[190] und andererseits wird wiederum eine Balance hinsichtlich der nachbarschaftlichen Beziehung von Produktion und Wohnen hergestellt.[191] Während eine nachhaltige Stadtstruktur genügend Flächen für eine Gewerbeentwicklung zur Verfügung stellen muss, sollte gleichzeitig darauf geachtet werden, die Kaufkraftströmungen in die Innenstadt zu lenken.[192] Ziel ist es, den Einzelhandel widerstandsfähig gegen große konkurrierende Einkaufszentren auf der grünen Wiese zu machen.[193] Als chancenreich mit Blick auf die Innenstadtbelebung trotz Ladenschließzeiten können sich bereits die Fertigstellung von Bauprojekten oder die Integration von Einkaufszentren in Bestandsgebäude im Innenstadtbereich auf die Besucherfrequenz auswirken.[194]

Handlungsfeld 8 dient der Förderung der Wirtschaft, Land- und Forstwirtschaft. Es wird in § 1 Abs. 6 Nr. 8 BauGB als achtes Handlungsfeld der Bauleitplanung genannt. Laut Referentenentwurf vom 29.07.2024 findet sich das Handlungsfeld in § 1c Abs. 4 Nr. 1 bis 3 und 6 der für das Jahr 2025 vorgesehenen novellierten Fassung des BauGB wieder.[195]

---

[185] *Kron,* Zukunftsfähige Stadtplanung in Stuttgart, 2007, S. 12.

[186] *Heinig/Krämer/Weigel,* Bipolare Stadtentwicklung in Leipzig, 2007, S. 29.

[187] *Kron,* Zukunftsfähige Stadtplanung in Stuttgart, 2007, S. 16 f.

[188] *Spangenberger,* UPR 2009, S. 217.

[189] *Kron,* Zukunftsfähige Stadtplanung in Stuttgart, 2007, S. 16 f.

[190] *Franke/Löhr/Sander,* Soziale Stadt, 2000, S. 247 f.; *Ministerio de Vivienda,* Wohnungsbaupolitik als Instrument für Stadterneuerung, 2006, S. 1 ff., zit. nach *BMVBS/BBR,* Integrierte Stadtentwicklung als Erfolgsbedingung einer nachhaltigen Stadt, 2007, S. 26 f.

[191] *Kron,* Zukunftsfähige Stadtplanung in Stuttgart, 2007, S. 16 f.

[192] *Heinig/Krämer/Weigel,* Bipolare Stadtentwicklung in Leipzig, 2007, S. 27 ff.

[193] *Wehrli-Schindler,* Mit neuen Methoden zu einer differenzierten Innenentwicklung, 2007, S. 60.

[194] *Heinig/Krämer/Weigel,* Bipolare Stadtentwicklung in Leipzig, 2007, S. 27 f.

[195] *BMWSB,* Referentenentwurf, 2024, S. 7 ff.

Handlungsfeld 9: Gestaltung von Verkehr und Mobilität
Mit der Förderung des Personen- und Güterverkehrs sowie der Mobilitätsentwicklung umfasst Handlungsfeld 9 flächenrelevante Aspekte, die Etablierung alternativer Mobilitätsangebote und einschlägige umweltrelevante Themen.[196]

Handlungsfeld 9 sichert die lokale Mobilität bei gleichzeitiger Vermeidung einer innerstädtischen Verkehrsbelastung.[197] Durch die Reduktion von Verkehrsemissionen[198] in Form von Lärm- und Feinstaubbelastungen[199] wirkt es sich positiv auf die Umwelt und auf die Umgebung aus.[200] Es erhöht die Wohn- und Aufenthaltsqualität[201] und reduziert dadurch Stress, chronische Hörschäden und weitere Gesundheitsrisiken.[202] Eine Nebenwirkung der von Handlungsfeld 9 angestrebten Senkung der Luftschadstoff- und Lärmbelastung ist der damit einhergehende zu erwartende Anstieg des Mietspiegels. Denn in manchen Stadtteilen bewegte dieser sich bis dato insbesondere aufgrund ebendieser Emissionen auf einem erschwinglichen Niveau.[203] Um diese Effekte auszugleichen, ist ein Zusammenspiel der verschiedenen Handlungsfelder erforderlich. Darauf wird an späterer Stelle näher eingegangen.

Der zur Reduktion des Individualverkehrs und der damit einhergehenden Emissionsbelastungen in der Stadt gestärkte ÖPNV[204] hilft insbesondere Menschen in benachteiligten Stadtteilen. Grund dafür ist, dass dieser Personenkreis aufgrund von wirtschaftlichen Abhängigkeitsverhältnissen häufig auf öffentliche Mobilitätsangebote angewiesen ist. Der ÖPNV ermöglicht zum einen die Sicherung der wirtschaftlichen Basis dieser Menschen, da sie durch ihn sozial integriert einer Ausbildung bzw. einer Arbeitstätigkeit nachgehen können. Auch ermöglicht der ÖPNV ihnen, Kontakte außerhalb des eigenen Quartiers pflegen zu

---

[196] *Battis*, in: *Battis/Krautzberger/Löhr*, BauGB, 2022, § 1 Rn. 75, 76.

[197] *Baldauf*, Innenentwicklung PUR planen und realisieren, 2003, S. 32.

[198] *BMVBS/BBR,* Integrierte Stadtentwicklung als Erfolgsbedingung einer nachhaltigen Stadt, 2007, S. 32 ff.

[199] *Eichholz/Schoppengerd,* Herausforderung Innenentwicklung, 2022, S. 23 ff.; *Bunzel/Hinzen/UBA,* Arbeitshilfe Umweltschutz in der Bebauungsplanung, 2000, S. 45 ff.

[200] *BMVBS/BBR,* Integrierte Stadtentwicklung als Erfolgsbedingung einer nachhaltigen Stadt, 2007, S. 32 ff.

[201] *Eichholz/Schoppengerd,* Herausforderung Innenentwicklung, 2022, S. 23 ff.; *Bunzel/Hinzen/UBA,* Arbeitshilfe Umweltschutz in der Bebauungsplanung, 2000, S. 45 ff.

[202] *Eichholz/Schoppengerd,* Herausforderung Innenentwicklung, 2022, S. 30 ff.; *SenStadtWohn/SenUVK,* Berliner Leitfaden, 2017, S. 13, 21.

[203] *BMVBS/BBR,* Integrierte Stadtentwicklung als Erfolgsbedingung einer nachhaltigen Stadt, 2007, S. 32 ff.

[204] *Baum u. a.,* Handlungsfelder der Landnutzung, 2021, S. 72 ff.

können. Zum anderen bietet der ÖPNV die Chance, hochwertige Bildungsangebote nutzen, attraktive Versorgungs- und Dienstleistungseinrichtungen besuchen und Freizeitmöglichkeiten außerhalb des eigenen Quartiers wahrnehmen zu können.[205]

Bei all den aufgezeigten Vorteilen eines ÖPNV-Ausbaus sei an dieser Stelle erwähnt, dass im Bebauungsplan nur zielführend verkehrliche Maßnahmen integriert werden können, wenn es die gesamtstädtischen Kapazitäten und Streckenverläufe im Plangebiet auch zulassen.[206] Wenn die entsprechenden Rahmenbedingungen gegeben sind, lässt sich Zeit durch kurze und direkte Wege einsparen. Und dies führt wiederum zur Steigerung der Mobilität der Stadtbevölkerung bei gleichzeitiger Reduktion des Verkehrs in Städten.[207]

Neben dem Ausbau des ÖPNV und der Reduktion von Wegezeiten hilft Handlungsfeld 9 bei der Reduktion von verkehrsbedingten Flächeninanspruchnahmen.[208] Es hilft dadurch den Grünflächenanteil im öffentlichen (Straßen-) Raum zu erhöhen und trägt damit zu einer Verbesserung des Stadtklimas und der urbanen Regenwasserbewirtschaftung bei. Durch das Angebot alternativer Verkehrsmittel werden weniger Pkw-Stellplätze benötigt. Dadurch ermöglicht Handlungsfeld 9 beispielsweise eine sparsamere Flächenversiegelung, einen flächenmäßigen Ausbau des urbanen Grüns sowie eine Reduktion der Pkw-Anzahl in der Stadt. Es sorgt damit für verbesserte Lebens- und Aufenthaltsbedingungen sowie für ein angenehmeres Stadtklima.[209] Durch die Schaffung einer lebenswerten Verkehrsstruktur ermöglicht es die Entwicklung autoarmer Städte.[210]

---

[205] *BMVBS/BBR,* Integrierte Stadtentwicklung als Erfolgsbedingung einer nachhaltigen Stadt, 2007, S. 32 ff.

[206] *Laukemper/Sgobba,* Handlungsfeld Mobilität und Verkehr, 2018, S. 117 ff.; *Eichholz/Schoppengerd,* Herausforderung Innenentwicklung, 2022, S. 23 ff.

[207] *UBA,* Die Stadt für Morgen, 2017, S. 4; *Baldauf*, Innenentwicklung PUR planen und realisieren, 2003, S. 32.

[208] *Baum u. a.,* Handlungsfelder der Landnutzung, 2021, S. 72 ff.

[209] *Eichholz/Schoppengerd,* Herausforderung Innenentwicklung, 2022, S. 23 ff.; *Bunzel/Hinzen/UBA,* Arbeitshilfe Umweltschutz in der Bebauungsplanung, 2000, S. 45 ff.

[210] *Eichholz/Schoppengerd,* Herausforderung Innenentwicklung, 2022, S. 23 ff.; *Bunzel/Hinzen/UBA,* Arbeitshilfe Umweltschutz in der Bebauungsplanung, 2000, S. 45 ff.

Handlungsfeld 9 dient der Förderung einer stadtverträglichen integrierten Verkehrsplanung.[211] Es reduziert Verkehrsunfälle[212] und trägt zu mehr Verkehrssicherheit im Quartier bei.[213] Außerdem ermöglicht es durch die Schaffung von kurzen Wegen und durch die Optimierung des ÖPNV-Angebotes eine Teilhabe aller Menschen in einer Stadt. Es hilft, soziale Kontakte zu pflegen und die Stigmatisierung bestimmter Bevölkerungsgruppen abzubauen.[214]

Handlungsfeld 9 dient der Gestaltung von Verkehr und Mobilität. Es wird in § 1 Abs. 6 Nr. 9 BauGB als neuntes Handlungsfeld der Bauleitplanung genannt. Laut Referentenentwurf vom 29.07.2024 findet sich das Handlungsfeld in § 1c Abs. 2 Nr. 4, § 1c Abs. 3 Nr. 12, § 1c Abs. 4 Nr. 7 und § 1c Abs. 5 Nr. 9 der für das Jahr 2025 vorgesehenen novellierten Fassung des BauGB wieder.[215]

Handlungsfeld 10: Umgang mit militärischen Liegenschaften

Handlungsfeld 10 umfasst die Bereiche Verteidigung und Zivilschutz, wobei in städtebaulicher Hinsicht die zivile Anschlussnutzung militärischer Konversionsflächen von größerer Bedeutung ist. Kommunen obliegt im Rahmen ihrer Planungsträgerschaft die gesellschaftspolitische Aufgabe, ehemalige militärische Anlagen zu entwickeln und einer zivilen Anschlussnutzung zuzuführen. Diese ist im Sinne einer ressourcensparenden Bodennutzung, der Inanspruchnahme von unversiegelten Flächen vorzuziehen.[216]

Militärische Konversionsflächen sind oftmals bereits umfassend erschlossen und verfügen über soziale und technische Infrastruktureinrichtungen. Neben diesen wirtschaftlichen Vorteilen sei an dieser Stelle jedoch erwähnt, dass Städte durch Konversionsprozesse häufig homogener werden und steriler wirken. Zudem grenzen die dort errichteten hochwertigen und kleinräumlichen Nutzungsmischungen aus Büros, Geschäften, Dienstleistungsangeboten und Wohnungen mitunter einzelne soziale Schichten aus.[217] Um dem entgegenzuwirken, ist ein Zusammenspiel mit verschiedenen anderen Handlungsfeldern erforderlich. Darauf wird an späterer Stelle näher eingegangen.

---

[211] *Kron*, Zukunftsfähige Stadtplanung in Stuttgart, 2007, S. 12.

[212] *BMVBS/BBR*, Integrierte Stadtentwicklung als Erfolgsbedingung einer nachhaltigen Stadt, 2007, S. 32 ff.

[213] *Eichholz/Schoppengerd*, Herausforderung Innenentwicklung, 2022, S. 23 ff.; *Bunzel/Hinzen/UBA*, Arbeitshilfe Umweltschutz in der Bebauungsplanung, 2000, S. 45 ff.

[214] *BMVBS/BBR*, Integrierte Stadtentwicklung als Erfolgsbedingung einer nachhaltigen Stadt, 2007, S. 32 ff.

[215] *BMWSB*, Referentenentwurf, 2024, S. 7 ff.

[216] *Dirnberger*, BeckOK BauGB, 2018 § 1 Rn. 121, 125.

[217] *Lüpke*, Innenentwicklung als dominierende Aufgabe der Stadtentwicklung, 2007, S. 44.

Handlungsfeld 10 dient dem Umgang mit militärischen Liegenschaften. Es wird in § 1 Abs. 6 Nr. 10 BauGB als zehntes Handlungsfeld der Bauleitplanung genannt. Laut Referentenentwurf vom 29.07.2024 findet sich das Handlungsfeld in § 1c Abs. 5 Nr. 5 der für das Jahr 2025 vorgesehenen novellierten Fassung des BauGB wieder.[218]

Handlungsfeld 11: Städtebauliche Entwicklungsbestrebungen und Innenentwicklung im engeren Sinne

Handlungsfeld 11 berücksichtigt städtebauliche Entwicklungskonzepte. Hierbei handelt es sich um informelle kommunale maßnahmenbezogene Planungen, welche unter anderem die Innenentwicklung stärken sollen.[219]

Kommunale städtebauliche Entwicklungen im Innenbereich sind in vielerlei Hinsicht überwiegend gewinnbringend.[220] Mit dem Ziel der Schaffung einer kompakteren Stadt[221] hilft Handlungsfeld 11 städtebauliche Probleme, wie Sanierungsbedarfe, Leerstände oder Verfall, zu reduzieren.[222] Gleichzeitig optimiert es die technische und soziale Infrastrukturauslastung.[223] Mit einem Rückzug aus der Fläche[224] und dem damit einhergehenden nachhaltigen Umgang mit dem Landschaftsraum leistet Handlungsfeld 11 einen wertvollen Beitrag zur Entsiegelung.[225] Es nutzt dabei auf eine effiziente und wirtschaftliche Art und Weise die knappen Bodenressourcen.[226] Dennoch sei an dieser Stelle erwähnt, dass städtebauliche Entwicklungen, insbesondere Nachverdichtungen als Maßnahmen der integrierten Innenentwicklung, nicht gänzlich frei von Konflikten sind. Sie bedeuten Veränderung und Veränderungen führen bekanntermaßen nicht selten zu Unruhen und Reibungen. Konfliktpotenziale lassen sich in Bezug auf die Innenentwicklung von Städten vor allem an den Rändern alter Stadtquartiere und angrenzend an Konversionsflächen erkennen. Um das beschriebene Konfliktrisiko einzudämmen, empfiehlt sich eine Konzentration auf Entwicklungsvorhaben

---

[218] *BMWSB*, Referentenentwurf, 2024, S. 7 ff.

[219] *Battis*, in: *Battis/Krautzberger/Löhr*, BauGB, 2022, § 1 Rn. 79.

[220] *Lüpke*, Innenentwicklung als dominierende Aufgabe der Stadtentwicklung, 2007, S. 43 f.

[221] *UBA*, Die Stadt für Morgen, 2017, S. 4.

[222] *Franke/Löhr/Sander*, Soziale Stadt, 2000, S. 247 f.; *Ministerio de Vivienda*, Wohnungsbaupolitik als Instrument für Stadterneuerung, 2006, S. 1 ff., zit. nach *BMVBS/BBR*, Integrierte Stadtentwicklung als Erfolgsbedingung einer nachhaltigen Stadt, 2007, S. 26 f.

[223] *Baldauf*, Innenentwicklung PUR planen und realisieren, 2003, S. 32.

[224] *Baum u. a.*, Handlungsfelder der Landnutzung, 2021, S. 72 ff.

[225] *Baldauf*, Innenentwicklung PUR planen und realisieren, 2003, S. 32.

[226] *UBA*, Die Stadt für Morgen, 2017, S. 4.

mit verhältnismäßig wenigen Randgebieten.[227] Zudem können Nachverdichtungen im städtischen Raum zu sozialen Problemen und Anonymität führen. Dieses Risiko steigt mit zunehmender Bevölkerungsdichte, weshalb sich eine Deckelung der Einwohnerdichte auf 15.000 pro km2 empfiehlt.[228] Individuelle Präferenzen bzw. ein fehlendes Bewusstsein über finanzielle, ökologische und gesundheitliche Fragen können Innenentwicklungsvorhaben aus städtebaulicher Sicht ebenfalls behindern.[229] Der Wunsch nach einem Einfamilienhaus im Grünen begünstigt bis heute eine Zersiedelung der Landschaft gegenüber Nachverdichtungsmaßnahmen im Innenbereich.[230] Nicht zuletzt kann die Lebensqualität und Gesundheit der Stadtbevölkerung durch Lärmbelastungen,[231] Schadstoffproblematiken und Hitze beeinträchtigt werden.[232] Auf die genannten und weitere Interessenskonflikte wird an späterer Stelle detailliert eingegangen.

Handlungsfeld 11 dient der städtebaulichen Entwicklung sowie der Innenentwicklung im engeren Sinne. Es wird in § 1 Abs. 6 Nr. 11 BauGB als elftes Handlungsfeld der Bauleitplanung genannt. Laut Referentenentwurf vom 29.07.2024 findet sich das Handlungsfeld in § 1c Abs. 5 Nr. 1 und 2 der für das Jahr 2025 vorgesehenen novellierten Fassung des BauGB wieder.[233]

Handlungsfeld 12: Schutz vor Hochwasser

Der Hochwasserschutz ist Gegenstand von Handlungsfeld 12, welches insbesondere den schadlosen Abfluss von Niederschlagswasser beinhaltet. Es hält Kommunen dazu an, Flächen zur Hochwasserrückhaltung bereitzuhalten.[234] Handlungsfeld 12 spricht sich für eine Stärkung des Hochwasserschutzes aus[235] und verfolgt das primäre Ziel, Regenwasser in den natürlichen Wasserkreislauf

227 *Lüpke,* Innenentwicklung als dominierende Aufgabe der Stadtentwicklung, 2007, S. 43 f.

228 *WBGU,* Hauptgutachten, 2016, S. 167 ff.; *UN-Habitat,* International Guidelines on Urban and Territorial Planning, 2018, S. 34; *UN-Habitat,* A New Strategy of Sustainable Neighbourhood Planning, 2015, S. 1 ff. 4, 6.

229 *Ürge-Vorsatz u. a.,* Energy End-Use, 2012, S. 702.

230 *WBGU,* Hauptgutachten, 2016, S. 167 ff.; *UN-Habitat,* International Guidelines on Urban and Territorial Planning, 2018, S. 3, 23.

231 *Eichholz/Schoppengerd,* Herausforderung Innenentwicklung, 2022, S. 30 ff.; *Preuß u. a.,* UBA-Texte 2020, S. 148.

232 *Eichholz/Schoppengerd,* Herausforderung Innenentwicklung, 2022, S. 23 ff.; *Möller/Machleidt/MIL,* Leitfaden Immissionsschutz in Bebauungsplänen, 2014, S. 4 ff., 28 ff., 52; *WILA,* Grün statt Grau, 2019, S. 5.

233 *BMWSB,* Referentenentwurf, 2024, S. 7 ff.

234 *Dirnberger,* BeckOK BauGB, 2018 § 1 Rn. 131.

235 *Baum u. a.,* Handlungsfelder der Landnutzung, 2021, S. 72 ff.

zurückzuführen oder einer Nutzung zur Verfügung zu stellen. Diesen Zielen kommt Handlungsfeld 12 einerseits mit Dachbegrünung nach, welche eine hohe Rückhaltewirkung erzielen kann. Andererseits ermöglichen oberflächliche Bewirtschaftungsanlagen eine langsame Versickerung des Regenwassers, wodurch eine hohe Verdunstungsleistung stattfinden kann. Diese wirkt sich wiederum in erheblichem Maße auf das Stadtklima aus. Auch die Grundwasserbildung wird durch oberflächliche Anlagen und ihre Versickerungswirkung gefördert. Die Einbindung der Regenwasserbewirtschaftungsanlagen in Grün- und Freiflächen ermöglicht einen oberflächlichen Hochwasserschutz und kombiniert diesen mit den weiteren Vorzügen des urbanen Grüns. Zudem reduziert eine multifunktionale Versickerungsflächennutzung Flächenkonkurrenzen mit weiteren Nutzungsansprüchen. Dennoch gelten vor allem oberirdische Anlagen als flächenintensiv und daher konfliktreich.[236]

Handlungsfeld 12 dient dem Hochwasserschutz. Es wird in § 1 Abs. 6 Nr. 12 BauGB als zwölftes Handlungsfeld der Bauleitplanung genannt. Laut Referentenentwurf vom 29.07.2024 findet sich das Handlungsfeld in § 1c Abs. 5 Nr. 6 der für das Jahr 2025 vorgesehenen novellierten Fassung des BauGB wieder.[237]

Handlungsfeld 13: Unterbringung geflüchteter Menschen

Handlungsfeld 13 setzt sich für die Unterbringung von geflüchteten Menschen und Asylsuchenden ein. Zum einen muss eine adäquate Unterbringung, medizinische Versorgung und Betreuung gewährleistet sein. Zum anderen sollten schulische Angebote und Weiterbildungsmöglichkeiten sowie Integrationsangebote verfügbar sein. Einrichtungen zur Unterbringung des genannten Personenkreises sind Anlagen, welche sozialen Zwecken dienen, hierfür lediglich für einen befristeten Zeitraum belegt werden und von den allgemeinen Wohnnutzungen abweichen. Aus diesen Gründen müssen sie nicht den Anforderungen an eine individuelle Gestaltungsmöglichkeit, wie dies bei einem freiwilligen Aufenthalt

---

[236] *Eichholz/Schoppengerd,* Herausforderung Innenentwicklung, 2022, S. 19 f.; *Stadt Hamburg,* Dezentrale naturnahe Regenwasserbewirtschaftung, 2006, S. 6, 42; *Ansel,* Leitfaden Dachbegrünung für Kommunen, 2011, S. 5 ff.; *Baumüller/Ahmadi,* Beitrag von Regenwasserbewirtschaftungsmaßnahmen und freiraumplanerischen Gestaltungselementen zur Verbesserung des Stadtklimas, 2016, S. 16; *Lösken u. a.,* Green Roof Guidelines, 2018, S. 27; *Kaiser,* Naturnahe Regenwasserbewirtschaftung als Baustein einer nachhaltigen Siedlungsentwicklung, 2004, S. 52 f., 146; *Timmermann u. a.,* Empfehlungen zur Versickerung und Wasserrückhaltung, 2005, S. 20 f.

[237] *BMWSB,* Referentenentwurf, 2024, S. 7 ff.

bedingt wäre, entsprechen. Handlungsfeld 13 schreibt den Kommunen die Verantwortung für eine möglichst sorgfältige Auswahl potenzieller Standorte für Unterbringungseinrichtungen zu. Für diese große infrastrukturell-gestalterische Aufgabe ist ein hohes Maß an Sensibilität und Gewissenhaftigkeit erforderlich.[238]

Handlungsfeld 13 dient der Unterbringung geflüchteter Menschen. Es wird in § 1 Abs. 6 Nr. 13 BauGB als dreizehntes Handlungsfeld der Bauleitplanung genannt. Laut Referentenentwurf vom 29.07.2024 findet sich das Handlungsfeld in § 1c Abs. 5 Nr. 8 der für das Jahr 2025 vorgesehenen novellierten Fassung des BauGB wieder.[239]

Handlungsfeld 14: Grün- und Freiflächenversorgung
Handlungsfeld 14 sieht eine ausreichende Grün- und Freiflächenversorgung vor. Hintergrund dessen ist die aufgrund der zunehmenden Innenentwicklung sinkende Menge an urbanen Freiräumen, der das Baulandmobilisierungsgesetz unter der Prämisse der Herstellung von Umweltgerechtigkeit entgegenzuwirken versucht.[240]

Die Förderung des urbanen Grüns im Rahmen integrierter Innenentwicklungsstrategien ist nicht nur ein Mittel des kommunalen Imagegewinns.[241] Vielmehr beschert sie Städten viele attraktive Vorteile. So schafft sie einen optimalen Lebensraum für die städtische Flora und Fauna und leistet gleichzeitig einen wesentlichen Beitrag zur Erholung und Gesunderhaltung der Stadtbevölkerung. Unabhängig von ihrer Struktur, Lage und Zweckbestimmung bieten urbane Grünstrukturen Vorteile für ihr jeweiliges Wohnumfeld. Die darin lebende Bevölkerung kann die Grünflächen einerseits als Naherholungsbereiche[242] und andererseits als soziale Treff- und Mittelpunkte nutzen. Auch Kinder und Jugendliche profitieren von den grünen Strukturen im städtischen Raum, denn auch sie können sich hier erholen und ebenso viel erleben. Grünflächen können als Kinderspielfläche

---

[238] *Dirnberger,* BeckOK BauGB, 2018 § 1 Rn. 131c, 131d.

[239] *BMWSB,* Referentenentwurf, 2024, S. 7 ff.

[240] *Battis,* in: *Battis/Krautzberger/Löhr,* BauGB, 2022, § 1 Rn. 86c.

[241] *Eichholz/Schoppengerd,* Herausforderung Innenentwicklung, 2022, S. 23 ff.; *Verbücheln u. a.,* Plan4Change, 2017, S. 6.

[242] *Blum u. a.,* Orientierungswerte für öffentliches Grün, 2024, S. 5; *Eichholz/Schoppengerd,* Herausforderung Innenentwicklung, 2022, S. 30 ff.; *BMUB,* Grün in der Stadt, 2015, S. 13 ff.; *Becker u. a.,* Neue Freiräume für den urbanen Alltag, 2009, S. 9.

genutzt und dadurch präventiv gegen die Folgeerkrankungen von Bewegungsmangel eingesetzt werden.[243] Doch innerstädtische Grün- und Freiflächen wirken sich auch positiv auf das Stadtklima und die Umgebungstemperatur aus, indem sie einerseits den Lufttransport befördern.[244] Andererseits hegen sie Potenziale in Bezug auf die Kaltluftproduktion. Hierfür eignen sich grundsätzlich alle Grünflächen, wobei ihre Vegetationsstruktur, ihr Bodenbelag und die jeweilige Flächengröße maßgeblich sind. Klassische Kaltluftentstehungsgebiete finden sich häufig am Ortsrand mit Hanglage wieder. Auch die Bauwerksbegrünung kann das Stadtklima begünstigen, den Gebäudeenergiebedarf durch ihre isolierende bzw. kühlende Wirkung senken und dabei gleichzeitig die Lebensdauer von Gebäuden erhöhen.[245]

Handlungsfeld 14 dient der Grün- und Freiflächenversorgung. Es wird in § 1 Abs. 6 Nr. 14 BauGB als vierzehntes Handlungsfeld der Bauleitplanung genannt. Laut Referentenentwurf vom 29.07.2024 findet sich das Handlungsfeld in § 1c Abs. 2 Nr. 6 der für das Jahr 2025 vorgesehenen novellierten Fassung des BauGB wieder.[246]

4.3.2 Diskussion um Praxisrelevanz, Schnittstellen und Synergien

Bei der Überprüfung der vierzehn vorgestellten Handlungsfelder und der durch sie abgebildeten kommunalen Themenfelder auf ihre Praxisrelevanz wird deutlich, dass jede interviewte Kommune andere Handlungsschwerpunkte setzt. Gruppentendenzen lassen sich hierbei nicht erkennen. Auch sind die Handlungsfeldbezeichnungen sehr individuell. Es lässt sich jedoch feststellen, dass sich alle durch den Expertenkreis benannten Handlungsfelder einer integrierten Stadt-/Innenentwicklung in den vierzehn vorgestellten Handlungsfeldern der Bauleitplanung wiederfinden.

---

[243] *Eichholz/Schoppengerd,* Herausforderung Innenentwicklung, 2022, S. 30 ff.; *BMUB,* Grün in der Stadt, 2015, S. 13 ff.; *Becker u. a.,* Neue Freiräume für den urbanen Alltag, 2009, S. 9; *Fuchs/Schleifnecker,* Handbuch ökologische Siedlungsentwicklung, 2001, S. 125.

[244] *Eichholz/Schoppengerd,* Herausforderung Innenentwicklung, 2022, S. 23 ff.; *MUNLV NRW,* Handbuch Stadtklima, 2011, S. 37, 43.

[245] *Eichholz/Schoppengerd,* Herausforderung Innenentwicklung, 2022, S. 23 ff.; *Verbücheln u. a.,* Plan4Change, 2017, S. 6; *Prenger-Berninghoff u. a.,* Klima-Check in der Bauleitplanung, o. J., S. 32; *Mathey u. a.,* Noch wärmer, noch trockener, 2011, S. 36 ff.; *VDI,* Richtlinie 3787, 2004, S. 5, 7, 9 ff.

[246] *BMWSB,* Referentenentwurf, 2024, S. 7 ff.

So finden sich als Schwerpunkte von Handlungsfeld 1 in den Experteninterviews die Themen Sicherheit, Kriminalitätsbekämpfung,[247] Ordnung,[248] Freizeit und Erholung sowie Gesundheit[249] wieder. Im Zusammenhang mit Handlungsfeld 2 können den Experteninterviews die Themen Spielplätze,[250] Kinderbetreuung[251] und Soziales[252] sowie Wohnraum,[253] Stadtbild,[254] qualitativ hochwertige Raumgestaltung[255] und Stadtzentrum[256] entnommen werden. Veranstaltungen, Stadtfeste,[257] Sport,[258] Kultur,[259] Schulen[260] und Bildung[261] wurden durch den Expertenkreis ebenfalls in Zusammenhang mit einer integrierten Innenentwicklung gebracht. Sie lassen sich thematisch unter Handlungsfeld 3 subsumieren. Im Sinne von Handlungsfeld 4 können den Experteninterviews die Themen Quartier,[262] Infrastruktur und Erschließung[263] entnommen werden. Die Entwicklung von Baukultur[264] und Gebäudebestand[265] entspricht den Schwerpunkten von Handlungsfeld 5. Auch Handlungsfeld 6 wird in den Experteninterviews berücksichtigt.[266] Der Expertenkreis legte ein besonderes Augenmerk

[247] I2.
[248] I7.
[249] I7; I1.
[250] I4; I8; I9.
[251] I4; I8; I15; I12.
[252] I14; I6; I4; I3; I8; I15; I7; I1; I10.
[253] I16; I15; I5; I11; I4; I3; I8; I15; I1; I10; I9; I12.
[254] I9.
[255] I14; I8; I7; I1; I10; I9.
[256] I15; I1; I10; I9.
[257] I9.
[258] I6; I4.
[259] I4; I15; I1.
[260] I16; I4; I8; I12.
[261] I16; I8; I15; I1.
[262] I4; I3; I8; I15; I7.
[263] I5; I2; I4; I3; I8; I7; I10; I9; I12.
[264] I14; I1.
[265] I5; I4; I8; I7.
[266] I6.

auf die Themen Energie,[267] Klimaschutz[268] und Umwelt,[269] welche in Handlungsfeld 7 abgebildet werden. Auch Handlungsfeld 8 steht im Fokus der in den Experteninterviews genannten Schwerpunktthemen Tourismus,[270] Gastronomie,[271] Gewerbe und Wirtschaft,[272] Handel[273] sowie Landwirtschaft. Mit einem besonderen Augenmerk auf Verkehr[274] und Mobilität[275] wird die Relevanz von Handlungsfeld 9 unterstrichen. Insbesondere für Kommunen mit militärischen Konversionsflächen,[276] wie beispielsweise Heidelberg, ist auch Handlungsfeld 10 von herausragender Bedeutung. Der Relevanz von Themen der Innenentwicklung im engeren Sinne, wie kurze Wege,[277] Nutzungsmischung[278] und Nachverdichtung[279] in Zusammenhang mit Stadtplanung,[280] Städtebau[281] und Bauen[282] wird Handlungsfeld 11 gerecht. Ein weiterer Schwerpunkt der in den Experteninterviews genannten Handlungsfelder einer integrierten Innenentwicklung liegt in der Förderung von Grünraum,[283] Freiraum[284] und Landschaft,[285] welche sich unter Handlungsfeld 14 subsumieren lassen. Handlungsfeld 12 (Hochwasserschutz) und Handlungsfeld 13 (Unterbringung geflüchteter Menschen) wurden seitens des Expertenkreises nicht explizit aufgegriffen. Es stellt sich die Frage, weshalb die Themen unberücksichtigt blieben. Es könnte sein, dass die Verwaltungspraxis den Hochwasserschutz in Verbindung mit Klimaschutzmaßnahmen angeht und somit unter Handlungsfeld 14 ansiedelt. Auch könnte das Thema Zuwanderung in der

---

[267] I15.
[268] I14; I5; I11; I4; I8; I15; I7; I1; I10; I12.
[269] I8; I1.
[270] I1; I9; I12.
[271] I9.
[272] I14; I5; I11; I4; I3; I8; I15; I7; I1; I10; I9; I12.
[273] I11; I4; I8; I1; I9.
[274] I16; I11; I2; I8; I7; I1; I10; I9.
[275] I16; I14; I5; I6; I4; I8; I15; I7; I1; I10; I9; I12.
[276] I16; I5; I6; I4; I8; I7.
[277] I16; I4; I8; I7.
[278] I14; I2; I8.
[279] I5; I10; I9.
[280] I4; I7; I9.
[281] I5; I3.
[282] I6.
[283] I16; I14; I6; I2; I4; I3; I8; I15; I7; I1; I10; I9.
[284] I5; I1; I10; I9.
[285] I1.

Verwaltungspraxis unter den Oberbegriff *Soziales* subsumiert und damit Handlungsfeld 2 zugeordnet sein. Es ist jedoch aufgrund der aktuellen Entwicklungen und Herausforderungen, mit denen sich Kommunen ein jeder Größe konfrontiert sehen, nicht davon auszugehen, dass die beiden Themenbereiche keine Praxisrelevanz haben. Zusammenfassend lässt sich an der Stelle feststellen, dass sich nach Auffassung eines großen Teils des Expertenkreises alle kommunalen Handlungsfelder in ganzheitlich und integriert ausgerichteten Innenentwicklungsstrategien widerspiegeln sollten.[286]

Für alle Handlungsfelder kann festgestellt werden, dass ihnen jeweils der Charakter als Puzzleteil unter multiplen sektoralen Handlungsfeldern einer Strategie innewohnt. Es wird deutlich, dass alle Handlungsfelder untereinander vernetzt sind, dass sie aus verschiedenen Dimensionen heraus bewertet werden können und dass sich Synergien zwischen den Handlungsfeldern erkennen lassen.[287]

Basierend auf den Erkenntnissen aus der Literatur, aus den analysierten Dokumenten und aus den Experteninterviews wurden im Rahmen der vorliegenden Arbeit die Schnittstellen und Synergien zwischen den vierzehn vorgestellten Handlungsfeldern einer integrierten Innenentwicklung analysiert. Das Ergebnis ist in Tabelle 4.1 abstrakt dargestellt. Die Spalten der Tabelle enthalten alle vierzehn Handlungsfelder. Die Zeilen der Tabelle enthalten ebenfalls alle vierzehn Handlungsfelder einer integrierten Innenentwicklung. Mit einem „x" sind die zwischen den Handlungsfeldern bestehenden Synergien gekennzeichnet. Dabei stellen die Spalten die Anforderungen und die Zeilen die Umsetzungen dar.

Handlungsfeld 1 forciert die Schaffung gesunder und sicherer Wohn- und Arbeitsverhältnisse, welche im Zuge von städtebaulichen Projekten umgesetzt werden können (Handlungsfeld 11). Es bildet Schnittstellen zu Belangen des Umweltschutzes (Handlungsfeld 7). Die Gewährleistung von Sicherheit schafft Synergien mit der Schaffung sozial stabiler Bewohnerstrukturen (Handlungsfeld 2) und setzt ihr Wirken im Bereich des ÖPNV (Handlungsfeld 9) fort. Synergien zwischen einer gesunden Wohnumgebung lassen sich zudem mit der Förderung von Sport, Freizeit und Erholung (Handlungsfeld 3) erkennen. Hinsichtlich der Relevanz infrastruktureller Themen zur Schaffung gesunder und sicherer Wohnverhältnisse gibt es Überschneidungen mit Handlungsfeld 4. Handlungsfeld 14 vereint schließlich zentrale Themen aus Handlungsfeld 1 und bringt die Gewährleistung einer gesunden Wohnumgebung mit urbanem Grün und Freiflächen in Verbindung.

---

[286] I6; I2; I13; I4; I10.

[287] *Koch/Krellenberg,* Nachhaltige Stadtentwicklung, 2021, S. 21; *BMVBS/BBR,* Integrierte Stadtentwicklung in Stadtregionen, 2009, S. 36 ff., 101 ff.

Tabelle 4.1 Synergien und Schnittstellen der Handlungsfelder einer integrierten Innenentwicklung. (Eigene Darstellung)

Handlungs Felder	1	2	3	4	5	6	7	8	9	10	11	12	13	14
1		x	x	x			x		x		x			X
2	x		x	x				x	x					X
3	x	x					x	x			x		x	X
4		x	x		x									
5	x	x		x							x			
6	x	x	x	x	x			x	x		x		x	X
7	x											x		X
8	x	x	x		x				x	x	x			X
9	x	x						x			x			X
10	x	x	x	x	x	x	x	x	x	x	x	x	x	X
11	x	x	x	x	x	x	x	x	x	x	x	x	x	X
12	x	x	x	x	x	x	x	x	x	x	x	x	x	X
13	x	x	x	x		x		x	x		x			X
14	x	x					x				x			

Die in *Handlungsfeld 2* angestrebte Herstellung einer bedürfnisorientierten Wohnqualität und sozial stabiler Bewohnerstrukturen tangiert die Anforderungen an gesunde und sichere Wohn- und Arbeitsverhältnisse (Handlungsfeld 1). Ein attraktives Angebot im sozialen, kulturellen, sportlichen und erholungssektoralen Bereich (Handlungsfeld 3) spielt hier ebenso hinein, wie eine funktionierende Infrastruktur und Stadtteilstruktur (Handlungsfeld 4), ein gut ausgebautes Mobilitätsangebot (Handlungsfeld 9) oder eine ausreichende Grün- und Freiflächenversorgung (Handlungsfeld 14). Das Angebot von bezahlbarem Wohnraum schafft Synergien mit Belangen der Wirtschaftsförderung (Handlungsfeld 8) hinsichtlich des lokalen Arbeitsplatzangebotes sowie mit einer guten Verkehrsanbindung (Handlungsfeld 9).

Handlungsfeld 3 vernetzt den Ausbau von sozialen, kulturellen, sportlichen, freizeitgestalterischen, erholsamen und bildungsthematischen Angeboten mit Handlungsfeld 1 und Handlungsfeld 2 in Bezug auf die dadurch steigende Wohnqualität. Zudem lassen sich Schnittstellen mit den Handlungsfeldern 7, 13 und 14 in Bezug auf die Nutzung und Ausgestaltung von Grün- und Freiflächen ableiten. Mit Blick auf die angestrebte Erweiterung der kulturellen Angebote, die Initiierung von Kooperationen zwischen Wissenschaft und örtlichen Unternehmen sowie die damit einhergehenden Neubauprojekte sind Synergien mit den Handlungsfeldern 1, 2, 8 und 11 erkennbar.

Handlungsfeld 4 bildet mit der Bereitstellung von Ver- und Entsorgungseinrichtungen sowie der Entwicklung bestehender Ortsteile erwähnenswerte Synergien mit den Handlungsfeldern 2, 3 und 5. Mit seinen Themen rund um den Erhalt des Bestandes schafft *Handlungsfeld 5* Synergien mit den Handlungsfeldern 1, 2, 4 und 11, denn gemeinsam forcieren sie eine hohe Wohnqualität in geeigneten Wohnstrukturen im Rahmen von städtebaulichen Entwicklungen. Die Erfordernisse für Gottesdienst und Seelsorge (*Handlungsfeld 6*) wirken in die Handlungsfelder 1, 2, 3, 4, 5, 8, 9, 11, 13 und 14 hinein. *Handlungsfeld 7* beinhaltet Belange des Umwelt- und Naturschutzes sowie der Landschaftspflege, womit es Schnittstellen zu den Handlungsfeldern 1, 12 und 14 bildet.

Mit Blick auf die Entwicklung von Gewerbegebieten und Gewerbeflächen schafft *Handlungsfeld 8* Schnittstellen zu Handlungsfeld 1 und 2 hinsichtlich der Herstellung einer guten Arbeitsumgebung, zu Handlungsfeld 3 hinsichtlich der Integration sozialer und kultureller Angebote, zu Handlungsfeld 5 hinsichtlich der Aufwertung gewerblicher Bestandsgebäude, zu Handlungsfeld 9 hinsichtlich der Mobilitätsanbindung, zu Handlungsfeld 10 hinsichtlich der Neugewinnung gewerblicher Flächen durch die Umnutzung militärischer Konversionsflächen, zu Handlungsfeld 11 hinsichtlich der damit zusammenhängenden städtebaulichen Planungen und zu Handlungsfeld 14 hinsichtlich der Schaffung von Grün- und Freiflächen zum Erhalt gesunder Arbeitsverhältnisse.

Die verkehrliche Anbindung der Wohn- und Arbeitsstandorte erzeugt Synergien zwischen den *Handlungsfeldern 9*, 2 und 8. Weitere Schnittstellen bilden die Förderung des Fuß- und Fahrradverkehrs als gesunde Alternativen zum Pkw-Individualverkehr oder die positiven gesundheitlichen Effekte durch die Einsparung von Abgasen aufgrund einer reduzierten Pkw-Auslastung (Handlungsfeld 1). Auch das Thema Sicherheit ist mit Blick auf Mobilität und Verkehr tangiert. Eine bedürfnisorientierte und sichere Ausgestaltung des Straßenraums schafft Synergien mit Handlungsfeld 2. Die in kommunalen städtebaulichen Entwicklungskonzepten zu bewältigende Flächenknappheit (Handlungsfeld 11) birgt Synergien mit der Einsparung von Verkehrs-, Park- und Stellplatzflächen und auch die verkehrlichen Belastungen der Umwelt und Natur können durch Einsparungen im Bereich des Individualverkehrs und durch den Ausbau alternativer Mobilitätsangebote reduziert werden (Handlungsfeld 14).

Handlungsfeld 10 schafft mit der zivilen Anschlussnutzung ehemaliger Militärliegenschaften unter bestimmten Voraussetzungen Raum für Wohn-, Freizeit- und Gewerbenutzungen sowie neue Grün- und Freiflächen und bildet dadurch Schnittstellen zu allen anderen Handlungsfeldern. Mit Themen des Städtebaus pflegt *Handlungsfeld 11* Schnittstellen zu allen anderen Handlungsfeldern.

Handlungsfeld 12 beinhaltet Themen des Hochwasserschutzes und benötigt dafür versickerungsfähige Bodenbeläge.[288] Dadurch lassen sich Schnittstellen zu allen anderen Handlungsfeldern erkennen, sofern bei ihrer jeweiligen Realisierung auf die Verwendung von ebendiesen geachtet wird. Der hohen Relevanz von Grün- und Freiflächen in Bezug auf die Regenwasserbewirtschaftung kann durch Synergien mit den Handlungsfeldern 1, 2, 3, 7 und 14 nachgegangen werden. Handlungsfeld 9 und 10 lassen durch entsprechende Flächenumnutzungen und Handlungsfeld 11 durch eine bewusste Einplanung von urbanen Freiräumen Schnittstellen mit dem Hochwasserschutz zu.

Die in *Handlungsfeld 13* verankerte Unterbringung von geflüchteten Menschen erfordert die Schaffung von Unterbringungsmöglichkeiten. Hierbei handelt es sich um ein bauliches Thema mit Schnittstellen zu den Handlungsfeldern 1, 2, 3, 4, 6, 8, 9, 11 und 14. *Handlungsfeld 14* forciert die Förderung des urbanen Grüns und wirkt sich damit maßgeblich auf die Handlungsfelder 1, 2 und 7 aus. Eine bewusste Einplanung von Grün- und Freiflächen schafft eine Schnittstelle zu städtebaulichen Entwicklungskonzepten (Handlungsfeld 11).

Die Darstellung der Schnittstellen und Synergien der verschiedenen Handlungsfelder macht die Relevanz einer integrierten Innenentwicklungsstrategie deutlich.

Auch gesetzlich soll die integrierte Herangehensweise künftig verstärkt unterstrichen werden. § 1c Abs. 1 der für das Jahr 2025 vorgesehenen novellierten Fassung des BauGB sieht eine Abwägung der verschiedenen sozialen, ökonomischen und ökologischen Belange der Bauleitplanung unter Berücksichtigung ihrer Wechselwirkungen vor.[289]

---

[288] *Eichholz/Schoppengerd*, Herausforderung Innenentwicklung, 2022, S. 23 ff.

[289] *BMWSB*, Referentenentwurf, 2024, S. 7 ff.

4.4 Zwischenergebnis zu einer ganzheitlichen, nachhaltigen und integriert ausgerichteten Innenentwicklung

Zur Entwicklung einer ganzheitlichen Nachhaltigkeitsstrategie im Sinne eines integrierten Ansatzes wurde im Rahmen dieses Kapitels zunächst das Verständnis einer ganzheitlichen Nachhaltigkeitsstrategie erörtert. Hierbei wurde festgestellt, dass Stadtplanung alle städtischen Planungen unter Einbeziehung ihres zeitlichen Zusammenhangs umfasst. Sie verfolgt dabei das Ziel, zahlreiche Einzelplanungen verschiedener kommunaler Verantwortungsbereiche zusammenzuführen. Sie beteiligt die Bevölkerung und berücksichtigt wirtschaftliche, umweltspezifische und kommunalpolitische Ziele. Zudem wurde erkannt, dass Nachhaltigkeit kontextual als Ansatz einer intergenerativ gerechten Ressourcennutzung zu verstehen ist. Eine nachhaltige Stadtplanung bzw. Stadtentwicklung verfolgt also das Ziel, die kommunale Regenerationsfähigkeit zu erhalten. Ihr Ziel ist die Sicherstellung, dass die Bedürfnisse der heutigen Generation befriedigt werden, ohne dabei künftigen Generationen ihre Möglichkeiten hinsichtlich eines frei wählbaren Lebensstils zu nehmen. Dieses Ziel soll die Stadtplanung bzw. Stadtentwicklung durch die gleichwertige Herstellung eines wirtschaftlichen Wohlstandes, eines umfassenden Umweltschutzes sowie einer sozialen Gerechtigkeit aufgreifen.

Es lässt sich im Zusammenhang mit einer integrierten Stadtplanung bzw. Stadtentwicklung außerdem feststellen, dass eine Ganzheitlichkeit das allumfassende kommunale Wirken umfasst und aus einer Vielzahl an einzelnen, untereinander in Verbindung stehenden kommunalen Aufgaben besteht. Die Ausgestaltung einer ganzheitlichen Stadtentwicklung ist in jeder Kommune verschieden, da die kommunale Selbstverwaltung den Kommunen einen individuellen Handlungsspielraum hinsichtlich ihrer Aufgabenerfüllung einräumt. Die vorliegende Arbeit unterbreitet einen ganzheitlichen Vorschlag für die Ausgestaltung eines kommunalen Innenentwicklungsansatzes. Für eine ganzheitliche Strategieentwicklung bedient sie sich daher den kommunalen Handlungsfeldern der Bauleitplanung aus § 1 Abs. 6 BauGB unter Berücksichtigung der Dimensionen der Neuen Leipzig Charta. Bestätigt wird diese kontextuale Auslegung des Begriffs der Ganzheitlichkeit durch die Forschungsergebnisse aus Literaturreview, Dokumentenanalyse und Experteninterviews.

Politische Zielrichtungen forcieren einen integrierten Strategieansatz. Dieser bezieht gemäß SDG 11 und gemäß der Neuen Leipzig Charta unterschiedliche sektorale Handlungsfelder ein und setzt sie in einen räumlichen, zeitlichen und sachlichen Zusammenhang. Eine integrierte ganzheitliche nachhaltige

Innenentwicklung beinhaltet daher eine umfangreiche Schnittstellenarbeit unter Koordinierung und Integration verschiedener kommunaler Zielvorgaben.

Aufbauend auf den beschriebenen rahmenbildenden Begrifflichkeiten wurden anschließend die Bestandteile einer ganzheitlichen Nachhaltigkeitsstrategie ausgearbeitet. Hinsichtlich der Wahl der Handlungsfelder wurde sich an den bauleitplanerischen Themen aus § 1 Abs. 6 BauGB orientiert. Inhaltlich gefüllt wurden die vierzehn Handlungsfelder unter Bezugnahme auf die Forschungsergebnisse aus Literaturreview, Dokumentenanalyse und Experteninterviews. Die erforschten vierzehn Handlungsfelder einer nachhaltigen ganzheitlichen und integrierten Innenentwicklung wurden schließlich auf ihre Praxisrelevanz geprüft. Auch wurden ihre Vernetzungen untereinander, sowie mögliche Synergien zwischen den einzelnen Handlungsfeldern herausgearbeitet.

Portfolio einer nachhaltigen Innenentwicklung mit Diskussion möglicher Spannungsfelder

5

Städte sollen inklusiv, sicher und widerstandsfähig gestaltet werden.[1] Aus diesem Grund fußt die vorliegende Arbeit auf dem Leitgedanken, dass alle drei Dimensionen der Nachhaltigkeit (ökologisch, ökonomisch, sozial) zu gleichen Teilen in Entscheidungen einbezogen und in Vernetzung und Korrelation miteinander gebracht werden wollen.[2] Aufgrund dessen ist eine ganzheitliche und integrierte Herangehensweise an Innenentwicklungsvorhaben zu wählen. Nachdem in Kapitel vier das Verständnis für eine ganzheitliche, nachhaltige und integrierte Innenentwicklung hergestellt und entsprechend geeignete Handlungsfelder aufgezeigt wurden, soll nun dargestellt werden, wie die vierzehn Handlungsfelder auf kommunaler Ebene konkret ausgestaltet werden können und welche Konflikte hierbei möglich sind.

Die urbane Form, also das baulich-räumliche Erscheinungsbild von Städten, wirkt sich maßgeblich auf Nachhaltigkeitsaspekte aus. Die Einbeziehung von Belangen des Klimaschutzes, ein vernünftiger Ressourceneinsatz oder auch die Bereitstellung von qualitativ hochwertigem Wohn- und öffentlichem Raum kann zu einer intergenerativen Gerechtigkeit beitragen. Außerdem kann eine nachhaltige Stadtplanung beispielsweise bei der Lebensdauer ihrer geplanten Entwicklungen ansetzen und damit entscheidend eine nachhaltige Ortsidentität

---

[1] *Koch/Krellenberg,* Nachhaltige Stadtentwicklung, 2021, S. 8 f.; *Parnell,* World Development 2016, S. 530 ff., 537 ff.

[2] *Pufé,* Nachhaltigkeit, 2017, S. 116.

C. Krause, *Integrierte Innenentwicklung als ganzheitliche Nachhaltigkeitsstrategie der Stadtplanung im Spannungsfeld zwischen Public Value und Partikularinteressen*, Politik gestalten – Kommunikation, Deliberation und Partizipation bei politisch relevanten Projekten, https://doi.org/10.1007/978-3-658-49824-5_5

initiieren.[3] Ein weiterer Einflussfaktor ist der Stadtgrundriss, welcher baulich-räumliche Aspekte mit dem sozialen Gefüge in Einklang bringt und dadurch eine eigenständige Identität entstehen lässt. Der zeitbezogene Wandel von Menschheit und Umwelt erfordert ein ausreichendes Maß an Flexibilität bei einem konstant hohen Qualitätsniveau in baulich-gestalterischen Prozessen. Letzteres wirkt sich maßgeblich auf die Akzeptanz des bebauten Raumes bei den Nutzenden und damit auf dessen Belebungsgrad und Identifikationspotenzial aus.[4] Eine Verbesserung des Wohnumfeldes sowie der Nutzungs- und Aufenthaltsqualitäten sind durch städtebauliche Qualifizierungsmaßnahmen, wie etwa eine neue Anordnung von Erschließungs-, Park-, Sport- und Spielflächen oder die Umorganisation von Mülldeponien, durch die Optimierung des Verkehrswegenetzes und des ÖPNVs sowie durch die Steigerung der Sicherheit durch die Einführung von Beleuchtungskonzepten zu realisieren. Durch derartige Maßnahmen zur Aufwertung des öffentlichen Raumes und der Wohnumgebung kann zum einen die örtliche Lebensqualität gesteigert werden. Zum anderen lassen sich Identifikations- und Beteiligungsprozesse anstoßen, welche die weitere Standortentwicklung positiv beeinflussen.[5]

Im Rahmen dieses Kapitels werden zunächst die unter Kapitel vier vorgestellten Handlungsfelder eines ganzheitlichen, nachhaltigen und integrierten Innenentwicklungsansatzes mit möglichen praktischen Maßnahmen und rechtlichen Instrumenten untermauert. Als Grundlage hierfür dienen die Forschungsergebnisse aus Literatur und Dokumentenanalyse. Sie werden teilweise durch praktische Beispiele aus den Experteninterviews veranschaulicht. Anschließend werden Aspekte von Gemeinwohl- und Partikularinteressen in Bezug auf die Innenentwicklung von Städten vorgestellt. Hierbei kommt der praktischen Erfahrung und fachlichen Expertise des interviewten Expertenkreises eine herausragende Bedeutung zu. Schließlich folgt eine Diskussion möglicher Spannungsfelder und passender Lösungsansätze innerhalb der vierzehn Handlungsfelder einer integrierten Innenentwicklung.

---

[3] *WBGU,* Hauptgutachten, 2016, S. 167 ff.; *Seto u. a.,* Human Settlements, Infrastructure, and Spatial Planning, 2014, S. 927 ff., 962 ff., 974 ff.

[4] *Mayer/Schwehr/Bürgin,* Nachhaltige Quartiersentwicklung im Fokus flexibler Strukturen, 2011, S. 63 f.

[5] *BMVBS/BBR,* Integrierte Stadtentwicklung als Erfolgsbedingung einer nachhaltigen Stadt, 2007, S. 29 ff.

5.1 Maßnahmenvorschläge mit rechtlichen Möglichkeiten für eine integrierte Innenentwicklung

Bei der Planung und Realisierung integrierter Innenentwicklungsvorhaben spielen sowohl das allgemeine als auch das besondere Städtebaurecht eine Rolle. Schwerpunktmäßig wird auf das Bauplanungsrecht zurückgegriffen, welches im Wesentlichen in den §§ 1 bis 38 BauGB verortet ist. Grundlage hierfür bildet die Bauleitplanung mit ihren vorbereitenden Flächennutzungsplänen und den verbindlichen Bebauungsplänen (§ 1 Abs. 2 BauGB; § 5 ff. BauGB; § 8 ff. BauGB). Sie sind vor allem dann aufzustellen, wenn die städtebauliche Entwicklung und Ordnung dies erfordert (§ 1 Abs. 3 BauGB). Dabei muss eine nachhaltige städtebauliche Entwicklung (§ 1 Abs. 5 BauGB) sowie ein Handeln im Sinne des Umweltschutzes unter Durchführung einer Umweltprüfung gewährleitet sein (§ 1a BauGB und § 2 Abs. 4 BauGB).

Allgemeines Städtebaurecht
In § 8 und 9 BauGB sind der Zweck sowie die Inhalte des Bebauungsplans aufgeführt. Seine Aufstellung im regulären Verfahren ist in § 10 BauGB geregelt. Das reguläre Bebauungsplanverfahren kam beispielsweise in Freudenberg zum Einsatz, wo ein Sicherheitszentrum errichtet wurde, welches Feuerwehr und Betriebshof unter einem Dach vereint.[6] Eine weitere integrierte Innenentwicklungsmaßnahme, die über § 10 BauGB realisiert wird, ist ein auf dem Gelände der ehemaligen Hindenburgkaserne in Ulm entstehendes Neubaugebiet. Hier werden militärische Konversionsflächen aktiviert und einer neuen, überwiegend wohnlichen Nutzung zugeführt.[7] Und auch die Entwicklung einer Nürnberger Bahnkonversionsfläche hin zu einem neuen Stadtteil mit einem Park, mit Wohngebieten und mit einer technischen Universität ist eine Innenentwicklungsmaßnahme, die über ein reguläres Bebauungsplanverfahren nach § 10 BauGB umgesetzt wird.[8] Bei allen drei genannten Beispielmaßnahmen handelt es sich um komplexe Großprojekte, welche zu groß für vereinfachte und beschleunigte Verfahren oder für Maßnahmen innerhalb der im Zusammenhang bebauten Ortsteile sind.

Eine weitere Möglichkeit zur rechtlichen Umsetzung integrierter Innenentwicklungsvorhaben ist die Aufstellung vorhabenbezogener Bebauungspläne nach

[6] I12.

[7] I16.

[8] I6.

§ 12 BauGB. Hierbei ist die Gemeinde u. a. freier hinsichtlich der Festsetzungen nach § 9 BauGB. Der vorhabenbezogene Bebauungsplan ist insbesondere dann das Mittel der Wahl, wenn die Aufstellung eines Bebauungsplans erforderlich ist und es ein konkretes Vorhaben gibt.[9] In Halle wird beispielsweise aktuell der Riebeckplatz über einen vorhabenbezogenen Bebauungsplan entwickelt. Im Zuge dessen wird auf einer Freifläche nördlich des Riebeckplatzes, der zwischen Bahnhof und Innenstadt liegt und als Verkehrsdrehscheibe gilt, ein Zukunftszentrum für Deutsche Einheit und Europäische Transformation errichtet.[10] Auch in Friedrichshafen kommt der vorhabenbezogene Bebauungsplan für die Umnutzung eines Gewerbegrundstücks zur Wohnbebauung zur Anwendung.[11] Die Reaktivierung einer Industriebrache in Solingen zur Schaffung von rund dreihundert Wohnungen und einem öffentlichen Freiraumbereich wurde ebenfalls über einen vorhabenbezogenen Bebauungsplan realisiert. Kombiniert wurde dieser mit einem städtebaulichen Vertrag (§ 11 BauGB).[12]

Das vereinfachte Verfahren (§ 13 BauGB) ermöglicht die vereinfachte Umsetzung von Vorhaben unter bestimmten Voraussetzungen, sofern die grundsätzlichen Planungen nicht tangiert werden oder sofern das Vorhaben sich bei der Aufstellung eines Bebauungsplans in einem § 34er-Gebiet in die Eigenart der näheren Umgebung einfügt. Vereinfachungen kommen u. a. bei der Beteiligung und bei der Umweltprüfung zum Tragen. Bei Innenentwicklungsmaßnahmen auf Flächen von weniger als 20.000 bzw. 70.000 Quadratmetern kann das beschleunigte Verfahren im Sinne von § 13a BauGB durchgeführt werden. Vereinfachungen werden auch hier im Bereich der Beteiligung und Zulässigkeitsprüfung eingeräumt.

Wenn Maßnahmen innerhalb eines bestehenden Bebauungsplans realisiert werden sollen, finden die §§ 30 f. BauGB Anwendung, sofern die geplanten Entwicklungen den darin enthaltenen Festsetzungen nicht entgegenstehen und solange die Erschließung gesichert ist. Dies war beispielsweise bei der Entsiegelung des Arsenalplatzes in Ludwigsburg der Fall. Bei dieser Maßnahme wurden die Parkplätze auf dem Arsenalplatz auf ein paar einzelne, mobilitätseingeschränkten Personen vorbehaltene Stellplätze reduziert. Neben Grünraum wurden ein Pavillon, Spielmöglichkeiten und Aufenthaltsqualität geschaffen. Da keine Änderung des bestehenden Bebauungsplans erforderlich war, kam § 30 BauGB

---

[9] I5.

[10] I14.

[11] I1.

[12] I5.

zum Tragen.[13] Auch das Projekt Überseestadt, bei dem in Bremen ein ehemaliger Hafenstandort zu Gewerbe-, Wohn- und Hafennutzung entwickelt wird, wird über verschiedene bestehende Bebauungspläne umgesetzt.[14] Die Stadt Siegen hat den Fluss Sieg freigelegt und renaturiert und dabei zweihundert Parkplätze entfernt sowie die Hauptverkehrsstraße verkleinert. Auch hier wurde im Rahmen des bestehenden Bebauungsplans entwickelt. Da alle Flächen im Eigentum der Stadt waren und ausschließlich der öffentliche Raum entwickelt wurde, musste kein Planungsrecht geschaffen werden. Es kam § 30 f. BauGB zur Anwendung.[15]

Im Geltungsbereich eines einfachen Bebauungsplans, in dem weder Art, noch Maß der baulichen Nutzung festgesetzt sind (§ 30 Abs. 1 BauGB), ist die Zulässigkeit von Innenentwicklungsmaßnahmen nach § 34 oder § 35 BauGB zu prüfen. Die Entwicklung des Sophien-Carrés in Karlsruhe ist eine entsprechende Beispielmaßnahme. Hier wird in historischen Blocks aus der Gründerzeit Wohnraum in einer sehr begehrten Lage entwickelt. Es besteht ein Bebauungsplan. Da dieser jedoch die Mindestfestsetzungen aus § 30 Abs. 1 BauGB nicht enthält, wird nach § 34 BauGB eingefügt.[16] Nicht nur für Maßnahmen innerhalb eines bestehenden, einfachen Bebauungsplans im Sinne von § 30 Abs. 3 BauGB, sondern insbesondere für Entwicklungsmaßnahmen innerhalb der im Zusammenhang bebauten Ortsteile, kommt § 34 BauGB zur Anwendung. Als Beispiel kann hier eine großangelegte Schulentwicklungsmaßnahme als integriertes Innenentwicklungsprojekt genannt werden. Hier wurden innerhalb von zwei Jahren vierzig neue Schulen gebaut. Einige Schulhäuser wurden über bestehende Bebauungspläne und andere über § 34 BauGB gebaut.[17]

Besonderes Städtebaurecht

Mit dem besonderen Städtebaurecht hat die Stadt Baunatal ihren Stadtteil Baunsberg entwickelt. Unter sozialen Gesichtspunkten und einer umfassenden Beteiligung fand hier im Zuge einer Nachverdichtung auch eine Freiraumgestaltung und eine Gestaltung des öffentlichen Raumes statt.[18]

Ein rechtliches Instrument aus dem besonderen Städtebaurecht stellt die Städtebauliche Sanierungsmaßnahme dar. Sie kommt bei Maßnahmen zur Anwendung, die städtebauliche Missstände beheben sollen (§ 136 BauGB).

[13] I15.

[14] I8.

[15] I11.

[16] I13.

[17] I2.

[18] I10.

Im Gegensatz dazu soll durch die Städtebauliche Entwicklungsmaßnahme nach § 165 BauGB wiederum erstmalig entwickelt oder städtebaulich neugeordnet werden. Nach § 171a BauGB können zudem Stadtumbaumaßnahmen in Orts- und Stadtteilen mit dem Ziel einer Herstellung von nachhaltigen städtebaulichen Strukturen realisiert werden. Diese Stadtumbaumaßnahmen kommen vorwiegend in Gebieten zum Tragen, die aufgrund eines dauerhaften Überangebotes an Wohnraum oder aufgrund unzureichender Klimaanpassungsmöglichkeiten unter einem erheblichen städtebaulichen Funktionsverlust leiden. Im Gegensatz dazu kann auch der Erhalt baulicher Anlagen oder ganzer Gebiete und ihrer städtebaulichen Eigenart durch das Instrument der Erhaltungssatzung (§ 172 BauGB) erwirkt werden.

Zusammenfassend lässt sich feststellen, dass die vorgestellten rechtlichen Instrumente bei jeder Entwicklungsmaßnahme individuell geprüft und abgewogen werden müssen.[19] Welche möglichen Maßnahmen es in Bezug auf die vierzehn Handlungsfelder einer integrierten Innenentwicklung gibt und welche rechtlichen Besonderheiten es hierbei zu beachten gilt, wird in den nachfolgenden Unterkapiteln untersucht.

5.1.1 Erhalt von Gesundheit und Sicherheit

Als wesentliche Belange des Bauplanungsrechts findet sich die Prämisse gesunder Wohn- und Arbeitsverhältnisse in § 1 Abs. 6 Nr. 1 BauGB wieder. Sie ist als Voraussetzung einer Bebauung nach § 34 Abs. 1 S. 2 BauGB (im Zusammenhang bebauter Ortsteil) zu betrachten. Auch für Städtebauliche Sanierungsmaßnahmen (§ 136 BauGB) ist das Handlungsfeld relevant. Eine Missachtung dessen impliziert einen städtebaulichen Missstand.[20] Da es sich bei dieser Planungsleitlinie um eine prioritäre städtebauliche Aufgabe mit repressivem Charakter handelt,[21] sind Kommunen dazu angehalten, gesunde Wohn- und Arbeitsverhältnisse hinreichend sicherzustellen[22] und einer Entstehung etwaiger städtebaulicher Missstände präventiv zu begegnen.[23]

---

[19] I1.

[20] *Dirnberger,* in: *Spannowsky/Uechtritz*, BeckOK BauGB, 2023, § 1 Rn. 82.

[21] *Battis*, in: *Battis/Krautzberger/Löhr*, BauGB, 2022, § 1 Rn. 52, 54.

[22] *Dirnberger,* in: *Spannowsky/Uechtritz,* BeckOK BauGB, 2023, §1 Rn. 82.3.

[23] *Battis*, in: *Battis/Krautzberger/Löhr*, BauGB, 2022, § 1 Rn. 54.

In Bezug auf gesunde Wohn- und Arbeitsverhältnisse finden im urbanen Raum Beeinträchtigungen aufgrund verschiedener Störfaktoren statt. Ein solcher Störfaktor ist Lärm. Ursächlich für Lärmbelastungen sind zum einen der Straßen-, Schienen- und sonstige Verkehr, der durch die Zunahme des Verkehrsaufkommens aufgrund der steigenden baulichen Dichte und Bevölkerungsdichte einen Anstieg erfährt. Ein wichtiger Ansatzpunkt zur Senkung der Lärmbelastung ist daher die Minderung des Straßenverkehrslärms und des Schienenverkehrslärms. Zum anderen verursachen Gewerbe- und Industriebetriebe, die ihre Standorte im Innenbereich haben, Lärm. Dem Gewerbelärm kann durch eine entsprechende Kontingentierung im jeweiligen Plangebiet entgegengewirkt werden.[24] Eine andere Möglichkeit zur gewerblichen bzw. industriellen Lärmreduktion ist der Erhalt und die Rückintegration von einem emissionsarmen Gewerbe. Gleichzeitig sollte lautes Gewerbe in Wohngebieten und urbanen Mischgebieten durch eine alternative Ansiedlung in Gewerbehöfen vermieden werden.[25] In innerstädtischen Lagen kann Lärm ebenfalls durch Gewerbebetriebe verursacht werden. Weitere Lärmquellen stellen hier jedoch auch diverse Freizeitangebote, wie etwa sportliche Aktivitäten, dar.[26] In diesem Zusammenhang sollte eine integrierte Innenentwicklung bei der Minderung des Freizeit- bzw. Sportlärms ansetzen.[27] Für ein verträgliches Miteinander sollten sich Nachbarschaft und Freizeitangebote rücksichtsvoll verhalten und die örtliche Lärmbelastung auf ein Minimum begrenzen.[28] Die aufgrund der Nutzungsdichte in städtischen Gebieten verstärkt auftretenden Emissionskonflikte sollten im Rahmen einer integrierten Innenentwicklung gelöst bzw. bestenfalls durch präventive Maßnahmen vermieden werden.[29] Eine Möglichkeit zum bestmöglichen Schutz der Einwohnerschaft vor Lärm[30] und damit zur Sicherstellung einer gesunden Wohn- und Arbeitsatmosphäre im Innenbereich, sind Lärmschutzmaßnahmen. Diese können etwa

[24] *Eichholz/Schoppengerd,* Herausforderung Innenentwicklung, 2022, S. 30 ff.; *Preuß u. a.,* UBA-Texte 2020, S. 5.

[25] *UBA,* Die Stadt für Morgen, 2017, S. 17 f.

[26] *Eichholz/Schoppengerd,* Herausforderung Innenentwicklung, 2022, S. 30 ff.; *Preuß u. a.,* UBA-Texte 2020, S. 5.

[27] *Eichholz/Schoppengerd,* Herausforderung Innenentwicklung, 2022, S. 33.

[28] *UBA,* Die Stadt für Morgen, 2017, S. 18.

[29] *Eichholz/Schoppengerd,* Herausforderung Innenentwicklung, 2022, S. 30 ff.; *Preuß u. a.,* UBA-Texte 2020, S. 32, 99, 151.

[30] *UBA,* Die Stadt für Morgen, 2017, S. 18.

Lärmschutzwände oder lärmreduzierende Bodenbeläge sein,[31] welche sich idealerweise an einer Lärmbelastung von maximal fünfzig dB(A) bei Tag und vierzig dB(A) bei Nacht orientieren.[32]

Neben der Lärmbelastung ist die Stadtbevölkerung mit einer verstärkten Abgasbelastung konfrontiert.[33] Mit dem Ziel der Herstellung einer gesünderen Luft[34] durch die Vermeidung einer urbanen Luftverschmutzung[35] sollten die aktuell empfohlenen Luftqualitätsgrenzwerte eingehalten werden. Hierfür sollte eine integrierte Innenentwicklung durch eine systematische Reduktion des Autoverkehrs im Innenbereich, durch intelligente Baumaßnahmen (beispielsweise Untertunnelungen)[36] und durch eine bewusst eingesetzte Grünstruktur den Luftschadstoffanteil senken.[37] Eine Möglichkeit ist die Förderung des urbanen Grüns, denn unter der Prämisse der Sicherung eines gesunden Wohn- und Arbeitsumfeldes können auf Plätzen, in Straßenräumen und Passagen sowie in sonstigen öffentlichen Räumen hochwertige integrierte Grünflächen für ein Mehr an gesunder Lebensqualität sorgen.[38] Diese Schnittstelle zur Grün- und Freiraumförderung veranschaulicht die Notwendigkeit einer integrierten Gesamtstrategie. Auf die Entwicklung urbaner Grün- und Freiflächen wird an späterer Stelle im Detail eingegangen.

5.1.2 Förderung des Wohn- und Sozialraums

Neben dem Schutz der Gesundheit, sollte eine integrierte Innenentwicklung auch die Wohnqualität der städtischen Bevölkerung aufgreifen. Zunächst bedingt diese eine ausreichende Menge an Wohnraum für alle Bevölkerungsgruppen. Bei dessen Schaffung bzw. Entwicklung sollte auf die Kriterien für ein gesundes Wohnen geachtet werden. Eine auf die Wohn-, Lebens- und Aufenthaltsqualität der

[31] *Koch,* Ökologische Stadtentwicklung, 2001, S. 15; *Eichholz/Schoppengerd,* Herausforderung Innenentwicklung, 2022, S. 30 ff.

[32] *UBA,* Die Stadt für Morgen, 2017, S. 18.

[33] *Franke/Löhr/Sander,* Soziale Stadt, 2000, S. 247 f.; *Ministerio de Vivienda,* Wohnungsbaupolitik als Instrument für Stadterneuerung, 2006, S. 1 ff., zit. nach *BMVBS/BBR,* Integrierte Stadtentwicklung als Erfolgsbedingung einer nachhaltigen Stadt, 2007, S. 26 f.

[34] *UBA,* Die Stadt für Morgen, 2017, S. 8.

[35] *WBGU,* Hauptgutachten, 2016, S. 146 ff.

[36] *UBA,* Die Stadt für Morgen, 2017, S. 4, 18.

[37] *Eichholz/Schoppengerd,* Herausforderung Innenentwicklung, 2022, S. 23 ff.; *Verbücheln u. a.,* Plan4Change, 2017, S. 6.

[38] *UBA,* Die Stadt für Morgen, 2017, S. 16 f.

städtischen Bevölkerung ausgerichtete Quartiersplanung sollte ebenso Teil einer integrierten Innenentwicklung sein.[39]

Unter dem Leitsatz *Wohnen für alle* sind die wohnraumspezifischen Rahmenbedingungen auf unterschiedliche Bedürfnisse abzustimmen. Ein zeitgemäßer Wohnkomfort,[40] der den Anforderungen an ein gesundes Wohnen gerecht wird, ist essenziell für die Gewährleistung einer hohen Wohnqualität.[41] Eine lebenswerte Umgebung[42] mit einer hohen Aufenthaltsqualität in öffentlichen Räumen[43] kann etwa durch das Angebot zahlreicher Sitzgelegenheiten[44] oder durch die baulich-physische Integration einer natürlichen Umwelt[45] in Form von wohnortnahen, ruhigen Gebieten geschaffen werden. Eine in Bezug auf unterschiedliche Generationen, verschiedene Geschlechter oder eine individuelle Herkunft bedürfnisorientierte Wohnraumgestaltung braucht attraktive, funktionsgemischte und bezahlbare Wohnquartiere. Diese sollten kompakt und flexibel organisiert sein und den unterschiedlichen Bedürfnissen von Jung und Alt gerecht werden. Zudem sollte der urbane Wohnraum familienfreundlich und barrierefrei gestaltet sein.[46] Konkret erfüllt werden können die genannten Kriterien beispielsweise durch die Aktivierung versteckter Wohnraumreserven mittels *Homesharing*. Hierbei werden Leerstände innerhalb von Wohneinheiten, wie sie durch den Auszug der Kinder aus dem Elternhaus entstehen können, im Sinne eines Mehrgenerationenwohnens gefüllt. Während Wohnraumpotenziale wirksam ausgeschöpft werden können, wirkt Homesharing einer sozialen Isolation älterer Menschen entgegen und ermöglicht zugleich eine Vermittlung von günstigem Wohnraum an Personen, die auf dem regulären Wohnungsmarkt oftmals benachteiligt sind.[47]

---

[39] *Eichholz/Schoppengerd,* Herausforderung Innenentwicklung, 2022, S. 30 ff.

[40] *Wehrli-Schindler,* Mit neuen Methoden zu einer differenzierten Innenentwicklung, 2007, S. 60 f.

[41] *Eichholz/Schoppengerd,* Herausforderung Innenentwicklung, 2022, S. 30 ff.

[42] *UBA,* Die Stadt für Morgen, 2017, S. 8.

[43] *BMI,* Memorandum Urbane Resilienz, 2021, S. 8 ff.

[44] *UBA,* Die Stadt für Morgen, 2017, S. 17.

[45] *BMVBS/BBR,* Städtebauliche Aufwertungsstrategien in benachteiligten Stadtquartieren, 2007, S. 3; *Ministerio de Vivienda,* Wohnungsbaupolitik als Instrument für Stadterneuerung, 2006, S. 1 ff., zit. nach *BMVBS/BBR,* Integrierte Stadtentwicklung als Erfolgsbedingung einer nachhaltigen Stadt, 2007, S. 29 ff.

[46] *BMI,* Stadtentwicklungsbericht der Bundesregierung, 2020, S. 42, 94 ff.; *UBA,* Die Stadt für Morgen, 2017, S. 4, 17 f., 22.

[47] *Fuhrhop,* Forum Wohnen und Stadtentwicklung 2024, S. 201, 204.

Hinsichtlich der Ausgestaltung urbaner Strukturen empfiehlt sich eine Mischnutzung[48] in Form einer funktionalen Durchmischung von gewerblicher Nutzung, von Dienstleistungs- und Freizeitangeboten sowie von wohnlicher Nutzung. Die Stadt als ein Raum für Miteinander und Zusammenleben[49] sollte gemischte Gebäude- und Wohntypologien mit einer gegliederten, gestaffelten Nutzung[50] aus Wohnen und Arbeiten zur Stärkung vorhandener Stadtteile mit ihren infrastrukturellen, kulturellen, sportlichen und gewerblichen Einrichtungen ausbauen.[51] Dabei sollte auch eine vertikale Nutzungsmischung, also eine gebäudeinterne Mischung, in Erwägung gezogen werden,[52] um Fluktuation und Leerstand einzudämmen und sozial stärkere Haushalte im Gebiet zu halten. Maßnahmen und Projekte zur Optimierung des baulich-physischen Wohnumfeldes und des öffentlichen Raums[53] können dazu beitragen, innerstädtische Quartiere zu stärken. Möglichkeiten hierfür sind die Bereitstellung von Flächen zur zwischenmenschlichen Begegnung[54] sowie der Ausbau der sozialen Infrastruktur. Letztere fördert eine offene Stadtkultur[55] und dient der sozialen Durchmischung sowie der Bündelung von milieu- und altersübergreifenden Fachkräften.[56] Sie beinhaltet beispielsweise den Ausbau von schulischen, betreuerischen und integrierenden Angeboten.[57]

Eine Innenentwicklung sollte auch für benachteiligte Stadtteile städtebauliche Aufwertungsstrategien bereitstellen und gemäß § 1 Abs. 6 Nr. 2 BauGB eine soziale Stabilität sicherstellen. Hilfreich können hierfür soziale

---

[48] *BMI,* Stadtentwicklungsbericht der Bundesregierung, 2020, S. 62.; *BMI,* Memorandum Urbane Resilienz, 2021, S. 8 ff.; *WBGU,* Hauptgutachten, 2016, S. 167 ff.; *UN-Habitat,* International Guidelines on Urban and Territorial Planning, 2018, S. 34; *UN-Habitat,* A New Strategy of Sustainable Neighbourhood Planning, 2015, S. 1 ff.

[49] *UBA,* Die Stadt für Morgen, 2017, S. 4, 17.

[50] *Eichholz/Schoppengerd,* Herausforderung Innenentwicklung, 2022, S. 33.

[51] *Kron,* Zukunftsfähige Stadtplanung in Stuttgart, 2007, S. 18.

[52] *Eichholz/Schoppengerd,* Herausforderung Innenentwicklung, 2022, S. 30.

[53] *BMVBS/BBR,* Städtebauliche Aufwertungsstrategien in benachteiligten Stadtquartieren, 2007, S. 25, 31; *Ministerio de Vivienda,* Wohnungsbaupolitik als Instrument für Stadterneuerung, 2006, S. 1 ff., zit. nach *BMVBS/BBR,* Integrierte Stadtentwicklung als Erfolgsbedingung einer nachhaltigen Stadt, 2007, S. 29 ff.

[54] *UBA,* Die Stadt für Morgen, 2017, S. 17 f.

[55] *BMI,* Stadtentwicklungsbericht der Bundesregierung, 2020, S. 94 ff.

[56] *BMI,* Memorandum Urbane Resilienz, 2021, S. 8 ff.

[57] *BMI,* Stadtentwicklungsbericht der Bundesregierung, 2020, S. 42.

Stabilisierungs- und Integrationsstrategien sein.[58] Zwar fällt eine Einflussnahme auf die Bevölkerungsstruktur nicht unmittelbar in den Aufgabenbereich einer integrierten Innenentwicklung. Kommunen können jedoch durch die in § 9 Abs. 1 Nr. 6 bis 8 BauGB aufgeführten bauplanungsrechtlichen Stellschrauben mittelbar darauf Einfluss nehmen.[59] Um eindimensionalen Bevölkerungszusammensetzungen entgegenzuwirken, können Kommunen auf diesem Wege ein soziales Gleichgewicht in ihren urbanen Gesellschaftsstrukturen herstellen.[60] Damit einhergehend sollten auch in Bezug auf die lokale Arbeitsmarktpolitik und auf die lokale Wirtschaft Integrationsprozesse angestoßen und im Rahmen von Innenentwicklungsmaßnahmen gestärkt werden. Eine aktive Bildungs- und Ausbildungspolitik, welche die genannten Problematiken bereits im Kindes- und Jugendalter aufgreift, kann hierbei unterstützen.[61]

Insbesondere individuelle Eigenheimbestrebungen erfordern reichlich Fingerspitzengefühl: Zum einen kann auf eine Reduktion des Einfamilienhausanteils hingewirkt werden.[62] Auch sollten Bestrebungen nach einem Eigenheimneubau sowie nach Wohneigentum jeglicher Ausgestaltung zunehmend vom Stadtrand in die Innenstadt gelenkt werden.[63] Zum anderen sind Kommunen nach § 4 WoFG dazu angehalten, die Erfüllung dieser partikulären Wünsche zu unterstützen.[64] Mittelbar können Kommunen hierbei etwa durch städtebauliche Verträge auch für ärmere Bevölkerungsgruppen die Chance auf ein Eigenheim erhöhen.[65]

Neben der angestrebten Eigentumsbildung einerseits fordern andere Stimmen eine Erleichterung des Zugangs zu bezahlbarem Wohnen unter Vermeidung einer räumlichen Trennung verschiedener wirtschaftlich situierter Gruppen.[66] Die hierfür notwendige ausreichende Bereitstellung von Wohnraum für unterschiedliche Bevölkerungsschichten, welche beispielsweise durch eine Baukostensenkung oder

---

[58] *BMVBS/BBR*, Integrierte Stadtentwicklung als Erfolgsbedingung einer nachhaltigen Stadt, 2007, S. 23 f., 29 ff.

[59] *Battis*, in: *Battis/Krautzberger/Löhr*, BauGB, 2022, § 1 Rn. 55.

[60] *Dirnberger*, in: *Spannowsky/Uechtritz*, BeckOK BauGB, 2023, § 1 Rn. 88.

[61] *BMVBS/BBR*, Integrierte Stadtentwicklung als Erfolgsbedingung einer nachhaltigen Stadt, 2007, S. 29.

[62] *WBGU*, Hauptgutachten, 2016, S. 167 ff.; *UN-Habitat*, International Guidelines on Urban and Territorial Planning, 2018, S. 34; *UN-Habitat*, A New Strategy of Sustainable Neighbourhood Planning, 2015, S. 1 ff.

[63] *Heinig/Krämer/Weigel*, Bipolare Stadtentwicklung in Leipzig, 2007, S. 24.

[64] *Battis*, in: *Battis/Krautzberger/Löhr*, BauGB, 2022, § 1 Rn. 56.

[65] *Dirnberger*, in: *Spannowsky/Uechtritz*, BeckOK BauGB, 2023, § 1 Rn. 89.

[66] *UBA*, Die Stadt für Morgen, 2017, S. 17 f.

durch die Sicherung von Fachkräften im Wohnungsbau erzielt werden kann, verlangt die Schaffung von genügend erschwinglichem Wohnraum.[67] Eine integrierte Innenentwicklung muss also den sozialen Wohnungsbau voranbringen, welcher Haushalte unterstützt, die den Preisen auf dem regulären Wohnungsmarkt nicht standhalten können (§ 1 WoFG).[68] Mit einem Anteil von mindestens zwanzig Prozent[69] sollte dem Ziel eines hochwertigen innerstädtischen Wohnens für alle Bevölkerungsschichten eine entsprechende Relevanz zugeschrieben werden. Die Nachfrage nach Wohnraum in urbanen Gebieten steigt, während sich durch den gleichzeitigen Bevölkerungszuwachs ein Angebotsdefizit und dadurch steigende Mieten und Immobilienpreise bemerkbar machen.[70] Eine integrierte Innenentwicklung sollte auf diese Entwicklungen im Sinne der Stadtumbaumaßnahmen (§ 171a bis § 171d BauGB) adäquat reagieren[71] und beispielsweise ausreichend bezahlbaren Wohnraum für alle sozialen Schichten bereitstellen.[72] Kommunen sollten ein kostensparendes Bauen sowie die Herstellung kostengünstiger Erschließungsanlagen[73] durch entsprechende bauleitplanerische Festsetzungen ermöglichen. Beispielsweise kann die Größe von durch Einzelhaushalte genutzte Grundstücke auf ein definiertes Maximalmaß gedeckelt werden.[74]

---

[67] *BMI,* Stadtentwicklungsbericht der Bundesregierung, 2020, S. 57; *Eichholz/Schoppengerd,* Herausforderung Innenentwicklung, 2022, S. 30 ff.

[68] *Eichholz/Schoppengerd,* Herausforderung Innenentwicklung, 2022, S. 30 ff.

[69] *WBGU,* Hauptgutachten, 2016, S. 167 ff.; *UN-Habitat,* International Guidelines on Urban and Territorial Planning, 2018, S. 34; *UN-Habitat,* A New Strategy of Sustainable Neighbourhood Planning, 2015, S. 1 ff.

[70] *Eichholz/Schoppengerd,* Herausforderung Innenentwicklung, 2022, S. 30 ff.

[71] *Battis,* in: *Battis/Krautzberger/Löhr,* BauGB, 2022, § 1 Rn. 56.

[72] *BMI,* Stadtentwicklungsbericht der Bundesregierung, 2020, S. 57; *Statistisches Bundesamt,* Nachhaltige Entwicklung in Deutschland, 2021, S. 96 ff.; *BMI,* Memorandum Urbane Resilienz, 2021, S. 8 ff.; *WBGU,* Hauptgutachten, 2016, S. 167 ff.; *UN-Habitat,* International Guidelines on Urban and Territorial Planning, 2018, S. 34; *UN-Habitat,* A New Strategy of Sustainable Neighbourhood Planning, 2015, S. 1 ff.

[73] *Battis,* in: *Battis/Krautzberger/Löhr,* BauGB, 2022, § 1 Rn. 56.

[74] *Dirnberger,* in: *Spannowsky/Uechtritz,* BeckOK BauGB, 2023, § 1 Rn. 90.

5.1.3 Gestaltung des Bildungs-, Kultur- und Freizeitangebotes

Eng an die Schaffung von gesundheitsförderlichem, bedürfnisgerechtem und qualitativ hochwertigem Lebensraum gekoppelt, sollte eine integrierte Innenentwicklung[75] die Lebens- und Aufenthaltsqualität im Quartier fördern.[76] Zur Befriedigung kultureller Bedürfnisse kann einerseits der Zugang zu Kultur optimiert werden. Dies kann etwa durch vergünstigte Eintrittspreise, durch rollstuhlgerechte Eingänge zu Veranstaltungsorten oder durch Werbemaßnahmen geschehen. Andererseits können z. B. temporäre oder dauerhafte Kunstinstallationen die öffentlichen Räume in Szene setzen und damit unterschiedliche Nutzergruppen ansprechen.[77] Neben dem Ausbau kultureller und sonstiger Freizeitangebote kann auch die Gastronomiebranche einen positiven Beitrag zur Erfüllung der sozialen Bedürfnisse der Stadtbevölkerung leisten.[78] Von kommunaler Seite können zudem Gemeindetreffpunkte eingerichtet und ein umfangreiches Angebot zur zwischenmenschlichen Begegnung – auch digitaler Natur – geschaffen werden, um soziale und wirtschaftliche Entfaltungsmöglichkeiten im urbanen Raum zu fördern.[79] Eine entsprechende Flächenausweisung,[80] bzw. eine bauleitplanerische Festsetzung von Gemeinbedarfsflächen, kann den Ausbau der genannten Angebote fördern.[81]

Integrierte Stadtentwicklungsprozesse sollten auch die Rolle von Wissenschaft und Bildung stärken.[82] Neben der Förderung von Kooperationen zwischen Forschungs- und Bildungseinrichtungen mit örtlichen Unternehmen[83] bietet sich

---

[75] *BMVBS/BBR*, Integrierte Stadtentwicklung als Erfolgsbedingung einer nachhaltigen Stadt, 2007, S. 26.

[76] *Eichholz/Schoppengerd*, Herausforderung Innenentwicklung, 2022, S. 30 f.

[77] *BMI*, Stadtentwicklungsbericht der Bundesregierung, 2020, S. 94; *Statistisches Bundesamt*, Nachhaltige Entwicklung in Deutschland, 2021, S. 98 ff.; *BMVBS/BBR*, Integrierte Stadtentwicklung als Erfolgsbedingung einer nachhaltigen Stadt, 2007, S. 29 ff.; *UBA*, Die Stadt für Morgen, 2017, S. 17 f.

[78] *Heinig/Krämer/Weigel*, Bipolare Stadtentwicklung in Leipzig, 2007, S. 27 f.

[79] *BMI*, Stadtentwicklungsbericht der Bundesregierung, 2020, S. 72, 94; *BMI*, Memorandum Urbane Resilienz, 2021, S. 8 ff.

[80] *Battis*, in: *Battis/Krautzberger/Löhr*, BauGB, 2022, § 1 Rn. 57.

[81] *Dirnberger*, in: *Spannowsky/Uechtritz*, BeckOK BauGB, 2023, § 1 Rn. 93.

[82] *WBGU*, Hauptgutachten, 2016, S. 418 ff.

[83] *Kron*, Zukunftsfähige Stadtplanung in Stuttgart, 2007, S. 18.

beispielsweise auch die Schaffung von Raum für Forschung und Bildung im Rahmen von Neubauprojekten an.[84] Diese kann durch die bauleitplanerische Ausweisung der benötigten Gemeinbedarfsflächen für Schulen, Hochschulen, Museen, Büchereien, Rundfunkeinrichtungen und Ausstrahlungsorte von Fernsehsendern nach § 5 Abs. 2 Nr. 2 BauGB erfolgen.[85]

Entscheidend in Bezug auf eine qualitativ hochwertige, ansprechende Gestaltung öffentlicher Räume sind sowohl bestehende als auch neu entstehende Freiflächen[86] sowie Plätze und Parks.[87] Eine integrierte Herangehensweise wird also auch hier deutlich: Als Schnittstelle zum Handlungsfeld *Grün- und Freiflächenversorgung* können Grünflächen etwa als Kinderspielflächen und zu Naherholungszwecken nutzbar gemacht werden.[88] Als weiteres Beispiel können Dachflächen zu Erholungs-, Spiel- und Sportzwecken gestaltet werden.[89] Als weitere Optionen für Sport-, Spiel-, Erholungs- und Begegnungseinrichtungen bieten sich exemplarisch Graffitiwände, Bolzplätze und Mietergärten an.[90] Die genannten Beispiele zeigen, dass es zahlreiche Möglichkeiten zur städtischen Flächennutzung zu Begegnungs-, Erholungs- und Kommunikationszwecken gibt.[91] Größere Flächenbedarfe, wie sie beispielsweise für Alten- oder Kinderheime, für Kinderbetreuungseinrichtungen, für Spielplätze, für Jugendeinrichtungen, für Sport- oder Zeltplätze, für Stadien, für Schwimmbäder sowie für andere Bademöglichkeiten benötigt werden, können über § 5 Abs. 2 Nr. 2 und 5 BauGB im jeweiligen Flächennutzungsplan dargestellt werden. Außerdem können sie nach § 9 Abs. 1 Nr. 5 und 15 BauGB im Bebauungsplan festgesetzt werden.[92]

---

[84] *Heinig/Krämer/Weigel,* Bipolare Stadtentwicklung in Leipzig, 2007, S. 27 f.

[85] *Battis*, in: *Battis/Krautzberger/Löhr*, BauGB, 2022, § 1 Rn. 58.

[86] *Heinig/Krämer/Weigel,* Bipolare Stadtentwicklung in Leipzig, 2007, S. 24, 27 f.

[87] *Kron,* Zukunftsfähige Stadtplanung in Stuttgart, 2007, S. 12.

[88] *Eichholz/Schoppengerd,* Herausforderung Innenentwicklung, 2022, S. 30 ff.; *BMUB,* Grün in der Stadt, 2015, S. 13 ff.; *Becker u. a.,* Neue Freiräume für den urbanen Alltag, 2009, S. 9, 10.

[89] *Eichholz/Schoppengerd,* Herausforderung Innenentwicklung, 2022, S. 33.

[90] *BMVBS/BBR,* Integrierte Stadtentwicklung als Erfolgsbedingung einer nachhaltigen Stadt, 2007, S. 29 ff.

[91] *UBA,* Die Stadt für Morgen, 2017, S. 17.

[92] *Battis*, in: *Battis/Krautzberger/Löhr*, BauGB, 2022, § 1 Rn. 58, 59.

5.1.4 Entwicklung von Quartier und Infrastruktur

Maßgeblich für die Schaffung und Aufrechterhaltung sozial stabiler Ortsteile[93] ist eine ausreichende funktionale sowie soziale Durchmischung.[94] Auch die Stärkung sozialer Netzwerke im jeweiligen Stadtteil ist in diesem Zusammenhang bedeutsam.[95] Durch den Ausbau der sozialen und technischen Infrastruktur und der entsprechenden Nahversorgungsangebote, wie beispielsweise in Form von Innenstadtzentren,[96] können neben städtebaulichen und wirtschaftlichen Herausforderungen auch soziale Problemlagen im Quartier aufgefangen werden.[97] Sie können die Funktionsfähigkeit urbaner Quartiere aufwerten.[98] Zudem empfiehlt sich eine Nutzungsmischung.[99] Zur allgemeinen Steigerung der Attraktivität bestehender Ortsteile[100] können einerseits Öffnungen innerhalb der Baugebiete[101] und andererseits wiederum gemeinschaftlich genutzte Räume dienen. Letztere können zudem den Wohnflächen- und Ressourcenbedarf senken und das Zusammenleben verbessern.[102]

Die vorhandene Infrastruktur sollte hinsichtlich ihrer Nutzung optimiert werden.[103] Dabei geht es neben der Umsetzung einer verlässlichen digitalen Datenversorgung[104] primär um die Erschließung oder den Ausbau von Ver-

[93] *Spangenberger,* UPR 2009, S. 217.

[94] *ARL,* Perspektiven netto-null Flächenverbrauch, 2024, S. 8 f.; *WBGU,* Hauptgutachten, 2016, S. 167 ff.; *UN-Habitat,* International Guidelines on Urban and Territorial Planning, 2018, S. 34; *UN-Habitat,* A New Strategy of Sustainable Neighbourhood Planning, 2015, S. 1 ff.

[95] *BMI,* Memorandum Urbane Resilienz, 2021, S. 8 ff.

[96] *BMI,* Stadtentwicklungsbericht der Bundesregierung, 2020, S. 72, 94 ff.

[97] *BMVBS/BBR,* Integrierte Stadtentwicklung als Erfolgsbedingung einer nachhaltigen Stadt, 2007, S. 26.

[98] *BMI,* Stadtentwicklungsbericht der Bundesregierung, 2020, S. 94 ff.

[99] *Baldauf*, Innenentwicklung PUR planen und realisieren, 2003, S. 32.

[100] *BMVBS/BBR,* Städtebauliche Aufwertungsstrategien in benachteiligten Stadtquartieren, 2007, S. 7, 29, 46; *Ministerio de Vivienda,* Wohnungsbaupolitik als Instrument für Stadterneuerung, 2006, S. 1 ff., zit. nach *BMVBS/BBR,* Integrierte Stadtentwicklung als Erfolgsbedingung einer nachhaltigen Stadt, 2007, S. 29 ff.

[101] *Eichholz/Schoppengerd,* Herausforderung Innenentwicklung, 2022, S. 27.

[102] *UBA,* Die Stadt für Morgen, 2017, S. 19.

[103] *Spangenberger,* UPR 2009, S. 217.

[104] *BMI,* Stadtentwicklungsbericht der Bundesregierung, 2020, S. 94 ff.

und Entsorgungseinrichtungen.[105] So sollten beispielsweise Umweltgefährdungen durch das Abführen von Abwasser oder durch eine sachgemäße Beseitigung von Abfall vermieden werden.[106] Neben der Gewährleistung einer wohnsitznahen Versorgung mit Einrichtungen des täglichen Bedarfs[107] sollte im weiteren Sinne auch eine infrastrukturelle Entwicklung im sozialen und kulturellen Bereich stattfinden.[108] Dabei sollten unterschiedliche Nutzergruppen bedient werden.[109] Beispiele hierfür wären die Etablierung von Treffpunkten für die Jugend,[110] von kulturellen Einrichtungen und von gesellschaftlichen Begegnungsorten.[111] Die genannten Möglichkeiten einer integrierten Innenentwicklung zur Erhaltung bzw. zum Ausbau der lokalen Infrastruktur, die planungsrechtlich im Sinne der § 2 Abs. 2 S. 2 BauGB, § 5 Abs. 2 Nr. 2d BauGB, § 9 Abs. 2a S. 1 BauGB und § 34 Abs. 3a S. 2 BauGB untermauert werden, sollen eine wohnungsnahe Versorgung gewährleisten und dadurch die Urbanität stärken.[112]

Die Entwicklung vorhandener Quartiere und der Ausbau vorhandener infrastruktureller Versorgungseinrichtungen sind aufwändig und erfordern ggf. kostenintensive, schwer zu planende Rückbaumaßnahmen.[113] Insbesondere im Hinblick auf die erwarteten demographischen Entwicklungen bekommen die genannten Möglichkeiten zur Entwicklung vorhandener Strukturen bei gleichzeitigem Verzicht auf weitere Flächeninanspruchnahmen eine besonders hohe Relevanz. Zur Umsetzung entsprechender Entwicklungsvorhaben in bestehenden Quartieren eignet sich besonders das beschleunigte Verfahren nach § 13a BauGB.[114]

---

[105] *Baldauf*, Innenentwicklung PUR planen und realisieren, 2003, S. 32.

[106] *WBGU,* Hauptgutachten, 2016, S. 146 ff.

[107] *UBA,* Die Stadt für Morgen, 2017, S. 8, 17 f.

[108] *Franke/Löhr/Sander,* Soziale Stadt, 2000, S. 247 f.; *Ministerio de Vivienda,* Wohnungsbaupolitik als Instrument für Stadterneuerung, 2006, S. 1 ff., zit. nach *BMVBS/BBR,* Integrierte Stadtentwicklung als Erfolgsbedingung einer nachhaltigen Stadt, 2007, S. 26 f.

[109] *UBA,* Die Stadt für Morgen, 2017, S. 17 f.

[110] *Franke/Löhr/Sander,* Soziale Stadt, 2000, S. 247 f.; *Ministerio de Vivienda,* Wohnungsbaupolitik als Instrument für Stadterneuerung, 2006, S. 1 ff., zit. nach *BMVBS/BBR,* Integrierte Stadtentwicklung als Erfolgsbedingung einer nachhaltigen Stadt, 2007, S. 26 f.

[111] *UBA,* Die Stadt für Morgen, 2017, S. 17 f.

[112] *Battis*, in: *Battis/Krautzberger/Löhr*, BauGB, 2022, § 1 Rn. 61a.

[113] *Battis*, in: *Battis/Krautzberger/Löhr*, BauGB, 2022, § 1 Rn. 61.

[114] *Dirnberger,* in: *Spannowsky/Uechtritz,* BeckOK BauGB, 2023, § 1 Rn. 95.

5.1.5 Erhalt und Gestaltung des Bestandes

Neben bzw. oftmals auch im Zuge der Entwicklung von Bestandsquartieren kommt im Rahmen von Innenentwicklungsvorhaben der Bestands- und Denkmalschutz zum Tragen. Letzterer erfordert eine Übereinkunft verschiedener Betroffenheiten und Individualinteressen, partikularer Eigentumsrechte und Finanzierungsfragen. Daher ist eine umfassende Einbindung aller Beteiligten bereits im frühen Planungsstadium als unausweichlich zu betrachten.[115] Der Denkmalschutz bzw. die Denkmalpflege dient der Sicherung kultureller Zeugnisse der Menschheitsgeschichte.[116] Jedoch beschränkt sich Handlungsfeld 5 im Sinne von § 1 Abs. 6 Nr. 5 BauGB nicht rein auf unter Denkmalschutz stehende bauliche Anlagen. Es bezieht explizit diejenigen über den Denkmalschutz hinaus gehenden und von ebendiesem nicht erfassten Bauten mit ein, die aus städtebaulichen Gesichtspunkten als besonders erhaltenswürdig gelten. Bei der Innenentwicklung sollte also in städtebaulicher Hinsicht auf den Erhalt des baukulturellen Erbes, historischer Innenstädte und stadtgeschichtlicher Bauten geachtet werden.[117] Das baukulturelle Erbe kann etwa in Form von bestimmten Zusammensetzungen aus Bauten, Wegen bzw. Fahrbahnen oder Plätzen in Erscheinung treten und dabei bestimmte städtebauliche Schutzaspekte erfüllen (vgl. § 172 Abs. 1 S. 1 Nr. 1 BauGB).[118] Schützenswert können in diesem Kontext nach § 9 Abs. 1 BauGB beispielsweise eine bestimmte Bauweise oder eine bestimmte Stellung von Bauten sein. Auch bestimmte Grundstücksflächen können, gemessen an ihrer Bebaubarkeit bzw. Größe oder Begrünung, schutzwürdig sein. Mit einem Fokus auf dem Erhalt und auf der Entwicklung der Landschaft können bestimmte Bepflanzungen oder Gewässerstrukturen unter Schutz gestellt werden.[119] Eine integrierte Innenentwicklung könnte deren Schutz festsetzen oder dessen Einbettung in die unmittelbare Umgebung erwirken. Als rechtliches Instrument eignet sich hierfür einerseits die Erhaltungssatzung im Sinne von § 172 BauGB. Andererseits gilt zur Nutzungsänderung oder zur baulichen

[115] *Burg u. a.,* Bausteine erfolgreicher Innenentwicklung, 2009, S. 10 f.

[116] *BMUB, V*erwahrloste Immobilien, 2014, S. 58.

[117] *BMI,* Stadtentwicklungsbericht der Bundesregierung, 2020, S. 72; *Spangenberger,* UPR 2009, S. 217.

[118] *Battis*, in: *Battis/Krautzberger/Löhr*, BauGB, 2022, § 1 Rn. 62.

[119] *Dirnberger,* in: *Spannowsky/Uechtritz*, BeckOK BauGB, 2023, § 1 Rn. 95.

Anpassung von Gebäuden, welche das kulturelle Landschaftsbild in besonderer Art und Weise prägen und als erhaltenswert einzustufen sind, eine spezielle Zulässigkeitsvorschrift (vgl.§ 35 Abs. 4 S. 1 Nr. 4. BauGB).[120]

5.1.6 Berücksichtigung kirchlicher Erfordernisse

Zur Berücksichtigung kirchlicher Erfordernisse sollten integrierte Innenentwicklungsvorhaben Themen rund um Gottesdienste und Seelsorge aufgreifen. Hierfür sollte frühzeitig das Gespräch mit den Kirchen, mit Pfarrhäusern und Klöstern, mit Vertretungen der Moscheen, mit kirchlichen Gemeindezentren sowie mit den Leitungen konfessioneller Betreuungseinrichtungen und Schulen und mit den Leitungen konfessioneller Altenheime gesucht werden. Auch die Verwaltungen kirchlicher Friedhöfe und weiterer seelsorgerischer Einrichtungen sollten kontaktiert werden. Die Entscheidungsmacht über deren zu deckende Bedarfe im Rahmen von Innenentwicklungsmaßnahmen obliegt zwar den Kirchen bzw. Religionsgemeinschaften.[121] Kommunen sollten diese jedoch als federführende Hand bei Innenentwicklungsvorhaben aufgreifen,[122] denn sie sind als verbindliche Vorgaben zu betrachten[123] und müssen von Stadtseite untergebracht werden. Dieser Verpflichtung kann die realisierende Kommune mittels Ausweisung der zur Bedarfsdeckung benötigten Flächen im Flächennutzungsplan oder in den Bebauungsplänen nachkommen.[124] Neben der baulichen Bedarfsdeckung sollten Kommunen im Rahmen ihrer integrierten Innenentwicklungsmaßnahmen interreligiöse Dialoge stärken und dadurch den Gedanken einer lebendigen Nachbarschaft fördern.[125]

5.1.7 Schutz von Umwelt, Natur und Klima

Zum Schutz der Umwelt, der Natur und der Landschaft geht es im Handlungsfeld 7 zunächst darum, die Klimarisiken in städtischen Strukturen zu

---

[120] *Battis*, in: *Battis/Krautzberger/Löhr*, BauGB, 2022, § 1 Rn. 62, 62a.

[121] *Battis*, in: *Battis/Krautzberger/Löhr*, BauGB, 2022, § 1 Rn. 61a.

[122] *Söfker/Runkel,* in: *Ernst u. a.*, Baugesetzbuch, 2023, Rn. 142.

[123] *Dirnberger,* in: *Spannowsky/Uechtritz*, BeckOK BauGB, 2023, § 1 Rn. 101.

[124] *Söfker/Runkel,* in: *Ernst u. a.*, Baugesetzbuch, 2023, Rn. 142.

[125] *BMI,* Memorandum Urbane Resilienz, 2021, S. 8 ff.

mindern und dabei die natürlichen Lebensgrundlagen zu erhalten.[126] Im Sinne von § 1 Abs. 6 Nr. 7 BauGB bildet dieses Handlungsfeld in Verbindung mit § 1 Abs. 5 BauGB und § 1a BauGB die Beurteilungsgrundlage der Umweltauswirkungen, welche von Bebauungsplänen ausgehen.[127] Insofern ist es bei der kommunalen Umweltprüfung in Sinne von § 2 Abs. 4 BauGB zu berücksichtigen. Weitergehend inkludiert es eine naturschutzrechtliche Eingriffsprüfung und berücksichtigt hierbei die Nutzung von Grundflächen und Veränderungen des Grundwasserspiegels (vgl. § 14 Abs. 1 BNatSchG) sowie bauplanerische Einwirkungen auf Boden, Gewässer, Luft, Klima, Flora und Fauna und auf die Tierwelt (vgl. § 7 Abs. 1 Nr. 2 BNatSchG und § 44 BNatSchG).[128]

In verschiedenen Handlungsfeldern spielt Lärm eine Rolle. Und auch aus Sicht umwelt- und naturschutzrelevanter Belange ist den steigenden Lärmbelastungen in Stadtgebieten durch Lärmschutzmaßnahmen zu begegnen. Die Relevanz von Lärm in Bezug auf zahlreiche Themen der Innenentwicklung zeigt die Notwendigkeit eines integrierten Vorgehens bei der Ausgestaltung von Lärmschutzmaßnahmen für Lärmbelästigungen aufgrund von Straßen-, Flug- und Schienenverkehr, von Gewerbe- und Industriebetrieben sowie von Freizeit- und Sporteinrichtungen. Beispiele für mögliche Lärmschutzinterventionen sind Lärmschutzwände und -wälle oder andere Arten der Lärmschutzbebauung, die zum Teil in Form von baulichen Maßnahmen direkt am zu schützenden Gebäude vorgenommen werden können. Hierbei kommen u. a. schallschluckende Oberflächen oder auch eine entsprechende Grundrissausrichtung in Betracht. Die vielfältig auf dem Markt existierenden Lärmschutzmaßnahmen lassen sich aufgrund fehlender Rechtsgrundlagen jedoch nicht alle im Bebauungsplan festsetzen.[129]

Während die Innenentwicklung Versiegelungen im Außenbereich reduziert, forciert sie zunächst eine weitere Flächenversiegelung im Innenbereich, was die klimatischen Verhältnisse in den Städten hinsichtlich Windströmungen, Temperaturen und Regenabflussmengen nachteilig beeinflusst.[130] Mildernd wirkt sich hierauf eine baustrukturelle Öffnung aus, welche einen Luftaustausch mit innerstädtischen Freiflächen und Kaltluftentstehungsgebieten ermöglicht. Hierfür bedarf es Grünflächen, die diesen Lufttransfer in die Siedlungsstrukturen

---

[126] *WBGU,* Hauptgutachten, 2016, S. 142, 146 ff.

[127] *Dirnberger,* in: *Spannowsky/Uechtritz,* BeckOK BauGB, 2023, § 1 Rn. 103.

[128] *Battis,* in: *Battis/Krautzberger/Löhr,* BauGB, 2022, § 1 Rn. 64, 65, 65c.

[129] *Koch,* Ökologische Stadtentwicklung, 2001, S. 15 ff.; *Eichholz/Schoppengerd,* Herausforderung Innenentwicklung, 2022, S. 30 ff.

[130] *Eichholz/Schoppengerd,* Herausforderung Innenentwicklung, 2022, S. 23 ff.; *BBSR,* Innenentwicklungspotenziale in Deutschland, 2014, S. 25; *Welters u. a.,* Städtebauliche Nachverdichtung im Klimawandel, 2014, S. 6.

hinein begünstigen.[131] Man nennt diese Grünflächen Kaltluftleitbahnen. Sollten hiervon keine unbebauten, freien Bahnen vorhanden sein, sollte eine integrierte Innenentwicklung die Bebauungsstruktur des städtischen Quartiers an bestehenden Kaltluftschneisen ausrichten. Dies kann beispielsweise durch eine bestimmte Anordnung der Grünflächen oder durch eine Verlängerung bestehender Kaltluftbahnen bzw. durch eine bauliche Anknüpfung an kaltluftproduzierende Grünflächen geschehen. Unversiegelte Flächen, deren Vegetation Bestandskraft hat, erbringen die größte Kühlleistung. Auch Urban Wetlands und Wasserflächen[132] sind an dieser Stelle als städtische Klimafaktoren zu nennen, weshalb eine integrierte Innenentwicklung die urbanen Wasserressourcen schützen sollte.[133] Als Schnittstelle zum Handlungsfeld *Grün- und Freiraumversorgung* lassen sich durch urbane Grünzüge kleinklimatische Verbesserungen hervorrufen und ökologische Defizite ausgleichen.[134] Neben dem Aufbruch versiegelter Flächen mit dem Ziel einer Renaturierung eignen sich hierfür gemeinschaftliche Bepflanzungen, Patenschaften für Stadtgrün und Fassaden- bzw. Dachbegrünungen.[135] Versiegelte Flächen können wiederum durch die Wahl bestimmter Boden- und Baumaterialien sowie durch die Art und Weise der Gebäudeplatzierung einen positiven Einfluss auf das Stadtklima haben.[136]

Ein weiteres Schwerpunktthema des Umwelt- und Naturschutzes ist die Senkung des Energieverbrauchs, der vom Gebäudebestand ausgeht. In diesem Zusammenhang kann der Innenentwicklung mit Blick auf die urbane Energieeffizienz eine einflussreiche Macht zugeschrieben werden.[137] Dieser Aufgabe kann beispielsweise durch eine adäquate Gebäudedämmung nachgegangen werden.[138]

---

[131] *Eichholz/Schoppengerd,* Herausforderung Innenentwicklung, 2022, S. 23 ff.; *Prenger-Berninghoff u. a.,* Klima-Check in der Bauleitplanung, o. J., S. 28.

[132] *Eichholz/Schoppengerd,* Herausforderung Innenentwicklung, 2022, S. 23 ff.; *Prenger-Berninghoff u. a.,* Klima-Check in der Bauleitplanung, o. J., S. 39.

[133] *WBGU,* Hauptgutachten, 2016, S. 146 ff.

[134] *UBA,* Die Stadt für Morgen, 2017, S. 22.

[135] *BMVBS/BBR,* Integrierte Stadtentwicklung als Erfolgsbedingung einer nachhaltigen Stadt, 2007, S. 29 ff.

[136] *Eichholz/Schoppengerd,* Herausforderung Innenentwicklung, 2022, S. 23 ff.; *Prenger-Berninghoff u. a.,* Klima-Check in der Bauleitplanung, o. J., S. 39.

[137] *WBGU,* Hauptgutachten, 2016, S. 167 ff.; *Ürge-Vorsatz u. a.,* Energy End-Use, 2012, S. 653 ff.

[138] *WBGU,* Hauptgutachten, 2016, S. 167 ff.; *Lucon u. a.,* Buildings, 2014, S. 675 ff.; *Seto u. a.,* Human Settlements, Infrastructure, and Spatial Planning, 2014, S. 927 ff., 962 ff., 974 ff.; *The World Bank/Urban Development & Local Government,* Cities and Climate Change, 2010, S. 12, 27 ff.

Neben der Berücksichtigung des Natur- und Umweltschutzes schafft Handlungsfeld 7 also eine Verbindung zu bodenschutzrelevanten und naturschutzrechtlichen Belangen und forciert dabei eine klimagerechte Entwicklung durch entsprechende Ausgleichsmaßnahmen für die Natur und Landschaft, für die Flora und Fauna sowie für den Schutz von Vögeln (vgl. § 1a BauGB). Hand in Hand mit den Instrumenten des Handlungsfeldes 11 sollte eine integrierte Innenentwicklung in Bezug auf den Schutz der Umwelt und auf einen ressourcenschonenden Flächenverbrauch Höchstgrenzen für Wohngrundstücke aussprechen (vgl. § 9 Abs. 1 Nr. 3 BauGB) und Flächen für entsprechende Natur- und Landschaftsschutzmaßnahmen in den örtlichen Bebauungsplänen ausweisen (vgl. § 5 Abs. 2 Nr. 10 BauGB und § 9 Abs. 1 Nr. 20 BauGB). Zum Schutz der Ressource Boden sollten Kommunen gemäß § 5 Abs. 2 Nr. 10 BauGB und § 9 Abs. 1 Nr. 20 BauGB entsprechende Maßnahmen festsetzen und bestenfalls Ressourcen im Außenbereich schonen (§ 35 Abs. 5 S. 1 BauGB). Als Instrument zur Sensibilisierung kommunal(politisch)er Entscheidungsträger sind umweltrelevante Auswirkungen von Entwicklungsvorhaben bereits im Planungsstadium begründend darzulegen (vgl. § 9 Abs. 8 BauGB) und Altlasten in Bauleitplänen zu kennzeichnen (vgl. § 5 Abs. 3 Nr. 3 BauGB und § 9 Abs. 5 Nr. 3 BauGB).[139]

5.1.8 Förderung der Wirtschaft, Land- und Forstwirtschaft

Um auf die Belange der Wirtschaft einzugehen, sollte eine integrierte Innenentwicklung die innerstädtischen Industriegebiete sichern und modernisieren. Für die Aufwertung bestehender Gewerbegebiete kommen Neubaumaßnahmen bzw. neue Gebäudeabschnitte, attraktive bzw. bedarfsweise neugestaltete ÖPNV-Anbindungen, ansprechende und innovative Platzgestaltungen oder die Eröffnung industriell-geschichtlicher Museen in Betracht. Dadurch können bloße Arbeitsorte zu Orten mit Identifikationspotenzial werden.[140] Ein weiteres Schwerpunktthema einer integrierten Innenentwicklung im Rahmen von Handlungsfeld 8 ist der Erhalt bzw. der Ausbau von Arbeitsplätzen, worauf sie durch eine Ausweisung neuer Gewerbegebiete mittelbar Einfluss nehmen kann.[141] Um Zielkonflikte mit anderen Handlungsfeldern zu reduzieren, sind hierbei entsprechende Emissionsschutzvorkehrungen zu treffen.

---

[139] *Battis*, in: *Battis/Krautzberger/Löhr*, BauGB, 2022, § 1 Rn. 64.
[140] *Kron*, Zukunftsfähige Stadtplanung in Stuttgart, 2007, S. 16 ff.
[141] *Dirnberger*, in: *Spannowsky/Uechtritz*, BeckOK BauGB, 2023, § 1 Rn. 110.

Neben der Gewerbegebietsentwicklung und der Förderung arbeitsmarktfreundlicher Bedingungen sollte eine integrierte Innenentwicklung auch Flächen für das produzierende Gewerbe sichern und entwickeln. Dadurch kann das kommunale Standortprofil gesichert und dem internationalen Wettbewerb um Investoren standgehalten werden. Zur Gewerbeflächenentwicklung eignen sich flexible, vorausschauende, nachfrageorientierte und unbürokratisch schnelle planungsrechtliche Genehmigungsverfahren sowie städtebauliche Verträge. Eine integrierte Innenentwicklung sollte im Zuge der Bereitstellung entsprechender Gewerbeflächen einen Ausgleich zwischen ökonomischen Interessen einerseits und Belangen von Umwelt und Wohnen andererseits schaffen. Beim Flächenmanagement sollten Cluster berücksichtig werden. Außerdem sollte das Augenmerk auf Branchen mit den jeweils besten Standortbedingungen gelenkt werden. Häufig ist zu beobachten, dass große Anteile der Bestandsgewerbeflächen nicht oder nur mindergenutzt werden. In Zeiten von Flächenkonkurrenzen sollte eine integrierte Innenentwicklung intensiv deren Wiedernutzbarmachung bzw. deren erstmalige Nutzung anstreben. Zur Revitalisierung dieser Gebiete sind zunächst deren strukturelle Eigenschaften zu analysieren. Relevante Parameter sind hierbei ihre Lage, die verkehrliche Anbindung, das Umfeld, die Bausubstanz und die jeweilige Altlastensituation. Gleichzeitig sollten die potenziellen Flächennutzer ihre Ansprüche an die Fläche kommunizieren. Zusätzlich zur Gewerbegebiets- und Gewerbeflächenentwicklung sollte eine integrierte Innenentwicklung den Einzelhandel als zentrales Thema aufgreifen. Grund dafür ist, dass eine vitale Innenstadt mit multifunktionalen Versorgungszentren maßgeblich der Identifikation und der Ausgestaltung einer Ortsmitte dient. Die Kaufkraftabflüsse, mit denen der unter Konkurrenzdruck stehende Einzelhandel konfrontiert ist, betreffen sowohl kleine innerstädtische Lebensmittelgeschäfte als auch den Einzelhandel.[142]

Im Zuge der Innenentwicklung bieten sich Sanierungen oder Neubauten von Messehöfen, Einkaufspassagen und Einzelhandelsimmobilien an.[143] Auch die Reduktion der Ladenmieten kommunaler Immobilien durch immobilienwirtschaftliche Modelle mit ganzheitlichem, nicht rein umsatzbezogenem Ansatz[144]

[142] *Kron,* Zukunftsfähige Stadtplanung in Stuttgart, 2007, S. 16 f.; *Heinig/Krämer/Weigel,* Bipolare Stadtentwicklung in Leipzig, 2007, S. 27 ff.; *Franke/Löhr/Sander,* Soziale Stadt, 2000, S. 247 f.; *Ministerio de Vivienda,* Wohnungsbaupolitik als Instrument für Stadterneuerung, 2006, S. 1 ff., zit. nach *BMVBS/BBR,* Integrierte Stadtentwicklung als Erfolgsbedingung einer nachhaltigen Stadt, 2007, S. 26 f.

[143] *Heinig/Krämer/Weigel,* Bipolare Stadtentwicklung in Leipzig, 2007, S. 27 f.

[144] *BMI,* Memorandum Urbane Resilienz, 2021, S. 8 ff.

sowie ein aktives Stadtmarketing[145] und die Einrichtung von Co-Working-Spaces[146] dienen der Revitalisierung der wirtschaftlich mitgenommenen Innenstädte.[147] Zur Gewährleistung einer bevölkerungsnahen Versorgung sollte eine integrierte Innenentwicklung durch eine bauleitplanerische Rahmensetzung den örtlichen Einzelhandel stärken (vgl. § 11 Abs. 3 BauNVO). Als rechtliches Instrumentarium eignet sich hierfür beispielsweise § 34 Abs. 3 BauGB in Verbindung mit § 2 Abs. 2 S. 2 BauGB.[148]

Um unternehmerische Tätigkeiten im Allgemeinen zu fördern, sollten lokale Wirtschaftsstrukturen belebt[149] und örtliche Besonderheiten hervorgehoben werden.[150] Neben diesen sollte eine integrierte Innenentwicklung im Zuge von Handlungsfeld 8 auch die Belange von Landwirtschaft und Waldbewirtschaftung aufgreifen, indem sie gem. § 5 Abs. 2 Nr. 9 BauGB entsprechende Flächen im Flächennutzungsplan darstellt.[151]

Durch die Ausweisung von Gemeinbedarfsflächen im Sinne von § 9 Abs. 1 Nr. 5 BauGB kann eine integrierte Innenentwicklung das Telekommunikationswesen fördern und den Belangen der Postdienstleistungen gerecht werden. Ebenso gewährleistungspflichtig ist die Energie- und Wasserversorgung der Stadtbevölkerung. Hierfür (als Schnittstelle zu Handlungsfeld *Entwicklung von Quartier und Infrastruktur*) ist eine adäquate Erschließung zu sichern. Rohstoffvorkommen sind ebenfalls langfristig zu sichern. Als rechtliches Instrument kommt eine Festsetzung bzw. Kenntlichmachung nach § 5 Abs. 2 Nr. 8 BauGB, § 5 Abs. 3 Nr. 2 BauGB, § 9 Abs. 1 Nr. 17 BauGB und § 9 Abs. 5 Nr. 2 BauGB in Betracht.[152]

---

145 *Wehrli-Schindler,* Mit neuen Methoden zu einer differenzierten Innenentwicklung, 2007, S. 60.

146 *BMI,* Memorandum Urbane Resilienz, 2021, S. 8 ff.

147 *BMVBS/BBR,* Integrierte Stadtentwicklung als Erfolgsbedingung einer nachhaltigen Stadt, 2007, S. 26.

148 *Dirnberger,* in: *Spannowsky/Uechtritz*, BeckOK BauGB, 2023, § 1 Rn. 108.

149 *BMVBS/BBR,* Städtebauliche Aufwertungsstrategien in benachteiligten Stadtquartieren, 2007, S. 5, 29 f.; *Ministerio de Vivienda,* Wohnungsbaupolitik als Instrument für Stadterneuerung, 2006, S. 1 ff., zit. nach *BMVBS/BBR,* Integrierte Stadtentwicklung als Erfolgsbedingung einer nachhaltigen Stadt, 2007, S. 29 ff.

150 *BMI,* Memorandum Urbane Resilienz, 2021, S. 8 ff.

151 *Dirnberger,* in: *Spannowsky/Uechtritz*, BeckOK BauGB, 2023, § 1 Rn. 109.

152 *Dirnberger,* in: *Spannowsky/Uechtritz,* BeckOK BauGB, 2023, § 1 Rn. 111, 112, 113, 117.

5.1.9 Gestaltung von Verkehr und Mobilität

Handlungsfeld 9 schreibt einer integrierten Innenentwicklung die Einbeziehung verkehrlicher Überlegungen zu. Diese bauen auf politischen Vorgaben auf und berücksichtigen sowohl den ruhenden als auch den fließenden Verkehr.[153]

Unter Berücksichtigung des Mobilitätsverhaltens[154] soll die Mobilität durch eine nachhaltige Konzeptionierung im Personen- und Gütertransfer gesichert werden.[155] Möglich hierbei ist eine großräumige verkehrskonzeptuelle Festsetzung im Flächennutzungsplan oder eine konkrete Erschließungsplanung auf Bebauungsplanebene.[156]

Durch steigende Einwohnerzahlen in den vergangenen Jahren stieg die Anzahl an motorisierten Fahrzeugen im städtischen Raum. Besonders relevant ist hierbei der Individualverkehr mit dem Verkehrsmittel Pkw, welches ein hohes Maß an individueller Flexibilität ermöglicht.[157] Eine integrierte Innenentwicklung sollte erwirken, dass der private Pkw nur noch eine untergeordnete Rolle im städtischen Verkehrsgefüge spielt.[158] In diesem Zusammenhang sollte die Reduktion der Individualverkehrsmenge in Bezug auf das Auto angestrebt werden. Hierfür bieten sich verschiedene Maßnahmen, wie etwa die Förderung von zukunftsträchtigen Mobilitätsformen, an. Auch eine Konzentration und Lenkung des Verkehrs auf bestimmte Bereiche kann die Fahrzeugmenge[159] im Bereich des motorisierten Individualverkehrs reduzieren und zu einer aufgelockerten Verkehrsdichte in der Stadt beitragen. Besonders restriktiv, jedoch auch äußerst effektiv, ist ein vollständiges Verbot des Pkw-Verkehrs in Innenstädten. Die Bauleitplanung kann bei der verbindlichen Umsetzung von verkehrlichen Maßnahmen helfen. Wichtig sind hierbei ein eng vernetztes Vorgehen und eine Verzweigung mit den bestehenden umgebenden Strukturen.[160]

---

[153] *Dirnberger,* in: *Spannowsky/Uechtritz,* BeckOK BauGB, 2023, § 1 Rn. 117.

[154] *BMI,* Stadtentwicklungsbericht der Bundesregierung, 2020, S. 120 f.

[155] *BMI,* Memorandum Urbane Resilienz, 2021, S. 8 ff.; *Statistisches Bundesamt,* Nachhaltige Entwicklung in Deutschland, 2021, S. 90 ff.

[156] *Dirnberger,* in: *Spannowsky/Uechtritz,* BeckOK BauGB, 2023, § 1 Rn. 114.

[157] *Eichholz/Schoppengerd,* Herausforderung Innenentwicklung, 2022, S. 28 f.; *KBA,* Bestand zum 01.01.2024.

[158] *UBA,* Die Stadt für Morgen, 2017, S. 18.

[159] *Laukemper/Sgobba,* Handlungsfeld Mobilität und Verkehr, 2018, S. 117 ff.; *Bunzel/Hinzen/UBA,* Arbeitshilfe Umweltschutz in der Bebauungsplanung, 2000, S. 45 ff.; *Eichholz/Schoppengerd,* Herausforderung Innenentwicklung, 2022, S. 23 ff.

[160] *Laukemper/Sgobba,* Handlungsfeld Mobilität und Verkehr, 2018, S. 117 ff.; *Eichholz/Schoppengerd,* Herausforderung Innenentwicklung, 2022, S. 23 ff., 30 ff.

Der rapide steigende Fahrzeugbestand in Deutschland macht sich unmittelbar an einem zunehmenden Flächenbedarf im Bereich der Verkehrsinfrastruktur bemerkbar.[161] Eine integrierte Innenentwicklung sollte Straßenverkehrsflächen für eine gleichberechtigte Nutzung durch unterschiedliche Fortbewegungs- und Verkehrsmittel ausbauen.[162] Insgesamt sollten kompakte Städte verkehrsvermeidend und flächensparend angelegt sein. So können freiwerdende Verkehrsflächen beispielsweise der Nachverdichtung im Innenbereich zugeführt[163] oder zu attraktiven Einkaufs-Boulevards umfunktioniert werden.[164] Eine Doppelnutzung grauer Infrastrukturen und Parkflächen zu sozialen und klimaausgleichenden Zwecken ist im Sinne des Nachhaltigkeitsgedankens empfehlenswert.[165]

Ein weiteres Thema eines integrierten sozialverträglichen Stadtverkehrs ist die Schaffung einer ausgebauten Fahrradinfrastruktur und einer optimierten Fahrradverfügbarkeit mit einem attraktiven, engmaschigen Nahverkehrsnetz in Form von Fuß- und Radwegen.[166] Ziel sollte dabei eine fahrrad- und fußgängerfreundliche Stadt sein.[167] Idealerweise sollte dem Radverkehr Vorfahrt gewährt werden. Hierfür sollten an möglichst vielen Hauptverkehrsadern Fahrradwege hinzugefügt und Pkw-Stellplätze zu Fahrradstellplätzen umfunktioniert werden.[168]

Neben der Verlagerung des individuellen Pkw-Verkehrs hin zu einem ausgebauten Fuß- und Fahrradnetz[169] sollte der öffentliche Verkehr aktiv ausgebaut

---

[161] *Eichholz/Schoppengerd,* Herausforderung Innenentwicklung, 2022, S. 28 f.; *KBA,* Bestand zum 01.01.2024.

[162] *Laukemper/Sgobba,* Handlungsfeld Mobilität und Verkehr, 2018, S. 117 ff.; *Eichholz/Schoppengerd,* Herausforderung Innenentwicklung, 2022, S. 23 ff.

[163] *UBA,* Die Stadt für Morgen, 2017, S. 16.

[164] *Kron,* Zukunftsfähige Stadtplanung in Stuttgart, 2007, S. 16.

[165] *BMI,* Memorandum Urbane Resilienz, 2021, S. 8 ff.

[166] *BMI,* Memorandum Urbane Resilienz, 2021, S. 8 ff.; *BMI,* Stadtentwicklungsbericht der Bundesregierung, 2020, S. 94 ff.; *BMVBS/BBR,* Integrierte Stadtentwicklung als Erfolgsbedingung einer nachhaltigen Stadt, 2007, S. 32 ff.

[167] *WBGU,* Hauptgutachten, 2016, S. 167 ff.; *UN-Habitat,* International Guidelines on Urban and Territorial Planning, 2018, S. 34; *UN-Habitat,* A New Strategy of Sustainable Neighbourhood Planning, 2015, S. 1 ff.

[168] *UBA,* Die Stadt für Morgen, 2017, S. 16.

[169] *UBA,* Die Stadt für Morgen, 2017, S. 4.

werden.[170] Ziel hierbei ist die Bereitstellung einer hohen Anzahl an ÖPNV-Haltestellen,[171] ein bargeldloses Bezahlsystem mit verbundübergreifenden Tarifen,[172] sowie ein feinmaschiges Liniennetz mit optimaler Mobilitätsanbindung.[173] Erstrebenswert sind erweiterte Betriebszeiten über alle Tages- und Nachtzeiten und auch zu den Randzeiten, sodass auch Beschäftigte in Gastronomie und Nachtschichtarbeit[174] im Sinne einer Gleichberechtigung aller Verkehrsteilnehmenden Zugang zum ÖPNV haben.[175]

Zudem sollten Unternehmensstandorte, Güter und Dienstleistungen bedarfsgerecht mit dem öffentlichen Personennahverkehr erreichbar sein. Sicherheit, Flexibilität, Zeit- und Kosteneffizienz sowie ein hohes Maß an Komfort sollten hierbei durch ein gutes Störungsmanagement auch bei außerplanmäßigen Betriebsstörungen verlässlich gegeben sein.[176] Das ÖPNV-Netz sollte sich aus leistungsfähigen Verkehrsangeboten mit multimodalen Mobilitätsoptionen bei möglichst wenig Beeinträchtigung für Mensch und Umwelt[177] zusammensetzen. Bestenfalls sollte es eine Verbindung zwischen Umland und Innenstadt durch den Ausbau des S-Bahnnetzes herstellen.[178] Der Planung hochwertiger ÖPNV-Strukturen sollte als gesamtstädtisch zu betrachtende Aufgabe ein besonderes Augenmerk im Rahmen einer integrierten Innenentwicklung zustehen. Neben der Schaffung etwaiger Angebote sollte der ÖPNV gefördert und für jedermann bezahlbar gemacht werden.[179] Eine zukunftsfähige Stadt ermöglicht ihrer Einwohnerschaft eine barrierefrei zugängliche Mobilität. Daher muss auch der ÖPNV

---

[170] *BMI,* Memorandum Urbane Resilienz, 2021, S. 8; *BMI,* Stadtentwicklungsbericht der Bundesregierung, 2020, S. 94 ff.; *BMI,* Memorandum Urbane Resilienz, 2021, S. 8 ff.; *UBA,* Die Stadt für Morgen, 2017, S. 22.

[171] *Eichholz/Schoppengerd,* Herausforderung Innenentwicklung, 2022, S. 30.

[172] *BMI,* Memorandum Urbane Resilienz, 2021, S. 8 ff.

[173] *Statistisches Bundesamt,* Nachhaltige Entwicklung in Deutschland, 2021, S. 94 ff.; *Eichholz/Schoppengerd,* Herausforderung Innenentwicklung, 2022, S. 23 ff.; *UBA,* Die Stadt für Morgen, 2017, S. 34 f.

[174] *BMVBS/BBR,* Integrierte Stadtentwicklung als Erfolgsbedingung einer nachhaltigen Stadt, 2007, S. 32 ff.

[175] *BMI,* Memorandum Urbane Resilienz, 2021, S. 4.

[176] *BMI,* Stadtentwicklungsbericht der Bundesregierung, 2020, S. 120 f.; *UBA,* Die Stadt für Morgen, 2017, S. 17 f.

[177] *BMVBS/BBR,* Integrierte Stadtentwicklung als Erfolgsbedingung einer nachhaltigen Stadt, 2007, S. 32 ff.

[178] *Heinig/Krämer/Weigel,* Bipolare Stadtentwicklung in Leipzig, 2007, S. 27 f.

[179] *BMI,* Stadtentwicklungsbericht der Bundesregierung, 2020, S. 120 f.; *Laukemper/Sgobba,* Handlungsfeld Mobilität und Verkehr, 2018, S. 117 ff.; *Eichholz/Schoppengerd,* Herausforderung Innenentwicklung, 2022, S. 23 ff.

für alle barrierefrei zugänglich sein[180] und eine altersentsprechende Mobilität gewährleisten.[181]

Ein weiteres Themenfeld des Handlungsfeldes Verkehr und Mobilität im Zusammenhang mit einer integrierten Innenentwicklung ist der Umstieg auf alternativ betriebene Fahrzeuge,[182] konkret auf elektrisch fahrende Pkws. Für eine gelingende Umstellung auf diese emissionsärmere Variante des Pkw[183] bzw. zur Förderung der Elektromobilität bedarf es der Bereitstellung einer ausreichenden Anzahl an bedacht platzierten E-Ladestationen im Stadtgebiet. Für den Erfolg beim Umstieg auf E-Mobilität sollten die E-Ladesäulen zum einen an die jeweiligen örtlichen Lagebedingungen sowie an die Standortanforderungen seitens der Stadtbevölkerung angepasst werden. Zudem empfiehlt sich eine einfach zu bedienende, transparent aufgebaute Buchungsstruktur für den Aufladungsvorgang der Batterien von E-Fahrzeugen. Diese wiederum erfordert einen entsprechend guten Ausbau des Mobilfunknetzes bzw. ein öffentliches WLAN. Idealerweise sollten die Autos in der Stadt klein, leise und elektrisch betrieben sein. Zudem sollten sie durch mehrere Stadtbewohner geteilt werden und evtl. sogar autonom fahren können. So sollte eine integrierte Innenentwicklung anstreben, dass im Innenbereich nur Elektrofahrzeuge verkehren. Auch der ÖPNV sollte mit E-Fahrzeugen betrieben werden. Erstrebenswert wäre ein Fahrzeugantrieb durch erneuerbaren Strom.[184]

Ein weiterer Handlungsansatz des Handlungsfeldes 9 ist der Ausbau der Mobilitätsangebote. Hierfür kommen beispielsweise differenzierte Bedienungsformen, wie Sammeltransporte mit Kleinbussen, die Vermittlung von Mitfahrgelegenheiten[185] oder die Förderung alternativer zukunftsträchtiger Mobilitätsformen in

---

[180] *UBA,* Die Stadt für Morgen, 2017, S. 19.

[181] *BMI,* Stadtentwicklungsbericht der Bundesregierung, 2020, S. 120 f.; *UBA,* Die Stadt für Morgen, 2017, S. 19.

[182] *Eichholz/Schoppengerd,* Herausforderung Innenentwicklung, 2022, S. 23 ff.; *UBA,* Die Stadt für Morgen, 2017, S. 30 ff.

[183] *Laukemper/Sgobba,* Handlungsfeld Mobilität und Verkehr, 2018, S. 117 ff.; *Eichholz/Schoppengerd,* Herausforderung Innenentwicklung, 2022, S. 23 ff., 30 ff.

[184] *Eichholz/Schoppengerd,* Herausforderung Innenentwicklung, 2022, S. 30 ff.; *UBA,* Die Stadt für Morgen, 2017, S. 8 f., 18 f., 22, 32.

[185] *BMVBS/BBR,* Integrierte Stadtentwicklung als Erfolgsbedingung einer nachhaltigen Stadt, 2007, S. 32 ff.

Betracht.[186] Diese können neben dem bereits genannten ÖPNV auch Carsharing-Angebote sein.[187] Unter dem Leitsatz *Nutzen statt Besitzen* sollte (Elektro-) Carsharing flächendeckend verfügbar gemacht werden. Gleichzeitig sollte die Flächenbelegung für parkende Privat-Pkw auf ein Maximalmaß von eineinhalb Quadratmetern pro Einwohner reduziert werden. Leih-, Tausch- oder Do-it-yourself-Angebote können als integrierte Mobilitätsdienstleistungen, ebenso wie Fahrradverleihsysteme oder Online-Mitfahrvermittlungsdienste, eine alternative Mobilität der Stadtbevölkerung stärken. Ziel einer integrierten Innenentwicklung sollte ein Ausbau von Komfort, Attraktivität und Nutzungsintensität zukunftsträchtiger Mobilitätsformen sein.[188] Hierbei sollten konzeptionelle Überlegungen in die Bauleitplanung aufgenommen werden. Auch sollte die Nutzung und Qualität etwaiger verkehrlicher Angebote optimiert werden.[189]

Mit dem Ziel, städtischen Parkraum durch Lebensraum zu ersetzen, sollte eine integrierte Innenentwicklung durch ein konsequentes Parkraummanagement und durch eine Parkgebührenerhöhung an einer Reduktion von privatem Parken im Innenbereich ansetzen.[190] Hierfür sollte ein Regularium für Stellplätze auf verschiedenen Grundstücksflächen erlassen werden, welches die Bündelung von Stellplatzflächen vorsieht. Denkbar ist in diesem Zusammenhang das Angebot von Sammelgaragen, Tiefgaragen und multifunktionalen Flächen, welches sich hinsichtlich der benötigten Menge beispielsweise an der jeweiligen Wohnform, an der Altersstruktur und an den zum Autoverkehr alternativen Verkehrsangeboten bemessen lässt. Zusätzlich zur Reduktion von individuellen Parkmöglichkeiten sollte die Anzahl an Stellplätzen für Carsharing-Fahrzeuge und für Fahrräder aufgestockt werden. Das angestrebte Ziel zur Schmälerung der Parkdichte in Innenstadtlagen ist beispielsweise durch Stellplatzsatzungen umsetzbar. Eine weitere Möglichkeit zur verpflichtenden Reduktion der Stellplatzanzahl ist eine Festsetzungsbeschränkung im Rahmen von Baugenehmigungsverfahren. Diese kommunalen Möglichkeiten zur Reduzierung von Stellplätzen im Innenbereich können durch Vorgaben zur Ausrichtung von Zu- und Abfahrten der Stellplatzflächen sowie zur Höhe der Parkgebühren ergänzt werden. Eine integrierte

[186] *Eichholz/Schoppengerd,* Herausforderung Innenentwicklung, 2022, S. 23 ff.; *UBA,* Die Stadt für Morgen, 2017, S. 30 ff.

[187] *Eichholz/Schoppengerd,* Herausforderung Innenentwicklung, 2022, S. 23 ff.; *SenStadtWohn,* Wohnungsneubau, 2018, S. 12, 16; *BMI,* Memorandum Urbane Resilienz, 2021, S. 8 ff.

[188] *Eichholz/Schoppengerd,* Herausforderung Innenentwicklung, 2022, S. 23 ff.; *UBA,* Die Stadt für Morgen, 2017, S. 8 f., 16, 18 f., 30 ff.

[189] *Dirnberger,* in: *Spannowsky/Uechtritz,* BeckOK BauGB, 2023, § 1 Rn. 118.

[190] *UBA,* Die Stadt für Morgen, 2017, S. 17.

Innenentwicklung kann durch eine additive Ausweisung von Park-and-Ride-Flächen am Stadtrand[191] zusätzlich eine Verlagerung des Individualverkehrs raus aus der Stadt steuern.

Im Zusammenhang mit Handlungsfeld 9 sind auch der Erhalt der vorhandenen Infrastruktur, die Sorge für Sauberkeit sowie Maßnahmen der öffentlichen Sicherheit im Zuge der Ausgestaltung des Straßenraums zu berücksichtigen. Insbesondere Sicherheitsmaßnahmen sollten die Teilnahmemöglichkeiten auch in den Abendstunden für diejenigen Personen gewährleisten, die sich selbst nicht ausreichend gut verteidigen können. Bei einer integrierten Planung der verkehrlichen Sicherheit sollte der Gestaltung öffentlicher Räume, einem verkehrlichen Monitoring sowie der Überwachung des öffentlichen Raumes ein besonderes Augenmerk gelten. Auch zivilgesellschaftliche Maßnahmen, wie Begleitungsangebote, sind zu realisieren. Als weitere zielgruppenspezifische Anforderungen an die Gestaltung von Straßenräumen sollten Aufenthaltsräume, Spielmöglichkeiten, Orte für Kontakte und Kommunikation sowie Handels- und Produktionsräume bei integrierten Straßenraumentwicklungen bedacht und in Einklang gebracht werden.[192] In Bezug auf die Straßenraumgestaltung sollte zudem darauf geachtet werden, dass Verkehrsachsen Städte in ihrer Gesamtheit nicht durchtrennen.[193]

Benachteiligte Stadtteile leiden häufig unter erheblichen verkehrsbedingten Belastungen, denn sie befinden sich oftmals an Hauptverkehrsachsen oder in Flughafennähe. Auch Autohöfe, Rangierbahnhöfe und Logistikunternehmen sind häufig standortnah, sodass die betroffenen Stadtteile nicht selten durch Bahngleise oder Straßentrassen getrennt werden. Die emissionsbedingten Belastungen können im Rahmen einer integrierten Innenentwicklung durch die Realisierung eines sozialverträglichen Stadtverkehrs reduziert werden.[194]

Eine weitere Stellschraube zur integrierten Verkehrssteuerung stellt die Einführung einer Regelgeschwindigkeit mit Tempo dreißig im städtischen Raum dar. Diese zugelassene Höchstgeschwindigkeit sollte selbstverständlich je nach Straßenfunktion individuell angepasst werden. Sie ist nur als Richtwert zu

---

[191] *Laukemper/Sgobba,* Handlungsfeld Mobilität und Verkehr, 2018, S. 117 ff.; *Eichholz/Schoppengerd,* Herausforderung Innenentwicklung, 2022, S. 23 ff., 30; *Bunzel/Hinzen/UBA,* Arbeitshilfe Umweltschutz in der Bebauungsplanung, 2000, S. 45 ff.; *Fuchs/Schleifnecker,* Handbuch ökologische Siedlungsentwicklung, 2001, S. 104; *SenStadtWohn,* Wohnungsneubau, 2018, S. 15.

[192] *BMVBS/BBR,* Integrierte Stadtentwicklung als Erfolgsbedingung einer nachhaltigen Stadt, 2007, S. 32 ff.

[193] *UBA,* Die Stadt für Morgen, 2017, S. 17.

[194] *BMVBS/BBR,* Integrierte Stadtentwicklung als Erfolgsbedingung einer nachhaltigen Stadt, 2007, S. 29, 32 ff.

betrachten, denn das Verkehrstempo sollte sich dem urbanen Leben anpassen. Für eine optimale Steuerung des Verkehrs sollten intelligente Leitsysteme etabliert werden. Unter dem Grundsatz einer ressourcenschonenden Stadt sollte der Transportbedarf auf ein Minimum reduziert werden. Hierfür sollten kurze Wege geschaffen werden. Eine Möglichkeit hierfür ist das Etablieren von lokalen Reparatur- oder Tauschmöglichkeiten. Diese machen Neuanschaffungen überflüssig und tragen dazu bei, dass wichtige Ziele für alle in kurzer Distanz und idealerweise zu Fuß oder mit dem Fahrrad erreichbar werden.[195] Entsprechend sollten sowohl Siedlungen als auch die Infrastruktur in der Stadt und über die Gemarkungsgrenzen hinaus verkehrsvermeidend konzipiert werden. Oberstes Ziel hierbei sollte bei der Steuerung des motorisierten Verkehrs eine Verfügbarkeit schneller Hilfen in Notsituationen sein. In Bezug auf eine integrierte Mobilitäts- und Verkehrsentwicklung sollte ein Motorisierungsgrad von maximal 150 Pkw pro 1.000 Einwohnerinnen und Einwohnern angestrebt werden. Dabei sollte es sich rein um die zugelassenen Fahrzeuge inklusive der Carsharing-Fahrzeuge und inklusive der Taxen handeln. Verschiedene Verkehrsmittel sollten im Sinne von Shared Space gleichwertig das urbane Bild prägen. Aus ökologischen Gesichtspunkten, welche hoch priorisiert werden sollten, ist eine Vermeidung verkehrlicher Schadstoff- und Treibhausgasbelastungen oder gar eine vollständige Emissionsfreiheit anzustreben. Aus finanzieller Sicht sollte der städtische Ressourceneinsatz für Transportinfrastrukturen, -mittel und -wege reduziert gehalten werden. Dadurch soll die Mobilität der Bevölkerung zuverlässig für alle Bevölkerungsschichten finanzierbar bleiben. Auch sollen dadurch die kommunalen Haushalte langfristig in der Lage sein, die lokale Mobilität zu gewährleisten. Neben den genannten übergreifenden finanziellen und umweltspezifischen Zielen sollten der Stadtverkehr und die urbane Mobilität barrierefrei allen Menschen zur Verfügung stehen.[196] Rechtlich können diese verkehrsentwickelnden Instrumente zum einen über eine entsprechende Flächenzuordnung im Sinne von § 5 Abs. 2 Nr. 3 BauGB und § 5 Abs. 2 Nr. 7 BauGB realisiert werden. Zum anderen können Verkehrsflächen mit einer definierten spezifischen Zweckbestimmung in Bebauungsplänen festgesetzt werden. Exemplarisch sei an dieser Stelle die Festsetzung von Flächen für die Ladeinfrastruktur für Elektrofahrzeuge genannt (vgl. § 9 Abs. 1 Nr. 11 BauGB).[197]

---

[195] *UBA,* Die Stadt für Morgen, 2017, S. 8 f., 17, 19.

[196] *UBA,* Die Stadt für Morgen, 2017, S. 17 ff.

[197] *Dirnberger,* in: *Spannowsky/Uechtritz,* BeckOK BauGB, 2023, § 1 Rn. 119.

5.1.10 Umgang mit militärischen Liegenschaften

Als rechtliches Instrumentarium zur Durchsetzung militärischer Belange[198] kommt für die Zulässigkeitsprüfung baulicher Entwicklungen auf militärischen Arealen nach § 37 Abs. 2 BauGB Lex-specialis anstelle von Bauleitplänen zum Tragen. Gleichzeitig haben Kommunen bestehende militärische Nutzungen zu berücksichtigen. So muss die kommunale Bauleitplanung im Falle bestehender Anordnungen nach dem Schutzbereichgesetz, die den Erhalt der Verteidigungsfunktion bezwecken, Genehmigungen für bauliche Bestrebungen beantragen. Um dieser Verpflichtung verlässlich nachzukommen, sind Schutzbereiche in kommunalen Flächennutzungsplänen und Bebauungsplänen nach § 5 Abs. 4 BauGB und § 9 Abs. 6 BauGB als solche zu kennzeichnen.[199]

In den vergangenen fünfundzwanzig Jahren wurden nach und nach militärische Konversionsbrachen frei.[200] Diese Flächen bieten ein erhöhtes Potenzial für Strukturwandel.[201] Sie werden daher im Rahmen einer integrierten Innenentwicklung einer neuen Nutzung zugeführt und zu neuen Stadtquartieren umfunktioniert.[202]

5.1.11 Städtebauliche Entwicklungsbestrebungen und Innenentwicklung im engeren Sinne

Im Sinne nachhaltiger Baulandstrategien ist eine Senkung des Flächen- und Ressourcenverbrauchs[203] sowie eine Reduktion neuer Erschließungsflächen[204] unter der Prämisse eines Vorrangs der Innen- gegenüber der Außenentwicklung erforderlich.[205] Kommunale städtebauliche Entwicklungsplanungen und -konzepte können dem beispielsweise durch qualitätsvolle Wohnungsneubauten[206] und

---

198 *Dirnberger,* in: *Spannowsky/Uechtritz,* BeckOK BauGB, 2023, § 1 Rn. 122.

199 *Dirnberger,* in: *Spannowsky/Uechtritz,* BeckOK BauGB, 2023, § 1 Rn. 121, 124.

200 *Beilein,* Aktivierung von Stadtbrachen für das Wohnen, 2010, S. 16.

201 *BBSR,* Innenentwicklungspotenziale in Deutschland, 2014, S. 4.

202 *Schubert u. a.,* Innenentwicklung in städtischen Quartieren, 2019, S. 7; *Schiller u. a.,* UBA-Texte 2009, S. 20 ff.

203 *BMI,* Stadtentwicklungsbericht der Bundesregierung, 2020, S. 94 ff.; *UBA,* Die Stadt für Morgen, 2017, S. 8.

204 *Eichholz/Schoppengerd,* Herausforderung Innenentwicklung, 2022, S. 30.

205 *BMI,* Stadtentwicklungsbericht der Bundesregierung, 2020, S. 62.

206 *BMVBS/BBR,* Städtebauliche Aufwertungsstrategien in benachteiligten Stadtquartieren, 2007, S. 34; *Ministerio de Vivienda,* Wohnungsbaupolitik als Instrument für Stadterneuerung,

kompakte Reihenhäuser,[207] durch die Sanierung, die Modernisierung oder gar den gezielten Rückbau von Bestandsgebäuden[208] sowie durch eine bauliche Verdichtung nachkommen.[209] Ein prominenter Begriff ist in diesem Zusammenhang die Nachverdichtung im städtischen Innenbereich.[210] Sie soll gemeinsam mit dem Streben nach einer urbanen Resilienz in ein Innenentwicklungskonzept gegossen werden.[211] Dabei soll sie helfen, die lokalen baulichen Strukturen an aktuelle Bedarfe anzupassen und die Flächenneuinanspruchnahme auf maximal dreißig Hektar pro Tag bis zum Jahr 2030 deutschlandweit zu begrenzen.[212] Mit Blick auf die urbane Nachhaltigkeit sei Kommunen also zur Nachverdichtung[213] durch die Schaffung von Baurecht im Innenbereich geraten.[214] Im Zuge einer integrierten Innenentwicklung sollte dabei auf eine angemessene Dichte geachtet werden. Es sollten konsequent Flächen eingespart werden. Außerdem sollte dabei die Topografie berücksichtigt sowie Wert auf die Beseitigung von Altlasten und sonstigen Störfaktoren gelegt werden. Bei der Abgrenzung zwischen Innen- und Außenbereich[215] sollten Vorrang- bzw. Vorbehaltsgebiete ausgewiesen[216] und auf eine Integration der baulichen Vorhaben ins Stadtbild Wert gelegt werden.[217]

Kommunen sollten also untersuchen, wie und wo eine Nachverdichtung erfolgen kann. Die Entwicklung neuer Stadtquartiere kann zum einen in Form von kleinteiligen Nachverdichtungsprojekten, wie etwa durch eine Aufstockung des Gebäudebestandes[218] oder durch die Aktivierung von Altbauten, erfolgen.

2006, S. 1 ff., zit. nach *BMVBS/BBR,* Integrierte Stadtentwicklung als Erfolgsbedingung einer nachhaltigen Stadt, 2007, S. 29 ff.

207 *Eichholz/Schoppengerd,* Herausforderung Innenentwicklung, 2022, S. 12.

208 *BMVBS/BBR,* Städtebauliche Aufwertungsstrategien in benachteiligten Stadtquartieren, 2007, S. 29, 34; *Ministerio de Vivienda,* Wohnungsbaupolitik als Instrument für Stadterneuerung, 2006, S. 1 ff., zit. nach *BMVBS/BBR,* Integrierte Stadtentwicklung als Erfolgsbedingung einer nachhaltigen Stadt, 2007, S. 29 ff.

209 *Eichholz/Schoppengerd,* Herausforderung Innenentwicklung, 2022, S. 12.

210 *Lüpke,* Innenentwicklung als dominierende Aufgabe der Stadtentwicklung, 2007, S. 32.

211 *BMI,* Memorandum Urbane Resilienz, 2021, S. 4.

212 *BMI,* Stadtentwicklungsbericht der Bundesregierung, 2020, S. 94 ff.

213 *Baldauf*, Innenentwicklung PUR planen und realisieren, 2003, S. 32.

214 *BMI,* Stadtentwicklungsbericht der Bundesregierung, 2020, S. 62.

215 *Baldauf*, Innenentwicklung PUR planen und realisieren, 2003, S. 32.

216 *Baum u. a.,* Handlungsfelder der Landnutzung, 2021, S. 72 ff.

217 *Baldauf*, Innenentwicklung PUR planen und realisieren, 2003, S. 32.

218 *Schubert u. a.,* Innenentwicklung in städtischen Quartieren, 2019, S. 7; *Schiller u. a.,* UBA-Texte 2009, S. 19 ff.

Zum anderen kommt eine Umnutzung von baulich bereits genutzten Grundstücken,[219] von Außenbereichsinseln[220] oder gar von Bestandsgebäuden in Betracht.[221] Gleichzeitig lässt sich dadurch idealerweise Leerstand reduzieren und durch die Ergänzung verschiedener Nutzungsmöglichkeiten[222] eine städtische Multifunktionalität herstellen.[223]

Eine baulich attraktive Nachverdichtung kann auf Baulücken, unbebauten Hinterhöfen, nicht genutzten Parkplätzen oder auf sonstigen Potenzialflächen verschiedenster Art erfolgen. Die Potenziale einer Nachverdichtung im Innenbereich im Sinne einer kompakten Stadt lassen sich beispielsweise auf freiwerdenden Verkehrsflächen umsetzen.[224] Voraussetzung hierfür ist, dass diese entweder im Zusammenhang bebauter Ortsteile (§ 34 BauGB) oder in einem Bebauungsplan-Gebiet nach § 30 BauGB liegen. Als weitere geeignete Flächen seien unter denselben baurechtlichen Voraussetzungen Gebäudeflächen, Freiflächen, Betriebsflächen, Erholungsflächen und Friedhofsflächen[225] zur Zuführung in eine neue Nutzung zu nennen.[226] Vor allem brachliegende Flächen kommen für Innenentwicklungsmaßnahmen in Betracht,[227] indem diese neu bewertet,[228] wiedergenutzt und reaktiviert werden. Hierbei sollten vorzugsweise Bebauungsformen gewählt werden, die trotz der zunehmenden Dichte eine attraktive, gesunde und qualitativ hochwertige Wohnumgebung schaffen. Als Beispiel kommen kompakte, geschlossene Bauweisen in Betracht, welche durch ruhige Innenhöfe Lärmemissionen entgegenwirken, als Ruheinseln in lebhaften Quartieren genutzt werden

---

[219] *BMI,* Stadtentwicklungsbericht der Bundesregierung, 2020, S. 62, 94 ff.; *Lüpke,* Innenentwicklung als dominierende Aufgabe der Stadtentwicklung, 2007, S. 32.

[220] *Schmidt-Eichstaedt,* BauR 2007, S. 1148; zu Begriff siehe auch: BVerwG, Beschluss v. 15.9.2005 – 4 BN 37/05; *Battis/Krautzberger/Löhr,* NVwZ 2007, S. 124.

[221] *BMI,* Stadtentwicklungsbericht der Bundesregierung, 2020, S. 94 ff.; *Lüpke,* Innenentwicklung als dominierende Aufgabe der Stadtentwicklung, 2007, S. 32.

[222] *BMI,* Stadtentwicklungsbericht der Bundesregierung, 2020, S. 94 ff.

[223] *BMI,* Memorandum Urbane Resilienz, 2021, S. 8 ff.

[224] *BMI,* Stadtentwicklungsbericht der Bundesregierung, 2020, S. 62; *UBA,* Die Stadt für Morgen, 2017, S. 16 ff.

[225] *Böhm u. a.,* BfN-Skripten 2016, S. 17.

[226] *UBA,* Die Stadt für Morgen, 2017, S. 16.

[227] *BMI,* Stadtentwicklungsbericht der Bundesregierung, 2020, S. 94 ff.; *Schubert u. a.,* Innenentwicklung in städtischen Quartieren, 2019, S. 7; *Schiller u. a.,* UBA-Texte 2009, S. 19 ff.

[228] *BMI,* Memorandum Urbane Resilienz, 2021, S. 8 ff.

können[229] und dadurch die Qualität im Siedlungs- und Gebäudebestand steigern. Die hierdurch zu verzeichnende Attraktivitätssteigerung und Nutzungsvielfalt im Innenbereich birgt das Potenzial einer Steigerung des Interesses am Bestand und der damit einhergehenden Förderung der örtlichen Baukultur.[230]

Handlungsfeld 11 betrachtet unter Bezugnahme auf § 1 Abs. 6 Nr. 11 BauGB die genannten Möglichkeiten vor allem im Hinblick auf die gängige kommunale Verwaltungspraxis und konzentriert sich auf informelle städtebauliche Entwicklungspläne bzw. Rahmenpläne. Formelle Instrumente, wie Flächennutzungs- und Bebauungspläne, Satzungen im Sinne von § 34 Abs. 4 BauGB und § 35 Abs. 6 BauGB, Sanierungsbereichsdefinitionen nach § 142 BauGB bzw. nach § 165 BauGB in Form einer Städtebaulichen Entwicklungsmaßnahme sowie die Festlegung von Stadtumbaugebieten nach § 171b BauGB bleiben an dieser Stelle ausgeklammert. Handlungsfeld 11 umfasst nur von den jeweils zuständigen kommunalen Entscheidungsorganen verabschiedete informelle Konzepte, weshalb diese für nachfolgend erlassene bauplanungsrechtliche Satzungen keine unmittelbare Rechtsbindung haben.[231]

Bei allen genannten Möglichkeiten der baulich-räumlichen Stadtentwicklung sollten städtebauliche Entwicklungskonzepte anpassungsfähig und nachhaltig ausgestaltet sein. Zentrale Anforderungen an die urbane Gestalt sind die Herstellung von inklusiven Stadtquartieren von hoher Lebensqualität bei zeitgleichem Ausgleich zwischen Dichte und Freiraum. Hierbei empfehlen sich entschleunigte Urbanisierungsschübe und energieeffiziente Planungsstrategien im Sinne nachhaltiger Stadtquartiere.[232] Städtebauliche Aufwertungsstrategien sollten durch differenzierte Ansätze der Bürgerbeteiligung und der Bevölkerungsaktivierung die urbane Qualität neu akzentuieren.[233]

---

[229] *UBA*, Die Stadt für Morgen, 2017, S. 17 f.

[230] *BMI*, Stadtentwicklungsbericht der Bundesregierung, 2020, S. 94 ff.

[231] *Dirnberger*, in: *Spannowsky/Uechtritz*, BeckOK BauGB, 2023, § 1 Rn. 126–129.

[232] *WBGU*, Hauptgutachten, 2016, S. 422.

[233] *BMVBS/BBR*, Integrierte Stadtentwicklung als Erfolgsbedingung einer nachhaltigen Stadt, 2007, S. 29 ff.

5.1.12 Schutz vor Hochwasser

Bei der präventiven Hochwasservorsorge helfen flächige oder punktuelle Regenwasserversickerungsmöglichkeiten.[234] Hierfür sollten zunächst Flächenversiegelungen systematisch gestoppt werden. Außerdem sollte der versickerungsfähige Flächenanteil im urbanen Raum geschützt werden, damit sich der natürliche Grundwasserhaushalt stabilisieren kann. Auf Flächen, die nicht komplett entsiegelt werden oder bleiben können, eignen sich versickerungsfähige Beläge als eine die Regenwasserbewirtschaftung unterstützende Alternative. Additiv können zur Reduzierung der Regenabflussmenge oder zur Erhöhung der Anzahl an versickerungsfähigen Flächen Bauwerke sowie bodengebundene Flächen begrünt werden. Für letztere eignet sich insbesondere eine Begrünung von Gebäudedächern, die Retentionsdächer schafft.[235] In kommunalen Bebauungsplänen können gemäß § 9 Abs. 1 Nr. 16 BauGB zudem Deiche oder Stelzenbauweisen festgesetzt werden.[236]

Besonders effektiv im Zusammenhang mit dem Hochwasserschutz sind naturnahe Staubereiche und Freiräume zur temporären Überflutung.[237] Diese Wasserretentionsflächen, die auch Starkregenereignisse überwinden können,[238] erfordern große zusammenhängende Frei- bzw. Grünflächen mit breitflächigen Zuleitungen.[239] Die genannten Möglichkeiten zur präventiven Unterstützung einer Versickerung des Oberflächenwassers können nach § 9 Abs. 1 Nr. 14 BauGB im Bebauungsplan festgesetzt werden.[240]

Grundsätzlich bietet sich für eine effektive Versickerung von Niederschlagswasser eine zentrale Art der Versickerung, wie etwa in Versickerungsbecken oder auf Freiflächen mit versickerungsfähigem Untergrund, an. Sollten jedoch

---

[234] *Eichholz/Schoppengerd,* Herausforderung Innenentwicklung, 2022, S. 22.

[235] *Eichholz/Schoppengerd,* Herausforderung Innenentwicklung, 2022, S. 9 f., 12, 19 f., 22; *Stadt Bremen,* Merkblatt für eine wassersensible Stadt- und Freiraumgestaltung, 2015, S. 20 ff.; *Timmermann u. a.,* Empfehlungen zur Versickerung und Wasserrückhaltung, 2005, S. 31; *Stadt Hamburg,* Dezentrale naturnahe Regenwasserbewirtschaftung, 2006, S. 10 ff.; *Ansel,* Leitfaden Dachbegrünung für Kommunen, 2011, S. 5 ff.; *Lösken u. a.,* Green Roof Guidelines, 2018, S. 21 ff.

[236] *Battis,* in: *Battis/Krautzberger/Löhr,* BauGB, 2022, § 1 Rn. 86.

[237] *Eichholz/Schoppengerd,* Herausforderung Innenentwicklung, 2022, S. 22.

[238] *BMI,* Stadtentwicklungsbericht der Bundesregierung, 2020, S. 133 f.; *BMI,* Memorandum Urbane Resilienz, 2021.

[239] *DWA,* DWA-Regelwerk, 2020, S. 51 ff.; *Eichholz/Schoppengerd,* Herausforderung Innenentwicklung, 2022, S. 19 f.

[240] *Battis,* in: *Battis/Krautzberger/Löhr,* BauGB, 2022, § 1 Rn. 86.

in dicht bebauten urbanen Strukturen hierfür keine ausreichend großen Freiflächen verfügbar sein, kann Regenwasser auch in dezentralen Anlagen auf kleinen, verteilt liegenden Flächen, wie etwa Mulden, Rigolen oder Schächten entlang des Straßenraums, bewirtschaftet werden.[241]

Es ist zwischen verschiedenen Regenwasserbewirtschaftungsanlagen zu unterscheiden. Oberirdische Versickerungsanlagen sind etwa Flächen oder Mulden. Unterirdisch wirkende Versickerungssysteme können Rigolen und Schächte sein. Letztere wirken sich als Ergänzung zu oberirdischen Lösungen gegen Hochwasser schützend aus.[242] Wenn aufgrund der jüngsten negativen Entwicklungen in Bezug auf die Zunahme von Starkregenereignissen konventionelle Kanalsysteme an ihre Grenzen geraten, sind naturnahe Regenwasserbewirtschaftungsanlagen gefragt. Auch Rückhalteanlagen in Form von Regenrückhaltebecken und Retentionsteichen eignen sich zum Schutz vor Hochwasser.[243] Eine integrierte Innenentwicklung sollte daher ausreichend Retentionsraum in ihre Entwicklungskonzepte aufnehmen[244] und die Installation von Regenrückhaltebecken im Sinne von § 9 Abs. 1 Nr. 14 BauGB im Bebauungsplan festsetzen.[245] Entsprechende Flächen können mitunter als Ausgleichsflächen im Sinne des Naturschutzrechtes gelten.[246] Ausgleich ist jedoch auch umgekehrt zu schaffen, denn im Falle einer baulichen Beanspruchung von Retentionsflächen, sind solche an anderer Stelle zum Ausgleich einzurichten.[247]

Hinsichtlich der Regenwasserbewirtschaftungsprävention sind multifunktionale Nutzungen sowie möglichst flächenschonende Bewirtschaftungsanlagen empfehlenswert.[248] Zur Sicherstellung derjenigen, die aufgrund ihrer wohnlichen Lage einem erhöhten Hochwasserrisiko ausgesetzt sind, sollte eine integrierte

---

[241] *DWA*, DWA-Regelwerk, 2020, S. 53 ff.; *Eichholz/Schoppengerd*, Herausforderung Innenentwicklung, 2022, S. 19 f.

[242] *Eichholz/Schoppengerd*, Herausforderung Innenentwicklung, 2022, S. 19 f.; *Timmermann u. a.*, Empfehlungen zur Versickerung und Wasserrückhaltung, 2005, S. 20 ff.

[243] *Eichholz/Schoppengerd*, Herausforderung Innenentwicklung, 2022, S. 19 f.; *Stadt Hamburg*, Dezentrale naturnahe Regenwasserbewirtschaftung, 2006, S. 19.

[244] *Dirnberger*, in: *Spannowsky/Uechtritz*, BeckOK BauGB, 2023, § 1 Rn. 131.

[245] *Battis*, in: *Battis/Krautzberger/Löhr*, BauGB, 2022, § 1 Rn. 86.

[246] *Eichholz/Schoppengerd*, Herausforderung Innenentwicklung, 2022, S. 19 f.; *Nadler u. a.*, Naturnahe Entwässerung von Verkehrsflächen in Siedlungen, 2005, S. 11.

[247] *Dirnberger*, in: *Spannowsky/Uechtritz*, BeckOK BauGB, 2023, § 1 Rn. 131.

[248] *Eichholz/Schoppengerd*, Herausforderung Innenentwicklung, 2022, S. 19 f.; *Kaiser*, Naturnahe Regenwasserbewirtschaftung als Baustein einer nachhaltigen Siedlungsentwicklung, 2004, S. 52 f.

Innenentwicklung die Relevanz einer entsprechenden Erschließungskonzeption im jeweiligen Bebauungsplan unterstreichen.[249]

5.1.13 Unterbringung geflüchteter Menschen

Geflüchtete fliehen mehrheitlich in urbane Räume. Im Zuge integrierter Innenentwicklungsvorhaben sollten daher Ankunftsräume für geflüchtete Menschen geschaffen werden. Einerseits benötigen Geflüchtete ein räumliches Setting für Beratungsangebote. Andererseits wird Raum für ihre (Erst-)Unterbringung benötigt. Da die Struktur geflüchteter Gruppen variabel und unvorhersehbar ist, sollten Ankunftsräume möglichst flexibel für verschiedene Formen der Nutzung einsetzbar sein. So haben Jugendliche andere Bedürfnisse, als geflüchtete Familien. Junge Menschen benötigen beispielsweise eine gute Internet- und ÖPNV-Anbindung, während Familien oftmals Spielplatz- und Beratungsangebote in Anspruch nehmen.[250]

Zur Schaffung von Unterbringungsmöglichkeiten für Flüchtlinge und Asylsuchende eignet sich die Einzelbaugenehmigung im Sinne von § 31 Abs. 2 Nr. 1 BauGB und § 246 Abs. 8 bis 17 BauGB als Instrument, mit dem Kommunen die Zulässigkeitsvoraussetzungen zum Bau entsprechender Unterkünfte losgelöst vom jeweils geltenden Bebauungsplan realisieren können.[251]

5.1.14 Grün- und Freiflächenversorgung

Gemäß den bauleitplanerischen Vorgaben sollte eine integrierte Innenentwicklung zur Schaffung einer hohen Wohn- und Lebensqualität ausreichend Stadtgrün in ihre Quartiersplanungen einbeziehen.[252] Vor allem Kinder und ältere Menschen, deren Radius sich vorwiegend auf das nähere Wohnumfeld beschränkt, profitieren von den Entfaltungs- und Erholungsmöglichkeiten in städtischen quartiersinternen

---

[249] *Dirnberger*, in: *Spannowsky/Uechtritz*, BeckOK BauGB, 2023, § 1 Rn. 131.

[250] *Bormann/Werner*, Urbane Räume, 2024, S. 45.

[251] *Dirnberger*, in: *Spannowsky/Uechtritz*, BeckOK BauGB, 2023, § 1 Rn. 131e.

[252] *Eichholz/Schoppengerd*, Herausforderung Innenentwicklung, 2022, S. 30 ff.; *BMUB*, Grün in der Stadt, 2015, S. 96; *Becker u. a.*, Neue Freiräume für den urbanen Alltag, 2009, S. 35.

Grün- und Freiräumen.[253] Eine optisch und strukturell ansprechende Freiflächengestaltung[254] von hoher Qualität und Multifunktionalität bietet urbanen Raum für Spiel und Erholung sowie für Begegnung, Sport und Freizeit.[255] Bei verstärkten Innenentwicklungen nehmen zudem Zielkonflikte hinsichtlich urbaner Flächen zu, wodurch Grünflächen im Innenbereich insbesondere durch ihre klimaausgleichende Wirkung einen erheblichen Relevanzzuwachs erfahren.[256] Um diesem gerecht zu werden und auch um eine hohe gesundheitsförderliche Wohnqualität zu gewährleisten, bedarf es mit Blick auf die beschriebenen Flächenkonkurrenzen, die im Rahmen einer verstärkten Innenentwicklung entstehen können, einer effektiven Grün- und Freiflächenplanung.[257] Diese bietet fast immer Vorteile für das unmittelbare Wohnumfeld, wobei die Größe, Lage und Zweckbestimmung der jeweiligen Flächen zweitrangig sind.[258] Auch die Unterscheidung zwischen privater oder öffentlicher Trägerschaft der Grünflächen ist zunächst als nachrangig einzustufen. Für das gesamtheitliche Freiraumkonzept eines bestimmten Planungsgebietes ist es sogar empfehlenswert, auf ein Gleichgewicht von privat und öffentlich zu achten. Bei der Grünflächenplanung kommen neben Entsiegelungen im Bestand Grünflächen in eigenständiger Form oder auf Baugrundstücken sowie eigenständige Grünzüge und Grünzüge auf Baugrundstücken[259] in Betracht. Die Entwicklung neuer Freiflächen auf Potenzialflächen im Innenbereich in Kombination mit einem restriktiven Freiraumschutz[260] kann

[253] *Koch,* Ökologische Stadtentwicklung, 2001, S. 15; *Eichholz/Schoppengerd,* Herausforderung Innenentwicklung, 2022, S. 30 ff.

[254] *Eichholz/Schoppengerd,* Herausforderung Innenentwicklung, 2022, S. 30 ff.; *BMUB,* Grün in der Stadt, 2015, S. 30; *Becker u. a.,* Neue Freiräume für den urbanen Alltag, 2009, S. 36.

[255] *BMI,* Stadtentwicklungsbericht der Bundesregierung, 2020, S. 107 f.; *Eichholz/Schoppengerd,* Herausforderung Innenentwicklung, 2022, S. 30 ff.; *Becker u. a.,* Urbane Freiräume, 2019, S. 43; *UBA,* Die Stadt für Morgen, 2017, S. 4.

[256] *Eichholz/Schoppengerd,* Herausforderung Innenentwicklung, 2022, S. 30 ff.; *BMUB,* Grün in der Stadt, 2015, S. 14, 68 ff.; *Becker u. a.,* Neue Freiräume für den urbanen Alltag, 2009, S. 5, 7, 26.

[257] *Koch,* Ökologische Stadtentwicklung, 2001, S. 15 ff.; *Eichholz/Schoppengerd,* Herausforderung Innenentwicklung, 2022, S. 30 ff.

[258] *Eichholz/Schoppengerd,* Herausforderung Innenentwicklung, 2022, S. 30 ff.; *Becker u. a.,* Neue Freiräume für den urbanen Alltag, 2009, S. 5, 7, 26; Gegenmeinung siehe: *BMUB,* Grün in der Stadt, 2015, S. 17.

[259] *Eichholz/Schoppengerd,* Herausforderung Innenentwicklung, 2022, S. 12, 18, 30 ff.; *Fuchs/Schleifnecker,* Handbuch ökologische Siedlungsentwicklung, 2001, S. 128.

[260] *Baum u. a.,* Handlungsfelder der Landnutzung, 2021, S. 72 ff.; *BMI,* Stadtentwicklungsbericht der Bundesregierung, 2020, S. 107 f.

neben einem konstruktiven Umgang mit den geschilderten Problematiken bioklimatische Ausgleichsflächen oder klimawirksame Freiflächen hervorheben.[261] Dabei ist das urbane Grün bewusst in städtische Siedlungszusammenhänge einzubeziehen.[262] Dies kann beispielsweise in Form von Gemeinschaftsgärten[263] oder durch den Ausbau des städtischen Grün- und Freiraumsystems mittels Durchgrünung von Stadtquartieren erfolgen.[264]

Um der Problematik fehlender Grün- und Freiflächen und den daraus resultierenden Umweltproblemen[265] zu begegnen und um hierfür möglichst viele Grünflächen zu schaffen,[266] kann eine integrierte Innenentwicklung neben der Festsetzung entsprechender Flächen im jeweils geltenden Bebauungsplan (vgl. § 9 Abs. 1 Nr. 10, 15, 16, 23, 24 und 25 BauGB)[267] auch auf eine Bauwerksbegrünung zurückgreifen.[268] Diese urbane Dach- und Fassadenbegrünung kann in horizontaler[269] oder vertikaler Form[270] strategisch geplant und eingerichtet werden.[271] So kann in diesem Zusammenhang eine Freiluftnutzung etwa in Form von Grün- und Sportanlagen auf Dächern durch Aufstockungsmaßnahmen im Rahmen der Innenentwicklung ermöglicht werden.[272] Unter der Prämisse *Grün anstelle von Beton* können Grün- bzw. Wasserflächen auf Gebäudedächern, in Innenhöfen oder an Fassaden die Umgebungsqualität optisch verbessern und das Stadtklima positiv beeinflussen.[273] Sie schützen gegen Witterung und Sonne und dienen als

---

[261] *Eichholz/Schoppengerd,* Herausforderung Innenentwicklung, 2022, S. 23 ff.; *MUNLV NRW,* Handbuch Stadtklima, 2011, S. 34.

[262] *Baldauf*, Innenentwicklung PUR planen und realisieren, 2003, S. 32.

[263] *BMI,* Memorandum Urbane Resilienz, 2021, S. 8.

[264] *BMI,* Stadtentwicklungsbericht der Bundesregierung, 2020, S. 133 f.

[265] *Franke/Löhr/Sander,* Soziale Stadt, 2000, S. 247 f.; *Ministerio de Vivienda,* Wohnungsbaupolitik als Instrument für Stadterneuerung, 2006, S. 1 ff., zit. nach *BMVBS/BBR,* Integrierte Stadtentwicklung als Erfolgsbedingung einer nachhaltigen Stadt, 2007, S. 26 f.

[266] *UBA,* Die Stadt für Morgen, 2017, S. 8.

[267] *Battis*, in: *Battis/Krautzberger/Löhr*, BauGB, 2022, § 1 Rn. 86c.

[268] *Eichholz/Schoppengerd,* Herausforderung Innenentwicklung, 2022, S. 23 ff.; *Prenger-Berninghoff u. a.,* Klima-Check in der Bauleitplanung, o. J., S. 33.

[269] *BMI,* Stadtentwicklungsbericht der Bundesregierung, 2020, S. 133 f.; *Eichholz/Schoppengerd,* Herausforderung Innenentwicklung, 2022, S. 18.

[270] *Eichholz/Schoppengerd,* Herausforderung Innenentwicklung, 2022, S. 18.

[271] *WBGU,* Hauptgutachten, 2016, S. 146 ff.

[272] *Eichholz/Schoppengerd,* Herausforderung Innenentwicklung, 2022, S. 30 ff.; *Schindler,* UPR 2017, S. 161.

[273] *UBA,* Die Stadt für Morgen, 2017, S. 16 f.

Wasserspeicher während Hitzeperioden.[274] Stadtgrün und Wasser können gleichzeitig einen Erholungswert für die Stadtbevölkerung schaffen, zur Bewahrung der biologischen Vielfalt beitragen und beim Rückhalt von Regenwasser im Sinne des Hochwasserschutzes helfen. Sie ermöglichen zudem eine Kalt- und Frischluftzufuhr.[275] Der Erhalt von Frischluftschneisen[276] kann beispielsweise durch bestimmte Gebäudestellungen und Gebäudehöhen oder durch eine intelligente Nutzung von Straßenverkehrsflächen zum Kaltlufttransport unterstützt werden. Die bauliche Verwendung klimafördernder Materialien und Farben[277] wirkt ebenfalls unterstützend. Eine zukunftsweisende Stadt ist grün. In diesem Sinne gilt es, Grün- und Erholungsflächen öffentlich zugänglich zu machen und eine gute Erreichbarkeit über kurze Fußwege herzustellen. Unter diesem Gesichtspunkt können private oder halböffentliche Grün- und Gartenflächen helfen, Fahrten ins Umland zu ersparen.[278]

5.2 Ergründung des Spannungsfeldes um konträre Innenentwicklungsbestrebungen

5.2.1 Auffassung von Public Value in der Innenentwicklung

Auf Europäischer Ebene wird Public Value mit Verlässlichkeit, Gerechtigkeit, Inklusion und Lebensqualität assoziiert. Unter der Prämisse einer sozialen, ökonomischen, ökologischen und räumlichen Gerechtigkeit soll die urbane Lebensqualität erhalten und verbessert werden. Es herrscht Einigkeit darüber, dass öffentliche Dienstleistungen und die kommunale Daseinsvorsorge verlässlich zu erbringen sind. Des Weiteren sollen alle Bevölkerungsgruppen einen Zugang dazu haben.[279] Im Zusammenhang mit einer gemeinwohlorientierten Innenentwicklung bedeutet Letzteres, dass der öffentliche Raum jederzeit für alle Menschen zugänglich sein sollte. Dabei ist darauf hinzuwirken, dass er nicht bestimmten Benutzergruppen oder einzelnen Funktionen durch eine privilegierte Zugänglichkeit

[274] *BMI,* Memorandum Urbane Resilienz, 2021, S. 8 ff.

[275] *UBA,* Die Stadt für Morgen, 2017, S. 16 f.

[276] *BMI,* Stadtentwicklungsbericht der Bundesregierung, 2020, S. 133 f.

[277] *Eichholz/Schoppengerd,* Herausforderung Innenentwicklung, 2022, S. 27.

[278] *BMI,* Stadtentwicklungsbericht der Bundesregierung, 2020, S. 107 f.; *UBA,* Die Stadt für Morgen, 2017, S. 16 f.

[279] *EU2020,* Neue Leipzig Charta, 2020, S. 2.

vorbehalten bleibt.[280] Die Bundesregierung unterstreicht mit ihrem Leitziel eines bürgerorientierten Handelns die europäischen Public Value-Bestrebungen.[281] Ein Kernelement ist hierbei die Ermöglichung einer politischen Teilhabe an lokalen Entscheidungsprozessen,[282] auf die an späterer Stelle vertieft Bezug genommen wird.

Aus den Experteninterviews geht hervor, dass die gemeinwohlorientierten politischen Zielrichtungen auf kommunaler Ebene bereits angekommen sind und umgesetzt werden. In der Bauleitplanung werden verschiedene Interessen daher abgewogen, wobei die öffentlichen Interessen die kommunale Daseinsvorsorge umfassen.[283] Im Zuge von Entscheidungen wird also genau geprüft, inwieweit verschiedene Interessen individuell und das Gemeinwohl betreffend sind.[284] Expertenseitig wird das Wissen um die gesetzliche Verpflichtung zu einem gemeinwohlorientierten Handeln deutlich.[285] Unter der Prämisse, dass das kommunale Handeln der Stadtgesellschaft dienen soll,[286] bedeutet Gemeinwohlorientierung also auch, eine Stadtentwicklung für alle Menschen in einer Stadt zu betreiben.[287]

Grundsätzlich herrscht also ein Konsens darüber, dass Kommunalverwaltungen das Ziel verfolgen sollten, einen Public Value für ihre Stadtbevölkerung herzustellen. Über die sich dahinter verbergende Begriffsdefinition wird hingegen seit vielen Jahren debattiert.[288] Besonders relevant für eine ganzheitlich ausgerichtete Innenentwicklung erscheint der Ansatz des Verwaltungswissenschaftlers Mark Moore, der eine umfassende Gemeinwohlanalyse entwickelte. Diese bewertete den Public Value öffentlicher Dienstleistungen aus Sicht der Bürgerschaft. Er versteht unter Public Value als Voraussetzung einer erfolgreichen öffentlichen Verwaltung also die Steigerung des öffentlichen Wertes für die Stadtbevölkerung. Die Bewertung des Public Values durch stetig wechselnde Bewertungsmethoden des New Public Managements wird also durch die Einbeziehung der Stadtbevölkerung im Rahmen partizipativer und konsultativer Prozesse ergänzt. Nach Moore

---

[280] *Becker,* Soziale Stadtentwicklung und Gemeinwesenarbeit, 2021, S. 67 f.

[281] *BMI,* Memorandum Urbane Resilienz, 2021, S. 7.

[282] *WBGU,* Hauptgutachten, 2016, S. 147 ff.

[283] I5.

[284] I2.

[285] I1.

[286] I9.

[287] I11.

[288] *Zavolokina/Sprenkamp/Schenk,* Citizens' Expectations About Achieving Public Value, 2023, S. 1 f.

ist zur Bewertung des Gemeinwohlbeitrags entscheidend, welchen Wert die Gesellschaft öffentlichem Handeln, wie hier der Umsetzung einer Innenentwicklungsmaßnahme, zuschreibt. Dabei reiht Moore die bislang rein monetären und effizienzbezogenen Beurteilungskriterien in ein ganzheitlicheres Wertespektrum ein, in welchem beispielsweise die Vertrauenswürdigkeit der Kommunalverwaltung oder die Gewährleistung einer sozialen Gerechtigkeit Raum bekommen.[289] Nach dem Verständnis gemeinwohlorientierten kommunalen Handelns bedeutet Public Value also das, was die Öffentlichkeit diesem an Wert beimisst.[290] Der Public Value einer öffentlichen Maßnahme, wie hier einer Innenentwicklungsmaßnahme, soll also durch die Bürgerschaft als ihre Nutzer und nicht durch die öffentliche Hand selbst bewertet werden.[291] Die Perspektive der unmittelbar von einer Maßnahme betroffenen Bürgerschaft ist also entscheidend zur Bewertung des Gemeinwohlbeitrags ebendieser.[292] Diese Bewertungsweise impliziert eine subjektive Bewertung des Public Values unter Einbeziehung persönlicher Visionen, Ideen und Erwartungen und fördert somit die Demokratie.[293] Durch diese individuelle, soziale Werte einbeziehende Beurteilung des Gemeinwohlbeitrags[294] erhalten auch aktuelle Management- und Nachhaltigkeitskonzepte eine Legitimation zur Gemeinwohlorientierung.[295]

Auch der Public-Value-Forscher Timo Meynhardt fasst das dargestellte Verständnis zur Bewertung des Public Value als den Wert zusammen, den Menschen dem Öffentlichen beimessen.[296] Nach dem Grundverständnis, dass der Public Value neben Effektivitäts- und Effizienzkriterien auch soziale Gesichtspunkte aus der Bürgerschaft zur Bewertung des Gemeinwohlbeitrags öffentlicher Leistungen und Maßnahmen berücksichtigt, erfährt die partizipative Beteiligung der Stadtbevölkerung in kommunale Entscheidungsfindungen einen erheblichen Bedeutungszuwachs.[297]

---

[289] *Abu-Tayeh/Portmann/Stürmer*, HMD Praxis der Wirtschaftsinformatik 2017, S. 531, 534; *Moore*, Creating Public Value, 1995, S. 27 ff., 36 ff.

[290] *Talbot*, Public Money & Management 2011, S. 28.

[291] *Cordella/Bonia*, Government Information Quarterly 2012, zit. nach *Panagiotopoulos/Klievink/Cordella*, Government Information Quarterly 2019, S. 1 ff.

[292] *Zavolokina/Sprenkamp/Schenk*, Citizens' Expectations About Achieving Public Value, 2023, S. 1.

[293] *Cordella/Bonia*, Government Information Quarterly 2012, zit. nach *Panagiotopoulos/Klievink/Cordella*, Government Information Quarterly 2019, S. 1 ff.

[294] *Meynhardt*, International Journal of Public Administration 2009, S. 193, 205 ff.

[295] *Meynhardt*, OrganisationsEntwicklung 2013, S. 3 ff.

[296] *Meynhardt*, International Journal of Public Administration 2009, S. 205.

[297] *Abu-Tayeh/Portmann/Stürmer*, HMD Praxis der Wirtschaftsinformatik 2017, S. 531 f.

Für Stadtentwicklungsprozesse und Innenentwicklungsmaßnahmen empfiehlt sich also eine integrative Vorgehensweise,[298] welche den politischen Bestrebungen der vergangenen Jahre entspricht.[299] Die Innenentwicklung wurde aufgrund der steigenden Relevanz einer flächensparenden Raumentwicklung bereits Anfang der Zweitausender Jahre im Baugesetzbuch verankert. Sie verfolgt seit jeher die gemeinwohlorientierten Ziele einer adäquaten Wohnraum- und Arbeitsstättenversorgung sowie einer Mobilisierung von bereits bestehendem Bauland.[300] Die kommunalen Ziele, welche durch Innenentwicklungsvorhaben realisiert werden sollen, sind demnach per se zumeist gesamtgemeindlich ausgerichtet.[301] Unterstrichen und festgehalten ist die Prämisse der Gemeinwohlorientierung beispielsweise in der Neuen Leipzig Charta. Diese stellt die Gemeinwohlorientierung in einen eng verknüpften Kontext mit urbanen Transformationsprozessen. Sie fokussiert eine gemeinwohlorientierte Daseinsvorsorge sowie die Herstellung einer sozialen, wirtschaftlichen, umweltspezifischen und räumlichen Gleichheit zur Verbesserung der städtischen Lebensqualität:[302]

> *„Kommunen sollten im Interesse der Allgemeinheit handeln und dementsprechend gemeinwohlorientierte Dienstleistungen und Infrastrukturen zur Verfügung stellen. Diese sollten inklusiv, bezahlbar, sicher und für alle verfügbar sein. Dazu zählen auch die am stärksten gefährdeten und benachteiligten Gesellschaftsgruppen sowie insbesondere diejenigen, die in schrumpfenden und abgelegenen Städten und Gemeinden leben. Unter gemeinwohlorientierte Dienstleistungen und Infrastrukturen fallen Gesundheitsversorgung, soziale Dienstleistungen, Bildung, kulturelle Angebote, Wohnen, Wasser- und Energieversorgung, Abfallwirtschaft, öffentlicher Nahverkehr sowie digitale Informations- und Kommunikationssysteme. Wichtig sind zudem hochwertige öffentliche Räume sowie grüne und blaue Infrastrukturen, ebenso wie der Erhalt und die Revitalisierung des baukulturellen Erbes. Dafür ist es notwendig, die Kompetenzen und Leistungen aller Stadtentwicklungsakteure mit Strategien und Instrumenten weiterzuentwickeln und so ihre Handlungsfähigkeit zu stärken. Eine gute Stadtentwicklungspolitik ist in der Lage, öffentliche, wirtschaftliche und private Interessen in Einklang zu bringen.“*[303]

Der zitierte Auszug macht deutlich, dass die in Kapitel vier vorgestellten vierzehn Handlungsfelder alle gemeinwohlorientierten Dienst- und Infrastrukturleistungen

---

[298] *Bannister/Connolly,* Government Information Quarterly 2014, S. 119; *Moore,* Creating Public Value, 1995, S. 27 ff., 36 ff.

[299] *EU2020,* Neue Leipzig Charta, 2020, S. 1, 8 f.

[300] *Kötter u. a.,* Planspiel zur Einführung einer Innenentwicklungsmaßnahme, 2019, S. 18.

[301] *Spangenberger,* UPR 2009, S. 217.

[302] *EU2020,* Neue Leipzig Charta, 2020, S. 1.

[303] *EU2020,* Neue Leipzig Charta, 2020, S. 8.

einer Kommune im Sinne der Neuen Leipzig Charta umfassen. Im Umkehrschluss lässt sich feststellen, dass die Handlungsfelder geeignet sind, um den gemeinwohlorientierten Gedanken der Neuen Leipzig Charta zu tragen.

Diese Auffassung deckt sich auch mit den Expertenmeinungen, die folgende Themen für eine gemeinwohlorientierte Innenentwicklung als vordergründig erachten:

- die Gewährleistung von Lärmschutz[304] als Maßnahme der Gesundheitsvorsorge und Sicherheit[305] (Handlungsfeld 1)
- die Bereitstellung von Wohnraum,[306] Kinderbetreuung[307] und öffentlichem Raum[308] als Themen des Handlungsfeldes 2
- Kultur,[309] Plätze für Veranstaltungen,[310] Spielplätze[311] und Sportplätze als Themen des Handlungsfeldes 3
- die Einrichtung von Stadtteilbudgets[312] zur Förderung des Quartiers und Bereitstellung von Infrastruktur[313] und Nahversorgungseinrichtungen[314] (Handlungsfeld 4)
- die Förderung von Wirtschaft[315] und lebendigen Stadtzentren[316] als Themen des Handlungsfeldes 8
- die Versorgung mit Verkehr und Mobilität[317] (Handlungsfeld 9)

---

[304] I4.

[305] I12.

[306] I5; I11; I10; I9.

[307] I14; I5.

[308] I5; I11; I9.

[309] I5; I12.

[310] I4.

[311] I14; I4.

[312] I4.

[313] I5; I13.

[314] I9.

[315] I12.

[316] I12; I9.

[317] I16; I14; I5; I12; I9.

- städtebauliche Entwicklungsthemen, wie Stadtbild,[318] Nutzungsmischung,[319] Ressourcenschonung[320] und Innenentwicklung im engeren Sinne[321] (Handlungsfeld 11)
- die Versorgung mit Grün- und Freiraum[322] sowie Parks[323] (Handlungsfeld 14).

Diese seitens des interviewten Expertenkreises mit einer gemeinwohlorientierten Daseinsvorsorge in Verbindung gebrachten Themen lassen sich abermals allesamt den vierzehn Handlungsfeldern aus Kapitel vier zuordnen.

Die Prämisse, dass alles dem Gemeinwohl dienen muss, ruft Interessenskonflikte hervor. In diesem Zusammenhang gibt ein interviewter Experte zu bedenken, dass es keine Konflikte zwischen verschiedenen Gemeinwohlinteressen gibt, sondern dass die zu entwickelnde Fläche das Ranking der Handlungsfelder bestimmt, wobei sich die Relevanz ebendieser mit der Zeit verschieben kann.[324] Es stellt sich also die Frage, welche Substanz die dennoch auftretenden Interessenskonflikte im Zuge einer gemeinwohlorientierten Innenentwicklung haben. Trotz der hohen Relevanz der Gemeinwohlorientierung von Innenentwicklungsmaßnahmen kann die Förderung des Public Value auch kritisch betrachtet werden. Umstritten ist nämlich die Tatsache, dass zur Bewertung des Public Value nur der Mehrwert für die Gesellschaft, nicht aber jener für andere Stakeholder(-gruppen) betrachtet wird.[325]

Es stehen dem gemeinwohlorientierten Gedanken nämlich häufig Partikularinteressen entgegen, sodass in Bezug auf die innerstädtische Flächennutzung ein Spannungsfeld zwischen politischen, bürgerlichen, privatwirtschaftlichen und kommunalen Interessen entsteht.[326]

So forcieren Investoren beispielsweise häufig ein gewinnmaximierendes Verhältnis zwischen bebauten und dem Gemeinwohl zu Gute kommenden freien

---

[318] I12.

[319] I8.

[320] I12.

[321] I3.

[322] I14; I13; I7; I4.

[323] I4; I9.

[324] I15.

[325] *Zavolokina/Sprenkamp/Schenk,* Citizens' Expectations About Achieving Public Value, 2023, S. 1.

[326] *WBGU,* Hauptgutachten, 2016, S. 181; *UN-Habitat,* A New Strategy of Sustainable Neighbourhood Planning, 2015, S. 1 ff.

Flächen (Handlungsfeld 14).[327] Auch ziehen einige Grundstückseigentümer Schottergärten aufgrund des geringeren Pflegeaufwandes gegenüber den gemeinwohlfördernden, blühenden Gärten vor (Handlungsfeld 14).[328] Manche Nachbarn sehen wiederum Nachverdichtungsmaßnahmen (Handlungsfeld 11) kritisch, weil sie Sorge vor einem Verlust ihrer freien Sicht oder vor Verschattung haben.[329] Auch vermag die Anwohnerschaft gastronomische und kulturelle Angebote im Sinne einer Innenstadtbelebung (Handlungsfeld 8) teilweise als lärmbelastend erleben.[330] Die Grundstückseigentümerschaft tut sich mitunter schwer in der Trennung von den für ihre Enkel vorgehaltenen Grundstücken, obwohl dringend Wohnraum (Handlungsfeld 2) benötigt wird und alle Enkel längst weggezogen sind.[331] Auch mag es Einzelhändler geben, die aus Sorge vor Konkurrenz Innenstadtbelebungsmaßnahmen zur Förderung des Einzelhandels (Handlungsfeld 8) kritisch entgegenstehen.[332] Als weiteres Beispiel bevorzugen es Innenstadtbewohner womöglich, mit ihrem Auto vor das Haus fahren zu können. Andererseits sollen die Innenstädte verkehrsberuhigt werden (Handlungsfeld 9).[333]

Mit einem Augenmerk auf eine gemeinwohlorientierte Innenentwicklung und unter Bezugnahme auf die genannten, teils divergenten Interessen kommt es also häufig zu Interessenskonflikten.

Hinsichtlich der Frage, worin Konflikte zwischen Public Value- und Partikularinteressen bestehen können, lässt sich gemeinhin festhalten, dass die unmittelbare Nachbarschaft häufig Vorbehalte gegenüber Entwicklungsmaßnahmen hat. Häufig formiert sie sich zu Verbänden und informellen Zusammenschlüssen[334] und kämpft, teilweise auch bis zur Klage hin, gegen Abweichungen vom Status Quo.[335] Welche weiteren Konfliktparteien und möglichen Spannungsfelder zwischen Gemeinwohl- und Einzelinteressen in Bezug auf die vierzehn Handlungsfelder einer integrierten nachhaltig ausgerichteten und möglichst umfassend konzipierten Innenentwicklung auftreten können, wird nachfolgend exemplarisch aufgezeigt.

[327] I14.
[328] I7.
[329] I12; I13; I5.
[330] I8; I9.
[331] I10.
[332] I5.
[333] I9.
[334] I7.
[335] I3.

5.2.2 Diskussion um divergente Gemeinwohl- und Partikularinteressen

Handlungsfeld 1: Erhalt von Gesundheit und Sicherheit
Ein Public Value-Aspekt von Handlungsfeld 1 besteht in der Gesundheitsförderung der Stadtbevölkerung, indem einerseits die Gesundheitsversorgung sichergestellt und andererseits eine gesunde, schadstofffreie, lärmreduzierte Umwelt mit Erholungswert geschaffen wird.[336] Dem Leitziel der Innenentwicklung im engeren Sinne, nämlich einer Reduktion des Flächenverbrauchs, steht durch Nachverdichtungsmaßnahmen eine mögliche Gesundheitsgefährdung für die unmittelbare Nachbarschaft entgegen. So kann eine kleinteilige Nachverdichtung von Innenhöfen oder eine Aufstockung von Bestandsgebäuden etwa zu einer Verschattung führen und damit die Wohn- und Lebensqualität beeinträchtigen. Die durch Nachverdichtungsmaßnahmen steigende Dichte kann einerseits als Chance für zwischenmenschliche Begegnungen betrachtet werden und andererseits Stress erzeugen, sofern keine ausreichende Versorgung mit Erholungsmöglichkeiten sichergestellt wird.[337]

Auch die Gewährleistung einer sicheren Wohnumgebung,[338] beispielsweise durch entsprechende Maßnahmen im Verkehrsgeschehen, hat das primäre Ziel, einen Public Value zu erzeugen. Der Erfolg entsprechender Maßnahmen lässt sich durch eine Abnahme der Anzahl an Verkehrstoten und Schwerverletzten messen.[339] Ein weiterer öffentlicher Mehrwert kann in der erlebten Sicherheit beim Aufenthalt in öffentlichen Räumen verzeichnet werden.[340] Mit Blick auf ein mögliches Spannungsfeld zwischen dem angestrebten Public Value von Handlungsfeld 2 könnten sich partikulare Stimmen aufgrund der beschränkten kommunalen Haushaltsmittel und einer Priorisierung anderer Maßnahmen gegen die Realisierung entsprechender gesundheits- und sicherheitsförderlicher Schritte im Zuge von Innenentwicklungsprojekten aussprechen.[341]

---

[336] *WBGU,* Hauptgutachten, 2016, S. 147 ff.; *Frerichs u. a.,* UBA-Texte 2018, S. 306 ff.; *Schubert u. a.,* Innenentwicklung in städtischen Quartieren, 2019, S. 8; *UBA,* Die Stadt für morgen, 2017, S. 3 ff.; *WHO,* Urban Green Spaces and Health, 2016, S. 3 ff.

[337] *Schubert u. a.,* Innenentwicklung in städtischen Quartieren, 2019, S. 11 f., 9 f.; *Illiges u a.,* Fachgutachten, 2014, S. 13; *Adli,* Stress and the City, 2017, S. 15 ff.

[338] *WBGU,* Hauptgutachten, 2016, S. 147 ff.

[339] *UBA,* Die Stadt für Morgen, 2017, S. 19.

[340] *WBGU,* Hauptgutachten, 2016, S. 147 ff.

[341] *Maurer,* Innenentwicklung, 2007, S. 5.

Folgendes Beispiel verdeutlicht die Konfliktpotenziale zwischen den Gemeinwohl- und partikularen Interessen im Zusammenhang mit Handlungsfeld 1:

In Freudenberg wurde ein Sicherheitszentrum errichtet. Dieses Zentrum vereint Feuerwehr und Betriebshof an einem zentralen Ort. Zum einen wird dadurch das Stadtbild verschönert. Zum anderen ermöglicht es einen effizienteren personellen Ressourceneinsatz. Es gewährleistet Sicherheit und ermöglicht Feuerwehr und Katastrophenschutz eine schnelle Einsatzfähigkeit. Trotz der Vorteile für das Gemeinwohl gab es zunächst kritische Stimmen unter den Anliegern, die Sorge vor Lärm durch die Feuerwehr hatten.[342]

Handlungsfeld 2: Förderung des Wohn- und Sozialraums

Handlungsfeld 2 soll durch die Förderung des Wohn- und Sozialraums einen Public Value herstellen. Dieser kann etwa durch die Förderung und Reintegration sozial benachteiligter Bevölkerungsgruppen und Quartiere,[343] durch die Sicherstellung einer gesellschaftlichen Teilhabe der gesamten Stadtbevölkerung,[344] durch die Schaffung von ausreichendem, adäquatem und bezahlbarem Wohnraum,[345] durch die Optimierung der Wohnumfeldqualität, durch die Integration verschiedener Generationen[346] sowie durch die Herstellung eines sozialen Gleichgewichts unter Reduktion von Einkommens- und Vermögensungleichheiten generiert werden. Die Schaffung von Verwirklichungschancen impliziert zum einen eine Integration der Bürgerschaft in das wirtschaftliche Geschehen im Sinne eines inklusiven Wachstums und zum anderen die Einräumung von Mitgestaltungsmöglichkeiten.[347] Den exemplarisch benannten Bestrebungen zur Förderung des Wohn- und Sozialraums im Zuge von Innenentwicklungsmaßnahmen können partikulare Interessen beispielsweise dann entgegenstehen, wenn einzelne Personen aus der Bürgerschaft oder ortsansässige Gruppen, wie etwa der Einzelhandel, die ohnehin häufig knapp bemessenen kommunalen Haushaltsmittel anderweitig

---

[342] I12.

[343] *BMVBS/BBR,* Integrierte Stadtentwicklung als Erfolgsbedingung einer nachhaltigen Stadt, 2007, S. 8; *Schubert u. a.,* Innenentwicklung in städtischen Quartieren, 2019, S. 9.

[344] *WBGU,* Hauptgutachten, 2016, S. 147 ff.

[345] *Schubert u. a.,* Innenentwicklung in städtischen Quartieren, 2019, S. 12.; *WBGU,* Hauptgutachten, 2016, S. 147 ff.

[346] *Reiß-Schmidt,* Wachstum nach innen, 2007, S. 46.

[347] *WBGU,* Hauptgutachten, 2016, S. 147 ff.

eingesetzt sehen wollen.[348] Auch mag es wohlhabendere Menschen in der Bürgerschaft geben, welche gegenüber der Schaffung von bezahlbarem Wohnraum den Bau exklusiverer Immobilien vorziehen.[349]

Nachfolgende Beispiele verdeutlichen verschiedene Konfliktpotenziale zwischen den Gemeinwohl- und partikularen Interessen im Zusammenhang mit Handlungsfeld 2:

Die Stadt Neutraubling hat zur Verschönerung des Stadtbildes und damit zur Optimierung der Wohnumfeldqualität ein kommunales Förderprogramm eingerichtet, welches Modernisierungs- und Sanierungsmaßnahmen an Gebäuden im Sinne der Gestaltungssatzung fördert. Die entsprechenden Maßnahmen werden seitens der Eigentümerinnen und Eigentümer jedoch häufig als zu teuer bewertet und nicht realisiert. Dies verursacht gelegentlich Konflikte, denen zumeist nachgiebig begegnet wird.[350]

Ebenfalls zur Attraktivierung und Aufwertung des Wohnumfeldes und zur Steigerung der Aufenthaltsqualität wurde in Ludwigsburg der Arsenalplatz vollständig entsiegelt. Die Parkplätze wurden auf ein paar einzelne, mobilitätseingeschränkten Personen vorbehaltene Stellplätze reduziert. Neben Grünraum wurden ein Pavillon, Spielmöglichkeiten und ein Mehr an Aufenthaltsqualität geschaffen. Es gab also Schnittstellen zu den Handlungsfeldern 9, 7, 8, 3, und 14. Es gab viel Gegenwind aus den Reihen des Gemeinderates, des Handels und der Öffentlichkeit hinsichtlich der Reduktion der Parkplätze. Ein weiterer Konflikt entstand durch finanzielle Engpässe, gepaart mit der langen Projektlaufzeit. Beigelegt wurden die Konflikte durch Diskussionen über die Priorisierung der Maßnahmen aufgrund der vorherrschenden Finanzmittelknappheit.[351]

Handlungsfeld 3: Gestaltung des Bildungs-, Kultur- und Freizeitangebotes

Mit dem Ausbau der lokalen Bildungs-, Kultur- und Freizeitangebote im Rahmen von Innenentwicklungsmaßnahmen schafft Handlungsfeld 3 in verschiedenen Bereichen einen Public Value. Beispielsweise können Stadtgebiete durch kulturelle Nutzungen eine Aufwertung erfahren oder durch die Etablierung innovativer Club- und Gastronomieangebote gar zu Trendquartieren werden.[352] Zudem kann

[348] *Maurer,* Innenentwicklung, 2007, S. 5.

[349] *Schubert u. a.,* Innenentwicklung in städtischen Quartieren, 2019, S. 12.; *WBGU,* Hauptgutachten, 2016, S. 147 ff.

[350] I9.

[351] I15.

[352] *Wehrli-Schindler,* Mit neuen Methoden zu einer differenzierten Innenentwicklung, 2007, S. 59.

das menschliche Bedürfnis nach Bildung gestillt werden. Durch ein adäquates Förderangebot mit gleichen Zugangschancen für alle sozialen Schichten kann zudem die Bildungsgerechtigkeit gefördert werden.[353] Den sich daraus ergründeten Gemeinwohlinteressen können jedoch partikulare Interessen entgegenstehen, welche sich etwa gegen den mit Bildungs-, Kultur- und Freizeiteinrichtungen einhergehenden Geräuschpegel stellen.[354]

Nachfolgende Beispiele zeigen mögliche Konflikte zwischen Public Value- und Einzelinteressen im Zusammenhang mit Handlungsfeld 3 auf:

In Halle wird aktuell der Riebeckplatz entwickelt. Dabei wird auf einer Freifläche nördlich des Riebeckplatzes, der zwischen Bahnhof und Innenstadt liegt und als Verkehrsdrehscheibe gilt, ein Zukunftszentrum für Deutsche Einheit und Europäische Transformation errichtet. Es sollen dadurch zweihundert Arbeitsplätze geschaffen werden. Es gibt Schnittstellen zu den Handlungsfeldern 8 und 11. Bisweilen drehen sich die Konflikte hauptsächlich um verkehrliche Themen, wie beispielsweise um die Erreichbarkeit des hallischen Südens bei Herausnahme der Hochstraße. Zur Konfliktbewältigung finden immer wieder Informationsveranstaltungen am Ort des Geschehens unter Simulation der zukünftigen verkehrlichen Situation statt. Hierfür wird die Hochstraße nur dem Fußverkehr zugänglich gemacht und mit der Öffentlichkeit auf Augenhöhe über die geplanten Maßnahmen diskutiert.[355]

Ein weiteres Beispiel für ein Spannungsfeld innerhalb von Handlungsfeld 3 bietet die Stadt Leipzig: In Leipzig wurden innerhalb von zwei Jahren circa vierzig neue Schulen gebaut. Hierbei gab es konkurrierende Interessen aufgrund der Grün- und Sportanlagen, die den neuen Schulstandorten weichen sollten. Außerdem gab es Konflikte rund um die Anbindung und Erreichbarkeit der Schulstandorte. Gewerbliche und wohnliche Bedarfe standen der schulischen Nutzung von Bestandsgebäuden ebenfalls entgegen. Die Stadt ging transparent vor und begründete mit Argumenten die Schulstandortentscheidungen.[356]

Handlungsfeld 4: Quartiers- und Infrastrukturentwicklung

Public Value lässt sich im Sinne von Handlungsfeld 4 beispielsweise durch den Ausbau der lokalen Infrastruktur sowie durch verfügbare kritische Infrastrukturen

---

[353] *WBGU,* Hauptgutachten, 2016, S. 147 ff.

[354] *Schubert u. a.,* Innenentwicklung in städtischen Quartieren, 2019, S. 8; *Frerichs u. a.,* UBA-Texte 2018, S. 313 f.

[355] I14.

[356] I2.

herstellen.[357] Dabei sollte der gesamten Stadtbevölkerung gleichermaßen Zugang zu Energie-, Telekommunikations- oder Abfallentsorgungsangeboten gewährt werden.[358] Auch im Bereich der Quartiers- und Infrastrukturentwicklung muss festgestellt werden, dass die menschlichen Bedürfnisse und Prioritäten sehr individuell ausgeprägt sein können und partikulare Interessen das ein oder andere Konfliktpotenzial in sich tragen.[359]

Handlungsfeld 5: Erhalt und Gestaltung des Bestandes
Ebenso verhält es sich bei Handlungsfeld 5, in dem es um die Förderung des Bestandes geht.[360] Entgegen einzelner konträrer Interessen, soll durch den Erhalt der historischen Innenstädte und durch die Bewahrung des baukulturellen Erbes sowie durch den Schutz geschichtsträchtiger Bauten ein Public Value erzeugt werden.[361]

Nachfolgendes Beispiel zeigt ein Konfliktpotenzial zwischen Public Value- und Einzelinteressen im Zusammenhang mit Handlungsfeld 5 auf:

In Karlsruhe wird in historischen Blocks aus der Gründerzeit, welche verschiedenen Eigentümern gehören, Wohnraum in einer sehr begehrten Lage entwickelt. Durch Dachbegrünung und Entsiegelung wird zudem das urbane Grün gefördert. Da eine Nutzungsmischung angestrebt wird und Einrichtungen der sozialen Infrastruktur, wie ein Kindergarten sowie Nahversorgungseinrichtungen berücksichtigt werden, gibt es Schnittstellen zu den Handlungsfeldern 2, 14, 7 und 4. Ein Konflikt bestand in der Diskussion um Klimaschutz und Nachverdichtung. Die betroffene Bevölkerung spaltete sich in zwei Interessensgruppen. Die eine Seite war interessiert an Wohnraum. Die andere Seite war gegen weitere Flächenversiegelungen aufgrund der zunehmenden Hitze in der Stadt. Zur Konfliktprävention wurden zwei Veranstaltungen durchgeführt und ein Internetauftritt angeboten, um zu informieren und einen Austausch zu ermöglichen.[362]

Handlungsfeld 6: Berücksichtigung kirchlicher Erfordernisse
Bei den kommunalen Bestrebungen zur Berücksichtigung kirchlicher Erfordernisse im Rahmen von Innenentwicklungsprojekten kann u. a. durch die Förderung

357 *BMI,* Memorandum Urbane Resilienz, 2021, S. 7.

358 *WBGU,* Hauptgutachten, 2016, S. 147 ff.

359 *VDI,* Richtlinie 7001, 2014, S. 10 ff.; *Maurer,* Innenentwicklung, 2007, S. 5.

360 *Maurer,* Innenentwicklung, 2007, S. 5.

361 *BMI,* Stadtentwicklungsbericht der Bundesregierung, 2020, S. 72; *Spangenberger,* UPR 2009, S. 217.

362 I13.

der kirchlichen Seelsorge- und Infrastrukturangebote ein Public Value generiert werden. So leisten etwa konfessionelle Kindergärten, Schulen und Altenheime einen großen öffentlichen Wert für das gesellschaftliche Leben.[363] Dennoch mag es einzelne Widerstände gegen die Berücksichtigung kirchlicher Belange geben.[364]

Handlungsfeld 7: Schutz von Umwelt, Natur und Klima
Mit dem Ziel, die Umwelt, die Natur und das Klima zu schützen, kann in verschiedener Hinsicht ein Public Value erzeugt werden. Primär soll Handlungsfeld 7 die mit der Nachverdichtung im Zuge von Innenentwicklungsmaßnahmen im engeren Sinne einhergehenden Klimabelastungen reduzieren. Dichte, geschlossene Bauweisen mit hohen Gebäuden und geringen baulichen Abständen erhöhen die innerstädtischen Temperaturen und erschweren die Durchlüftung des Innen(stadt)bereichs. Handlungsfeld 7 wirkt gemeinsam mit Handlungsfeld 14 gegen städtische Hitzeinseln und stellt durch seine positiven Auswirkungen auf das Stadtklima und dadurch auf die Gesundheit der Stadtbevölkerung einen öffentlichen Wert her.[365] Dennoch sind Klima-, Umwelt- und Naturschutzmaßnahmen meist kostenintensiv und so mag es partikulare Gegenstimmen geben, welche die kommunalen Haushaltsmittel gerne anderweitig eingesetzt wüssten.[366]

Handlungsfeld 8: Förderung der Wirtschaft, Land- und Forstwirtschaft
Durch die Wirtschaftsförderung im Rahmen von Innenentwicklungsprojekten kann Public Value beispielsweise durch die Steigerung von Wohlstand generiert werden. Auch dient Handlungsfeld 8 der Stärkung der Fortschrittszentriertheit, der Innovationskraft und der Kommunikation.[367] Einen öffentlichen Wert erzeugt es zudem durch die Stärkung des Einzelhandels, da die Stadtbevölkerung dadurch auf ein größeres wohnungsnahes Angebot zurückgreifen kann. Zudem können die Innenstädte eine stärkere Belebung erfahren. Des Weiteren kann Handlungsfeld 8 die Identifikation der Bürgerschaft mit ihrer Stadt fördern.[368] Dennoch können der Wirtschaftsförderung auch partikulare Interessen entgegenstehen. So leidet

---

[363] *Battis*, in: *Battis/Krautzberger/Löhr*, BauGB, 2022, § 1 Rn. 61a.

[364] *Rosmiarek,* Humanistischer Pressedienst 2019, S. 1.

[365] *Schubert u. a.,* Innenentwicklung in städtischen Quartieren, 2019, S. 9 f.; *RKI,* Epidemiologisches Bulletin 2019, S. 193 ff.

[366] *Maurer,* Innenentwicklung, 2007, S. 5.

[367] *BMI,* Stadtentwicklungsbericht der Bundesregierung, 2020, S. 17.

[368] *Reiß-Schmidt,* Wachstum nach innen, 2007, S. 52; *Heinig/Krämer/Weigel,* Bipolare Stadtentwicklung in Leipzig, 2007, S. 27 ff.

die Anwohnerschaft nutzungsgemischter Quartiere beispielsweise unter einem verstärkten Lärmaufkommen.[369]

Die Förderung der Land- und Forstwirtschaft schafft beispielsweise durch die Bereitstellung lokaler Nahrungsmittel und durch die damit einhergehende grundlegende menschliche Bedürfnisbefriedigung einen Public Value.[370] Im Zusammenspiel mit Handlungsfeld 14 wird zudem die Biodiversität gefördert.[371] Auch wird ein öffentlicher Wert durch die mit Handlungsfeld 8 einhergehende Speicherung von Trinkwasservorräten sowie durch die Reduktion des Naturkatastrophenrisikos erzeugt. Insbesondere der Forst hilft dabei, den klimawandelinduzierten Temperaturanstieg einzudämmen und schafft durch seine Wirkungskraft gegen Überschwemmungs-, Sturm-, Erdrutsch- und Extremwetterereignisse im Zusammenspiel mit Handlungsfeld 7 einen Public Value.[372]

Trotz des großen und facettenreichen öffentlichen Wertes, welchen Handlungsfeld 8 erzeugen kann, bemängeln partikulare Stimmen die durch die Förderung von Land- und Forstwirtschaft sowie des Gewerbes entstehende Flächenkonkurrenz zur Wohnbebauung.[373]

Handlungsfeld 9: Gestaltung von Verkehr und Mobilität

Mit der Gestaltung von Verkehr und Mobilität im Rahmen von Innenentwicklungsprojekten schafft Handlungsfeld 9 u. a. einen Public Value, indem es durch den Ausbau des ÖPNV sowie des Fuß- und Radwegenetzes Menschen jeder Einkommensgruppe ein kostengünstiges, problemloses mobiles Bewegen im Stadtgebiet ermöglicht.[374] Zudem erfährt die Bewohnerschaft der Stadtquartiere eine verkehrliche Entlastung.[375] Ziel der Mobilitäts- und Verkehrsentwicklung im Rahmen von Innenentwicklungsprojekten ist die Schaffung eines öffentlichen Wertes durch Nähe und kurze Wege, also durch die Gewährleistung einer gesteigerten Mobilität bei gleichzeitig reduziertem Verkehrsaufwand.[376] Dennoch bringen auch einige der dargestellten verkehrlichen Alternativen eine gewisse

---

[369] *Schubert u. a.,* Innenentwicklung in städtischen Quartieren, 2019, S. 8; *Frerichs u. a.,* UBA-Texte 2018, S. 306 ff., 313 ff.

[370] *WBGU,* Hauptgutachten, 2016, S. 147 ff.

[371] *EU2020,* Neue Leipzig Charta, 2020, S. 1.

[372] *WBGU,* Hauptgutachten, 2016, S. 85 ff.; *Halbig/Kurmutz/Knopf,* Klimawandelgerechtes Stadtgrün, 2016, S. 681; *Albrecht,* ZUR 2020, S. 12.

[373] *Heinig/Krämer/Weigel,* Bipolare Stadtentwicklung in Leipzig, 2007, S. 27 ff.

[374] *WBGU,* Hauptgutachten, 2016, S. 147 ff.

[375] *Lüpke,* Innenentwicklung als dominierende Aufgabe der Stadtentwicklung, 2007, S. 44.

[376] *Topp,* Mehr Mobilität und weniger Verkehr bei Innen- vor Außenentwicklung, 2003, S. 54.

Schadstoffbelastung (wie etwa Elektrosmog) mit sich, welche konträre Einzelinteressen gegen die Gestaltung von Verkehr und Mobilität im Rahmen der Innenentwicklung auf den Plan ruft.[377]

Handlungsfeld 10: Umgang mit militärischen Liegenschaften
Der Public Value von Handlungsfeld 10 besteht vor allem darin, dass ehemalige militärische Liegenschaften einer zivilen Anschlussnutzung zugeführt und dadurch Flächenpotenziale geschaffen werden.[378] Kritisch kann durch konträre Interessensträger die Tatsache betrachtet werden, dass bei der Reaktivierung militärischer Brachflächen häufig vorbelastete Flächen zu Wohnraum entwickelt werden.[379]

Handlungsfeld 11: Städtebauliche Entwicklungsbestrebungen und Innenentwicklung im engeren Sinne
Städtebauliche Entwicklungsbestrebungen und Innenentwicklung im engeren Sinne im Zuge von Innenentwicklungsvorhaben dienen primär dazu, Freiflächen im Außenbereich zu schonen und damit einer Zersiedelung der Landschaft entgegenzuwirken. Die hieraus resultierende Schonung der Ressource Boden stellt einen Public Value her. Auch ergeben sich durch innerstädtische Nutzungsmischungen kurze Wege, welche abermals einen öffentlichen Wert erzeugen.[380] In diesem Zusammenhang können als partikulare Nachteile von Nachverdichtungsmaßnahmen etwa schwindende Freiräume, steigende Mieten, eine verkehrliche Verdichtung, eine Lärmsteigerung sowie eine zunehmende touristische Nutzung betrachtet werden. Und so mangelt es bei der Mobilisierung von innerstädtischen Flächenpotenzialen nicht selten an einer fehlenden Bereitschaft zur Mitwirkung auf Seiten der Grundstückseigentümer, wie auch an der Akzeptanz der Nachbarschaft. Kritisch werden Innenentwicklungsmaßnahmen vor allem dann betrachtet, wenn vorbelastete Flächen einer Wohnbebauung zugeführt werden.[381]

Nachfolgende Beispiele zeigen mögliche Konflikte zwischen Gemeinwohl- und Einzelinteressen im Zusammenhang mit Handlungsfeld 11 auf:

---

377 *Schubert u. a.*, Innenentwicklung in städtischen Quartieren, 2019, S. 9; *Frerichs u. a.*, UBA-Texte 2018, S. 4.

378 *Dirnberger*, BeckOK BauGB, 2018 § 1 Rn. 121, 125.

379 *Schubert u. a.*, Innenentwicklung in städtischen Quartieren, 2019, S. 8.

380 *Lüpke*, Innenentwicklung als dominierende Aufgabe der Stadtentwicklung, 2007, S. 44.

381 *Schubert u. a.*, Innenentwicklung in städtischen Quartieren, 2019, S. 8, 12; *Kötter u. a.*, Planspiel zur Einführung einer Innenentwicklungsmaßnahme, 2019, S. 3; *Frerichs u. a.*, UBA-Texte 2018, S. 315 ff.

In Bremen wird ein ehemaliger Hafenstandort zu Gewerbe-, Wohn- und Hafennutzung entwickelt. Es gibt also Schnittstellen zu den Handlungsfeldern 2 und 8. Die involvierten Interessensgruppen sind Industriebetriebe, die Hafenwirtschaft, Anwohner, Umweltverbände sowie Vertretungen aus der Wirtschaft und aus dem Baubereich. Es gibt Konfliktpotenziale in Hochwasserfragen, in der Wohnbelastung und im Emissionsschutz. Um diese auszuräumen, finden regelmäßig runde Tische mit Vertretungen der verschiedenen Interessensgruppen statt.[382]

Im Zuge der Umnutzung eines Gewerbegrundstücks zur Wohnbebauung wird in Friedrichshafen ein Bestandsgebäude abgebrochen, um auf dem Areal neunzig Wohneinheiten zu schaffen. Es gibt Schnittstellen mit den Handlungsfeldern 2, 8 und 1. Konfliktpotenziale ergeben sich durch die Sorgen der privaten und gewerblichen Nachbarschaft über mögliche Nachteile durch Lärm und Verschattung.[383]

Im Zuge der Aktivierung der Heidelberger Konversionsflächen werden das ehemalige Hospitalgelände, das Air Field, die Patton Barracks, die Campbell Barracks und das Patrick Henry Village der Amerikaner entwickelt. Auf den Flächen werden bzw. wurden Wohnraum, landwirtschafte Nutzfläche, eine Sporthalle, ein Technologiepark, ein Park, eine Stadtteilmitte, Büroflächen, ein Kulturzentrum, ein Bahnhof sowie eine Landeserstaufnahmestelle geschaffen. Konfliktpotenziale liegen in den Themen Verkehr und Lärm sowie Denkmalschutz. Anwohner möchten keinen Autoverkehr in ihrem Quartier. Dennoch muss das Quartier erschlossen werden. Gelöst wurden solche Konflikte in der Vergangenheit, indem am Quartiersrand eine Quartiersgarage eingerichtet wurde und das Quartier damit weitestgehend autofrei blieb. Auch wurde der Durchgangsverkehr durch Radwege und Buslinien sowie Tempo 30 und verkehrsberuhigte Bereiche reduziert. Die Stadt bleibt auch nach Abschluss der Entwicklungsmaßnahmen weiterhin offen für einen Diskurs und Anpassungen.[384]

In Solingen wurde eine Industriebrache reaktiviert. Durch die Umnutzung einer ehemaligen Textilfabrik wurden rund dreihundert Wohnungen und ein öffentlich zugänglicher Freiraumbereich geschaffen. Zudem wurde ein verkehrsreduzierendes Konzept erstellt. Es gab also Schnittstellen zu den Handlungsfeldern 2, 14 und 9. Es gab Konfliktpotenziale in Bezug auf die Anzahl der Stellplätze, auf die durch den Einzelhandel genutzten Geschosse, auf benachbarte

[382] I8.

[383] I1.

[384] I4.

Nutzungen, auf Lärmemissionen sowie auf Verschattung. Partikulare Interessensgruppen waren hierbei der Einzelhandel und die Nachbarschaft. Den Konflikten wurde durch die reguläre Beteiligung im Rahmen des Bauleitplanverfahrens begegnet. Zudem wurden zur Konfliktbewältigung gebündelt Gespräche mit den externen Stakeholdern (Immobilien- und Standortgemeinschaft, Werbegemeinschaft, Stadtbildverein) geführt. Die gebündelten Gespräche mit den Stakeholdergruppen haben sich bewährt. Diese sind jedoch je nach Vorhaben individuell zu ermitteln.[385]

Handlungsfeld 12: Schutz vor Hochwasser

Im Zuge der Schaffung von Regenwasserrückhalteanlagen generiert Handlungsfeld 12 einen Public Value durch die Prävention von Hochwasser und den damit einhergehenden Schäden,[386] denn Niederschlagswasser kann schadlos abfließen.[387] Das gesammelte Regenwasser kann anschließend weiterverwendet und beispielsweise zur Bewässerung des Stadtgrüns genutzt werden.[388]

Trotz der in den vergangenen Jahren steigenden Relevanz des Themas gibt es partikulare Gegenstimmen, welche sich ob der angespannten kommunalen Haushaltslage eine Priorisierung anderer Innenentwicklungsthemen wünschen.[389] Auch sehen kritische Stimmen durch die Vorhaltung von Regenwasserrückhalteanlagen eine gewisse Flächenkonkurrenz zur Wohnbebauung.[390]

Handlungsfeld 13: Unterbringung geflüchteter Menschen

Durch die Schaffung von Unterbringungsmöglichkeiten für geflüchtete Menschen im Zuge von Innenentwicklungsmaßnahmen entsteht ein Public Value durch die Integration ebendieser Personen.[391] Dadurch erfährt die Stadtgesellschaft eine soziale Durchmischung. Ein weiterer öffentlicher Wert entsteht zudem darin, dass eine gelungene Integration geflüchteter Menschen Ressourcen bündelt und dem Fachkräftemangel entgegenwirkt.[392] Partikulare konträre Stimmen sprechen sich

---

385 I5.

386 *Eichholz/Schoppengerd,* Herausforderung Innenentwicklung, 2022, S. 19 f.; *Stadt Hamburg,* Dezentrale naturnahe Regenwasserbewirtschaftung, 2006, S. 19.

387 *Dirnberger,* BeckOK BauGB, 2018 § 1 Rn. 131.

388 *Eichholz/Schoppengerd,* Herausforderung Innenentwicklung, 2022, S. 22.

389 *Speer,* Innere Qualitäten der Stadt entwickeln, 2003, S. 37.

390 *BMI,* Stadtentwicklungsbericht der Bundesregierung, 2020, S. 15.

391 *Dirnberger,* BeckOK BauGB, 2018 § 1 Rn. 131c, 131d.

392 *BMI,* Memorandum Urbane Resilienz, 2021, S. 8 ff.

jedoch gegen Zuwanderung und somit auch gegen die Unterbringung geflüchteter Menschen aus. Eine Sorge in diesem Zusammenhang besteht beispielsweise darin, dass durch Zuwanderung hohe Integrationskosten und eine Arbeitsplatzknappheit entstehen könnten. Zudem haben sie Sorge vor einer zunehmenden Kriminalität und Terrorgefahr.[393] Auch könnte für Projektgegner wieder das Thema Flächenkonkurrenz mit dem Wunsch einer anderweitigen Priorisierung eine Rolle spielen.[394]

Handlungsfeld 14: Versorgung mit Grün- und Freiflächen

Die durch die Innenverdichtung im engeren Sinne gefährdeten Frei- und Grünräume sollen durch Handlungsfeld 14 geschützt bzw. gefördert werden. Hierdurch wird ein Spannungsfeld zwischen den grundlegenden Zielen der doppelten Innenentwicklung eröffnet, indem zwei gemeinwohlzentrierte Interessen in Konkurrenz zueinander gestellt werden: Einerseits verfolgt die Innenentwicklung das primäre Ziel, im Innenbereich weiter zu verdichten, um Grünflächen im Außenbereich zu bewahren. Andererseits sind jedoch auch im Innenbereich Grün- und Freiräume von essenzieller Bedeutung. Unter der Prämisse einer Förderung von Frei- und Grünräumen im Innenbereich sollen im Zuge von Nachverdichtungs- und Aufstockungsmaßnahmen im Rahmen der Innenentwicklung klimaaktive, regenwasserrückhaltende Flächen erhalten und geschaffen werden. Das dadurch reduzierte Risiko von innerstädtischen Hitzeinseln und Überschwemmungen erzeugt einen Public Value, indem es die Gesundheit der Stadtbevölkerung schützt.[395] Ein weiteres Beispiel für die Entstehung eines öffentlichen Wertes ist die durch urbane Gärten geförderte multikulturelle Nutzerstruktur, welche soziale Begegnungsräume schafft und Verbindungen zwischen verschiedenen Nationalitäten herstellt.[396] Sowohl die Innenentwicklung im engeren Sinne als auch die Grün- und Freiraumförderung erzeugen also im Grundsatz einen Public Value. Problematisch ist in diesem Zusammenhang, dass sich beide Ziele gleichzeitig im Zuge ein und derselben Entwicklungsmaßnahme nicht immer realisieren lassen. Daher muss im Rahmen einer integrierten Innenentwicklung eine sehr sorgfältige Abwägung und Gewichtung der Public Value-Aspekte von Nachverdichtung und Grünraumförderung stattfinden.

---

[393] *Faus/Storks,* Das pragmatische Einwanderungsland, 2019, S. 2 ff.

[394] *BMI,* Stadtentwicklungsbericht der Bundesregierung, 2020, S. 15.

[395] *Schubert u. a.,* Innenentwicklung in städtischen Quartieren, 2019, S. 9 ff.

[396] *WBGU,* Hauptgutachten, 2016, S. 343; *Müller,* Wurzeln schlagen in der Fremde, 2002, S. 115.

Folgendes Beispiel zeigt Konfliktpotenziale zwischen Gemeinwohl- und Einzelinteressen im Zusammenhang mit Handlungsfeld 14:

Die Stadt Siegen hat den Fluss Sieg freigelegt und renaturiert. Dabei wurden zweihundert Parkplätze entfernt und die Hauptverkehrsstraße verkleinert. Durch die Maßnahme wurde die Aufenthaltsqualität gesteigert, denn es entstand Raum für Gehwege und Grün. Zudem wurde der Flussraum aufgewertet. Auch die Innenstadt erfuhr eine Belebung durch den gewonnenen Platz für die Außengastronomie und die Sanierung der Fußgängerzone. Es gab Schnittstellen zu den Handlungsfeldern 9, 2, 8 und 5. Es bestanden zahlreiche Konfliktpotenziale aufgrund der eingesparten Parkflächen und der Sanierung der historischen Stadtmauer. Daher wurde vorsorglich ein externer Moderator akquiriert. Zu Konflikten kam es jedoch letztlich nicht, da die Stadtverwaltung von Beginn an sehr auf Transparenz und Einbindung der verschiedenen Interessensgruppen geachtet hat.[397]

Die Differenzierung zwischen Partikularinteressen und Public-Value-Bestrebungen ist aufgrund der subjektiven Bewertung des öffentlichen Wertes einer Innenentwicklungsmaßnahme fraglich. Orientiert man sich an der allgemeinen Zielsetzung, die gesamte kommunale Daseinsvorsorge gemeinwohlorientiert auszurichten, kann festgehalten werden, dass die vierzehn Handlungsfelder per se einen Public Value erzeugen sollen. Die den Experteninterviews entnommenen Beispiele vermitteln zudem ein Gefühl für die verschiedenen Interessen und die daraus entstehenden Konfliktpotenziale.

5.3 Zwischenergebnis zum Portfolio einer ganzheitlichen, nachhaltigen und integriert ausgerichteten Innenentwicklung und zu einer entsprechenden Konfliktbewältigung

Eine verlässliche und auf das Wohl der Gemeinheit ausgelegte Innenentwicklung ist die Basis für Gerechtigkeit, Produktivität und urbanes Grün im städtischen System.[398] Im Sinne der Nachhaltigkeit bei gleichzeitiger Leistungsfähigkeit verfolgen auch die SDG 11 eine gemeinwohlorientierte, resiliente Stadtentwicklung auf Augenhöhe, die allen Bevölkerungsgruppen eine Teilhabe ermöglicht und eine gemeinsame Entwicklung von Projekten im Innenbereich in den Fokus stellt. Die Neue Leipzig Charta misst der Gemeinwohlorientierung neben ihrem Hauptziel,

[397] I11.

[398] *EU2020,* Neue Leipzig Charta, 2020, S. 11.

nämlich einer nachhaltigen europäischen Stadt, eine besondere Bedeutung bei.[399] Um allen Handlungsfeldern und Zielen einer integrierten Innenentwicklung räumlich, sektoral und zeitlich Rechnung zu tragen, sollte eine sorgfältige und gerechte Abwägung aller Interessen und Belange erfolgen. Widersprüchliche Interessen sollten gebündelt und in Einklang gebracht werden.[400]

In diesem Kapitel wurden als Ausgangslage für die Gegenüberstellung der Begrifflichkeiten von Einzel- und Gemeinwohlinteressen in Bezug auf eine integrierte Innenentwicklung und Diskussion möglicher handlungsfeldspezifische Interessenskonflikte zunächst praktische Möglichkeiten und rechtliche Instrumente für die Umsetzung der Ziele aus den vierzehn Handlungsfeldern einer integrierten nachhaltigen Innenentwicklung dargestellt. Zusammenfassend lässt sich festhalten, dass sowohl organisationale und politische Maßnahmen[401] als auch informelle Planungsinstrumente[402] sowie rechtliche Schritte zur Realisierung der vierzehn Handlungsfelder erforderlich sind. Letztere begründen sich hauptsächlich im Bauplanungsrecht,[403] wenngleich jedes Handlungsfeld auch andere Rechtsgebiete berührt.

Innenentwicklungsmaßnahmen unterstehen als öffentliche Handlungen der Prämisse der Gemeinwohlorientierung.[404] Es wurde festgestellt, dass der öffentliche Wert einer öffentlichen Maßnahme durch die Stadtbevölkerung bewertet werden soll[405] und damit der subjektiven Betrachtungsweise der unmittelbar von einer Innenentwicklungsmaßnahme betroffenen Menschen unterliegt.[406] Diese demokratiefördernde Definition von Public Value,[407] welche individuelle soziale Werte zu dessen Beurteilung einbezieht,[408] macht die Komplexität des Spannungsfeldes deutlich, welches im Zuge von Innenentwicklungsmaßnahmen

---

399 *Die Bundesregierung,* Bericht über die Umsetzung der Agenda 2030 für nachhaltige Entwicklung, 2021, S. 86.

400 *EU2020,* Neue Leipzig Charta, 2020, S. 8.

401 *BMVBS/BBR,* Integrierte Stadtentwicklung als Erfolgsbedingung einer nachhaltigen Stadt, 2007, S. 29.

402 *Battis,* in: *Battis/Krautzberger/Löhr,* BauGB, 2022, § 1 Rn. 79.

403 *Schmidt-Eichstaedt,* BauR 2007, S. 1148.

404 *EU2020,* Neue Leipzig Charta, 2020, S. 2.

405 *Cordella/Bonia,* Government Information Quarterly 2012, zit. nach *Panagiotopoulos/Klievink/Cordella,* Government Information Quarterly 2019, S. 1 ff.

406 *Zavolokina/Sprenkamp/Schenk,* Citizens' Expectations About Achieving Public Value, 2023, S. 1.

407 *Cordella/Bonia,* Government Information Quarterly 2012, zit. nach *Panagiotopoulos/Klievink/Cordella,* Government Information Quarterly 2019, S. 1 ff.

408 *Meynhardt,* International Journal of Public Administration 2009, S. 193, 205 ff.

bewältigt werden muss. Um im Sinne der Bürger handeln und damit auch den politischen Public Value-Bestrebungen gerecht werden zu können,[409] ist ein Kernelement gelingender Innenentwicklung politische Teilhabe an örtlichen Entscheidungsfindungen.[410] Welche Formen und Möglichkeiten der Beteiligung sich hierfür eignen, wird in Kapitel sechs untersucht.

[409] *BMI,* Memorandum Urbane Resilienz, 2021, S. 7.

[410] *WBGU,* Hauptgutachten, 2016, S. 147 ff.

6 Implementation einer integrierten Innenentwicklung

Dieses Kapitel untersucht, wie ein ganzheitliches nachhaltiges Stadtentwicklungskonzept im Sinne einer integrierten Innenentwicklung implementiert werden kann und wie hierbei möglichen Konflikten zwischen Einzel- und Gemeinwohlinteressen begegnet werden kann.

Im politik- und verwaltungswissenschaftlichen Sinne umfasst der Begriff der *Implementation* den Prozess von der inhaltlichen Gesetzesanwendung bis hin zum manifesten Tun.[1] Für den integrierten Stadtplanungs- bzw. Stadtentwicklungsansatz, dessen Wurzeln in verschiedenen internationalen und nationalen politischen Leitlinien liegen, wurden in den Kapiteln vier und fünf unter Rückgriff auf das Bauplanungsrecht (§ 1 Abs. 6 BauGB) mögliche Handlungsfelder einer integrierten Innenentwicklung aufgezeigt und mit exemplarischen, durch rechtliche Instrumentarien untermauerten, Maßnahmen gefüllt. Mit dem Ziel der Strategieentwicklung zur Implementation einer ganzheitlichen und integrierten Innenentwicklung wird im Rahmen dieses Kapitels ein Vorschlag für deren Realisierung entwickelt. Dieser Vorschlag greift die Umsetzungsproblematiken auf und ist in Phasen des Projektmanagements ausgestaltet, denn bei Vorhaben der Innenentwicklung, welche initiiert, konkretisiert, konzipiert, reguliert und beendigt werden, handelt es sich in aller Regel um Vorhaben mit Projektcharakter im Sinne der DIN 69901.[2] So haben die für die Aufstellung von Bauleitplänen verantwortlichen Kommunen (vgl. § 2 Abs. 1 S. 1 BauGB) beispielsweise in Baden-Württemberg nach § 77 Abs. 1 S. 1 GemO BW eine gesamtwirtschaftlich ausgleichende Haushaltsplanung vorzunehmen, die eine zeitliche Rahmensetzung

[1] *Schubert/Klein,* Das Politiklexikon, 2021, S. 174.

[2] *DIN,* DIN 69901–5. Projektmanagement, 2009, S. 11.

C. Krause, *Integrierte Innenentwicklung als ganzheitliche Nachhaltigkeitsstrategie der Stadtplanung im Spannungsfeld zwischen Public Value und Partikularinteressen*,
Politik gestalten – Kommunikation, Deliberation und Partizipation bei politisch relevanten Projekten, https://doi.org/10.1007/978-3-658-49824-5_6

erforderlich macht. Unterstrichen wird diese durch den Grundsatz der Jährlichkeit (vgl. § 79 Abs. 1 GemO BW und § 80 Abs. 1 GemO BW). Die geplanten in der Regel individuellen und somit einmaligen bzw. neuartigen stadtplanerischen Entwicklungsziele sind unter Einhaltung begrenzter kommunaler Haushaltsmittel (§ 77 Abs. 1 S. 1 GemO BW) und mit Blick auf die intergenerative Gerechtigkeit, welche einen Haushaltsausgleich im Sinne von § 24 GemHVO BW fordert, zu realisieren. Der bestrebte integrierte Ansatz erfordert eine interdisziplinäre Vorgehensweise, welche sich nicht zuletzt auf die Komplexität der Vorhaben auswirkt.

Ein interdisziplinär ausgerichtetes Projektmanagement, welches private Stakeholder einbezieht,[3] Maßnahmenpakete koordiniert und dabei zwischen verschiedenen Interessensgruppen vermittelt,[4] kann einen möglichen Umsetzungsrahmen für eine gelingende Innenentwicklung darstellen.[5] Voraussetzung hierfür ist eine klare Abgrenzung der Verantwortungs- und Kompetenzbereiche sowie eine klare Regelung der Arbeitsabläufe.[6] Diese Eigenschaften unterscheidet es vordergründig von einer prozessorientierten Herangehensweise, welche sich als übergeordneter Rahmen eignet.[7]

Städtebauliche Projekte sollten aufgrund ihrer Komplexität transparent entschieden werden. Zur Unterstützung dessen sollten den Projektbeteiligten und -betroffenen Informationen zeitnah, adäquat aufbereitet und über geeignete Kanäle zugänglich gemacht werden.[8] Zudem ist die Beteiligung der Bürgerschaft sowie aller involvierter Akteursgruppen ein zentrales demokratisches Element und sowohl eine normative als auch eine empirische Frage. Letzterer wird mit einem Fokus auf dialogorientierte Beteiligungsformen zur Stärkung der repräsentativen Demokratie nachgegangen.[9] Besonders relevant erscheinen potenzielle Spannungsfelder zwischen einzelnen Personen aus der Bürgerschaft und gemeinwohlorientierten Bestrebungen. In diesem Zusammenhang wird nach Möglichkeiten von Kommunikation und Beteiligung geforscht, um diesen möglichen Konflikten präventiv und reaktiv entgegenzutreten.

---

[3] *Reiß-Schmidt,* Wachstum nach innen, 2007, S. 53.

[4] *Burg u. a.,* Bausteine erfolgreicher Innenentwicklung, 2009, S. 11 f.

[5] *Reiß-Schmidt,* Wachstum nach innen, 2007, S. 53.

[6] *Burg u. a.,* Bausteine erfolgreicher Innenentwicklung, 2009, S. 11 f.

[7] *BMI,* Memorandum Urbane Resilienz, 2021, S. 13.

[8] *Burg u. a.,* Bausteine erfolgreicher Innenentwicklung, 2009, S. 11 f.

[9] *Remer,* Wahlen, Abstimmungen und dialogorientierte Beteiligung, 2023, S. 13; *BMI,* Memorandum Urbane Resilienz, 2021, S. 7 f.

6.1 Diskussion bestehender Projektmanagementansätze

Jede Kommune weist eine individuelle organisationale und personelle sowie räumliche Struktur auf und auch die zu entwickelnden Flächen erfordern jeweils Individuallösungen. Dennoch ist hinsichtlich der strategischen Vorgehensweise zur Realisierung von Innenentwicklungsmaßnahmen eine Übertragbarkeit gegeben.[10] Hierfür kommen verschiedene Projektmanagementansätze in Betracht. Einzelne für die Stadtentwicklung als besonders relevant eingestufte Konzepte werden nachfolgend vorgestellt. Aufgrund der Komplexität von integrierten Innenentwicklungsmaßnahmen als stadtplanerische Großprojekte steht agilen Projektmanagementansätzen hier eine eher untergeordnete Rolle zu,[11] weshalb nachfolgend ausschließlich klassische Projektmanagementansätze vorgestellt werden.

Eine Möglichkeit für die Umsetzung einer Innenentwicklung ist die von Spangenberger vorgeschlagene Abbildung eines Projektes in vier Phasen. Diese umfassen eine Vorlaufphase, eine Analysephase, eine Konzeptphase und eine Umsetzungsphase. Dabei dient die Vorlaufphase einer ersten Einbindung der Öffentlichkeit, während in der Analysephase Potenziale und Realisierungsmöglichkeiten untersucht werden. In der Konzeptphase wird sich anschließend mit den analysierten ortsspezifischen Gegebenheiten planerisch auseinandergesetzt, bevor in der Umsetzungsphase konkrete Maßnahmen und Bauvorhaben realisiert werden.[12] Kritisch ist in Bezug auf diesen Projektmanagementansatz die fehlende Ganzheitlichkeit aufgrund des Verzichts auf eine Abschluss- und Evaluierungsphase. Daher ist der Projektmanagementansatz von Spangenberger nicht geeignet zur Realisierung einer ganzheitlichen integrierten Innenentwicklung.

Ein weiterer städtebaulicher Projektmanagementansatz, welcher von Burg u. a. vorgeschlagen wurde, sieht zur Realisierung von Innenentwicklungsvorhaben die folgenden sieben Stufen vor:

1. Initiative, Idee, Anlass
2. Prüfung der Rahmenbedingungen
3. Konzeption und Planung
4. Realisierungsstrategien
5. Sicherung der Planungsinhalte

---

[10] *Stadt Fellbach,* Flächen gewinnen durch Innenentwicklung, 2011, S. 18.

[11] *Schmid,* Erfolgreiches Projektmanagement, 2023, S. 18.

[12] *Spangenberger,* UPR 2009, S. 218 ff.

6. Integrierte Detailplanung durch die Einzelfachschaften und gesamtstädtisch
7. Realisierung und Steuerung der Maßnahmen.[13]

Dieser Ansatz schreibt der Initiierung und Planung der Innenentwicklung eine besondere Gewichtung zu. Die hingegen eher untergeordnete Rolle der Projektrealisierung mit einer entsprechenden Steuerung wird dem Ziel der vorliegenden Arbeit, nämlich der Umsetzung von Innenentwicklungsmaßnahmen, nicht gerecht. Wie bereits der zuvor vorgestellte Ansatz verzichtet auch diese Vorgehensweise auf eine Abschlussphase. Aus den beiden genannten Gründen ist auch der Projektmanagementansatz von Burg u. a. nicht geeignet zur Implementierung einer ganzheitlichen integrierten Innenentwicklung.

Der Verein Deutscher Ingenieure schlägt für die Beteiligung im Rahmen von Großprojekten ein Vorgehen in neun Beteiligungsphasen vor – in Anlehnung an die HOAI. Im Rahmen der Grundlagenermittlung soll die Aufgabenstellung geklärt, der Leistungsbedarf erfasst und der Beteiligungskreis für die fachliche Planung definiert werden. Die Planungsphase unterteilt der VDI in eine Vor-, eine Entwurfs-, eine Genehmigungs- und eine Ausführungsplanung. An die Planungsphasen schließt der VDI die Vergabevorbereitung und später die Mitwirkung bei ebendieser an. Es folgt eine Ausführungsphase mit Monitoring. Der VDI schließt seinen Projektverlauf letztlich mit der Betreuung des umgesetzten Großprojektes und einer Dokumentation ab.[14] Dieser Projektmanagementansatz kommt den Anforderungen an eine gelingende Umsetzung von Innenentwicklungsvorhaben sehr nah. Er konzentriert sich jedoch stark auf bauliche Themen mit dem Ziel einer intensiven Beteiligung. Der im Rahmen der vorliegenden Arbeit entwickelte ganzheitliche und integrierte Innenentwicklungsansatz umfasst in seinen vierzehn Handlungsfeldern jedoch das gesamte Portfolio an kommunalen Aufgaben. Über bauliches Handeln hinaus stellt er im Sinne eines integrierten Strategieansatzes eine Vernetzung unter den vierzehn Handlungsfeldern her. Hierauf ist der Projektmanagementansatz des Vereins Deutscher Ingenieure nicht ausgelegt, weshalb er zur Umsetzung einer integrierten Innenentwicklung nur teilweise geeignet ist.

Der klassische Projektmanagementansatz gemäß DIN sieht zunächst eine Initialisierungsphase mit Benennung von Zielen und Verantwortlichkeiten vor. Es folgt eine Definitionsphase, in der alle Tätigkeiten und Arbeitsschritte unter Nennung der jeweiligen Ziele, des dafür erforderlichen Arbeitsaufwands und der geschätzten Machbarkeit zusammengetragen werden. Nach der Definitionsphase folgt die Planungsphase, welche dazu dient, alle Arbeitsschritte sowie die

---

[13] *Burg u. a.,* Bausteine erfolgreicher Innenentwicklung, 2009, S. 17.

[14] *VDI,* Richtlinie 7001, 2014, S. 22 ff.

erforderlichen Kosten- und Finanzmittel unter Einbeziehung einer Risikoanalyse und mit Blick auf die zur Verfügung stehenden Ressourcen zu planen. In der darauffolgenden Steuerungsphase werden formal alle Termine, Budgets, Kosten, Risiken und Ressourcen gesteuert, bevor schließlich im Rahmen der Abschlussphase ein Abschlussbericht erstellt wird und eine Nachkalkulation stattfindet. Auch die Sicherung von gesammelten Erfahrungen findet in der Abschlussphase Raum.[15] Dieser Ansatz ist sehr allgemein und greift die für die Innenentwicklung essenziellen Elemente der Beteiligung, Kooperation und Kommunikation nicht abschließend auf, weshalb er für die Umsetzung integrierter ganzheitlicher Innenentwicklungsvorhaben ungeeignet ist.

Wie dargestellt, werden die vorgestellten Projektmanagementansätze den Anforderungen an eine ganzheitliche integrierte Innenentwicklung nicht umfassend gerecht. Aus diesem Grund wird nachfolgend unter Berücksichtigung der Forschungsergebnisse aus Literatur, Dokumentenanalyse und qualitativer Inhaltsanalyse der Experteninterviews ein neuer Projektmanagementansatz für ganzheitliche integrierte Innenentwicklungsvorhaben entwickelt.

6.2 Entwicklung eines Projektmanagementansatzes für integrierte Innenentwicklungsvorhaben

Zur Einführung einer ganzheitlichen nachhaltigen und integrierten Innenentwicklung unter Berücksichtigung des Konfliktpotenzials zwischen Partikular- und Public Value-Interessen ist ein umfassendes Projektmanagement erforderlich. Ein entsprechender Ansatz wird in den nachfolgenden Unterkapiteln unter Berücksichtigung der Forschungsergebnisse aus Literatur, Dokumentenanalyse und Experteninterviews entwickelt.

Dieser Ansatz greift zunächst im Rahmen einer *Vorlaufphase* stadtplanerische Elemente der Bürgerbeteiligung wie etwa in Form von Konferenzen, Werkstätten, Bürgerforen, Wettbewerben und Schulprojekten auf, in denen eine erste Idee für eine lokale Innenentwicklung entstehen soll. In einer darauffolgenden *Konzeptphase* werden Leitlinien und Projektziele für die Umsetzung der Innenentwicklung unter gesamtstädtischen Gesichtspunkten erarbeitet. Diese greifen mögliche Stärken und Schwächen im Rahmen einer Risikoanalyse auf und werden unter einer umfassenden Beteiligung, beispielsweise im Rahmen von Bürgerveranstaltungen, entwickelt. In einem nächsten Schritt, der *Analysephase,*

---

[15] *Peters/Schelter,* Kompakte Einführung in das Projektmanagement, 2021, S. 11 ff.; *DIN,* DIN 69901–5. Projektmanagement, 2009, S. 5 ff.

werden die individuell gegebenen Innenentwicklungspotenziale sowie die je nach Umfeld spezifischen Rahmenbedingungen, die zur Verfügung stehenden Ressourcen, mögliche Kosten und Finanzierungsmöglichkeiten unter Durchführung einer Machbarkeitsstudie zusammengetragen. In einer darauffolgenden *Planungsphase* werden alle Arbeitsschritte, Zuständigkeiten, Fristen und Termine detailliert geplant. In der *Umsetzungs- und Steuerungsphase* werden schließlich die geplanten Entwicklungsmaßnahmen und konkreten Bauvorhaben ausgerichtet. In dieser Phase werden zudem formal alle Termine, Budgets, Kosten, Risiken und Ressourcen gesteuert und überwacht. Schließlich wird im Rahmen der *Abschlussphase* ein Abschlussbericht erstellt. Außerdem wird in dieser Phase nachkalkuliert, evaluiert und Erfahrungswissen gesichert.[16]

Der neu entwickelte Projektmanagementansatz umfasst also die folgenden sechs Projektphasen, welche in Abbildung 6.1 dargestellt werden:

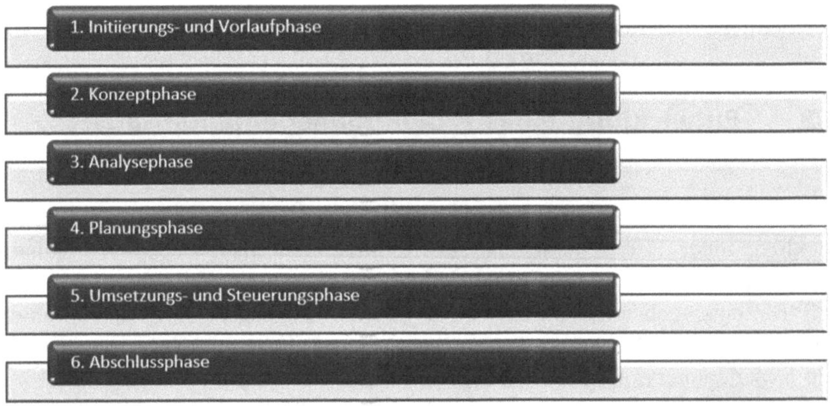

Abbildung 6.1 Projektmanagementansatz für integrierte Innenentwicklungsvorhaben

Nachfolgend wird auf die einzelnen Projektphasen des für eine integrierte Innenentwicklung entwickelten Projektmanagementansatzes unter Einbeziehung stadtplanerischer Elemente des Projektmanagements integrierter Innenentwicklungsvorhaben eingegangen. In den verschiedenen Projektphasen werden unter

[16] *Peters/Schelter,* Kompakte Einführung in das Projektmanagement, 2021, S. 11 ff.; *DIN,* DIN 69901–5. Projektmanagement, 2009, S. 17 f.; *Spangenberger,* UPR 2009, S. 218 ff.

anderem demografische, städtebauliche, organisationale, finanzielle,[17] zeitliche sowie raumbezogene Parameter betrachtet.[18]

6.2.1 Initiierung integriert ausgerichteter Entwicklungsprojekte

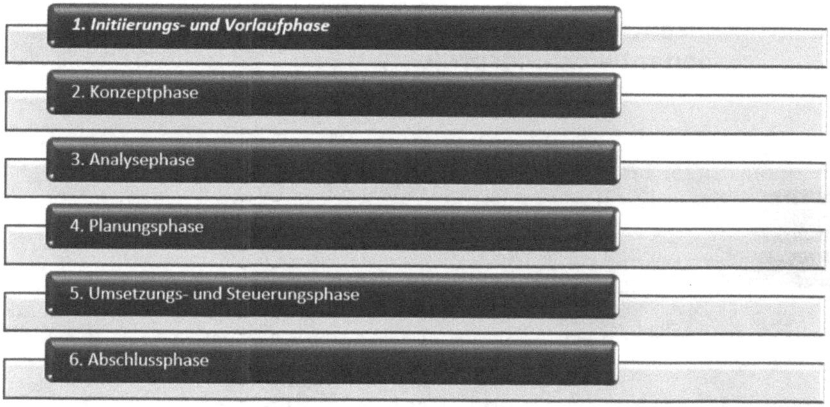

Abbildung 6.2 Initiierungs- und Vorlaufphase von integrierten Innenentwicklungsvorhaben

Wie in Abbildung 6.2 dargestellt, beinhaltet Projektphase eins die Initiierungs- und Vorlaufphase. Initiiert wird die Innenentwicklung auf kommunaler Ebene durch einen politischen Grundsatzbeschluss. Dieser ermächtigt die Kommunalverwaltung zum Handeln und stellt gleichzeitig ein politisches Bekenntnis zur Priorisierung der Innenentwicklung als stadtplanerisches Ziel dar. Der Gremienbeschluss bringt die kommunalpolitische Entwicklungsabsicht innerhalb des Abwägungsprozesses im Rahmen kommunaler Planungen im Sinne von § 1 Abs. 6 Nr. 11 BauGB zum Ausdruck. Er schafft damit ein Fundament für Akzeptanz seitens der Bevölkerung,[19] auf welches durch Beteiligung aufgebaut werden kann. Es folgt ein Zeitraum des Projektvorlaufs, in dem eine

[17] *Stadt Fellbach,* Flächen gewinnen durch Innenentwicklung, 2011, S. 22.

[18] *Scholl,* Innenentwicklung vor Außenentwicklung, 2003, S. 12.

[19] *Kühnau u. a.,* Doppelte Innenentwicklung, 2017, S. 13.

erste Idee für eine örtliche Innenentwicklung entstehen soll. Hierbei können verschiedene Formate der Bürgerbeteiligung, wie Konferenzen, Werkstätten, Bürgerforen, Wettbewerbe und Schulprojekte unterstützen.[20] Auf die hier dargestellte Grundsteinlegung der Innenentwicklung, die sich aus der den nach Art. 28 Abs. 2 S. 1 GG und § 2 BauGB den Kommunen zugeschriebenen Planungshoheit begründet, wird aufgrund des besonderen Augenmerks auf die Umsetzung der Innenentwicklung an dieser Stelle nicht näher eingegangen.

6.2.2 Konzeptionierung integrierter Innenentwicklungsprojekte

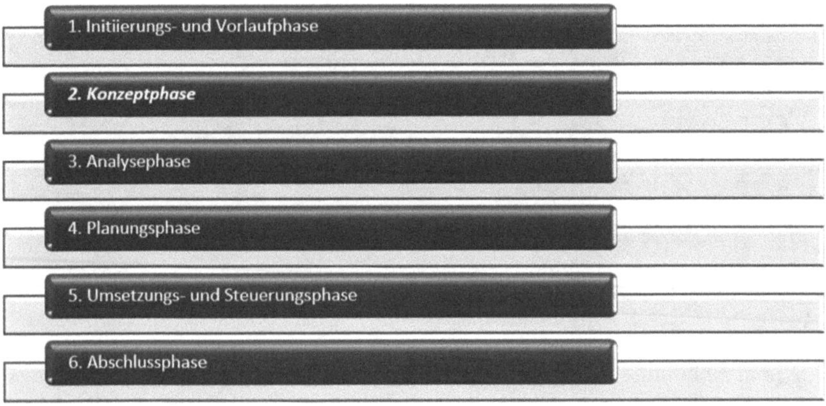

Abbildung 6.3 Konzeptphase von integrierten Innenentwicklungsvorhaben

Wie in Abbildung 6.3 dargestellt, beinhaltet Projektphase zwei die Konzeptphase. In dieser Phase werden Leitlinien und Projektziele für die Umsetzung der lokalen Innenentwicklung definiert. Diese sollten gesamtstädtisch ausgerichtet sein und mögliche Risiken und Lösungsansätze aufgreifen. Auch in dieser Phase findet eine umfassende Beteiligung statt, wobei sich insbesondere Bürgerveranstaltungen eignen.[21]

---

[20] *Spangenberger,* UPR 2009, S. 218 ff.

[21] *Peters/Schelter,* Kompakte Einführung in das Projektmanagement, 2021, S. 11 ff.; *DIN,* DIN 69901–5. Projektmanagement, 2009, S. 17 f.; *Spangenberger,* UPR 2009, S. 218 ff.

Für die Konzipierung von Leitlinien und Zielen sollten zunächst die Organisation des Projektes *Innenentwicklung* definiert und die internen und externen Stakeholder bestimmt werden. Hierbei sind Aktions- und Interaktionsmuster sowie der Handlungs- und Entscheidungsrahmen verschiedener Akteure von Bedeutung.[22]

6.2.2.1 Organisation stadtplanerischer Großprojekte

Ablauforganisation integrierter Entwicklungsmaßnahmen
Mit Blick auf einen möglichen Ablauf von komplexen stadtplanerischen Verfahren, wie denen einer ganzheitlichen integrierten Innenentwicklung, kann ein mehrstufiges Verfahren konzipiert werden. Dieses auf gemeinderechtlichen und kooperativen Elementen basierende Stufenmodell beinhaltet zunächst das Bestreben einer kommunalpolitischen Grundzustimmung. In einem nächsten Schritt wird ein konkreter Aufstellungsbeschluss angestrebt, bevor im Rahmen einer nächsten Stufe ein städtebaulicher Vertrag geschlossen wird. Es folgt sodann das Bestreben nach einem Billigungs- oder Satzungsbeschluss, auf welchen bedarfsweise Ausführungsverträge aufbauen.[23] Für die Realisierung einer integrierten Innenentwicklung sind faktenbasierte Planungen und eine Schaffung der hierzu essenziellen Rahmenbedingungen erforderlich.[24] Dazu ist es wichtig, eine verwaltungsinterne Projektstruktur, eine Projektsteuerung sowie Projektbeteiligte zu definieren und eine transparente Kommunikationskultur zu implementieren. Sie sollen effiziente Entscheidungswege sowie eine partnerschaftliche Zusammenarbeit ermöglichen.[25] Aufgrund der Komplexität und breitgefächerten thematischen Ausrichtung einer ganzheitlichen integrierten Innenentwicklung, bietet sich die Einrichtung einer Lenkungsgruppe und einer umsetzenden Ebene an. Die Lenkungsgruppe sollte idealerweise aus verwaltungsinternen und dritten hochrangigen Vertretungen der vierzehn Handlungsfelder bestehen.[26] Nachfolgend werden mögliche interne und externe Interessensgruppen vorgestellt.

---

[22] *Maurer,* Innenentwicklung, 2007, S. 5.

[23] *Reiß-Schmidt,* Wachstum nach innen, 2007, S. 49.

[24] *BBSR,* Innenentwicklungspotenziale in Deutschland, 2014, S. 139.

[25] *Burg u. a.,* Bausteine erfolgreicher Innenentwicklung, 2009, S. 18 f.

[26] *Spangenberger,* UPR 2009, S. 218.

Aufbauorganisation und interne Stakeholder
Eine integrierte Innenentwicklung als komplexes Projekt kann verschiedenartig organisiert und aufgebaut sein. Entscheidend sind die Innovationskraft und Veränderungsbereitschaft einer Kommune.[27] Unter diesen Prämissen sind zum einen privatrechtliche Organisationsformen, wie Regiebetriebe, Eigenbetriebe, Zweckverbände, Genossenschaften,[28] Stadtbaugesellschaften oder andere Formen von Tochterfirmen[29] sowie GmbHs denkbar. Sie ermöglichen Kommunen ein dynamisches und freies Handeln und lassen politische Entscheidungen nur punktuell erforderlich werden. Weit verbreitet sind auch öffentlich-rechtliche Organisationsformen von Stadtentwicklungsprojekten. Klassischerweise können diese in die Ämterstruktur eingebettet oder als Stabsstelle bzw. Projektgruppe organisiert sein.[30]

Je nach Kommunengröße und -struktur bearbeiten Kommunen integrierte Stadt- bzw. Innenentwicklungsmaßnahmen aktuell sehr unterschiedlich. Für kleinere Kommunen, die kein explizit mit der Stadtentwicklung betrautes Personal vorhalten können, bietet sich ein Outsourcing des Themas an. Hierbei sollte auf eine enge Zusammenarbeit mit den externen Unternehmen geachtet werden.[31] Größere Kommunen bearbeiten Innenentwicklungsmaßnahmen teilweise bis dato noch eingebettet in die Linienorganisation.[32] In den Experteninterviews zeigt sich jedoch, dass ein Großteil der Städte ihre Stadt- bzw. Innenentwicklung im Rahmen einer Projektstruktur angeht und hierfür interdisziplinäre Projekt-, Arbeits- oder Taskforce-Gruppen und Expertengremien einrichtet. Die Mitglieder dieser mit Innenentwicklung betrauten Gruppen haben die Möglichkeit, losgelöst vom Verwaltungsalltag ämterübergreifend und auf kurzen Wegen zusammenzuarbeiten.[33]

Teilweise werden die Gruppen durch einen externen Projektsteuerer organisiert, der für die Tagesordnung und die Protokollführung verantwortlich ist.[34] Zumeist obliegt die Federführung mit finanzieller, zeitlicher und koordinierender Verantwortung jedoch der für die Stadtplanung bzw. Stadtentwicklung zuständigen Organisationseinheit. Diese wird durch eine ämterübergreifende, operativ

---

[27] *Kegelmann u. a.,* Vhw-Schriftenreihe 2021, S. 8.

[28] *Stadt Fellbach,* Flächen gewinnen durch Innenentwicklung, 2011, S. 19.

[29] *Burg u. a.,* Bausteine erfolgreicher Innenentwicklung, 2009, S. 32 f.

[30] *Stadt Fellbach,* Flächen gewinnen durch Innenentwicklung, 2011, S. 19.

[31] I9.

[32] I16; I5; I3.

[33] I14; I5; I11; I2; I13; I4; I3; I8; I15; I7; I9.

[34] I4.

entscheidungsbefugte Arbeitsgruppe untermauert,[35] die alle für die Umsetzung einer integrierten Innenentwicklung relevanten Organisationseinheiten einbezieht. Interne Stakeholder können je nach Maßnahme die kommunale Wirtschaftsförderung, das Amt für Umweltschutz, das Liegenschaftsamt,[36] das Grünflächenamt, der Naturschutz[37] sowie die Bereiche Kinder, Jugend und Bildung sein.[38]

Innerhalb der Verwaltung sind bei diesem Thema neben der Stadtplanung im Wesentlichen das Grünflächenamt, die Landschaftsplanung, der Naturschutz sowie die Bereiche Finanzen, Liegenschaften und Verkehr eingebunden.[39] In den Experteninterviews finden wir die Stadtplanung,[40] die Stadtentwicklung,[41] die Wirtschaftsförderung,[42] den Umwelt- und Naturschutz,[43] die Liegenschaftsverwaltung,[44] die Grünflächen- und Freiraumplanung[45] sowie die Bereiche Kinder, Jugend und Bildung mit dem Schulamt, der Kinderbetreuung und der Spielplatzversorgung wieder.[46] Zusätzlich wurden in den Experteninterviews der Städtebau,[47] die Bauordnung,[48] der Tiefbau,[49] der Hochbau,[50] die Stadtsanierung/

[35] I4; *Reiß-Schmidt,* Wachstum nach innen, 2007, S. 49.

[36] *Kron,* Zukunftsfähige Stadtplanung in Stuttgart, 2007, S. 20.

[37] *Reinke,* Doppelte Innenentwicklung, 2016, S. 35.

[38] *BMVBS/BBR,* Integrierte Stadtentwicklung als Erfolgsbedingung einer nachhaltigen Stadt, 2007, S. 18 f.

[39] *Böhm u. a.,* BfN-Skripten 2016, S. 173.

[40] I16; I5; I11; I2; I13; I4; I3; I15; I7; I1; I10; I9.

[41] I14; I11; I6; I2; I13; I4; I3; I8; I15; I7; I9.

[42] I11; I2; I13; I3; I8; I15.

[43] I5; I2; I4; I3; I8; I15.

[44] I16; I14; I2; I4; I7; I10.

[45] I6; I2; I13; I3; I8; I15; I7; I1; I10.

[46] I14; I4; I8; I7; I1.

[47] I4.

[48] I6; I13; I3; I7; I10; I9; I12.

[49] I11; I15; I1; I10.

[50] I2; I4.

-erneuerung,[51] der Wohnungsbau,[52] die Erschließung,[53] das Gebäudemanagement,[54] die Stadtwerke,[55] die Verkehrsbetriebe,[56] die Abfallentsorgung[57] sowie die Abwasserentsorgung und Kanalisation[58] genannt. Weitere interne Stakeholder sind nach Aussagen des interviewten Expertenkreises das Stadtarchiv,[59] die Siedlungsentwicklung,[60] die innere Verwaltung mit dem Personalamt,[61] die Kämmerei,[62] das Stadtmarketing mit Presse- und Öffentlichkeitsarbeit,[63] das Ordnungsamt,[64] die Kulturdenkmalbehörde,[65] das Sozialamt,[66] das Sportamt,[67] das Kulturamt,[68] die Musikschule,[69] das Marktamt,[70] die Innenstadtgestaltung bzgl. des Stadtbildes,[71] die kommunalpolitischen Gremien[72] sowie der (Ober-) Bürgermeister.[73] Es lassen sich keine Gruppentendenzen feststellen.

[51] I2; I13.

[52] I3; I8.

[53] I5; I3; I7.

[54] I2.

[55] I3; I16; I5; I4; I10.

[56] I5; I8; I4; I3; I7; I1; I10.

[57] I13.

[58] I10; I5; I7.

[59] I14.

[60] I10; I14.

[61] I10; I12.

[62] I10; I9; I12.

[63] I13; I11; I10.

[64] I5; I13; I10; I12.

[65] I3.

[66] I16; I5; I6; I3; I8; I7.

[67] I4; I1.

[68] I11; I13; I4.

[69] I4.

[70] I13.

[71] I13; I3.

[72] I4; I3; I7; I1; I10.

[73] I14; I13; I10; I9; I12.

Eine integrierte Innenentwicklung muss sowohl in ihrer Konzeption als auch in ihrer späteren Umsetzung integrativ und ressortübergreifend ausgerichtet sein.[74] Als Querschnittsaufgabe erfordert sie eine facettenreiche Verflechtung verschiedener kommunaler Handlungsfelder[75] und eine fachübergreifende Zusammenarbeit.[76]

Im Vergleich zur privat-rechtlichen Organisation komplexer Stadtentwicklungsprojekte eignen sich öffentlich-rechtliche Projektorganisationen auch bei kleineren Kommunen. Denn im Gegensatz zur Gründung einer GmbH wird bei einer Projektintegration in die bestehende Verwaltungsstruktur keine bestimmte Projektgröße zur mittel- bis langfristigen Auslastung erfordert.[77]

Hemmend in Bezug auf die Anforderungen an ein derart komplexes Projektmanagement kann sich jedoch ein durch mangelnde Kooperationsbereitschaft geprägtes hierarchisches System auswirken.[78] Daher empfiehlt es sich, einen Kümmerer, also eine fachübergreifende Steuerungs- und Koordinierungsstelle zu etablieren.[79] Diese mit der Stadtentwicklung betraute zentrale Stelle im kommunalen Verwaltungsaufbau sollte im Sinne einer Steigerung der Lebensqualität alle involvierten Stellen zusammenführen.[80]

Die Entscheidung für eine privatrechtliche Organisation einer integrierten Innenentwicklung sollte kommunenspezifisch nach organisatorischen, steuerlichen und finanziellen Aspekten getroffen werden.[81]

Unabhängig von der Organisationsform lässt sich feststellen, dass für die Umsetzung einer integrierten Innenentwicklung mit bis zu vierzehn Handlungsfeldern eine interdisziplinäre Lenkungsgruppe erforderlich ist. Sie sollte aus dem Bürgermeister, einer Delegation des Stadtrates,[82] Vertretungen der Verwaltung und aus Verwaltungsexternen[83] bestehen. Sie verlangt wiederum, dass neben einer aktiven kommunalen Liegenschaftspolitik als Erfolgsfaktor für eine effektive

---

[74] *Böhm u. a.,* BfN-Skripten 2016, S. 242 ff.

[75] *Burg u. a.,* Bausteine erfolgreicher Innenentwicklung, 2009, S. 11 f.

[76] *BMVBS/BBR,* Integrierte Stadtentwicklung als Erfolgsbedingung einer nachhaltigen Stadt, 2007, S. 18 f.

[77] *Burg u. a.,* Bausteine erfolgreicher Innenentwicklung, 2009, S. 32 f.

[78] *Speer,* Innere Qualitäten der Stadt entwickeln, 2003, S. 33.

[79] *BMI,* Memorandum Urbane Resilienz, 2021, S. 13; *Elgendy/Dahm/Ruther-Mehlis,* Siedlungsflächenmanagement, 2014, S. 29.

[80] *Wehrli-Schindler,* Mit neuen Methoden zu einer differenzierten Innenentwicklung, 2007, S. 59.

[81] *Stadt Fellbach,* Flächen gewinnen durch Innenentwicklung, 2011, S. 19.

[82] *WBGU,* Hauptgutachten, 2016, S. 102 ff.

[83] *Spangenberger,* UPR 2009, S. 218.

Innenentwicklung[84] auch lokal ökonomische, arbeitsmarktrelevante und kinder-, jugend- und bildungszentrierte Interessen in Einklang gebracht werden.[85]

Relevante externe Interessensgruppen

Wenngleich Kommunen eine zentrale Funktion in Stadtentwicklungsprozessen haben, zeigt sich in der Praxis eine Notwendigkeit zur Öffnung nach extern.[86] Empirische Studien belegen die Relevanz der Verwaltungen einerseits und privater Interessensgruppen andererseits als zwei zentrale Akteursgruppen in Bezug auf Innenentwicklungsprozesse.[87] Die in das bereits vorgestellte Stufenmodell integrierten Kooperationsansätze zeigen (ohne Anspruch auf Vollständigkeit) Möglichkeiten von Public Private Partnerships auf, welche erheblich zur Vermeidung einer Beeinflussung der Projektziele durch etwaige Wahlziele beitragen können.[88] Nachfolgend wird untersucht, welche möglichen externen Projektpartner für eine integrierte Innenentwicklung von besonderem Interesse sein können.

Zum einen erscheinen Bodenmarktakteure[89] und Investoren als chancenreiche externe Projektbeteiligte. Sie werfen mit ihrer Marktkenntnis einen wirtschaftlich realistischen Blick auf das Projekt *integrierte Innenentwicklung* bzw. auf entsprechende Teilprojekte und zeigen sich aufgrund ihrer Abhängigkeit hinsichtlich der Realisierung ihrer Vorhaben oftmals kooperativ.[90] Zudem können sie helfen, die Projektziele im Sinne von zivilgesellschaftlichen und bürgerschaftlichen Bedarfen zu formulieren und die Projektplanung durch eine breite Informationsgrundlage zu optimieren. Die Zusammenarbeit mit privaten Investoren kann eine transparentere Planung und damit eine höhere Akzeptanz in der Bevölkerung erwirken.[91] Neben Investoren und Bodenmarktakteuren können auch Vertretungen aus dem Bankensektor, des Handwerks, des Wohnungsbaus, der Architektenverbände sowie einflussreiche Immobilieneigentümer, Planungsbüros

---

[84] *Schubert u. a.,* Innenentwicklung in städtischen Quartieren, 2019, S. 16; *BMI,* Empfehlungen auf Grundlage der Beratungen in der Baulandkommission, 2019, S. 4 ff., 6, 7 ff.

[85] *BMVBS/BBR,* Integrierte Stadtentwicklung als Erfolgsbedingung einer nachhaltigen Stadt, 2007, S. 18 f.

[86] *Selle,* Über Bürgerbeteiligung hinaus, 2014, S. 45.

[87] *Böhm u. a.,* BfN-Skripten 2016, S. 173.

[88] *Lüpke,* Innenentwicklung als dominierende Aufgabe der Stadtentwicklung, 2007, S. 43.

[89] *Kühnau u. a.,* Doppelte Innenentwicklung, 2017, S. 37.

[90] *Burg u. a.,* Bausteine erfolgreicher Innenentwicklung, 2009, S. 24.

[91] *Kühnau u. a.,* Doppelte Innenentwicklung, 2017, S. 37.

und Bauunternehmen in die Lenkungsgruppe einer integrierten Innenentwicklung aufgenommen werden. Für die Realisierung eines jeden Handlungsfeldes sind unterschiedliche externe Stakeholder hinzuzuziehen. So haben Gespräche mit der Wissenschaft für Handlungsfeld 3, die Einbeziehung von Ver- und Entsorgungsunternehmen für Handlungsfeld 4, die Berücksichtigung der örtlichen ÖPNV-Unternehmen für Handlungsfeld 9 und der Kontakt zu den örtlichen Kirchengemeinden[92] für Handlungsfeld 6 einen wichtigen Effekt.

Weiter könnte die Einbeziehung von Vertretungen der lokalen Bildungseinrichtungen für die Handlungsfelder 2, 3 und 4 sowie der örtlichen Ausbildungseinrichtungen für Handlungsfeld 8 relevant sein und durch eine vertikale Vernetzung die gesamtstädtische Strategieverwirklichung fördern.[93] In diesem Zusammenhang sollte auch eine Beteiligung von Kindern bedacht werden, denn diese kann bei der Stärkung des städtischen Charakters als Ort des Zusammentreffens und als Ort der Interaktion helfen. Zudem hilft sie, eine kindgerechte, sichere Umgebung zu schaffen und die Autonomie und Teilhabe von Kindern am Entwicklungsgeschehen ihrer Heimatstadt zu fördern.[94]

Der in Kapitel vier entwickelte integrierte Innenentwicklungsansatz forciert die Einbeziehung von verwaltungsexternen Akteuren in besonderen Lebenslagen. Sie können wesentlich zur lokalen Problem- und Potenzialanalyse, zur Entwicklung eines gelingenden Gemeinwesens und damit zu einer besseren Ausgestaltung der demokratischen Prozesse beitragen.[95] Nicht nur mit Blick auf die Handlungsfelder 1, 2, 3 und 13 sind partizipative und aktivierende Ansätze daher an die Anforderungen von Kindern und Jugendlichen sowie an jene der Bewohnerschaft mit Migrationshintergrund anzupassen. Dies unterstreichend sollten die einschlägigen Träger, Vereine sowie Initiativen beteiligt werden.[96]

Insbesondere für die Handlungsfelder 7 und 14, aber auch von zentraler Bedeutung für alle anderen Handlungsfelder, ist die Expertise von Umwelt- und Naturschutzverbänden.[97] Empirische Untersuchungen zeigen eine rege Teilnahme ebendieser[98] mit einem besonders großen Engagement hinsichtlich des Erhalts

---

[92] *WBGU,* Hauptgutachten, 2016, S. 102 ff.; *Spangenberger,* UPR 2009, S. 218.

[93] *BMVBS/BBR,* Integrierte Stadtentwicklung als Erfolgsbedingung einer nachhaltigen Stadt, 2007, S. 20.

[94] *WBGU,* Hauptgutachten, 2016, S. 346 f.

[95] *Difu,* Soziale Stadt Info 14, 2003, zit. nach *BMVBS/BBR,* Integrierte Stadtentwicklung als Erfolgsbedingung einer nachhaltigen Stadt, 2007, S. 19 f.

[96] *BMVBS/BBR,* Integrierte Stadtentwicklung als Erfolgsbedingung einer nachhaltigen Stadt, 2007, S. 19 f.

[97] *Kühnau u. a.,* Doppelte Innenentwicklung, 2017, S. 37.

[98] *Böhm u. a.,* BfN-Skripten 2016, S. 173; *Reinke,* Doppelte Innenentwicklung, 2016, S. 35.

des Stadtgrüns.[99] Dies unterstreicht die Notwendigkeit ihrer frühzeitigen Einbindung,[100] um späteren Konflikten zwischen den Planungsverantwortlichen und der Öffentlichkeit vorzubeugen.[101]

Handlungsfeld 8 einer integrierten Innenentwicklung erfordert für eine gelingende Umsetzung die Einbeziehung von Wirtschaftsunternehmen, des Handels, von finanzwirtschaftlichen Akteuren[102] oder ähnlichen Organisationen, sofern diesen eine lokale Relevanz zugeschrieben werden kann. Sie alle tragen die Entwicklungen des öffentlichen Raumes[103] und ermöglichen eine effizientere und nachhaltigere Umsetzung von Innenentwicklungsmaßnahmen.[104]

Die Bürgerschaft einer Kommune[105] bildet eine besonders relevante Akteursgruppe[106] für Stadtentwicklungsprozesse.[107] Für eine nutzerorientierte Ausgestaltung etwaiger handlungsfeldunabhängiger Innenentwicklungsmaßnahmen bedarf es der Einbeziehung der gesamten Einwohnerschaft. Eine Abbildung aller sozialen Schichten[108] sowie die Berücksichtigung aller Ortsteile[109] unter der Prämisse einer größtmöglichen Offenheit und Transparenz[110] sind in der zu implementierenden gesamtstädtischen strategischen Rahmensetzung unabdingbar.[111] Eine frühzeitige und gut vorbereitete Projekteinbindung kann helfen, die Vorstellungen und Anliegen der Stadtbevölkerung abzubilden und dadurch frühzeitig Konflikten vorzubeugen. Für eine umfassende Beteiligung aller Bevölkerungsgruppen sind Wege anzubieten, die allen sozialen und bildungsspezifischen sowie kulturellen

[99] *Kühnau u. a.,* Doppelte Innenentwicklung, 2017, S. 39.

[100] *Reinke,* Doppelte Innenentwicklung, 2016, S. 35.

[101] *Kühnau u. a.,* Doppelte Innenentwicklung, 2017, S. 39.

[102] *WBGU,* Hauptgutachten, 2016, S. 102 ff.

[103] *Difu,* Soziale Stadt Info 14, 2003, zit. nach *BMVBS/BBR,* Integrierte Stadtentwicklung als Erfolgsbedingung einer nachhaltigen Stadt, 2007, S. 19 f.

[104] *BMVBS/BBR,* Integrierte Stadtentwicklung als Erfolgsbedingung einer nachhaltigen Stadt, 2007, S. 19 f.

[105] *UBA,* Die Stadt für Morgen, 2017, S. 19.

[106] *Kühnau u. a.,* Doppelte Innenentwicklung, 2017, S. 39.

[107] *UBA,* Die Stadt für Morgen, 2017, S. 19.

[108] *Köckler/Engelhardt-Fröhlich,* Grün in der Stadt als Thema umweltbezogener Gerechtigkeit, 2016, S. 714; *DUH,* Umweltgerechtigkeit durch Partizipation auf Augenhöhe, 2014, S. 7.

[109] *BMVBS/BBR,* Integrierte Stadtentwicklung als Erfolgsbedingung einer nachhaltigen Stadt, 2007, S. 20.

[110] *Kühnau u. a.,* Doppelte Innenentwicklung, 2017, S. 39.

[111] *BMVBS/BBR,* Integrierte Stadtentwicklung als Erfolgsbedingung einer nachhaltigen Stadt, 2007, S. 20.

Belangen gerecht werden. Vor allem aufsuchende, aktivierende, projektspezifische und zielgruppenorientierte Beteiligungsansätze sind hierfür geeignet.[112]

In den Experteninterviews fanden von den genannten externen Akteuren finanzwirtschaftliche Akteure und Vertretungen aus dem Bankensektor keine Erwähnung. Ebenso blieben Ausbildungseinrichtungen, Kinder und Jugendliche, Personen in besonderen Lebenslagen und Menschen mit Migrationshintergrund unerwähnt.

In den Experteninterviews finden wir von den genannten externen Akteuren dafür Bodenmarktakteure und Investoren,[113] die Immobilienstandortgemeinschaft,[114] Wohnungsbaugesellschaften,[115] Eigentümer,[116] den Einzelhandel,[117] die IHK/Handwerkskammer,[118] Wirtschaftsunternehmen,[119] Gewerbebetriebe,[120] die Architektenkammer,[121] externe Planungsbüros,[122] Baufirmen,[123] Universitäten,[124] Schulen,[125] ÖPNV-Unternehmen und die Bahngesellschaft,[126] Religionsgemeinschaften,[127] Bürger(-Initiativen/-vereine),[128] Umwelt- und Naturschutzverbände[129] sowie sonstige informelle Zusammenschlüsse[130] wieder. Zusätzlich wurden aus dem Expertenkreis Vertretungen der Gastronomie,[131]

112 *Kühnau u. a.,* Doppelte Innenentwicklung, 2017, S. 39.

113 I4; I3; I7; I12.

114 I5; I11.

115 I5; I4.

116 I8; I1.

117 I5; I11; I15.

118 I5; I11.

119 I10; I9.

120 I5; I4; I8; I15; I9.

121 I4.

122 I4; I12.

123 I12.

124 I6; I4.

125 I5; I4.

126 I6.

127 I5; I4; I3.

128 I2; I3; I12; I16; I4; I7.

129 I16; I5; I2; I3; I8.

130 I5; I6; I3; I15; I7; I1; I9.

131 I15.

Kulturschaffende,[132] Energieversorger und Entsorgungsbetriebe, Genossenschaften,[133] Zweckverbände,[134] die Kommunalentwicklung,[135] die Landratsämter,[136] die Regierungspräsidien und Ministerien, der Städtetag,[137] Träger öffentlicher Belange,[138] die Hafenwirtschaft,[139] Vertretungen aus der Landwirtschaft[140] und des Sports, Straßenbaubüros,[141] Dienstleistungsfirmen,[142] Vereine für Stadtbild und Stadtmarketing,[143] Kindertagesstätten und Kindergärten[144] sowie die Polizei[145] genannt. Auch die Zwischenzeitzentrale, welche im Auftrag der Stadt Zwischennutzungen koordiniert,[146] ist ein wichtiger Stakeholder. Eine Kommune nannte auch die bedarfsweise Einbindung externer Mediatoren[147] als externe Stakeholder in integrierten Stadt- und Innenentwicklungsprojekten. Im Gruppenvergleich lässt sich feststellen, dass die Ministerien, Regierungspräsidien, Landratsämter und auch der Städtetag insbesondere für kleine Kommunen wichtige Funktionen haben.

Alle Menschen in einer Stadt wirken an der Entwicklung ebendieser mit. Sie tun dies auf unterschiedliche Art und Weise und in unterschiedlichen Kontexten. Gemeinschaftlich entwickeln sich Städte somit städtebaulich, sozial, wirtschaftlich, ökologisch und kulturell.[148] Die Intensität der Zusammenarbeit zwischen der Kommunalverwaltung und privaten Akteuren erscheint bisweilen von der Größe der Kommune abhängig zu sein. So ist in größeren Kommunen die Zusammenarbeit mit privaten Stakeholdern oftmals in das Verwaltungshandeln integriert. In kleineren Kommunen hingegen mangelt es häufig an den dafür

---

[132] I4; I8; I15.

[133] I3.

[134] I10.

[135] I12.

[136] I7; I10; I12.

[137] I12.

[138] I1.

[139] I8.

[140] I7.

[141] I4.

[142] I11; I15; I9.

[143] I11; I5.

[144] I5.

[145] I5; I15.

[146] I18.

[147] I11.

[148] *Selle,* Über Bürgerbeteiligung hinaus, 2014, S. 77.

erforderlichen methodischen und personellen Ressourcen.[149] Auch variiert der Kreis der einzubeziehenden externen Stakeholder bzw. der jeweilige Stellenwert der entsprechend zu berücksichtigenden Stakeholdergruppen in Abhängigkeit zu den angestrebten Handlungsfeldern und Maßnahmen der jeweiligen lokalen integrierten Innenentwicklungsbestrebungen. Empirische Studien ergaben, dass die Bevölkerung, dicht gefolgt von Umwelt- und Naturschutzvertretungen, als die relevanteste Gruppe zur Optimierung des Stadtgrüns zu betrachten ist.[150] Aufgrund ihrer allgemeinen Präsenz in allen vorgestellten Handlungsfeldern einer integrierten Innenentwicklung ist von einer Übertragbarkeit dieser Studienergebnisse auf den im Rahmen der vorliegenden Arbeit erforschten Innenentwicklungsansatz auszugehen. Die Relevanz einer breiten Bürgerbeteiligung unterstreicht auch die Neue Leipzig Charta aus dem Jahr 2020. Zusammenfassend lässt sich feststellen, dass der integrierte Innenentwicklungsansatz die Einbeziehung von wirtschaftlichen Stakeholdern ebenso erforderlich macht, wie jene der allgemeinen Öffentlichkeit und weiterer Akteure mit Bezug zum Entwicklungsvorhaben.[151]

Regionale Zusammenarbeit in der Siedlungsentwicklung
Es besteht eine gesetzliche Verpflichtung zur Abstimmung der Bauleitpläne mit den benachbarten Gemeinden (§ 2 Abs. 2 BauGB). Das Recht zur kommunalen Selbstverwaltung macht deutsche Kommunen wiederum autonom und zugleich verantwortlich für die Entwicklung ihrer stadtinternen Themen.[152] Interessant ist in diesem Kontext die Frage, wann lokale Themen zu regionalen Angelegenheiten werden. Die nationale und europäische Stadtentwicklungspolitik ist sich einig, dass eine Stärkung der interkommunalen und regionalen Zusammenarbeit mit Augenmerk auf kompakteren Wohnformen und auf dem Ausbau der kommunalen Planungskapazitäten auch im ländlichen Raum mit einer nachhaltigen, lebenswirklichen Stadtentwicklung einhergeht.[153]

---

[149] *Stadt Fellbach,* Flächen gewinnen durch Innenentwicklung, 2011, S. 21.

[150] *Böhm u. a.,* BfN-Skripten 2016, S. 173.

[151] *EU2020,* Neue Leipzig Charta, 2020, S. 8 f.

[152] *Elgendy/Seidemann/Wilske,* New challenges for City- and Regional Planning, 2004, S. 2.

[153] *BMI,* Memorandum Urbane Resilienz, 2021, S. 3, 8 ff.; *EU2020,* Neue Leipzig Charta, 2020, S. 5, 12 f.

Zum einen sind im Rahmen von Maßnahmen einer integrierten Innenentwicklung die Schnittstellen über die Gemeindegemarkungsgrenzen hinweg aufzuzeigen. Auch sind die Projekte auf regionaler Ebene zu diskutieren.[154] Hierbei hat die Regionalplanung die Aufgabe, vielzählige Einzelentwicklungsmaßnahmen über lange Umsetzungszeiträume oder gar Abbrüche mit darauffolgenden Neubeginnen zu begleiten.[155]

In den Experteninterviews wurde bestätigt, dass interkommunale bzw. regionale Zusammenarbeit vorwiegend bei den großen, übergreifenden Themen stattfindet. So finden auf interkommunaler Ebene etwa Wohnraumentwicklungen,[156] Einzelhandelskonzeptionen,[157] Gewerbegebietsentwicklungen,[158] Schulentwicklungsplanungen,[159] Tourismuskonzeptionierungen[160] und Mobilitäts- und Verkehrsplanungen[161] statt. Auch werden teilweise interkommunale Projekte und Initiativen durchgeführt.[162] Die Experteninterviews zeigen außerdem die Praxisrelevanz von interkommunalen Grünraumentwicklungen,[163] von Abstimmungen zu städtebaulichen Themen über die Gemarkungsgrenzen hinweg[164] und von Regionalplanungen.[165] Auch findet teilweise eine gegenseitige personelle und finanzielle Unterstützung zwischen benachbarten Kommunen statt.[166] Teilweise gibt es sogar eine arbeitsteilige Zusammenarbeit.[167] Gruppentendenzen sind hier nicht erkennbar. Es wird jedoch deutlich, dass die interkommunale Zusammenarbeit besonders in Metropolregionen sehr ausgeprägt ist.

Bei Innenentwicklungsvorhaben im Rahmen wachsender Ballungsräume kommt der Regionalplanung eine koordinierende Funktion zu. Hier beobachtet sie teilregionale Entwicklungstrends und greift bei Bedarf ausgleichend und steuernd

---

[154] *ARL,* Perspektiven netto-null Flächenverbrauch, 2024, S. 14 f.; *Elgendy/Seidemann/Wilske,* New challenges for City- and Regional Planning, 2004, S. 2.

[155] *Elgendy/Seidemann/Wilske,* New challenges for City- and Regional Planning, 2004, S. 5.

[156] I16.

[157] I5; I13; I8.

[158] I16; I14; I2; I13; I4.

[159] I2.

[160] I9.

[161] I5; I2; I13; I4; I9.

[162] I6.

[163] I16; I2.

[164] I5.

[165] I16; I13; I4.

[166] I16.

[167] I14.

ein. Die Unterstützung der Innenentwicklung seitens der Regionalplanung erfolgt zumeist durch direkte Projektförderungen oder durch eine Bündelung kommunaler Ressourcen auf regionaler Ebene. Kritisch zu betrachten ist sicherlich der vergleichsweise hohe Koordinierungsaufwand von regionalen Bündelungsbestrebungen im Vergleich zu traditionellen kommunalen Silo-Entwicklungsvorhaben. Auf regionaler Ebene mangelt es schließlich an einer zentralen institutionellen Planungskompetenz.[168] Doch die Vorteile, welche die Regionalplanung birgt, sind nicht von der Hand zu weisen. So kann beispielsweise die interkommunale Zusammenarbeit eine Stärkung erfahren. Interkommunalen Konfliktfällen kann durch verbindliche regionale Mengen- und Strukturvorgaben, beispielsweise in Bezug auf die Bevölkerungsdichte oder den ÖPNV-Ausbau, entgegengewirkt werden.[169] Stadt-Land-Patenschaften seien hier als eine Möglichkeit genannt.[170] Nicht zuletzt kann eine interkommunale Zusammenarbeit bei der Vermeidung von Bauprojekten auf der grünen Wiese, also bei der Verfolgung des Ziels der Innenentwicklung im engeren Sinne, helfen. Sie ermöglicht zudem einen Wissens- und Erfahrungsaustausch zwischen den Kommunen. Kleinere Kommunen können von größeren Städten lernen,[171] indem beispielsweise fachliche stadtplanerische Kompetenzen und das Wissen über einschlägige Fördermöglichkeiten beratend weitergegeben werden.[172]

Es lässt sich festhalten, dass zur Realisierung der Projektziele einer integrierten Innenentwicklung eine kooperative Planung unter Zusammenarbeit der Bevölkerung, der Verwaltung sowie der regionalen Ebene benötigt wird.[173] Zur Förderung der Regionalplanung als solche[174] empfiehlt sich eine Regionalentwicklungsstrategie mit einer intraregionalen bzw. interregionalen Planung und Umsetzung von Innenentwicklungsprojekten und einer gegenseitigen Kenntnis der jeweiligen kommunenspezifischen Vorhaben. Hierfür ist ein fachlicher Austausch über die individuellen Potenziale, Erfahrungen und Konflikte unter den Kommunen erforderlich. In einer dritten Stufe sollten Kommunen schließlich in ihren jeweiligen Innenentwicklungsplanungen vor allem in Finanzierungsfragen unterstützt werden. Eine weitere zentrale Aufgabe der Region mit Blick auf

[168] *Elgendy/Seidemann/Wilske,* New challenges for City- and Regional Planning, 2004, S. 2.

[169] *Reiß-Schmidt,* Wachstum nach innen, 2007, S. 54.

[170] *BMI,* Memorandum Urbane Resilienz, 2021, S. 8 ff.

[171] *Wehrli-Schindler,* Mit neuen Methoden zu einer differenzierten Innenentwicklung, 2007, S. 66.

[172] *Elgendy/Dahm/Ruther-Mehlis,* Siedlungsflächenmanagement, 2014, S. 28 f.

[173] *UBA,* Die Stadt für Morgen, 2017, S. 19.

[174] *WBGU,* Hauptgutachten, 2016, S. 418 ff.

den kommunalen Innenentwicklungsprojektedschungel ist die Förderung eines konservativen, qualitativ hochwertigen Städtewachstums in denjenigen Regionen, in denen nur ein begrenztes Maß an Raum für Entwicklung zur Verfügung steht. Hierbei sollte die Region eine koordinierende Begrenzung hinsichtlich des Städtewachstums herbeiführen und dabei die örtlichen Einzugsgebiete sowie die Innenentwicklungspotenziale berücksichtigen. Für eine kontrollierte und hochwertige Siedlungsentwicklung an Gebietsgrenzen zu den benachbarten Regionen sollten koordinierende Abstimmungsprozesse initiiert werden.[175]

6.2.2.2 Übergreifende Projektziele

Eine integrierte Innenentwicklung mit hohen qualitativen Standards ist ein gesamtstädtisches Projekt,[176] für das es keinen allgemeingültigen Weg gibt und für das individuelle kommunenspezifische Zielfindungsprozesse unverzichtbar sind. Neben den kommunenspezifisch zu entwickelnden Projektzielen aus dem Pool der Handlungsfelder einer integrierten Innenentwicklung sind die nachfolgenden Zielvorschläge an den jeweils örtlichen Gegebenheiten auszurichten,[177] zu entwickeln und abzustimmen.[178] Sie müssen auf allen räumlichen Ebenen gedacht werden und dabei die Gesamtstadt, die Stadtteile und einzelne Flächen im Blick behalten.[179]

Allen Projektzielen voran seien an dieser Stelle die seitens der Vereinten Nationen verankerte *Nachhaltigkeit, Resilienz und Inklusion* genannt.[180] Zudem fordert die Neue Leipzig Charta auch einen *gleichberechtigten Zugang* zur kommunalen Daseinsvorsorge mit der hierfür erforderlichen *Chancengleichheit, Umweltgerechtigkeit und Integration.*[181] Wichtig in Bezug auf den Nachhaltigkeitsgedanken ist eine Mobilisierung von Innenbereichsflächen[182] mit einem Augenmerk auf die jeweilige Dichte, Nutzungsdurchmischung und Baukultur[183] bei gleichzeitiger Reduktion von Versiegelungen.[184] Vor allem ist jedoch

[175] *Elgendy/Seidemann/Wilske,* New challenges for City- and Regional Planning, 2004, S. 11 f.

[176] *Speer,* Innere Qualitäten der Stadt entwickeln, 2003, S. 37.

[177] *Kühnau u. a.,* Doppelte Innenentwicklung, 2017, S. 12.

[178] *Kühnau u. a.,* Natur und Landschaft 2016, S. 331 f.

[179] *Reinke,* Doppelte Innenentwicklung, 2016, S. 38.

[180] *Vereinte Nationen,* The Sustainable Development Goals Report 2023, 2023, S. 36.

[181] *EU2020,* Neue Leipzig Charta, 2020, S. 6.

[182] *Baldauf*, Innenentwicklung PUR planen und realisieren, 2003, S. 44.

[183] *BMI,* Memorandum Urbane Resilienz, 2021, S. 3.

[184] *Baldauf*, Innenentwicklung PUR planen und realisieren, 2003, S. 44.

darauf zu achten, dass Innenentwicklung nicht ausschließlich mit ebendieser Minimierung des Flächenverbrauchs und einer einseitigen Schwerpunktsetzung auf bislang unbebaute Flächen einhergeht.[185] Stattdessen sollte eine umsichtige Abwägung der Argumente für Neu- oder Bestandsentwicklungen und ein Ausgleich zwischen Erhalt und Entwicklung stattfinden.[186] Es ist eine städtebauliche Leitidee zu entwickeln, welche die Stadtstruktur nachhaltig verbessert.[187] Unverzichtbar in Bezug auf dynamische Innenentwicklungen ist eine Reduktion von Entwicklungsdefiziten im Innenbereich bei gleichzeitiger Förderung der Wohnraumattraktivität.[188] Hierbei ist neben dem Ausbau des Stadtgrüns[189] eine Versorgung aller Wohnungssuchenden an städtebaulich eingebundenen Standorten sowie eine Schaffung von Wohneigentum[190] anzustreben. Bewohnerorientiert sind die städtischen Innenbereiche als Wohnstandorte zu entwickeln.[191] Immobilienspekulationen sind dabei auf ein Minimum zu begrenzen.[192]

Mit dem Ziel der Stärkung der Stadtstruktur[193] kann für eine Metropolregion wie Stuttgart eine Sicherung der polyzentrischen Siedlungsstruktur durch die Stärkung der Metropolstadt angestrebt werden.[194] Neben der nachhaltigen Transformierung der Siedlungsstrukturen[195] und der Einräumung eines Innenentwicklungsvorrangs gegenüber der Außenentwicklung[196] gibt es weitere Parameter, die mit Blick auf eine nachhaltige Stadtentwicklung näher betrachtet werden müssen. So sollte eine Entwicklung im Innen unter dem Leitziel der Schaffung bzw. Erhaltung einer grünen Stadtqualität[197] sozioökonomische Divergenzen abbauen und inklusives Wachstum fördern.[198] Einsparungen in den

---

185 *BMI,* Memorandum Urbane Resilienz, 2021, S. 3; *Baldauf*, Innenentwicklung PUR planen und realisieren, 2003, S. 44.

186 *Kötter,* Forum Wohnen und Stadtentwicklung 2010, S. 11 f.

187 *Statistisches Bundesamt,* Nachhaltige Entwicklung in Deutschland, 2021, S. 84 ff.; *Baldauf*, Innenentwicklung PUR planen und realisieren, 2003, S. 44.

188 *Baldauf*, Innenentwicklung PUR planen und realisieren, 2003, S. 44.

189 *BMI,* Memorandum Urbane Resilienz, 2021, S. 3.

190 *Kron,* Zukunftsfähige Stadtplanung in Stuttgart, 2007, S. 14.

191 *Kötter,* Forum Wohnen und Stadtentwicklung 2010, S. 12.

192 *WBGU,* Hauptgutachten, 2016, S. 392 ff.

193 *Baldauf*, Innenentwicklung PUR planen und realisieren, 2003, S. 44.

194 *Kron,* Zukunftsfähige Stadtplanung in Stuttgart, 2007, S. 14.

195 *Schiller u. a.,* UBA-Texte 2009, S. 19.

196 *Burg u. a.,* Bausteine erfolgreicher Innenentwicklung, 2009, S. 28 f.

197 *Kron,* Zukunftsfähige Stadtplanung in Stuttgart, 2007, S. 12.

198 *WBGU,* Hauptgutachten, 2016, S. 418 ff.

Bereichen Energie, Flächenverbrauch und Kosten sind bei der Entwicklung innerstädtischer Siedlungsstrukturen ebenso anzustreben, wie eine Steigerung der Effizienz und Transparenz in Bezug auf die entstehenden Kosten.[199]

Transparenz ist auch im Hinblick auf eine Einbindung der Bewohnerschaft gefragt und so sollten nachhaltige Stadtentwicklungsprozesse die Teilhabe der Zivilgesellschaft aktiv fördern.[200] Sukzessive sollten sie die Identifikation der Bevölkerung mit ihrer Stadt stärken[201] und eine Vertrauensbasis zwischen den Akteuren der Verwaltung, der Politik und der Bürgerschaft in die angestoßenen Entwicklungsmaßnahmen schaffen.[202] Wichtig ist eine kommunalpolitische Unterstützung. Daher sollten Innenentwicklungsziele öffentlich und unter transparenter Diskussion möglicher Zielkonflikte, Zielkongruenzen und Synergien zwischen dem Gemeinderat, der Verwaltung, Investoren und der Bevölkerung abgestimmt und beschlossen werden.[203] Mit Blick auf ein mögliches Spannungsfeld zwischen Public Value- und Partikularinteressen und dem Ziel eines sozialen Zusammenhalts[204] ist auf eine Gemeinwohlverträglichkeit von Privatinvestitionen[205] und auf einen gerechten Zugang zum öffentlichen Raum[206] zu achten. Ein Risikomanagement kann dabei helfen, eine urbane Resilienz herzustellen.[207]

Neben der prozessualen Innovationskraft mit Gestaltungswillen, Transparenz, Umkehrbarkeit und Ergebnisoffenheit sowie der Öffnung gegenüber Dritten sollten insbesondere die Kommunen als Treiber der urbanen Transformation fungieren. Dabei sollten sie eine Stärkung in Bezug auf ihre Gestaltungs- und Planungshoheit und auf ihre *Flexibilisierung* erfahren, um mittels optimierter Entscheidungsstrukturen handlungsfähig zu sein.[208] Hierfür eignet sich vor allem die Organisationsform des Projektes anstelle von Prozessen für integrierte ganzheitliche Innenentwicklungsvorhaben.[209]

---

[199] *Schiller u. a.,* UBA-Texte 2009, S. 19.

[200] *WBGU,* Hauptgutachten, 2016, S. 392 ff., 418 ff.

[201] *Baldauf*, Innenentwicklung PUR planen und realisieren, 2003, S. 44.

[202] *Selle,* Über Bürgerbeteiligung hinaus, 2014, S. 435.

[203] *Reinke,* Doppelte Innenentwicklung, 2016, S. 38.

[204] *BMI,* Memorandum Urbane Resilienz, 2021, S. 3.

[205] *EU2020,* Neue Leipzig Charta, 2020, S. 9; *WBGU,* Hauptgutachten, 2016, S. 392 ff.

[206] *Vereinte Nationen,* The Sustainable Development Goals Report 2023, 2023, S. 37.

[207] *BMI,* Memorandum Urbane Resilienz, 2021, S. 3 f., 13.

[208] *WBGU,* Hauptgutachten, 2016, S. 418 ff.; *BMI,* Memorandum Urbane Resilienz, 2021, S. 3 f., 13.

[209] *Kötter,* Forum Wohnen und Stadtentwicklung 2010, S. 11 f.

Eine entscheidende Rolle spielen auch ein gewisser Pragmatismus[210] gepaart mit einer *Entbürokratisierung* von stadtplanerischem Handeln. Kommunen sollten, wo immer es möglich ist, die Digitalisierung mit dem Ziel des Bürokratieabbaus nutzen und Verwaltungsverfahren, wie auch die verwaltungsinterne Zusammenarbeit vereinfachen.[211] Ein flächendeckendes Angebot digitaler Abläufe in Wechselwirkung mit analogen Verfahren ist anzustreben. Durch eine feste Integration der Digitalisierung in der Stadtentwicklung kann eine effektivere und effizientere Erfüllung anstehender kommunaler Aufgaben erfolgen. Zudem kann die Bürgernähe durch eine effiziente digitale Vernetzung zwischen Bürgerschaft und Kommunalverwaltung gefördert werden. Daher sollte die Digitalisierung als Querschnittsthema unter allen Dimensionen einer integrierten Innenentwicklung verstanden werden.[212]

Im Sinne eines *integrierten Ansatzes* müssen Kommunen zur Übernahme von Verantwortung für die eigene Transformation ermutigt werden.[213] Außerdem sollten sie für eine Zusammenführung multipler Ziele aus den verschiedenen Handlungsfeldern zu einem kohärenten Ganzen befähigt werden.[214] Hierfür ist ihre städtische Gestaltungs- und Planungsmacht zu stärken, wofür zum einen institutionelle und personelle Kapazitäten und zum anderen effektive Planungsstrukturen geschaffen werden müssen.[215] Letztere können im Rahmen einer Doppelstrategie aus strategischen Entwicklungskonzepten und operationellen Handlungskonzepten aufgestellt werden.[216] Beide sollten gesamtstädtisch ausgerichtet sein[217] und im Rahmen eines kontinuierlichen Monitorings sowie anhand von Szenarien anstelle reiner Prognosen fortgeschrieben werden. Auch die regionale Ebene sollte durch Kooperationen und Vernetzungen als wertvolle Ressource in den stadtplanerischen Bestrebungen aufgegriffen werden.[218]

---

210 *BMI,* Memorandum Urbane Resilienz, 2021, S. 3.

211 *Stm BW,* Maßnahmenpakete für einfachere und schnellere Verfahren, 2019, S. 1 ff.; *BMI,* Memorandum Urbane Resilienz, 2021, S. 3, 8 ff.; *EU2020,* Neue Leipzig Charta, 2020, S. 9.

212 *BMI,* Stadtentwicklungsbericht der Bundesregierung, 2020, S. 84; *BMI,* Memorandum Urbane Resilienz, 2021, S. 7, 4 f., 10 f.

213 *WBGU,* Hauptgutachten, 2016, S. 418 ff.

214 *Kühnau u. a.,* Natur und Landschaft 2016, S. 330.

215 *WBGU,* Hauptgutachten, 2016, S. 392 ff.

216 *Kötter,* Forum Wohnen und Stadtentwicklung 2010, S. 11 f.

217 *Stadt Fellbach,* Flächen gewinnen durch Innenentwicklung, 2011, S. 6.

218 *Kötter,* Forum Wohnen und Stadtentwicklung 2010, S. 11 f.

Die vorgestellten übergeordneten Ziele finden sich teilweise auch in den Experteninterviews wieder. Teilweise wurden die in der Literatur genannten Ziele ausgeweitet und ergänzt.

Der als Ziel definierte hohe qualitative Standard für Innenentwicklungsmaßnahmen und die daraus resultierend gestärkten städtischen Strukturen wurden in den Experteninterviews durch das Ansinnen einer städtetouristischen Attraktivität und durch den Erhalt der historischen Innenstadt ergänzt. Bestätigt wurde eine stadtteilbezogene Herangehensweise.[219]

In den Experteninterviews wurde die Relevanz von Inklusion, Integration und Teilhabe[220] sowie eines gleichberechtigten Zugangs im Sinne von Chancengleichheit und Barrierefreiheit[221] bestätigt.

Das in der Literatur genannte Ziel der Transparenz[222] wurde in den Experteninterviews ebenfalls bekräftigt und um das Ziel einer gemeinwohlorientierten[223] und die Bürgerschaft beteiligenden Herangehensweise[224] ergänzt.

In den Experteninterviews finden sich auch Nachhaltigkeit[225] und Resilienz als übergeordnete Projektziele wieder. Ergänzt werden diese durch das Erfordernis von ethischen Leitlinien.[226] Auch wurden seitens des Expertenkreises die Ziele Ressourcenschonung,[227] Klimaschutz,[228] Bestandsentwicklung,[229] kurze Wege[230] und Nutzungsdurchmischung für relevant erklärt.[231] Die in der Literatur benannten Ziele der Flexibilisierung und Entbürokratisierung lassen sich in den Experteninterviews nicht wiederfinden. Dafür gehen aus ihnen die Ziele einer leistungsfähigen und lernenden Verwaltung,[232] einer interdisziplinären Herangehensweise, einer Kultur des Scheiterns[233] und einer schnellen

[219] I14.
[220] I14.
[221] I12.
[222] I11.
[223] I2.
[224] I14; I5.
[225] I14; I2; I3; I5.
[226] I2.
[227] I5.
[228] I14; I5; I13.
[229] I5.
[230] I5; I2.
[231] I2.
[232] I15.
[233] I9.

Umsetzung[234] hervor. Auch finden sich hier zahlreiche, kommunenspezifische übergeordnete Leitziele. Beispiele hierfür sind ein Fokus auf die Wirtschaft und Wissenschaft[235] sowie auf die Kultur,[236] den Sport,[237] den Wohnraum,[238] die Einwohnerakquise[239] und den Sozialbereich.[240] Diese Ziele hängen von den lokalen politischen Themenschwerpunkten ab.

Im Gruppenvergleich wird deutlich, dass die großen übergeordneten Ziele, wie die Nachhaltigkeit, kurze Wege oder der Klimaschutz, eher im Fokus der Großstädte stehen. Auch die Schaffung von Wohnraum scheint überwiegend Kommunen der Kategorie C zu beschäftigen. Dies könnte mit der stetig steigenden Einwohnerzahl in Großstädten und der Tendenz zur Landflucht im Umland zusammenhängen. Kommunen der Kategorien C und B forcieren zudem die kommunenspezifischen politischen Leitziele. Kleinstädte der Kategorie A hingegen sind mit ihren sehr beschränkten personellen Kapazitäten stark in die Erreichung der Basisziele, wie beispielsweise der Einwohnerakquise, eingebunden.

6.2.2.3 Risikomanagement und urbane Resilienz

Die in der Problemstellung in Kapitel eins vorgestellten Herausforderungen erfordern bei der Realisierung integrierter Innenentwicklungsmaßnahmen ein sensibles Risikomanagement mit dem Ziel einer urbanen Resilienz. Unter der Prämisse eines robusten, risikovermeidenden, transformativen,[241] die integrierte Innenentwicklung begünstigenden Vorgehens sollten die wesentlichen Konfliktpotenziale, Problemfelder[242] und Risiken berücksichtigt werden.[243] Bereits in der Konzeptphase sollte sich mit möglichen Lösungsansätzen auseinandergesetzt werden. Ein ganzheitlich ausgerichtetes Risikomanagement[244] sollte individuell entwickelt und auf die jeweils örtlich umzusetzenden Handlungsfelder einer integrierten Innenentwicklung abgestimmt sein. Es sollte neuen Risiken vorbeugen

---

[234] I11; I1.

[235] I2; I14.

[236] I14.

[237] I10.

[238] I14.

[239] I12.

[240] I14; I10.

[241] *BMI,* Memorandum Urbane Resilienz, 2021, S. 2 f.

[242] *Maurer,* Innenentwicklung, 2007, S. 5.

[243] *Peters/Schelter,* Kompakte Einführung in das Projektmanagement, 2021, S. 11 ff.; *DIN,* DIN 69901–5. Projektmanagement, 2009, S. 17 f.

[244] *Vereinte Nationen,* The Sustainable Development Goals Report 2023, 2023, S. 37.

und bereits aufgetretene Risikosituationen kohärent reduzieren. Zudem sollte es in der Lage sein, Krisen effektiv zu bewältigen. Durch ein kooperatives Interagieren unterschiedlicher beteiligter Akteure sollte es zukunftsfähig aufgestellt sein. Im Sinne urbaner Resilienz sollte das verwaltungsinterne Handeln durch eine effektive Zusammenarbeit diverser Fachbereiche integriert und kohärent gestaltet werden. Hierfür empfiehlt sich die Etablierung der integrierten Innenentwicklung als eine auf Dauer angelegte Querschnittsaufgabe. Dem Risikomanagement sollte dabei verwaltungsintern eine adäquate finanzielle und personelle Relevanz zugeschrieben werden. Eine flexible, agile Verwaltungsorganisation mit digitalen Kompetenzen kann bei dessen Entwicklung helfen. Ebenso förderlich in Bezug auf die Herstellung einer urbanen Resilienz ist ein kontinuierliches sozialräumliches Monitoring mit Erstellung von Risikostudien.[245]

Übergreifend werden im Folgenden potenzielle Risikoszenarien in Bezug auf Nachfrage- und Eigentumsverhältnisse, auf Schwierigkeiten in der Kommunikation, auf den Umgang mit Widerständen oder divergierenden Interessen, auf Kapazitäts-, Finanzierungs- und Kompetenzlücken in Zusammenhang mit der hohen Komplexität der Vorhaben, auf mögliche Machbarkeitsschwierigkeiten sowie auf rechtliche und sonstige Hürden untersucht.

Defizite im Bereich der Kommunikation

Komplexe integrierte Innenentwicklungsprojekte benötigen eine sorgfältige, abstimmungsintensive Steuerung der mannigfaltigen Interessen verschiedener Akteursgruppen. Einer zügigen und erfolgreich realisierten Innenentwicklung stehen häufig Kommunikationsdefizite entgegen.[246] Diese Kommunikationsbarrieren können einerseits innerhalb der Kommunalverwaltung zwischen involvierten Fachbereichen auftreten und eine mangelhafte interne Kooperation hervorrufen.[247] Aber auch in der Kommunikation zwischen der Kommunalverwaltung und möglichen Investoren oder zwischen letzteren und Eigentümern kann Intransparenz einen kommunikativen Austausch behindern. In verschiedenen Publikationen wird eine funktionierende Kommunikation als zentraler Erfolgsfaktor mit einer gelingenden Innenentwicklung in Verbindung gebracht. Um Kommunikationsproblematiken konstruktiv entgegenzuwirken, kann eine professionelle Moderation oder Mediation Abhilfe schaffen. Hierfür kann ein externer, projektunabhängiger Moderator beauftragt werden. Dieser vertritt eine neutrale Position und steht nicht für bestimmte Einzelinteressen ein. Diese Neutralität ist insbesondere dann

[245] *BMI,* Memorandum Urbane Resilienz, 2021, S. 2, 5 ff.

[246] *Burg u. a.,* Bausteine erfolgreicher Innenentwicklung, 2009, S. 10 f.

[247] *Böhm u. a.,* BfN-Skripten 2016, S. 175 f.

chancenreich, wenn größere Konflikte im Verfahren zu erwarten sind oder in der Vergangenheit bereits aufgetreten sind. Relativierend wirkt sich jedoch der größere zeitliche Aufwand für die Einarbeitung eines Projektunbeteiligten in die komplexen Abläufe einer integrierten Innenentwicklung aus. Dieser hält sich bei einem Moderator aus den Reihen der Projektbeteiligten verhältnismäßig in Grenzen. Auch aus wirtschaftlicher Sicht ist eine interne Moderation oder Mediation zu bevorzugen, da keine externen Ressourcen hinzugekauft werden müssen. Wichtig bei der Wahl einer internen moderierenden Person ist deren Autorität und Erfahrung durch vorangegangene einschlägige Projekttätigkeit. Die praktische Einrichtung dieser Funktion sollte im Vorfeld, idealerweise bereits in der Konzeptphase, erfolgen.[248]

Widerstände gegenüber Entwicklungsprojekten
Eine integrierte Innenentwicklung als ganzheitliches Nachhaltigkeitsprojekt der Stadtplanung/Stadtentwicklung eröffnet aus ökologischer, sozialer, städtebaulicher und wirtschaftlicher Sicht zahlreiche Möglichkeiten zur inneren Stadtsanierung und -erweiterung. Bei der Konzeptentwicklung sollten im Rahmen der Risikoanalyse die damit einhergehenden vielfältigen Akzeptanzprobleme Berücksichtigung finden.[249] Diese lassen sich zum einen auf Seiten der Investoren erkennen, die regelmäßig insbesondere die durch einen ganzheitlichen integrierten Ansatz hervorgerufenen Zusatzkosten ins Visier nehmen.[250] Eine weitere mögliche Widerstandsgruppe bildet die Anwohnerschaft, welche nicht selten politische Grundsatzfragen zu wohnungs- und stadtentwicklungsbezogenen Themen aufwirft und damit den seitens der Kommunen angestrebten gesellschaftlichen Konsens durch entsprechende Abwehrreaktionen in Frage stellt. Oftmals reicht der bewohnerseitige Widerstand weit über den vorgesehen Beteiligungsrahmen hinaus und zweifelt grundsätzlich den umweltfördernden und sozialen Gedanken von ganzheitlichen integrierten Innenentwicklungsvorhaben an. Aus den genannten Widerständen folgt eine Schwächung der kommunalen Handlungsfähigkeit in ihrer Projektträgerschaft durch eine selbstbewusste Bürgerschaft, die sich durch Organisationsfähigkeit und Artikulationsstärke auszeichnet. Dennoch zeigen empirische Studien, dass trotz aller Widerstände komplexe Aushandlungsprozesse stattfinden und sich dadurch ein Großteil der Vorhaben, wenn auch unter hemmenden Voraussetzungen und diversen Verzögerungen, realisieren lassen. Die erfolgreiche Umsetzung von Innenentwicklungsprojekten ist in

[248] *Burg u. a.,* Bausteine erfolgreicher Innenentwicklung, 2009, S. 11 f., 23 f.
[249] *Reiß-Schmidt,* Wachstum nach innen, 2007, S. 53.
[250] *Böhm u. a.,* BfN-Skripten 2016, S. 175 f.

der Regel auf gelungene Informations- und Beteiligungswege mit einer umfassenden Berücksichtigung individueller Wünsche und Anforderungen zurückzuführen. Diese kann durch ein professionelles Management mit innovativen Instrumenten und Verfahrensweisen zur Absicherung einer breiten Willensbildung und Entscheidungsfindung gewährleistet werden.[251] Frühzeitige Gespräche zur Auslotung etwaiger kommunaler Handlungsspielräume bieten hierbei eine solide Grundlage für den Abschluss städtebaulicher Verträge im Sinne von § 11 BauGB.[252]

Konflikte im Spannungsfeld konträrer Interessen
Innenentwicklungsprojekte mit vielen kleinen Einzelmaßnahmen bieten mögliche Reibungsflächen und sind daher besonders anfällig für Interessenskonflikte.[253] Doch allgemein betrachtet kann neben den beschriebenen Widerständen auch eine Dysbalance im Interessensausgleich zu einer Abkehr von sachlichen Überlegungen hinsichtlich der Umsetzung einer integrierten Innenentwicklung sowie zur Verwirkung von Rechten, wie den Baurechten aus § 34 BauGB, führen. Infolgedessen kann es zum Verzicht auf die Durchführung von Entwicklungsmaßnahmen kommen. Dieser kann negative Folgen auf eine ausreichende Wohnungsversorgung, auf die Kostenentwicklung sowie auf den zeitlichen Verlauf von Maßnahmen der Innenentwicklung haben.[254] Hinsichtlich konfliktärer Interessen treten vor allem bauliche Nutzungskonkurrenzen besonders häufig auf.[255] Sie wurden im Rahmen einer empirischen Untersuchung als häufigstes Hemmnis einer doppelten Innenentwicklung genannt.[256] In diesem Kontext spielen sicherlich Zielkonflikte hinsichtlich eines Fokus auf die bauliche Entwicklung einerseits und auf die Förderung des urbanen Grüns andererseits eine entscheidende Rolle.[257] Doch auch Konflikte zwischen den Interessen der öffentlichen Hand mit ihrem Schwerpunkt auf dem Nutzen für die Gemeinheit einerseits und den wirtschaftlichen Renditebestrebungen privater Investoren andererseits können Innenentwicklungsprojekte ausbremsen.[258] Im Falle von andauernden,

---

[251] *BBSR,* Erfolgsfaktoren für Wohnungsbauvorhaben, 2018, S. 94 f.

[252] *Kötter,* Forum Wohnen und Stadtentwicklung 2010, S. 8.

[253] *Lüpke,* Innenentwicklung als dominierende Aufgabe der Stadtentwicklung, 2007, S. 43 f.

[254] *BBSR,* Erfolgsfaktoren für Wohnungsbauvorhaben, 2018, S. 94.

[255] *Böhm u. a.,* BfN-Skripten 2016, S. 175 f.

[256] *Kühnau u. a.,* Natur und Landschaft 2016, S. 331; *Böhm u. a.,* BfN-Skripten 2016, S. 104.

[257] *Reinke,* Doppelte Innenentwicklung, 2016, S. 34.

[258] *Burg u. a.,* Bausteine erfolgreicher Innenentwicklung, 2009, S. 28.

nicht mehr handhabbaren Konflikten[259] können sie diese sogar scheitern lassen.[260] Um dieses Hemmnis für eine integrierte Innenentwicklung auszuräumen, sollte zunächst geprüft werden, ob eine Heranziehung von gesetzlichen Normen eine Konfliktlösung herbeiführen kann.[261] Zudem sollten sich private und kommunale Interessensgruppen kompromissbereit zeigen[262] und sich jeweils wechselseitige Vorteile zugestehen. Dafür sollten sie in einem ersten Schritt etwaige Zielkonflikte, Zielübereinstimmungen und Synergien offenlegen.[263] Eine empirische Untersuchung von Abstimmungsprozessen zwischen der Bürgerschaft, der Kommunalpolitik bzw. -verwaltung und Investoren macht die Notwendigkeit einer Professionalisierung von Bürgerbeteiligungsprozessen deutlich. Bei zunehmend komplexen sowie politisch kontrovers diskutierten Stadtentwicklungsprojekten ist ein Ausbau der Diskussions- und Kompromissfähigkeit zwischen den verschiedenen Interessensgruppen erforderlich.[264]

Entwicklungshemmende Eigentumsverhältnisse

In kommunalen Baulücken- und Leerstandskatastern können vorhandene Innenentwicklungspotenziale ermittelt werden. Diese hängen jedoch häufig von der Aktivierungsbereitschaft ihrer zumeist privaten Eigentümerschaft ab.[265] Letztere zeigt sich häufig entwicklungshemmend. Denn auch wenn in prosperierenden Städten zu entwickelnde Potenzialflächen vorhanden sind, stellt nicht selten die Mobilisierung ebendieser Kommunen vor große Herausforderungen. Die heterogene und kleinteilige Eigentümerstruktur mit teils fehlender Mitwirkungsbereitschaft blockiert Entwicklungen im Innenbereich. Sie hemmt eine seitens der Kommunen angestrebte optimale Bodennutzung.[266] Häufig fehlt es an der Bereitschaft zur Veräußerung der Potenzialflächen. Teilweise wird mit marktunüblichen Preisvorstellungen an die Kommunen herangetreten.[267] Das geschilderte

---

259 *Maurer,* Innenentwicklung, 2007, S. 5.

260 *Burg u. a.,* Bausteine erfolgreicher Innenentwicklung, 2009, S. 24.

261 *WBGU,* Hauptgutachten, 2016, S. 418 ff.

262 *Burg u. a.,* Bausteine erfolgreicher Innenentwicklung, 2009, S. 24.

263 *Kühnau u. a.,* Doppelte Innenentwicklung, 2017, S. 12; *Böhm u. a.,* BfN-Skripten 2016, S. 242 ff.

264 *BBSR,* Erfolgsfaktoren für Wohnungsbauvorhaben, 2018, S. 95 ff.

265 *Burg u. a.,* Bausteine erfolgreicher Innenentwicklung, 2009, S. 22.

266 *Kötter u. a.,* Planspiel zur Einführung einer Innenentwicklungsmaßnahme, 2019, S. 18.

267 *Burg u. a.,* Bausteine erfolgreicher Innenentwicklung, 2009, S. 23.

Entwicklungshemmnis stellt ein ernstzunehmendes Problem dar und ist als besonders hoch einzustufen.[268] Die kommunalen Hände sind hier oftmals gebunden. Sie nehmen hier eine vermittelnde und initiierende Funktion ein. Bei Desinteresse seitens der Grundstückseigentümerschaft an einer Flächenentwicklung haben die Kommunen nur einen sehr geringen Handlungsspielraum. Eine Möglichkeit ist der Zwischenerwerb von Grundstücken, um durch den Ankauf von potenziellen Entwicklungsflächen eine Potenzialaktivierung zu erleichtern.[269] Auch wenn es Möglichkeiten gibt, so wird ein langer Atem zur Durchführung der teils langwierigen Vertragsverhandlungen mit der privaten Eigentümerschaft benötigt.[270] Als letztes Mittel sind nach dem jeweiligen Landesgesetz, wie beispielsweise gemäß § 4 Landesenteignungsgesetz Baden-Württemberg, im Einzelfall auch Enteignungen möglich. Sie müssen dem Wohle der Allgemeinheit dienen und dürfen nur zum Tragen kommen, sofern kein milderes Mittel gleichermaßen geeignet ist.

Mangelnde Nachfrage
Andersherum zeigt sich häufig die Problematik, dass sich geplante Innenentwicklungsmaßnahmen aufgrund eines Nachfragemangels nicht verwirklichen lassen.[271] Investoren schrecken häufig vor schwierig zu veräußernden Grundstücken und Gebäuden zurück. Kommunen sollten dem vorbeugen, indem sie die Entwicklung ebendieser entwicklungsbedürftigen Grundstücke und Gebäude aufgrund ihrer herausragenden stadtbildprägenden oder bausubstanziellen Bedeutung priorisieren.[272]

Komplexität integrierter Großprojekte
Innenentwicklungsprojekte sind häufig komplex und bedürfen daher einer besonderen städtebaulichen Planung und Steuerung. Auch müssen die mannigfaltigen Interessenslagen moderiert werden.[273] Aufgrund der bedeutend hohen Komplexität von Entwicklungen im Innenbereich ist die Verlockung für weitere Entwicklungen im Außenbereich nicht von der Hand zu weisen.[274] Innenentwicklungsvorhaben sind kleinteilig, sachlich komplex und politisch kontrovers

---

[268] *Kühnau u. a.,* Natur und Landschaft 2016, S. 331; *Böhm u. a.,* BfN-Skripten 2016, S. 138.
[269] *Burg u. a.,* Bausteine erfolgreicher Innenentwicklung, 2009, S. 22 f.
[270] *Böhm u. a.,* BfN-Skripten 2016, S. 175 f.
[271] *Burg u. a.,* Bausteine erfolgreicher Innenentwicklung, 2009, S. 24.
[272] *Stadt Fellbach,* Flächen gewinnen durch Innenentwicklung, 2011, S. 21.
[273] *Burg u. a.,* Bausteine erfolgreicher Innenentwicklung, 2009, S. 10 f.
[274] *Speer,* Innere Qualitäten der Stadt entwickeln, 2003, S. 33, 36.

diskutiert. Dadurch kann die kommunale Entscheidungsfähigkeit beeinträchtigt sein.[275] Objektbereiche der Innenentwicklung sind oftmals unübersichtlich und nur schwer handhabbar. Sie beinhalten multiple Teil-Informationen, welche bei den bereits dargestellten Konfliktpotenzialen unter zeitlichem Druck realisiert werden sollen.[276] Letzterer entsteht insbesondere in Folge der langen Planungszeiträume für Entwicklungsprojekte im Innenbereich[277] sowie aufgrund von teils langen Verzugszeiten.[278] Diesen zeitlichen Risiken[279] kann durch überschaubare Entwicklungsschritte vorgebeugt werden. Eine präventive Etappierung kann unvorhersehbare Unwägbarkeiten auffangen[280] und die Komplexität proaktiv reduzieren. Unterstützend kann sich hierbei eine verwaltungsinterne Projektkoordinierung mit einem entsprechenden Kompetenzniveau auswirken.[281]

Kompetenzlücken im Bereich der Verwaltung
Das Kompetenzniveau sollte auf etwaige Blockaden in Innenentwicklungsprojekten abgestimmt und grundsätzlich auf die jeweiligen Handlungsfelder einer integrierten Innenentwicklung ausgerichtet sein. Besonders relevant ist ein wirtschaftliches Verständnis einzustufen, welches bereits bei der Konzepterstellung und Projektplanung eine Machbarkeitsprüfung ermöglicht.[282] Zudem erfordern integrierte Innenentwicklungsprojekte in ihrer dargestellten Komplexität entsprechende personelle Qualifikationen, um mit den sich stetig wandelnden Anforderungen Schritt halten zu können.[283] Vor allem sollten die mit Innenentwicklungsprojekten betrauten Personen komplexe Sachverhalte auf ihren wesentlichen Inhalt reduzieren und transparent darstellen können.[284]

Kapazitätsengpässe bei den involvierten Stakeholdern
Integrierte Innenentwicklungsvorhaben mit der damit einhergehenden Durchführung von Wettbewerben und Beteiligungsprozessen erfordern einen hohen

---

[275] *BBSR,* Erfolgsfaktoren für Wohnungsbauvorhaben, 2018, S. 97 ff.

[276] *Maurer,* Innenentwicklung, 2007, S. 5.

[277] *Speer,* Innere Qualitäten der Stadt entwickeln, 2003, S. 36.

[278] *Maurer,* Innenentwicklung, 2007, S. 5.

[279] *Reiß-Schmidt,* Wachstum nach innen, 2007, S. 53.

[280] *Scholl,* Thesen zur inneren Entwicklung unserer Städte und Regionen, 2007, S. 85.

[281] *BBSR,* Erfolgsfaktoren für Wohnungsbauvorhaben, 2018, S. 97 ff.

[282] *Burg u. a.,* Bausteine erfolgreicher Innenentwicklung, 2009, S. 24.

[283] *EU2020,* Neue Leipzig Charta, 2020, S. 9; *BBSR,* Erfolgsfaktoren für Wohnungsbauvorhaben, 2018, S. 94 f.

[284] *Maurer,* Thesen zur Innenentwicklung, 2003, S. 117.

verwaltungsinternen Personaleinsatz. Die entsprechenden Ressourcen sind bisweilen nicht überall verfügbar[285] und so stellen ausgeschöpfte Kapazitäten im Bereich des Personals und der Infrastruktur Risiken für eine gelingende Projektausführung dar.[286] Daher ist die Quantität des mit der Innenentwicklung betrauten Personals regelmäßig zu überprüfen. Positiv ist zu verzeichnen, dass insbesondere in jüngster Zeit zahlreiche Kommunen ihre personellen Kapazitäten in den Stadtplanungsämtern aufstocken.[287]

Fragen der Finanzierung von Entwicklungen im Innenbereich
Kommunen sind häufig mit einer Finanzmittelknappheit konfrontiert.[288] Die beschränkten Haushaltsmittel stellen ein großes Risiko für Innenentwicklungsprojekte dar.[289] Zum einen fehlen häufig die Ressourcen, um potenzialträchtige Grundstücke für deren Entwicklung anzukaufen. Zum anderen wurde dieser Zwischenerwerb von Entwicklungsgrundstücken in der Vergangenheit in großem Stil vollzogen, was Kommunen wiederum zum Bestreiten neuer Finanzierungswege zwingt.[290] Hinzu kommen gewisse finanzielle Risiken,[291] wie etwa hohe laufende Kosten für den Erhalt und die Pflege im Nachgang an die einmaligen Erwerbs-, Planungs- und Realisierungskosten.[292] Und insbesondere Letztere steigen nicht selten sprunghaft an.[293] Eine empirische Untersuchung zum urbanen Grün zeigt einen hohen hemmenden Effekt durch Erhaltungs- und Pflegeaufwendungen. Hinzu kommt eine Belastung durch fehlende Haushaltsmittel.[294] Aufgrund dieser hohen Praxisrelevanz sind wirtschaftliche Risiken im Rahmen der Konzipierung einer integrierten Innenentwicklung unbedingt abzuwägen. Maßgeschneiderte vertragliche Vereinbarungen zwischen Investoren und der öffentlichen Hand können mögliche Risikofolgen abfedern.[295]

[285] *Böhm u. a.,* BfN-Skripten 2016, S. 175 f.
[286] *Reiß-Schmidt,* Wachstum nach innen, 2007, S. 53.
[287] *BBSR,* Erfolgsfaktoren für Wohnungsbauvorhaben, 2018, S. 94 f.
[288] *Böhm u. a.,* BfN-Skripten 2016, S. 175 f.
[289] *Maurer,* Innenentwicklung, 2007, S. 5.
[290] *Burg u. a.,* Bausteine erfolgreicher Innenentwicklung, 2009, S. 22, 32 f.
[291] *Reiß-Schmidt,* Wachstum nach innen, 2007, S. 53.
[292] *Böhm u. a.,* BfN-Skripten 2016, S. 175 f.
[293] *Reiß-Schmidt,* Wachstum nach innen, 2007, S. 53.
[294] *Kühnau u. a.,* Natur und Landschaft 2016, S. 331; *Böhm u. a.,* BfN-Skripten 2016, S. 241.
[295] *Scholl,* Thesen zur inneren Entwicklung unserer Städte und Regionen, 2007, S. 83.

Zweifel an der Realisierbarkeit
Langfristige Innenentwicklungsmaßnahmen benötigen realisierbare Konzipierungen in Bezug auf technische, rechtliche und wirtschaftliche Aspekte. Letztere gewinnen vor allem durch die Zusammenarbeit mit Investoren an Bedeutung. Integrierte Innenentwicklungsprojekte müssen im Laufe ihrer Realisierung kontinuierlich gesteuert werden und erfordern daher ein hohes Maß an Flexibilität. Von Beginn an sollte ihre Machbarkeit überprüft werden.[296]

Rechtliche Hürden
Im Zuge der Risikoanalyse sollten auch rechtliche Hemmnisse in Bezug auf eine integrierte Innenentwicklung untersucht werden.[297] Zum einen sind Kommunen hinsichtlich ihrer Auftragsvergabe weniger flexibel als private Unternehmen. Sie sind an das Vergaberecht gebunden und mit Themen wie Altlasten,[298] Umweltschutz, Naturschutz oder Landschaftsschutz konfrontiert.[299] Auch der Bestands- und Denkmalschutz sowie Eigentumsrechte können Risiken in Bezug auf die Realisierung einer integrierten Innenentwicklung darstellen und müssen frühzeitig rechtlich geprüft werden.[300]

In Bezug auf das Risikomanagement im Rahmen der Konzeptphase einer integrierten Innenentwicklung lässt sich festhalten, dass es keinen allgemeingültigen Weg für die Überwindung möglicher Hemmnisse gibt. Die hier beschriebenen Risiken sind nicht abschließend. Jede Kommune sollte daher mögliche Risiken und Chancen in Bezug auf den Umsetzungserfolg der von ihr angestrebten Innenentwicklungsmaßnahme analysieren und kritisch bewerten. Eine Möglichkeit hierzu sind Erprobungen im Rahmen von Realexperimenten mit anschließender Evaluierung.[301] Diese erfordern zwar Mut und eine gewisse Offenheit gegenüber der Nutzung des urbanen Raums als reales Forschungssetting. Die Vorteile hierin liegen jedoch insbesondere in der Testung und Erlebbarmachung von Ideen, Veränderungen und Möglichkeiten im realen Kontext. So können beispielsweise innerstädtische Verkehrsversuche (Handlungsfeld 9) oder Kaufverhaltensauswertungen (Handlungsfeld 8) durchgeführt werden. Voraussetzung hierfür sind eine sorgfältige Themensetzung, eine Identifikation der beteiligten Akteure, die Bildung eines Projektteams, die Schaffung eines gemeinsamen

---

[296] *Burg u. a.,* Bausteine erfolgreicher Innenentwicklung, 2009, S. 24.
[297] *Reiß-Schmidt,* Wachstum nach innen, 2007, S. 53.
[298] *Burg u. a.,* Bausteine erfolgreicher Innenentwicklung, 2009, S. 24, 32 f.
[299] *Speer,* Innere Qualitäten der Stadt entwickeln, 2003, S. 36.
[300] *Burg u. a.,* Bausteine erfolgreicher Innenentwicklung, 2009, S. 10 f.
[301] *Reiß-Schmidt,* Fub 2011, S. 157.

Verständnisses[302] sowie eine fortlaufende Dokumentation mit einem umfassenden Monitoring. Planungs- und Genehmigungsverfahren sollten in den Fokus eines Projektcontrollings mit dem Ziel einer Entwicklung von Optimierungsansätzen gesetzt werden. Hinsichtlich möglicher Widerstände und Interessenskonflikte sollte zunächst verwaltungsintern ein Konsens geschaffen werden, sodass eine fachressortübergreifende Zusammenarbeit stattfinden kann. Diese Basis sollte ein präventives Konfliktmanagement ebenso umfassen, wie eine sorgfältige Koordination von verwaltungsinternen interdisziplinären Arbeitsgruppen. Nach extern gerichtet empfiehlt sich die Einrichtung einer zentralen Lotsenfunktion, welche die Kommunikation und Zusammenarbeit mit externen Stakeholdern koordiniert und aktiv plant. Hierzu gehört auch die Koordinierung umfassender Bürgerbeteiligungsprozesse von der Vorbereitung bis hin zur Realisierung einer integrierten Innenentwicklung.[303]

In den Experteninterviews wurden die genannten Risiken teilweise bestätigt und näher beschrieben. Darüber hinaus wurden auch noch weitere Hürden aufgezeigt. So findet sich das Risiko von Widerständen gegenüber Entwicklungsprojekten wieder. In diesem Zusammenhang wurde eine gewisse Politikverdrossenheit, gesellschaftliche Spaltung[304] und fehlende Akzeptanz[305] seitens der Bevölkerung genannt. Auch das Risiko von Defiziten in der Kommunikation und in der Lösung von Konflikten[306] im Spannungsfeld konträrer Interessen bestätigte der Expertenkreis. Ebenso wurden entwicklungshemmende, komplexe Eigentumsverhältnisse (wie etwa uneinsichtige Grundstückseigentümer, Eigentümerwechsel oder heterogene Eigentümerstrukturen),[307] hemmende gesetzliche Vorgaben (wie beispielsweise der umfassende Rechtsschutz im BauGB oder planungs- und immissionsschutzrechtliche Rahmenbedingungen, die der Innenentwicklung entgegenstehen)[308] und der zeitliche Aufwand[309] für komplexe integrierte Großprojekte als Risiken für eine gelingende Innenentwicklung aufgeführt. Als besonders entwicklungshemmend wird in der Praxis die Finanzierung von Entwicklungen im Innenbereich mit den damit einhergehenden Zweifeln an

---

[302] *BMWSB*, Innenstadtratgeber, 2023, S. 5, 16 ff.

[303] *BBSR*, Erfolgsfaktoren für Wohnungsbauvorhaben, 2018, S. 99 f.

[304] I9.

[305] I16; I11; I6.

[306] I3.

[307] I14; I2; I7; I10.

[308] I1; I5; I6; I13.

[309] I14; I3; I8; I9.

der Realisierbarkeit erlebt. Damit verbunden finden wir in den Experteninterviews das Risiko steigender Zinsen und Boden- bzw. Energiepreise[310] sowie eine Materialknappheit wieder.[311]

Auch fehlende Fördermittel,[312] eine fehlende Wirtschaftlichkeit für Investorenplanungen[313] sowie eine angespannte Haushaltslage[314] sind mögliche Risiken. Von Expertenseite wurden zudem personelle Engpässe[315] als Risiko bestätigt. Hinzu kommen laut dem Expertenkreis ein Silodenken in der Verwaltung,[316] ein fehlender Rückhalt seitens der Verwaltungsspitze,[317] wechselnde Mehrheiten im Stadtrat[318] sowie der Wegfall von Projektpartnern.[319]

In den Experteninterviews finden wir zwar das Hemmnis einer mangelnden Nachfrage nicht wieder. Dafür wurden die Risiken einer unzureichenden Infrastruktur,[320] fehlende Entwicklungspotenzialflächen,[321] Altlasten[322] und unvorhersehbare Entwicklungen[323] und Ereignisse, ebenso wie Krisen und Pandemien,[324] Kriege,[325] Naturkatastrophen[326] und die Bevölkerungsentwicklung[327] genannt. Es lassen sich keine Gruppentendenzen feststellen. Vor allem die Fragen der Finanzierung, wie etwa steigende Preise, fehlende Fördermittel und knappe Haushaltsmittel, sowie personelle Engpässe scheinen für alle Kommunengrößen besonders relevant zu sein.

---

310 I16; I5; I2; I13; I3; I8; I15; I9; I12; I2.

311 I12.

312 I11; I6; I13; I8; I15; I12.

313 I5.

314 I14; I5; I6; I3; I15; I10; I12.

315 I14; I10; I12.

316 I4.

317 I14.

318 I14; I6.

319 I15.

320 I12.

321 I14; I12.

322 I14; I6.

323 I2; I8; I9.

324 I2; I13; I3; I9; I12.

325 I2; I8; I9; I12.

326 I9.

327 I2.

6.2.3 Analysierung der projektrelevanten Gegebenheiten

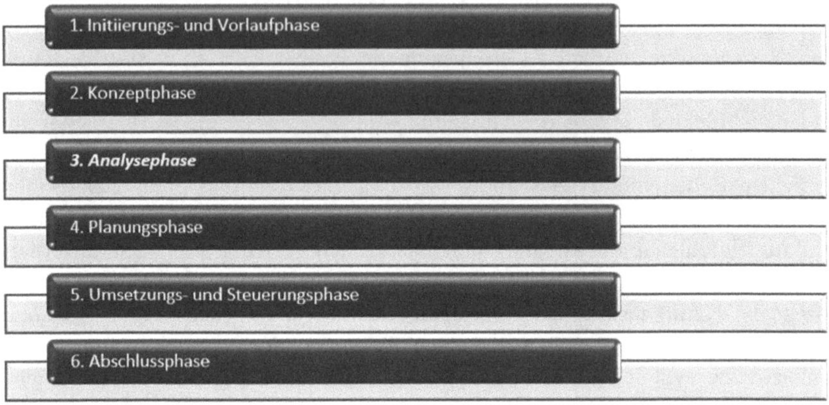

Abbildung 6.4 Analysephase von integrierten Innenentwicklungsvorhaben

Wie in Abbildung 6.4 dargestellt, beinhaltet Projektphase drei die Analysephase. In dieser Phase werden die örtlichen Innenentwicklungspotenziale sowie die lokalen Rahmenbedingungen,[328] die verfügbaren Ressourcen und Finanzierungsmöglichkeiten sowie mögliche Kosten untersucht. Zudem sollte eine Machbarkeitsstudie durchgeführt werden.[329]

6.2.3.1 Untersuchung von Entwicklungspotenzialen

Zum Objektbereich einer integrierten Innenentwicklung sollte eine Übersicht über mögliche Raumentwicklungen gehören.[330] Hierfür sind mögliche Potenzialflächen,[331] also eventuelle Innenentwicklungsflächen, zu ermitteln.[332] Typischerweise konzentrieren sich die Planungen zunächst auf brachliegende Industrie-,

[328] *Spangenberger,* UPR 2009, S. 218 ff.

[329] *Peters/Schelter,* Kompakte Einführung in das Projektmanagement, 2021, S. 11 ff.; *DIN,* DIN 69901–5. Projektmanagement, 2009, S. 11, 13, 17.

[330] *ARL,* Perspektiven netto-null Flächenverbrauch, 2024, S. 5 f.; *Maurer,* Innenentwicklung, 2007, S. 5.

[331] *ARL,* Perspektiven netto-null Flächenverbrauch, 2024, S. 5 f.; *Burg u. a.,* Bausteine erfolgreicher Innenentwicklung, 2009, S. 28 f.

[332] *Baldauf*, Innenentwicklung PUR planen und realisieren, 2003, S. 35 ff.

Militär- und Bahnareale.[333] Diese eignen sich sicherlich für mehr als nur zum Zwecke einer Zwischennutzung.[334] Und dennoch sollte die Erfassung von Flächenpotenzialen umfassend sein. Idealerweise kann hierbei auf bereits verfügbare Flächendaten zurückgegriffen werden.[335] Diese finden sich beispielsweise in kommunalen Baulücken- und Leerstandskatastern.[336] Nicht erfasste Potenzialflächen können ergänzend dazu erkundet werden, wobei sich die Bandbreite möglicher Verfahren zwischen groben Abschätzungen und konkurrierenden Testplanungen erstrecken kann.[337] Kühnau u. a. haben zwei Tools zur Potenzialflächenerfassung und zu deren Bewertung entwickelt, auf welche an dieser Stelle nicht näher eingegangen wird.[338]

Neben der Flächenermittlung ist ihre mögliche Nutzung im Rahmen von Innenentwicklungsvorhaben bedeutend.[339] Um über diese entscheiden zu können, ist eine umfassende Bewertung der Potenzialflächen vorzunehmen. Zur Beantwortung der Frage nach dem aktuellen und künftig möglichen Beitrag, den Potenzialflächen zugunsten des Naturhaushaltes und zum Erleben der Landschaft beitragen,[340] sind zum einen die Art und das Maß ihrer baulichen Nutzung sowie mögliche Restriktionen und städtebauliche Missstände zu ermitteln.[341] Zudem sollten für die Flächenbewertung im Zuge einer Innenentwicklung Kriterien, wie die Lage der Fläche, ihre gesamtstädtische Bedeutung, der sich darauf befindliche Gebäudebestand, verfügbare Freiräume oder auch die verkehrliche Situation, zum Tragen kommen.[342] Die sich daraus ergebenden städtebaulichen, ökologischen, sozialen und wirtschaftlichen Abwägungsentscheidungsgrundlagen[343] sollten zu

---

[333] *Maurer,* Thesen zur Innenentwicklung, 2003, S. 115.

[334] *Köckler/Engelhardt-Fröhlich,* Grün in der Stadt als Thema umweltbezogener Gerechtigkeit, 2016, S. 714; *DUH,* Umweltgerechtigkeit durch Partizipation auf Augenhöhe, 2014, S. 7.

[335] *Böhm u. a.,* BfN-Skripten 2016, S. 242 ff.

[336] *Burg u. a.,* Bausteine erfolgreicher Innenentwicklung, 2009, S. 22.

[337] *Scholl,* Innenentwicklung vor Außenentwicklung, 2003, S. 14.

[338] *Kühnau u. a.,* Natur und Landschaft 2016, S. 331 f.

[339] *Stadt Fellbach,* Flächen gewinnen durch Innenentwicklung, 2011, S. 18.

[340] *Böhm u. a.,* BfN-Skripten 2016, S. 242 ff.

[341] *Baldauf,* Innenentwicklung PUR planen und realisieren, 2003, S. 35 ff.

[342] *Stadt Fellbach,* Flächen gewinnen durch Innenentwicklung, 2011, S. 146.

[343] *Böhm u. a.,* BfN-Skripten 2016, S. 242 ff.

einem Stärken-Schwächen-Profil über die jeweilige Potenzialfläche zusammengeführt werden und zur Entwicklung fundierter Innenentwicklungskonzepte herangezogen werden.[344]

Es ist davon auszugehen, dass zahlreiche Potenzialflächen im Bestand schlummern, welche der Innenentwicklung zugeführt werden könnten.[345] Eine Automatisierung der Potenzialflächenuntersuchung kann zu einer effektiveren Erfassung und späteren Aktivierung beitragen.[346]

6.2.3.2 Analyse des Umfeldes

Der Objektbereich einer integrierten Innenentwicklung sollte eine umfassende Übersicht über die gegenwärtig und künftig geltenden Umstände umfassen.[347] Sie kann dadurch Kommunen in ihren strategischen Entscheidungs- und Handlungsprozesse hinsichtlich der jeweiligen Schwerpunktbildung vor einem blinden Aktionismus bewahren.[348] Im Rahmen einer Umfeldanalyse sollten integrativ die Voraussetzungen für die komplexen Ziele erkennbar gemacht werden. Zum einen geschieht Innenentwicklung nur im Dialog unter Mitwirkung der Kommunalverwaltung, der Bürgerschaft und der Politik.[349] Hierfür sind im Vorfeld die gesellschaftlichen Rahmenbedingungen sowie das Maß an Akzeptanz der angestrebten Vorhaben zu untersuchen.[350] Demographische Parameter spielen hierbei eine entscheidende Rolle.[351] So zeigt beispielsweise die zunehmende Alterung der städtischen Bevölkerung steigende Bedarfe hinsichtlich divergenter Funktionen, einer guten Erreichbarkeit der alltäglichen Orte sowie einer zunehmenden Stadtkompaktheit. Zudem kann Innenentwicklung nur gelingen, wenn eine hinsichtlich ihrer Leistungsfähigkeit bedarfsgerechte Infrastruktur (nicht zuletzt unter Betrachtung der immensen Investitionskosten) angepasst werden kann. Exemplarisch ist an dieser Stelle ein möglicherweise erforderlicher Ausbau des ÖPNV- oder Hauptverkehrsstraßennetzes zu nennen. In Frage kommt hierbei etwa eine Aufstockung des Angebotes oder eine engere Fahrplantaktung.[352]

---

[344] *Stadt Fellbach,* Flächen gewinnen durch Innenentwicklung, 2011, S. 146.

[345] *Wilske,* Innenentwicklung vor Außenentwicklung, 2003, S. 91.

[346] *BBSR,* Innenentwicklungspotenziale in Deutschland, 2014, S. 139.

[347] *Maurer,* Innenentwicklung, 2007, S. 5.

[348] *Scholl,* Innenentwicklung vor Außenentwicklung, 2003, S. 12.

[349] *Stadt Fellbach,* Flächen gewinnen durch Innenentwicklung, 2011, S. 21 f.

[350] *Reiß-Schmidt,* Fub 2011, S. 156 f.

[351] *Stadt Fellbach,* Flächen gewinnen durch Innenentwicklung, 2011, S. 22.

[352] *Reiß-Schmidt,* Fub 2011, S. 156 f.

Eine integrierte Innenentwicklung erfordert zudem die Untersuchung lokaler Besonderheiten. Teilraumspezifische Erhebungen können in diesem Zusammenhang helfen, Erfahrungen zu sammeln und Entwicklungsmöglichkeiten zu erproben.[353] Um integrierte Innenentwicklungsprojekte auch über kommunale Planungshorizonte hinaus zu denken, empfiehlt sich eine regionsweite Erhebung der bestehenden Potenziale. Dadurch können Innenentwicklungsperspektiven aufgezeigt werden. Auch kann somit gemeinsam gegen weitere Bauprojekte im Außenbereich vorgegangen werden.[354] Sowohl regional als auch heruntergebrochen auf die jeweilige Kommune mit ihren verschiedenen Stadtteilen und Quartieren sollten im Rahmen einer Umfeldanalyse alle für die Flächennutzung relevanten Trends berücksichtigt werden.[355]

Im Rahmen der Analysephase sollte untersucht werden, in welcher Form die Aktivierung von ermittelten Potenzialflächen organisiert werden kann und welche Instrumente hierbei möglicherweise greifen.[356] Im Zuge dessen sollten die Planungs- und Steuerungsmöglichkeiten sowie immobilienwirtschaftliche Rahmenbedingungen und Eigentumsverhältnisse analysiert werden. Mögliche Hemmnisse sind beispielsweise eine bauplanungsrechtliche Begrenzung der urbanen Dichte im Sinne von § 17 BauNVO, eine Zunahme im Bereich des Wohnungseigentums in Potenzialgebieten der Innenentwicklung, ein hohes Bodenpreisniveau oder eine begrenzte Steuerungsfähigkeit außerhalb bestehender Bebauungspläne.[357] Unter den genannten Gesichtspunkten sollten also zielführende Strategien entwickelt werden, welche sich für eine Aktivierung von Bestandspotenzialen eignen.[358] Für diese komplexen Untersuchungen ist zunächst eine verwaltungsinterne Zuständigkeitsanalyse erforderlich, welche die Ermittlung der benötigten Daten erleichtert.[359]

Neben den genannten allgemeinen Umfeldanalysebedarfen sollten auch handlungsfeldspezifische Daten aus dem jeweiligen lokalspezifischen Projektumfeld erhoben werden. So bedarf Handlungsfeld 12 etwa einer ortsspezifischen

---

[353] *BMVBS/BBR,* Integrierte Stadtentwicklung als Erfolgsbedingung einer nachhaltigen Stadt, 2007, S. 15 f.; *Wilske,* Innenentwicklung vor Außenentwicklung, 2003, S. 90.

[354] *Wilske,* Innenentwicklung vor Außenentwicklung, 2003, S. 90 ff.

[355] *Goetzke/Hoymann,* Auf dem Weg zu einer an den Klimawandel angepassten Siedlungsentwicklung, 2014, S. 304; zur Vertiefung: *PIK,* Klimafolgen Online, 2024.

[356] *Wilske,* Innenentwicklung vor Außenentwicklung, 2003, S. 92.

[357] *Reiß-Schmidt,* Fub 2011, S. 156 f.

[358] *Wilske,* Innenentwicklung vor Außenentwicklung, 2003, S. 92.

[359] *Maurer,* Innenentwicklung, 2007, S. 5.

Ermittlung der Hochwassergefahr und Handlungsfeld 7 einer lokalindividuellen Untersuchung der klimawandelbezogenen Temperaturentwicklungen.[360] Auch sollten in diesem Zusammenhang bereits etablierte Vorkehrungen erfasst werden. In Bezug auf Handlungsfeld 7 könnten beispielsweise bereits unternommene Maßnahmen zur Steigerung der Energieeffizienz oder bereits installierte Dachbegrünungen zur Reduktion von städtischen Hitzeinseln dokumentiert werden.[361] Die Handlungsfelder 1 und 2 erfordern exemplarisch eine Erhebung und Auswertung von Sozial- und Gesundheitsdaten, um mögliche Defizite identifizieren und gezielt angehen zu können.[362]

Zur Vorbereitung einer örtlich individuellen integrierten Innenentwicklung sollten Kommunen also alle mit ihren Projektzielen in Verbindung stehenden Prozesse analysieren und die hierfür erforderliche Begleitung und Beratung zurate ziehen.[363]

6.2.3.3 Prüfung möglicher Projektkosten

Hinsichtlich der Analyse der durch eine integrierte Innenentwicklung entstehenden Kosten sind zum einen die Entwicklungskosten und zum anderen die laufenden Kosten zu berücksichtigen.[364]

Die finanzielle Basis von Innenentwicklungsprojekten stellen die Planungskosten dar.[365] Diese beinhalten die Kosten für die Durchführung von Wettbewerben, für die Beauftragung von Gutachten, für intern oder extern durchgeführte Projektplanungen[366] und auch für die finanzielle Unterstützung ehrenamtlich geplanter Innenentwicklungsprojekte. Die Förderung des Ehrenamts kann sich monetär oder auch nicht-monetär der Unterstützung von privat organisierten infrastrukturellen Themen, wie der Müllabholung, der Materialbereitstellung oder der Übernahme eines Winterdienstes annehmen.[367]

---

360 *Goetzke/Hoymann,* Auf dem Weg zu einer an den Klimawandel angepassten Siedlungsentwicklung, 2014, S. 304; zur Vertiefung: *PIK,* Klimafolgen Online, 2024.

361 *Reiß-Schmidt,* Fub 2011, S. 156 f.

362 *Köckler/Engelhardt-Fröhlich,* Grün in der Stadt als Thema umweltbezogener Gerechtigkeit, 2016, S. 714; *DUH,* Umweltgerechtigkeit durch Partizipation auf Augenhöhe, 2014, S. 7.

363 *Wilske,* Innenentwicklung vor Außenentwicklung, 2003, S. 92.

364 *Kühnau u. a.,* Natur und Landschaft 2016, S. 331 f.

365 *Böhm u. a.,* BfN-Skripten 2016, S. 242 ff.

366 *Reiß-Schmidt,* Wachstum nach innen, 2007, S. 49.

367 *Köckler/Engelhardt-Fröhlich,* Grün in der Stadt als Thema umweltbezogener Gerechtigkeit, 2016, S. 714; *DUH,* Umweltgerechtigkeit durch Partizipation auf Augenhöhe, 2014, S. 7.

Die auf die Planung folgenden Investitionskosten, die im Zuge der Umsetzung von Innenentwicklungsprojekten anfallen,[368] sind vergleichsweise hoch.[369] Neben Erschließungen[370] fallen auch Kosten für die Anpassung der Bestandsbauten an künftige Anforderungen an.[371] Auch die Schaffung bzw. Erneuerung und Entwicklung von sozialen und technischen Infrastruktureinrichtungen,[372] wozu beispielsweise ein entsprechendes Angebot an Grundschulen, Kindergärten und Kindertagesstätten sowie auch öffentlicher Grünflächen[373] gehören, verursacht hohe Kosten. Die Kosten für die Sanierung verunreinigter Böden und Grundwasser[374] sowie Kosten für die Schaffung von naturschutzrechtlich geforderten Ausgleichsflächen fallen ebenfalls ins Gewicht.[375] Zudem erfordern Entwicklungen im Bestand häufig eine Verlagerung vorhandener Nutzungen unter Aufhebung alter Nutzungsverträge sowie erhöhte Baukosten aufgrund von engen Grundstücksverhältnissen.[376] Eine integrierte Innenentwicklung erfordert darüber hinaus die Deckung von handlungsfeldspezifischen Kosten, wie jene für die Wirtschaftsförderung oder für den sozialen Wohnungsbau.[377] Zudem sind Kommunen hier oftmals mit einer mangelnden Wirtschaftlichkeit aufgrund von hohen Transaktionskosten konfrontiert.[378]

Neben den immensen Investitionskosten und jenen, die zu Beginn bzw. während der Umsetzung von Innenentwicklungsvorhaben einzuplanen sind, sollten Kommunen auch die langfristig anfallenden Kosten für Pflege und Unterhalt berücksichtigen.[379] Nur dadurch kann die Funktionsfähigkeit und Funktionserfüllung der jeweilig realisierten Projekte aufrecht erhalten werden.[380] Diese

---

[368] *Böhm u. a.,* BfN-Skripten 2016, S. 242 ff.

[369] *Lüpke,* Innenentwicklung als dominierende Aufgabe der Stadtentwicklung, 2007, S. 44.

[370] *Reiß-Schmidt,* Wachstum nach innen, 2007, S. 49.

[371] *Scholl,* Innenentwicklung vor Außenentwicklung, 2003, S. 11.

[372] *Lüpke,* Innenentwicklung als dominierende Aufgabe der Stadtentwicklung, 2007, S. 44.

[373] *Reiß-Schmidt,* Wachstum nach innen, 2007, S. 49.

[374] *Lüpke,* Innenentwicklung als dominierende Aufgabe der Stadtentwicklung, 2007, S. 44.

[375] *Reiß-Schmidt,* Wachstum nach innen, 2007, S. 49.

[376] *Lüpke,* Innenentwicklung als dominierende Aufgabe der Stadtentwicklung, 2007, S. 44.

[377] *Reiß-Schmidt,* Wachstum nach innen, 2007, S. 49.

[378] *Heinig/Krämer/Weigel,* Bipolare Stadtentwicklung in Leipzig, 2007, S. 30.

[379] *Böhm u. a.,* BfN-Skripten 2016, S. 174.

[380] *Kühnau u. a.,* Doppelte Innenentwicklung, 2017, S. 35.

Erhaltungskosten,[381] infrastrukturellen Folgekosten[382] und Kosten für den Anlagenbetrieb[383] sollten bereits von Beginn an in den Finanzierungskonzepten unter Einplanung ausreichender Mittel Berücksichtigung finden. Zudem sollten die Unterhaltungskosten unter Gewährleistung einer angemessenen Erhaltungspflegeleistung möglichst geringgehalten werden. Darauf kann zum einen bereits bei der jeweiligen Projektgestaltung geachtet und hingewirkt werden.[384] Zum anderen können auch private Wege der Finanzierung geprüft werden. Die Einbeziehung der Zivilbevölkerung[385] und ihrer Akteure, wie etwa Bürgerinitiativen, Vereine und Verbände oder Bürgerstiftungen, kann Kommunen bei der Kostensenkung helfen.[386] Die Folgefinanzierung der laufenden Kosten von Maßnahmen einer integrierten Innenentwicklung durch kommunale Haushalte kann mitunter zum Hemmschuh für deren Realisierung werden und ist daher frühzeitig mitzudenken. Die Kostenanalyse einer integrierten Innenentwicklung erfordert viel Fingerspitzengefühl und Know-How und nicht selten sind planungsökonomische Trugschlüsse und Fehleinschätzungen zu verzeichnen. So ist es beispielsweise ein Trugschluss, dass mit steigender Dichte höhere Einnahmen zur Refinanzierung von Innenentwicklungsprojekten und ihren Folgekosten generiert werden können. Es genügt hier nicht, nur die reinen Zahlen zu betrachten. Das Ziel einer integrierten Innenentwicklung ist eine urbane Attraktivität, welche Menschen in der Stadt hält oder zum Zuzug ermutigt. Um eine Alternative zum räumlich großzügigen Wohnen im Außenbereich darzustellen, sollten die im Innenbereich angebotenen Wohnformen eine ähnliche Struktur mit ausreichend dazwischenliegendem Freiraum aufweisen.[387]

Ein weiteres Problem ist eine mangelhafte Berücksichtigung bestimmter Kosten. So kann es beispielsweise vorkommen, dass die durch dezentrale Wohnstandorte erhöhten Mobilitätskosten nicht mit eingeplant werden. Derartigen verzerrten Kostenwahrnehmungen bei Standortentscheidungen kann durch Informations- und Beratungsformate zur Bewusstseinsbildung präventiv entgegengewirkt werden. Neben einer fehlenden Einbeziehung bestimmter Kosten in Entscheidungen kann auch der Bezug zum Kostenverursacher fehlen. So ist es nicht selten, dass die bei der Leistungserbringung tatsächlich entstehenden Kosten

---

[381] *Scholl,* Innenentwicklung vor Außenentwicklung, 2003, S. 11.

[382] *Schiller u. a.,* UBA-Texte 2009, S. 19.

[383] *Reiß-Schmidt,* Wachstum nach innen, 2007, S. 49.

[384] *Kühnau u. a.,* Doppelte Innenentwicklung, 2017, S. 35.

[385] *Böhm u. a.,* BfN-Skripten 2016, S. 242 ff.

[386] *Kühnau u. a.,* Doppelte Innenentwicklung, 2017, S. 35.

[387] *Speer,* Innere Qualitäten der Stadt entwickeln, 2003, S. 36 f.

nicht vollumfänglich an die Infrastrukturnutzenden weiterberechnet werden. Die kommunale Preisgestaltung für die Nutzung durchgeführter Innenentwicklungsprojekte sollte möglichst alle entstandenen Kosten standortbezogen umfassen. Auch lassen Kommunen teilweise zu, dass Kosten Dritter auf sie übergehen. So übertragen beispielsweise Ver- und Entsorger ihre Investitionskosten auf die Kommunen und bekommen ihrerseits zusätzlich eine vollständige Kostenerstattung durch ihre Nutzer. Kommunen sollten das Verursacherprinzip hinsichtlich dieser Kostenverschiebungen und möglicher Anreize zur Kostenminimierung überdenken. Zudem sollte zur Gewährleistung einer kosteneffizienten Innenentwicklung der Verbraucherschutz einbezogen werden. Andernfalls verantwortet die bislang häufig fehlende Einbeziehung indirekter Kostenträger in Entscheidungsprozesse eine Kostendeckung in infrastrukturellen Bereichen durch alle Steuerzahlenden bzw. durch alle Nutzenden. Hinsichtlich siedlungsstruktureller Kosteneffekte lassen sich immer wieder Überlagerungsphänomene beobachten. So spiegeln die Kalküle relevanter Stakeholdergruppen teilweise die Kostenvorteile dicht besiedelter, zentral verorteter Standorte nicht wider. Stattdessen lässt sich hier häufig eine Überlagerung durch andere Kostenarten feststellen. Ein Beispiel ist das Bodenpreisgefälle, welches die steigenden Erschließungskosten überlagert. Zudem fallen die infrastrukturellen Gebühren im Umland aufgrund der zumeist besseren kommunalen Haushaltssituation häufig geringer aus, obwohl siedlungsstrukturelle Mehrkosten zu verzeichnen sind. Um dem entgegenzuwirken, empfiehlt es sich, die einzelnen Kostenarten separat den jeweiligen Verursachern zuzuordnen und somit das Finanzierungsgeschehen zu entflechten. Zudem sollte der Bodenmarkt fortlaufend mit Blick auf eine effiziente Preisbildung und eine höhere Kostentransparenz untersucht werden.[388]

Die Schaffung bzw. ein Ausbau der Kostentransparenz kann helfen, mögliche Wirkungszusammenhänge aufzuzeigen und subjektiven Einzelentscheidungen mit teils gegenläufigen ökonomischen Motiven entgegenzuwirken. Stattdessen können Lösungsansätze entstehen, die bei einer kostengünstigeren Entwicklung im Bestand unterstützen[389] und gleichzeitig laufende Schattenkosten der Außenentwicklung aufzeigen.[390]

Ziel des kostenpolitischen Leitgedankens sollte daher eine Reduktion der Lasten für die Allgemeinheit unter Förderung der Kostentransparenz mit einem Abbau von fehlerhaften Anreizen sein.[391] Kommunen können bereits bei der

---

[388] *Schiller u. a.,* UBA-Texte 2009, S. 24 ff.

[389] *Schiller u. a.,* UBA-Texte 2009, S. 19.

[390] *Reiß-Schmidt,* Wachstum nach innen, 2007, S. 53.

[391] *Schiller u. a.,* UBA-Texte 2009, S. 25 f.

Konzeptvergabe[392] auf eine Vielzahl an zu erfüllenden Kriterien neben den preislichen Aspekten achten und einen Fokus auf qualitative Merkmale legen.[393]

6.2.3.4 Untersuchung vorhandener Ressourcen

Für die Umsetzung einer integrierten Innenentwicklung ist die Betrachtung der vorhandenen bzw. akquirierbaren Ressourcen sowie die Analyse von Einsparungspotenzialen von zentraler Bedeutung.

Allem voran benötigt eine integrierte Innenentwicklung eine kommunale Gestaltungshoheit mit einer entsprechenden Personalausstattung und dem erforderlichen verwaltungsinternen Know-How.[394]

Die Digitalisierung kann helfen, Innenentwicklungsziele auf ökologische Art und Weise umzusetzen.[395] Ebenfalls ressourcenschonend wirkt sich eine Reduktion der Erschließungskosten aus.[396] Diese beiden Möglichkeiten zur Ressourceneinsparung können durch einen sparsamen Umgang mit der endlichen Ressource Boden ergänzt werden, welcher ohnehin ein zentrales Ziel der Innenentwicklung darstellt.[397]

Mit dem Fokus auf einen Ressourcenausbau können Partnerschaften mit privaten Akteuren zum einen immobilienwirtschaftliches Know-How in Innenentwicklungsprojekte einbringen und Kommunen bei den damit zusammenhängenden Vermarktungsaktivitäten unterstützen. Zum anderen können sie Kommunen beim Aufbau einer wirtschaftlichen Resilienz verhelfen. Ohne den Preis für die Reduktion möglicher wirtschaftlicher Risiken bezahlen zu müssen, können auch städtebauliche Verträge ähnliche wirtschaftliche Sicherheitseffekte ermöglichen.[398]

Projekte der Innenentwicklung sind zumeist kostenintensiver als jene im Außenbereich. Sie benötigen einen größeren organisatorischen Rahmen und sind hinsichtlich ihrer Finanzierung konkurrenzfähig zu machen.[399] Idealerweise sollte

---

[392] *Schubert u. a.,* Innenentwicklung in städtischen Quartieren, 2019, S. 17; *BMI,* Empfehlungen auf Grundlage der Beratungen in der Baulandkommission, 2019, S. 4.

[393] *Schubert u. a.,* Innenentwicklung in städtischen Quartieren, 2019, S. 17; *Peters u. a.,* Orientierungshilfe zur Vergabe öffentlicher Grundstücke, 2017, S. 6, 8.

[394] *EU2020,* Neue Leipzig Charta, 2020, S. 11 f.

[395] *UBA,* Die Stadt für Morgen, 2017, S. 22.

[396] *Topp,* Mehr Mobilität und weniger Verkehr bei Innen- vor Außenentwicklung, 2003, S. 52.

[397] *Dosch u. a.,* Mehr Wert für die Fläche, 2006, S. 209.

[398] *Lüpke,* Innenentwicklung als dominierende Aufgabe der Stadtentwicklung, 2007, S. 43.

[399] *Burg u. a.,* Bausteine erfolgreicher Innenentwicklung, 2009, S. 29.

die Verwendung der kommunalen Mittel[400] zu Gunsten der Innenentwicklung priorisiert werden.[401] Dabei sollte bedacht werden, dass zahlreiche durchgeführte Entwicklungsmaßnahmen eine Folgefinanzierung benötigen. Zum Beispiel benötigt das Stadtgrün eine kontinuierliche Pflege. Zudem ist auch bei einer Förderung einzelner Innenentwicklungsmaßnahmen zumeist eine Ko-Finanzierung mit einem Eigenanteil seitens der Kommune einzuplanen.[402] Aufgrund der großen finanziellen Belastung einer integrierten Innenentwicklung für Kommunen[403] ist die Analyse ihrer finanziellen Ressourcen essentiell. Die Refinanzierung von Innenentwicklungsprojekten kann verschiedenartig ausgestaltet werden. Es gibt hierfür verschiedene Möglichkeiten, welche nachfolgend gemäß dem allgemeinen Finanzierungsgrundsatz (§ 78 GemO BW) aufgezeigt werden.

In einer ersten Stufe kommen verschiedene Wege der Refinanzierung über Erträge und Einzahlungen im Sinne von § 78 Abs. 2 S. 1 GemO BW in Betracht. Eine Möglichkeit für Kommunen ist die Akquise von Fördermitteln.[404] Die mit Blick auf integrierte Innenentwicklungsprojekte vielversprechende Förderlandschaft sollte systematisch auf geeignete Finanzierungswege geprüft werden. So gibt es beispielsweise Fördertöpfe auf Bundes- und Landesebene, die Kommunen bei der Finanzierung ihrer Innenentwicklungsmaßnahmen unterstützen können.[405] Ein Beispiel für eine Bundesförderung ist die Städtebauförderung, welche Kommunen darin unterstützt, nachhaltige städtebauliche Strukturen herzustellen. Sie setzt die Aufstellung eines integrierten Stadtentwicklungskonzeptes voraus.[406] Kommunen können über Teilprogramme der Städtebauförderung[407] beispielsweise finanzielle Anreize für die Schließung von Baulücken setzen.[408] Die Einsatztatbestände der Städtebauförderung sind in § 164a BauGB aufgelistet.

Aus den Experteninterviews gehen Erfahrungen mit der Städtebauförderung hervor. Diese sind zumeist positiv.[409] Die Antragsstellung sei jedoch aufwändig und eine fristgerechte Umsetzung sei häufig schwierig, da sich die Projekte

---

[400] *Böhm u. a.,* BfN-Skripten 2016, S. 174 f.; *EU2020,* Neue Leipzig Charta, 2020, S. 11 f.

[401] *Burg u. a.,* Bausteine erfolgreicher Innenentwicklung, 2009, S. 28 f.

[402] *Böhm u. a.,* BfN-Skripten 2016, S. 174.

[403] *Maurer,* Innenentwicklung, 2007, S. 9.

[404] *Burg u. a.,* Bausteine erfolgreicher Innenentwicklung, 2009, S. 29, 32 f.

[405] *Böhm u. a.,* BfN-Skripten 2016, S. 78 ff., 242 ff.

[406] *BMWSB,* Integrierte Städtebauliche Entwicklungskonzepte in der Städtebauförderung, 2023, S. 6 ff., 9 ff.

[407] *Böhm u. a.,* BfN-Skripten 2016, S. 174.

[408] *Burg u. a.,* Bausteine erfolgreicher Innenentwicklung, 2009, S. 32 f.

[409] I14; I5; I8; I15; I7; I10; I12.

gern verzögerten.[410] Dennoch wird die Städtebauförderung als essenziell für die Umsetzung von Innenentwicklungsmaßnahmen eingestuft.[411] Gruppentendenzen sind bei den Erfahrungen mit der Städtebauförderung nicht erkennbar.

In den im Rahmen der Experteninterviews befragten Kommunen liegen außerdem Erfahrungen mit der Schulbauförderung,[412] mit dem Förderprogramm *Soziale Stadt,*[413] mit der Förderung eines Quartiersmanagements,[414] mit der Förderung attraktiver Stadt- und Ortsteilzentren,[415] mit dem Förderprogramm *Sozialer Zusammenhalt,*[416] mit der Förderung von Klimaprojekten,[417] mit der Förderung eines Flächenmanagements,[418] mit der zwischenzeitlich weggefallenen KfW-Förderung,[419] mit dem Förderprogramm *Zukunft Stadtgrün,*[420] mit städtebaulichen Erneuerungen (Sanierungsgebieten),[421] mit dem Förderprogramm zum Stadtumbau Ost für lebenswerte Städte und attraktives Wohnen[422] und mit dem Gemeindeverkehrsfinanzierungsgesetz[423] vor. Das Förderprogramm *Zukunftsfähige Innenstädte und Zentren* ermögliche eine Stabilisierung der Innenstadt in Bezug auf den Einzelhandel.[424] Es sei jedoch sehr aufwändig in der Abwicklung.[425] Über die Wohnraumförderung würden preisgünstiger Wohnraum geschaffen und Bürgerzentren errichtet.[426] Die Mittel seien jedoch schnell ausgeschöpft gewesen.[427] Bei der Antragstellung für Mittel aus dem Förderprogramm *Anpassung urbaner Räume an den Klimawandel* wurde die Frist zur Einreichung

410 I7.
411 I10.
412 I15.
413 I2.
414 I3.
415 I2.
416 I7.
417 I3.
418 I1.
419 I13.
420 I7.
421 I16; I4.
422 I2.
423 I3; I15.
424 I13.
425 I8.
426 I4.
427 I13.

als sehr knapp eingestuft. Zudem warte man noch immer auf eine Rückmeldung.[428] Über die Teilnahme am Förderprogramm *Experimenteller Wohnungs- und Städtebau (ExWoSt)* konnte wiederum das Baulückenkataster einer Expertenkommune entwickelt werden.[429] Als landesspezifisches Förderprogramm können Erfahrungen mit *Die Regionalen* des Landes NRW verzeichnet werden. Hier werden einzelne Regionen bevorzugt gefördert. Die knappen Fristen machen eine rasche Realisierung der geförderten Projekte erforderlich.[430]

Generell wurde deutlich, dass Förderprogramme immer wieder aufgrund von politischen Richtungswechseln in der Bundesregierung gestrichen werden.[431] Förderprogramme werden zwar als essentiell erlebt, denn die Kommunen haben oftmals nicht die finanziellen Mittel für eine eigenständige Realisierung. Dennoch sind Maßnahmen nur dann förderfähig, wenn keine Investoren involviert sind.[432] Auch reichen die Fördermittel oftmals nicht aus, sodass ein hohes Kontingent an Eigenmitteln zur Ko-Finanzierung benötigt wird. Zudem sind die Förderprogramme oftmals nicht integriert ausgerichtet.[433]

Auch die EU bietet Fördermöglichkeiten zur Refinanzierung von Innenentwicklungsvorhaben, wie beispielsweise den Europäischen Fonds für regionale Entwicklung.[434] Auf europäischer Ebene gehen aus den Experteninterviews Erfahrungen mit EFRE-Förderungen hervor. So entwickelt eine Kommune hierüber aktuell einen Klimastraßenverbund.[435]

Im Gruppenvergleich lässt sich feststellen, dass die meisten Förderprogramme nur für mittelgroße und große Kommunen, also für Kommunen der Kategorien B und C, Relevanz haben. Kleinere Städte greifen hingegen nur auf die Städtebauförderung zurück. Dies könnte zum einen auf die zumeist aufwändige und komplexe Antragsstellung zurückgeführt werden, wofür kleinere Kommunen personell nicht genügend Ressourcen haben. Ein weiterer Grund könnten unterschiedliche politische Schwerpunktthemen sein.

Neben Förderprogrammen können Kommunen auch nationale Zuweisungen als externe Finanzierungsquellen für ihre Innenentwicklungsprojekte nutzen.[436]

---

428 I6.

429 I5.

430 I11.

431 I6.

432 I1.

433 I2.

434 *Böhm u. a.*, BfN-Skripten 2016, S. 78 ff., S. 174.

435 I10; I5.

436 *WBGU*, Hauptgutachten, 2016, S. 110.

Neben den genannten institutionellen Refinanzierungsmöglichkeiten kann auch der Kontakt zu Dritten gesucht werden. So kommen etwa Investorengelder oder ein Zusammenschluss mit der Wohnungswirtschaft in Betracht. Auch können Spenden, Fundraising und Sponsorengelder in einzelnen Fällen als Anschub-Finanzierung genutzt werden. Dennoch sind gerade diese Einnahmen auf lange Sicht nur schwer kalkulierbar und in ihrer Akquise sehr zeitintensiv.[437] Auch aus den Experteninterviews geht hervor, dass Projekte teilweise über Crowdfunding finanziert werden.[438]

Unabhängig von der Refinanzierung einzelner Maßnahmen durch Erträge und Einnahmen von Seiten privater Dritter im Sinne von § 78 Abs. 2 S. 1 GemO BW sollten sich Kommunen auch gegenüber von privater Seite initiierten und finanzierten Innenentwicklungsprojekten öffnen.[439] Auch sollten sie die Mobilisierung zusätzlichen Kapitals über den Abschluss von Verträgen mit privaten Stakeholdern in Betracht ziehen.[440] Kooperationen mit privaten Unternehmen und Stiftungen sind ebenfalls denkbar.[441]

In zweiter Instanz können Kommunen Innenentwicklungsprojekte durch die Erhebung von Entgelten bzw. Gebühren für ihre Leistungen im Sinne von § 78 Abs. 2 S. 1 Nr. 1 GemO BW refinanzieren.[442] Hier wäre beispielsweise an die spätere Vermietung und Veräußerung von hergestellten Objekten der Innenentwicklung zu denken.[443]

In dritter Stufe sind Steuergelder (§ 78 Abs. 2 S. 1 Nr. 2 GemO BW) als lokale Finanzierungsquelle zu betrachten.[444] Vor allem Maßnahmen wie die Grundwassersanierung, die Sanierung des Bodens oder auch die Einrichtung bzw. Weiterentwicklung einer sozialen und technischen Infrastruktur, sind teilweise mit Steuergeldern zu finanzieren.[445]

---

437 *Böhm u. a.,* BfN-Skripten 2016, S. 78 ff., 174 f., 242 ff.

438 I15.

439 *Burg u. a.,* Bausteine erfolgreicher Innenentwicklung, 2009, S. 32 f.

440 *WBGU,* Hauptgutachten, 2016, S. 110.

441 *Scholl,* Thesen zur inneren Entwicklung unserer Städte und Regionen, 2007, S. 85.

442 *WBGU,* Hauptgutachten, 2016, S. 110.

443 *Stadt Fellbach,* Flächen gewinnen durch Innenentwicklung, 2011, S. 109.

444 *WBGU,* Hauptgutachten, 2016, S. 110.

445 *Lüpke,* Innenentwicklung als dominierende Aufgabe der Stadtentwicklung, 2007, S. 44.

In letzter Instanz können Innenentwicklungsmaßnahmen durch die Aufnahme von Schulden, also beispielsweise durch eine Nutzung der Finanz- bzw. Kapitalmärkte,[446] finanziert werden (§ 78 Abs. 3 GemO BW). Unter Nachhaltigkeitsgesichtspunkten ist diese Refinanzierungsmöglichkeit jedoch kritisch zu betrachten, da sie den Grundsatz einer intergenerativen Gerechtigkeit in Frage stellt und damit die Bedürfnisbefriedigung zukünftiger Generationen beeinflusst.[447]

Als weitere, jedoch eher untergeordnete Refinanzierungsmöglichkeit, seien an dieser Stelle Naturschutzprogramme genannt.[448] Doch insbesondere Projekte aus Handlungsfeld 7 können teilweise oder gar vollständig mithilfe von Mitteln aus der naturschutzrechtlichen Eingriffsregelung realisiert werden. Im Zuge dessen können etwa Ausgleichsmaßnahmen anderer Bauvorhaben zielgerichtet auf eine bestimmte Fläche gesteuert werden. Mögliche Kompensationsleistungen durch die Eingriffsregelung sollten also dennoch seitens der Kommunen geprüft werden.[449]

Zusammenfassend lässt sich festhalten, dass es bei der Analyse der verwaltungseigenen Ressourcen vor allem auch um eine Abstimmung der verschiedenen Förderprogramme und um eine Bündelung der verwaltungsintern involvierten Fachressorts sowie um eine Integration privater Ressourcen geht. Dabei sollte eine Prüfung möglicher Corporate Social Responsibility[450] und eine Zusammenführung interner, externer und privater Ressourcen erfolgen,[451] um auf einen Finanzierungsmix aus verschiedenen Quellen zurückgreifen zu können.[452]

---

[446] *WBGU,* Hauptgutachten, 2016, S. 110, 388 ff.

[447] *Hauff,* Unsere gemeinsame Zukunft, 1987, S. XV.

[448] *Böhm u. a.,* BfN-Skripten 2016, S. 174.

[449] *Böhm u. a.,* BfN-Skripten 2016, S. 174, 242 ff.

[450] *BMVBS/BBR,* Integrierte Stadtentwicklung als Erfolgsbedingung einer nachhaltigen Stadt, 2007, S. 18 f.

[451] *WBGU,* Hauptgutachten, 2016, S. 388 ff.

[452] *Böhm u. a.,* BfN-Skripten 2016, S. 174 f.

6.2.3.5 Nutzwert- und Machbarkeitsanalyse

Die zumeist stark begrenzten kommunalen Haushaltsmittel zwingen kommunale Entscheidungsträger zu einem wirtschaftlichen Handeln und wirken einem blinden Aktionismus entgegen.[453] Unter diesen Gesichtspunkten sollten auch Projekte einer integrierten Innenentwicklung hinsichtlich ihrer Wirtschaftlichkeit geprüft werden.[454] Die Herstellung und Wahrung einer Übersicht über den Nutzwert der einzelnen Vorhaben bildet dabei die Basis für ein strategisches Handeln und für fundierte Entscheidungen auf kommunaler Seite.[455] Sofern aus den zuvor beschriebenen Analysen Informationen über die Kosten und Refinanzierungsmöglichkeiten hervorgegangen sind, sollten diese in eine dynamische Investitionsrechnung einfließen. Diese kann unter Feststellung der Wirtschaftlichkeit als Entscheidungsgrundlage für Innenentwicklungsprojekte dienen, den Rahmen ihrer jeweiligen finanziellen Tragfähigkeit definieren und ein kostendeckendes Preisniveau aufzeigen.[456]

Zur Realisierung von integrierten Innenentwicklungsprojekten als langfristige Maßnahmen der Stadtentwicklung ist die technische, rechtliche und wirtschaftliche Machbarkeit ebendieser vorausgesetzt. Gerade letztere fristet bei den kommunalen und privaten Projektverantwortlichen ein Schattendasein, obwohl sie aufgrund der ökonomischen Tragweite der Vorhaben zumeist von großer Bedeutung ist.[457]

Wenngleich durch eine Bereitschaft zu komplexen Aushandlungsprozessen seitens der Kommunalverwaltungen und privaten Investoren ein Großteil der Innenentwicklungsprojekte letztlich dennoch realisiert werden kann,[458] sollte eine konzeptionelle Flexibilität und Machbarkeitsorientierung bei den Projektträgern vorherrschen.[459]

---

[453] *Scholl,* Innenentwicklung vor Außenentwicklung, 2003, S. 12.

[454] *Stadt Fellbach,* Flächen gewinnen durch Innenentwicklung, 2011, S. 108.

[455] *Scholl,* Innenentwicklung vor Außenentwicklung, 2003, S. 12.

[456] *Stadt Fellbach,* Flächen gewinnen durch Innenentwicklung, 2011, S. 108.

[457] *Burg u. a.,* Bausteine erfolgreicher Innenentwicklung, 2009, S. 24.

[458] *BBSR,* Erfolgsfaktoren für Wohnungsbauvorhaben, 2018, S. 94.

[459] *Burg u. a.,* Bausteine erfolgreicher Innenentwicklung, 2009, S. 24.

6.2.4 Planung von stadtplanerischen Großprojekten

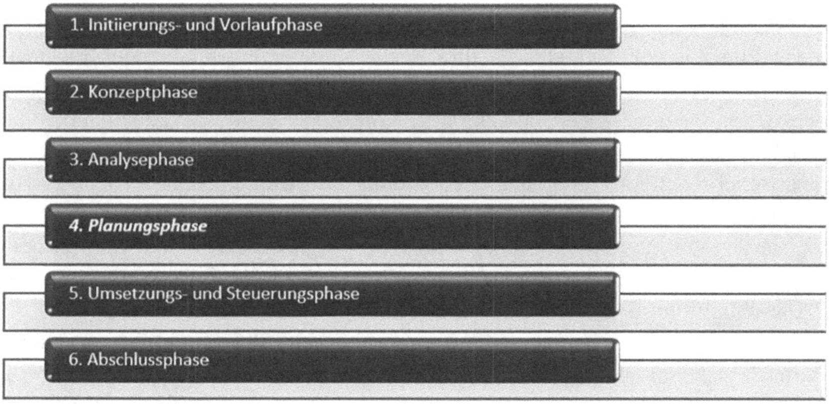

Abbildung 6.5 Planungsphase von integrierten Innenentwicklungsvorhaben

Wie in Abbildung 6.5 dargestellt, beinhaltet Projektphase vier die Planungsphase. In dieser Phase werden aus den Projektzielen und strategischen Entwicklungsleitbildern[460] konkrete Arbeitspakete geschnürt. Außerdem werden die Zuständigkeiten definiert sowie die einzuhaltenden Fristen und Termine geplant.[461] So sind aus den Leitzielen einer integrierten Innenentwicklung zunächst Schwerpunkte abzuleiten[462] und in einen Strategieplan zu überführen. Dieser wird parallel zur regulären Planung erstellt. Er vereint die Flächen mit den korrespondierenden verbalen Erläuterungen sowie dynamische Umsetzungselemente, wie etwa eine entsprechende Zeitachse, die Kostenebene, institutionell-organisatorische Aspekte und Beteiligungsmodelle.[463] Er fußt auf Leitbildern, Strategiepapieren und Konzepten, welche grundsätzlich alle räumlichen Ebenen einbeziehen, die jeweiligen lokalen Gegebenheiten berücksichtigen und die

---

[460] *Wehrli-Schindler,* Mit neuen Methoden zu einer differenzierten Innenentwicklung, 2007, S. 66.

[461] *Peters/Schelter,* Kompakte Einführung in das Projektmanagement, 2021, S. 11 ff.; *DIN,* DIN 69901–5. Projektmanagement, 2009, S. 7.

[462] *Scholl,* Innenentwicklung vor Außenentwicklung, 2003, S. 13.

[463] *Baldauf*, Innenentwicklung PUR planen und realisieren, 2003, S. 48 f.

jeweils gültigen Forderungen und Vorgaben[464] aufgreifen sollten. Ziel ist dabei die Wahrung einer Übersicht für strategische Entscheidungen im Sinne knapper finanzieller Ressourcen.[465]

Die Aufgaben, die im Rahmen einer integrierten Innenentwicklung anfallen können, sind vielfältig. Sie beginnen bei der Definition von besonders entwicklungsfähigen Gebieten[466] und der Erstellung entsprechender Flächenübersichten mit einer realistischen Nachfrageschätzung sowie einer Vorbereitung potenzieller weiterer Innenentwicklungen. Sie erstrecken sich zudem über die Kontaktaufnahme mit möglichen Interessenten[467] und der Auslobung von stadtplanerischen Wettbewerben unter Einbindung der Bürgerschaft[468] bis hin zur Durchführung von Entwicklungsmaßnahmen.[469] Sie umfassen außerdem die Harmonisierung der zugrundeliegenden baulichen Vorgaben und Planungen mit dem Ziel, den Aufwand zu reduzieren.[470] Letztlich reichen die Aufgaben bis hin zur Überwachung und Evaluierung der Entwicklungsergebnisse.[471]

Neben allgemeinen Aufgaben sind im Rahmen der Planungsphase einer integrierten Innenentwicklung handlungsfeldspezifische Arbeitspakete zu definieren. Beispiele hierfür wären eine flexiblere Ausgestaltung der Stellplatzverordnung (Handlungsfeld 9)[472] oder eine Erweiterung der Infrastrukturnetze (Handlungsfeld 4).[473]

---

[464] *Böhm u. a.,* BfN-Skripten 2016, S. 174 f., 242 ff.

[465] *Scholl,* Innenentwicklung vor Außenentwicklung, 2003, S. 12.

[466] *Wehrli-Schindler,* Mit neuen Methoden zu einer differenzierten Innenentwicklung, 2007, S. 66.

[467] *Dahm,* Bau- und Wohnflächenreserven in kleinen Kommunen Baden-Württembergs, 2007, S. 244.

[468] *Böhm u. a.,* BfN-Skripten 2016, S. 174 f.

[469] *Dahm,* Bau- und Wohnflächenreserven in kleinen Kommunen Baden-Württembergs, 2007, S. 244.

[470] *BBSR,* Bündnis für bezahlbares Wohnen und Bauen, 2018, S. 16 ff.

[471] *BBSR,* Handlungsziele für Stadtgrün, 2018, S. 116.

[472] *BBSR,* Bündnis für bezahlbares Wohnen und Bauen, 2018, S. 16 ff.

[473] *Schiller u. a.,* UBA-Texte 2009, S. 19.

Den Themen Beteiligung und Kommunikation ist in Stadtentwicklungsprozessen ein hoher Stellenwert zuzuschreiben. Dementsprechend sind sie im Rahmen der Planungsphase in Aufgabenpakete zu bündeln. So sollte beispielsweise aktiv für Akzeptanz,[474] Bewusstsein und Wertschätzung seitens der Öffentlichkeit geworben werden. Hierfür sollten zum einen entsprechende Beteiligungsstrukturen geschaffen[475] und eine breit aufgestellte Öffentlichkeitsarbeit aufgebaut werden. Letztere sollte die Bürgerschaft informieren, einbeziehen und beraten.[476] Auch die politischen Gremien sind frühzeitig und regelmäßig einzubinden, wofür politische Beschlüsse angestrebt werden sollten.[477]

Diese Aufzählung umfasst nur einige Beispiele aus verschiedenen Handlungsfeldern einer integrierten Innenentwicklung und ist keinesfalls als abschließend zu betrachten. Um Innenentwicklungsprojekte integrativ zu planen, sollten die einzelnen Aufgabenpakete fachübergreifend unter Einbeziehung ihrer jeweiligen Schnittstellen aufeinander abgestimmt[478] und miteinander verknüpft werden.[479] Als wichtige Ergänzung lässt sich festhalten, dass die Maßnahmenplanung auf die jeweilige Stadtteilebene heruntergebrochen werden sollte, da hier ein bedeutender Handlungsraum verortet ist.[480]

---

[474] *BBSR*, Bündnis für bezahlbares Wohnen und Bauen, 2018, S. 16 ff.

[475] *BBSR*, Handlungsziele für Stadtgrün, 2018, S. 116.

[476] *Dahm*, Bau- und Wohnflächenreserven in kleinen Kommunen Baden-Württembergs, 2007, S. 244.

[477] *BBSR*, Handlungsziele für Stadtgrün, 2018, S. 116.

[478] *UBA*, Die Stadt für Morgen, 2017, S. 19.

[479] *Böhm u. a.*, BfN-Skripten 2016, S. 174 f.

[480] *Preuß/Michalski*, Mobilität, Flächen und Bauen neu denken und gemeinsam qualifizieren, 2023, S. 9.

6.2.5 Umsetzungs- und Steuerungsphase

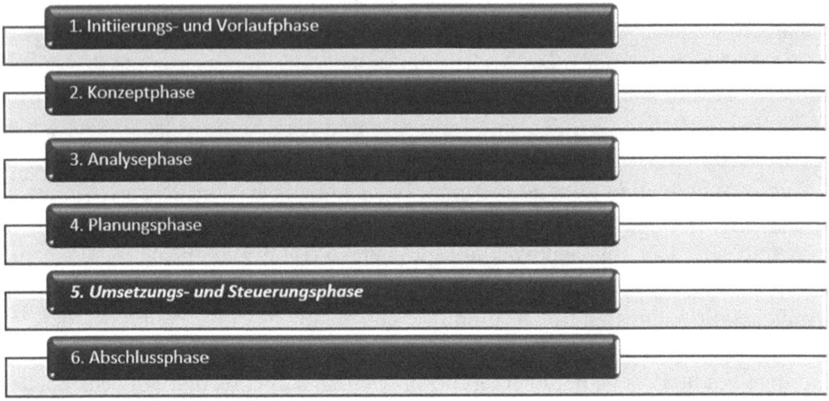

Abbildung 6.6 Umsetzungs- und Steuerungsphase von integrierten Innenentwicklungsvorhaben

Wie in Abbildung 6.6 dargestellt, beinhaltet Projektphase fünf die Umsetzungs- und Steuerungsphase. In dieser Phase werden die geplanten Innenentwicklungsmaßnahmen durchgeführt.[481] Während der Ausrichtung der entsprechenden Bauvorhaben werden im Rahmen eines Steuerungsprozesses alle zuvor definierten Termine, Budgets, Kosten, Risiken und Ressourcen überwacht.[482]

Bei der Umsetzung der Leitbilder und strategischen Konzepte[483] sollte eine Übersicht geschaffen und gewahrt werden, welche den Projektverantwortlichen bei der Einteilung knapper finanzieller Ressourcen hilft und sie vor blindem Aktionismus bewahrt.[484] Ein schrittweises, kontinuierliches Reporting nach verschiedenen Bezugsrahmen eignet sich für eine systematische Dokumentation der Erfahrungen, die im Rahmen der Umsetzung von Innenentwicklungsprojekten gesammelt werden.[485] Sie unterstützt die Koordinierung der bei Innenentwicklungsprojekten anfallenden Aktivitäten sowie bei der Erstellung eines jährlichen

[481] *Spangenberger,* UPR 2009, S. 218 ff.

[482] *Peters/Schelter,* Kompakte Einführung in das Projektmanagement, 2021, S. 11 ff.; *DIN,* DIN 69901–5. Projektmanagement, 2009, S. 12, 18.

[483] *Kühnau u. a.,* Natur und Landschaft 2016, S. 331 f.

[484] *Scholl,* Innenentwicklung vor Außenentwicklung, 2003, S. 12.

[485] *Maurer,* Thesen zur Innenentwicklung, 2003, S. 117.

Lageberichtes.[486] Auf Grundlage der laufenden Berichterstellung sollten die Entwicklungen einem Monitoring[487] und Controlling unterliegen.[488]

Bewährte Methoden der Projektsteuerung können bei einer effektiven und ergebniszentrierten Durchführung von Innenentwicklungsvorhaben ebenso wirkungsvoll unterstützen, wie etablierte Qualitätsmanagementsysteme. Letztere entfalten insbesondere unter Einbeziehung der projektspezifischen Qualitätsziele, der jeweiligen Zuständigkeiten und Verantwortlichkeiten sowie der zuvor definierten verwaltungsinternen und -externen Schnittstellen ihre Wirkung.[489]

6.2.6 Abschluss integrierter Innenentwicklungsmaßnahmen

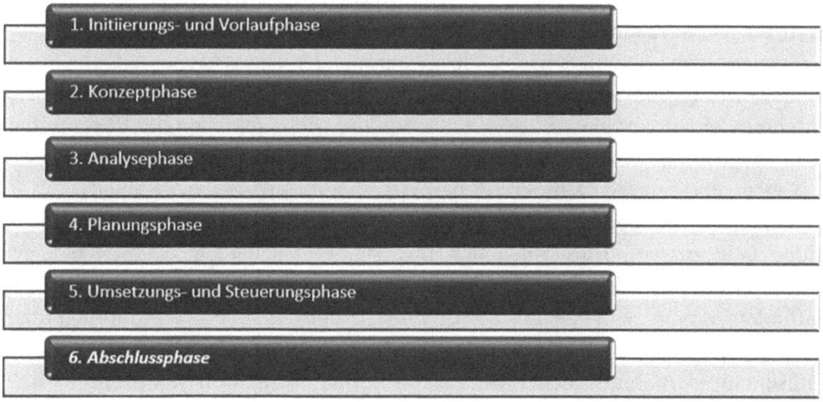

Abbildung 6.7 Abschlussphase von integrierten Innenentwicklungsvorhaben

Wie in Abbildung 6.7 dargestellt, beinhaltet Projektphase sechs die Abschlussphase. In dieser Phase wird ein Abschlussbericht erstellt, eine Abschlusskalkulation durchgeführt und das generierte Erfahrungswissen dokumentiert.

---

[486] *Kron,* Zukunftsfähige Stadtplanung in Stuttgart, 2007, S. 20.

[487] *Böhm u. a.,* BfN-Skripten 2016, S. 242 ff.; *Reinke,* Doppelte Innenentwicklung, 2016, S. 38 f.

[488] *Dosch u. a.,* Mehr Wert für die Fläche, 2006, S. 209.

[489] *Burg u. a.,* Bausteine erfolgreicher Innenentwicklung, 2009, S. 11 f.

Zudem findet eine Evaluation statt.[490] Letztere dient der Qualitätssicherung und sollte als Selbstverständnis einer demokratisch legitimierten Maßnahmendurchführung verstanden werden. Daher sollte sie nicht privatisiert bzw. nach extern verlagert werden, sondern als rechtsstaatliches Instrument einer nachhaltigen integrierten Innenentwicklung in die kommunalen Prozesse eingebettet werden.[491] Bei der Evaluierung von Innenentwicklungsprojekten sollten für eine optimale Qualitätssicherung u. a. Gestaltungsbeiräte beteiligt werden.[492]

6.3 Diskussion über informelle Beteiligungsansätze

Die § 3 ff. BauGB verlangen von den planenden Kommunen eine Information und Einbeziehung der Öffentlichkeit und weiterer Akteure in die kommunale Bauleitplanung. Und auch auf Landesebene wird die Öffentlichkeitsbeteiligung in Planungsverfahren qua Verwaltungsvorschrift forciert.[493] Die Bürgerschaft erfährt durch die Demokratie vielfältige Beteiligungsmöglichkeiten.[494] Formelle Beteiligungsverfahren dienen zunächst der Wahrung der Rechtssicherheit sowie der Gewährleistung von Klagerechten. Formelle Verfahren können durch informelle Verfahren der Bürgerbeteiligung ergänzt werden. Diese sprechen der Bürgerschaft einen Mitgestaltungsanspruch zu.[495]

Neben repräsentativ-demokratischen Beteiligungsprozessen (Wahlen) gibt es in Baden-Württemberg die Möglichkeit einer direktdemokratischen Einflussnahme in Form von Bürgerbegehren und Bürgerentscheiden. Studien belegen, dass in Baden-Württemberg jährlich ca. vierzig derartige kommunale Prozesse stattfinden, wovon ca. zwanzig in einer Entscheidung münden. Sie kommen überwiegend bei unlösbaren Konflikten um politische Sachfragen im Rahmen von repräsentativ-demokratischen Prozessen in Betracht. Ein weiteres Szenario stellt das kassatorische Referendum dar. Hierbei sehen große Teile der Bevölkerung einen Klärungsbedarf im Nachgang an eine politisch getroffene Entscheidung. Möglich sind auch Ratsreferenden, bei denen der Gemeinderat eine politische

---

490 *Peters/Schelter,* Kompakte Einführung in das Projektmanagement, 2021, S. 11 ff.; *DIN,* DIN 69901–5. Projektmanagement, 2009, S. 6.

491 *Reiß-Schmidt,* Wachstum nach innen, 2007, S. 54.

492 *BMVBS/BBR,* Integrierte Stadtentwicklung als Erfolgsbedingung einer nachhaltigen Stadt, 2007, S. 15 f.; *Reiß-Schmidt,* Wachstum nach innen, 2007, S. 54.

493 *Pautsch/Haug,* Beteiligungsverfahren im repräsentativ-demokratischen Entscheidungsprozess, 2023, S. 237 ff.; VwV Öffentlichkeitsbeteiligung v. 17.12.2013, GABl. 2014, S. 22.

494 *Remer,* Wahlen, Abstimmungen und dialogorientierte Beteiligung, 2023, S. 29 ff.

495 *VDI,* Richtlinie 7001, 2014, S. 7.

Entscheidung der Bevölkerung überlassen möchte. Zudem gibt es Individualreferenden einzelner Personen aus der Bürgerschaft mit individuellen Anliegen, welche sie jenseits repräsentativ-demokratischer Entscheidungsprozesse platzieren möchten. Als dritte Beteiligungsmöglichkeit kommen partizipative, deliberative bzw. dialogorientierte Beteiligungsverfahren in Betracht. Diese werden vorwiegend bei konfliktgeladenen politischen Sachfragen seitens der Kommunen initiiert. Sie helfen dabei, effiziente, inklusive, angemessene politische Ergebnisse herbeizuführen und dadurch die Demokratie zu vertiefen. Sie stärken die Kommunikation zwischen der Bürgerschaft, der Kommunalpolitik und der Kommunalverwaltung und ermöglichen eine frühzeitige Einbindung in die mittel- und langfristigen kommunalen Entwicklungen. Statistiken besagen, dass jährlich ein Beteiligungsverfahren je Kommune stattfindet.[496]

Innenentwicklungen stoßen aufgrund ihrer Komplexität regelmäßig auf Widerstand seitens der Bevölkerung.[497] Als Großprojekte bergen die im Rahmen von Stadtentwicklungsprozessen durchgeführten Projekte ein großes Konfliktpotenzial.[498] Daher und nicht zuletzt aufgrund des Augenmerkes in der Leipzig Charta[499] werden im Rahmen der vorliegenden Arbeit kommunikative Beteiligungsformen im Kontext einer integrierten Stadtplanung/Stadtentwicklung untersucht, da sie der Bürgerschaft einen unmittelbaren Einfluss auf kommunalpolitische Entscheidungen ermöglichen.[500] Sie können dazu beitragen, den oben genannten Herausforderungen durch ein entsprechendes Kommunikationsmanagement entgegenzutreten[501] und Spannungsfelder zwischen Gemeinwohl- und Einzelinteressen aufzuspüren und ihnen konstruktiv zu begegnen.

Zunächst werden die Chancen sowie mögliche Risiken einer dialogischen Bürgerbeteiligung diskutiert und in einem Folgeschritt förderliche Rahmenbedingungen für eine gelingende Partizipation vorgestellt. Daran anknüpfend werden für die kommunale Ebene geeignete kommunikative informelle Beteiligungsformate mit ihren Stärken und Schwächen untersucht. Dabei wird auf ihre jeweilige Eignung für die verschiedenen Projektphasen und zur Bewältigung verschiedener

---

[496] *Remer,* Wahlen, Abstimmungen und dialogorientierte Beteiligung, 2023, S. 29 ff.

[497] *Wehrli-Schindler,* Mit neuen Methoden zu einer differenzierten Innenentwicklung, 2007, S. 66.

[498] *Brettschneider,* Erfolgsbedingungen für Kommunikation und Bürgerbeteiligung bei Großprojekten, 2016, S. 219 f.

[499] *BMUB,* Leipzig Charta zur nachhaltigen Europäischen Stadt, 2007, S. 5.

[500] *Remer,* Wahlen, Abstimmungen und dialogorientierte Beteiligung, 2023, S. 29 ff.

[501] *Brettschneider,* Erfolgsbedingungen für Kommunikation und Bürgerbeteiligung bei Großprojekten, 2016, S. 219.

Interessenskonfliktpotenziale eingegangen. Als Grundlage dienen die Forschungsergebnisse aus der Literatur, der Dokumentenanalyse sowie aus der Analyse der Experteninterviews. Die Interviewergebnisse werden einem Gruppenvergleich unterzogen. Dabei bilden, wie in Kapitel drei dargestellt, Kleinstädte mit einer Einwohnerzahl bis 19.999 die Kategorie A, Mittelstädte mit einer Einwohnerzahl von 20.000 bis 99.999 die Kategorie B und Großstädte ab einer Einwohnerzahl von 100.000 die Kategorie C.

6.3.1 Bedeutung für die Stadtplanung und Stadtentwicklung

Das Gesetz über die dialogische Bürgerbeteiligung[502] schafft eine rechtliche Basis zur Durchführung von informellen Beteiligungsprozessen im Rahmen des Verwaltungshandelns als freiwillige öffentliche Aufgabe. Und auch die politischen Bestrebungen auf europäischer Ebene und auf Bundesebene forcieren die Information und Beteiligung der Bürgerschaft.[503]

Zunächst kann eine dialogische Bürgerbeteiligung die stadtgesellschaftliche Akzeptanz fördern[504] und damit die Basis konzeptioneller interdisziplinärer Planungen bilden.[505] Sie kann dadurch wesentlich zum Gelingen von Innenentwicklungsprojekten beitragen. Sie ermöglicht zudem, die verschiedenen Interessen und individuellen Vorstellungen abzufragen und einzubeziehen[506] und auf diesem Wege Kompromisse auszuloten.[507] Auch können Konflikte und Zieldivergenzen zwischen den Projektverantwortlichen und der Bevölkerung frühzeitig erkannt

[502] Dialogische-Bürgerbeteiligungs-Gesetz – DGB v. 4.02.2021, GBl. S. 118.

[503] *EU2020,* Neue Leipzig Charta, 2020, S. 9; *BMI,* Memorandum Urbane Resilienz, 2021, S. 8 ff.

[504] *Kühnau u. a.,* Doppelte Innenentwicklung, 2017, S. 37 ff.; *Burg u. a.,* Bausteine erfolgreicher Innenentwicklung, 2009, S. 11 f.; *Engel,* Wien Hauptbahnhof, 2016, S. 248.

[505] *Böhm u. a.,* BfN-Skripten 2016, S. 174 f.

[506] *Kühnau u. a.,* Doppelte Innenentwicklung, 2017, S. 39; *Reinke,* Doppelte Innenentwicklung, 2016, S. 35; *Engel,* Wien Hauptbahnhof, 2016, S. 248.

[507] *Böhm u. a.,* BfN-Skripten 2016, S. 174 f.

und angegangen werden,[508] indem der Bürgerschaft alternative Lösungsmöglichkeiten aufgezeigt werden[509] und etwaige Beschwerden konsensual gelöst werden.[510]

Neben dem konstruktiven Umgang mit Unzufriedenheiten und Konflikten ermöglicht die dialogische Beteiligung die Berücksichtigung von Bürgerideen[511] und die Aufnahme von Vorschlägen seitens der Bevölkerung.[512] Dieses stadtplanerische Handeln auf Augenhöhe[513] fördert die Begeisterung und Vorfreude der Bürgerschaft[514] und ermöglicht gleichzeitig eine Verbesserung der planerischen Qualität[515] und damit auch der Lebensqualität.[516] Die Schaffung von Möglichkeiten für eine zivilgesellschaftliche politische Willensbildung[517] kann zum einen dabei helfen, kommunale Ziele an zivilgesellschaftliches Handeln anzuknüpfen. Zum anderen kann dadurch eine optimierte Planungsgrundlage geschaffen werden.[518] Kreative Ideen aus der Bevölkerung können so in kommunale Planungen einfließen.[519] Die Bürgerschaft wird also als eigenständiger Projektpartner ins Blickfeld öffentlichen Handelns gerückt.[520] Der Zuspruch, behördliche Entscheidungen mit vorzubereiten,[521] lässt eine Befreiung von starren Zuständigkeitsgrenzen und eine Orientierung an den realen Lebenswelten zu.[522]

---

508 *Kühnau u. a.,* Doppelte Innenentwicklung, 2017, S. 39; *Reinke,* Doppelte Innenentwicklung, 2016, S. 35; *Böhm u. a.,* BfN-Skripten 2016, S. 174 f.

509 *Pautsch/Haug,* Beteiligungsverfahren im repräsentativ-demokratischen Entscheidungsprozess, 2023, S. 239 f.

510 *Engel,* Wien Hauptbahnhof, 2016, S. 248; *Erler,* Bürgerbeteiligung, 2013, S. 261.

511 *Pautsch/Haug,* Beteiligungsverfahren im repräsentativ-demokratischen Entscheidungsprozess, 2023, S. 239 f.

512 *Engel,* Wien Hauptbahnhof, 2016, S. 248.

513 *Pautsch/Haug,* Beteiligungsverfahren im repräsentativ-demokratischen Entscheidungsprozess, 2023, S. 239 f.; *BMI,* Memorandum Urbane Resilienz, 2021, S. 7 f.

514 *Engel,* Wien Hauptbahnhof, 2016, S. 248.

515 *Pautsch/Haug,* Beteiligungsverfahren im repräsentativ-demokratischen Entscheidungsprozess, 2023, S. 239 f.

516 *Wehrli-Schindler,* Mit neuen Methoden zu einer differenzierten Innenentwicklung, 2007, S. 66.

517 *Böhm u. a.,* BfN-Skripten 2016, S. 174 f.

518 *Kühnau u. a.,* Doppelte Innenentwicklung, 2017, S. 37.

519 *Böhm u. a.,* BfN-Skripten 2016, S. 174 f.

520 *Selle,* Über Bürgerbeteiligung hinaus, 2014, S. 48 f.

521 *Pautsch/Haug,* Beteiligungsverfahren im repräsentativ-demokratischen Entscheidungsprozess, 2023, S. 239 f.

522 *Selle,* Über Bürgerbeteiligung hinaus, 2014, S. 413 ff.

Diese Möglichkeit zur aktiven Mitgestaltung der eigenen Stadt trägt zu einer Identifikation mit ebendieser bei.[523] Sie steigert außerdem die Wertschätzung gegenüber den Entwicklungen im Innenbereich seitens der Zivilgesellschaft.[524] Auch erfährt die Legitimität von demokratisch getroffenen Entscheidungen eine Stärkung[525] und schafft die Rahmenbedingungen und die Basis für die hoheitliche Durchsetzungskraft[526] und den politischen Willensbildungsprozess.[527]

Neben der Förderung einer aktiven Beteiligung kann die Werbung für integrierte Innenentwicklungsprojekte im Rahmen von Stadtmarketingkampagnen zu einer öffentlichen Bewusstseins-[528] und Wissensschaffung[529] sowie zu einem Verständnis in Bezug auf die Entwicklungsmaßnahme und die damit einhergehenden behördlichen Verfahren beitragen.[530] Denn die Komplexität von Innenentwicklungsmaßnahmen übersteigt das Verständnis jenes Großteils der Bevölkerung, der sich nicht dezidiert damit auseinanderzusetzen vermag.[531] Aufgrund von zu abstrakter oder gar unzureichender Kommunikation kann es also passieren, dass Teile der Bevölkerung politischen Entscheidungen misstrauen, ihnen Willkür und Intransparenz zusprechen und sie nicht unwidersprochen hinnehmen möchten.[532] Es gilt demnach, das verlorengegangene zivile Vertrauen wiederzugewinnen[533] und durch Transparenz[534] ein Verständnis herzustellen.[535]

In der Diskussion um die Bedeutung dialogorientierter partizipativer Elemente in Projekten einer integrierten Innenentwicklung sind neben den genannten Vorteilen auch die Grenzen der dialogischen Bürgerbeteiligung zu betrachten. In der Praxis werden entsprechende Beteiligungsprozesse auch in strukturell hinreichend

---

[523] *Burg u. a.,* Bausteine erfolgreicher Innenentwicklung, 2009, S. 11 f.

[524] *Böhm u. a.,* BfN-Skripten 2016, S. 174 f.

[525] *Ackermann,* Wahlen, Abstimmungen und dialogorientierte Beteiligung, 2023, S. 35, 48 ff.; *Böhm u. a.,* BfN-Skripten 2016, S. 174 f.

[526] *Elgendy/Dahm/Ruther-Mehlis,* Siedlungsflächenmanagement, 2014, S. 28.

[527] *Kühnau u. a.,* Doppelte Innenentwicklung, 2017, S. 37.

[528] *Burg u. a.,* Bausteine erfolgreicher Innenentwicklung, 2009, S. 11 f., 28 f.; *Elgendy/Dahm/Ruther-Mehlis,* Siedlungsflächenmanagement, 2014, S. 28.

[529] *Elgendy/Dahm/Ruther-Mehlis,* Siedlungsflächenmanagement, 2014, S. 28.

[530] *Engel,* Wien Hauptbahnhof, 2016, S. 248.

[531] *Maurer,* Innenentwicklung, 2007, S. 9.

[532] *Erler,* Bürgerbeteiligung, 2013, S. 261.

[533] *Selle,* Über Bürgerbeteiligung hinaus, 2014, S. 413 ff.; *Vetter/Klages/Ulmer,* Der moderne Staat 2013, S. 253; *Engel,* Wien Hauptbahnhof, 2016, S. 248.

[534] *Pautsch/Haug,* Beteiligungsverfahren im repräsentativ-demokratischen Entscheidungsprozess, 2023, S. 239 f.

[535] *Engel,* Wien Hauptbahnhof, 2016, S. 248.

aufgestellten Kommunen teilweise intransparent umgesetzt. Dadurch erfahren die seitens der Bürgerschaft erhofften Gestaltungsspielräume weder einen rechtlichen Bestand, noch eine tatsächliche Umsetzung.[536] Es wird kritisiert, dass die Ergebnisse nur unzureichend in die repräsentativ-demokratische Entscheidungsfindung einfließen.[537] Die Gründe hierfür sind verschiedenartig: So mangelt es z. B. häufig am Willen, an den Kompetenzen und an den Ressourcen zur nachhaltigen Berücksichtigung der in dialogischen Beteiligungsprozessen generierten Ergebnisse.[538] Kommunalverwaltungen kommen aufgrund des hohen Aufwands an ihre Kapazitätsgrenzen[539] und erleben durch die zusätzlich erforderliche Kommunikation über ihre stadtplanerischen Vorhaben weitergehende Belastungen.[540] Zudem stufen Kommunen die informelle Bürgerbeteiligung häufig als konfliktbehaftet ein, was das Belastungserleben zusätzlich erhöht.[541]

In den Experteninterviews wurde zwar der hohe Ressourceneinsatz von informellen Beteiligungsformaten konstatiert. Insgesamt wird ihnen jedoch positiv entgegengetreten, denn sie steigern die Akzeptanz für Innenentwicklungsmaßnahmen durch die Herstellung von Transparenz in einem erheblichen Maße.[542] Bei der Gegenüberstellung von Chancen und Risiken informeller Beteiligungselemente im Rahmen von integrierten Innenentwicklungsprojekten kann letzteren also souverän begegnet werden, sofern einige Rahmenbedingungen Berücksichtigung finden. So ist in Bezug auf die dialogische Beteiligung der Bürgerschaft in integrierten Innenentwicklungsprojekten eine möglichst umfassende Einbeziehung verschiedenartigster Interessen[543] sowie eine breitestmögliche Mitwirkung wünschenswert.[544] Zunächst ist hierbei ein Rollenverständnis der verschiedenen Akteure herzustellen.[545]

---

536 *WBGU,* Hauptgutachten, 2016, S. 396 f.

537 *Pautsch/Haug,* Beteiligungsverfahren im repräsentativ-demokratischen Entscheidungsprozess, 2023, S. 233 f.

538 *WBGU,* Hauptgutachten, 2016, S. 396 f.

539 *Kühnau u. a.,* Doppelte Innenentwicklung, 2017, S. 39.

540 *Selle,* Über Bürgerbeteiligung hinaus, 2014, S. 413 ff.

541 *Böhm u. a.,* BfN-Skripten 2016, S. 174 f.

542 I11.

543 *Brettschneider,* Erfolgsbedingungen für Kommunikation und Bürgerbeteiligung bei Großprojekten, 2016, S. 226 ff.; *VDI,* Richtlinie 7001, 2014, S. 13 ff.

544 *Hadžic,* Einwohneranträge auf der kommunalen Ebene, 2023, S. 318 ff.; *Netzwerk Bürgerbeteiligung,* Qualitätsstandards Bürgerbeteiligung, 2013, S. 1 ff.

545 *Selle,* Über Bürgerbeteiligung hinaus, 2014, S. 413 ff.

Empirische Analysen von Umfragedaten aus dem Jahr 2021 durch Ackermann zeigen, dass die Teilnahmebereitschaft an dialogorientierten Prozessen insbesondere von psychologischen Motiven und der sozialen Einbindung abhängt. Auch wirken sich neben dem Alter Faktoren wie ein politisches Interesse sowie eine Zufriedenheit mit der Demokratie als solche auf die Teilnahmebereitschaft an Beteiligungsprozessen aus. Grundsätzlich lässt sich feststellen, dass eine aufgeschlossene und offen eingestellte Bürgerschaft, die sich auch ansonsten gerne in Vereinen engagiert, eine größere Teilnahmebereitschaft zeigt. Um repräsentative Beteiligungsergebnisse zu erzielen, sollte bei der Zusammensetzung von partizipativen Gremien auf eine ausgeglichene Vertretung verschiedener Bevölkerungsgruppen[546] sowie auf die Wahl der jeweiligen Beteiligungsmethode geachtet werden. Letztere sollte zur Erreichung verschiedener Bevölkerungsgruppen geeignet sein und insbesondere auch jene ansprechen, die aufgrund ihrer sozialen, kulturellen oder bildungsspezifischen Hintergründe ihre Interessen in regulären Beteiligungsverfahren nur schwer vertreten können. Als besonders geeignet haben sich in diesem Zusammenhang aufsuchende sowie aktivierende Beteiligungsformen unter Berücksichtigung projektspezifischer und zielgruppenbezogener Besonderheiten herausgestellt.[547] Neben der gezielten Einbindung sozioökonomisch benachteiligter Teile der Bürgerschaft[548] empfiehlt es sich, bei der Wahl der geeigneten Beteiligungsformen auf quartiersspezifische Gegebenheiten Rücksicht zu nehmen.[549]

Da die Beteiligungsbereitschaft seitens der Bevölkerung die Grundlage für dialogische Beteiligungsprozesse darstellt, ist wichtig, dass alle beteiligten Akteure, sofern sie denn eine Teilnahmebereitschaft zeigen,[550] einen angemessenen Gestaltungsspielraum zugeschrieben bekommen. Außerdem sollten sich die Kommunen in ihrer hoheitlichen Position gegenüber der Zivilbevölkerung[551] mittels kooperativer,[552] ergebnisoffener Prozesse öffnen.[553] Das auf Dauer angelegte Ziel

---

[546] *Ackermann,* Wahlen, Abstimmungen und dialogorientierte Beteiligung, 2023, S. 35, 48 ff.

[547] *Kühnau u. a.,* Doppelte Innenentwicklung, 2017, S. 39.

[548] *Böhm u. a.,* BfN-Skripten 2016, S. 174 f.

[549] *Wehrli-Schindler,* Mit neuen Methoden zu einer differenzierten Innenentwicklung, 2007, S. 66.

[550] *Ackermann,* Wahlen, Abstimmungen und dialogorientierte Beteiligung, 2023, S. 48 ff., 35.

[551] *BMVBS/BBR,* Integrierte Stadtentwicklung als Erfolgsbedingung einer nachhaltigen Stadt, 2007, S. 19 f.

[552] *Vetter/Klages/Ulmer,* Der moderne Staat 2013, S. 259.

[553] *Selle,* Über Bürgerbeteiligung hinaus, 2014, S. 413 ff.

einer kooperativen Demokratie verlangt verstetigte kooperative Beteiligungsprozesse. Diese sind idealerweise sorgfältig und kompetent ausgestaltet, verbindlich und verlässlich[554] und fest in eine lokale Beteiligungskultur eingebettet.[555] Der Zuspruch einer entsprechenden Verantwortlichkeit innerhalb der Kommunalverwaltung trägt zur Steigerung der Verbindlichkeit bei[556] und hilft, Fairness und Transparenz[557] sowie eine prozessuale Verzahnung der beteiligungsrelevanten Akteure zu schaffen.[558]

Dialogisch-partizipative Prozesse sollten frühzeitig stattfinden, um die Öffentlichkeit in einem möglichst frühen Projektstadium einzubeziehen.[559] Für eine konstruktive Zusammenarbeit sind Kontinuität[560] und ein langer Atem sowie ein hohes Maß an Verlässlichkeit erforderlich.[561] Letztere bezieht sich vor allem auf eine gewisse Verbindlichkeit[562] und Klarheit hinsichtlich der weiteren Verwertung der in informellen Beteiligungsprozessen generierten Ergebnisse.[563] Zudem sollte ein gegenseitiges Verständnis aller involvierten Akteursgruppen für die jeweils anderen Interessen vorherrschen.[564]

Für eine gelingende informelle Beteiligung der Bürgerschaft im Rahmen einer integrierten Innenentwicklung sollte eine aufgeschlossene, wertschätzende

---

554 *Hadžic,* Einwohneranträge auf der kommunalen Ebene, 2023, S. 318 ff.; *Netzwerk Bürgerbeteiligung,* Qualitätsstandards Bürgerbeteiligung, 2013, S. 1 ff.

555 *Hadžic,* Einwohneranträge auf der kommunalen Ebene, 2023, S. 318 ff.; *Netzwerk Bürgerbeteiligung,* Qualitätsstandards Bürgerbeteiligung, 2013, S. 1 ff.; *Vetter/Klages/Ulmer,* Der moderne Staat 2013, S. 266 ff.

556 *Vetter/Klages/Ulmer,* Der moderne Staat 2013, S. 253, 266 ff.

557 *Brettschneider,* Erfolgsbedingungen für Kommunikation und Bürgerbeteiligung bei Großprojekten, 2016, S. 226 ff.; *VDI,* Richtlinie 7001, 2014, S. 13 ff.

558 *Vetter/Klages/Ulmer,* Der moderne Staat 2013, S. 253, 259.

559 *Wehrli-Schindler,* Mit neuen Methoden zu einer differenzierten Innenentwicklung, 2007, S. 66; *Böhm u. a.,* BfN-Skripten 2016, S. 174 f.

560 *Böhm u. a.,* BfN-Skripten 2016, S. 174 f.; *Brettschneider,* Erfolgsbedingungen für Kommunikation und Bürgerbeteiligung bei Großprojekten, 2016, S. 226 ff.; *VDI,* Richtlinie 7001, 2014, S. 13 ff.

561 *Selle,* Über Bürgerbeteiligung hinaus, 2014, S. 413 ff.; *Vetter/Klages/Ulmer,* Der moderne Staat 2013, S. 259.

562 *Vetter/Klages/Ulmer,* Der moderne Staat 2013, S. 259.

563 *Brettschneider,* Erfolgsbedingungen für Kommunikation und Bürgerbeteiligung bei Großprojekten, 2016, S. 226 ff.; *VDI,* Richtlinie 7001, 2014, S. 13 ff.

564 *BMVBS/BBR,* Integrierte Stadtentwicklung als Erfolgsbedingung einer nachhaltigen Stadt, 2007, S. 19 f.

Einstellung gegenüber ebendieser vorherrschen.[565] Sie sollte als vorteilig wahrgenommen werden,[566] um auf eine möglichst breite Akzeptanz zu stoßen.[567] Hierfür ist ein transparenter Umgang unter Darstellung klarer Rahmenbedingungen auf Basis einer umfassenden Faktenklärung erforderlich. Bereits vorhandene Gestaltungsspielräume sollten genutzt werden, um ein erfahrungsbasiertes Lernen zu ermöglichen. Eine zentrale Grundvoraussetzung hierfür ist die Verfügbarkeit ausreichender Ressourcen.[568] Um informellen partizipativen Prozessen mehr Verbindlichkeit zu verleihen, empfiehlt es sich, sie mit repräsentativ-demokratischen Verfahren zu verknüpfen.[569]

Der angestrebten gelingenden Einbeziehung von zivilen Ideen und Interessen in integrierte Innenentwicklungsmaßnahmen liegt eine frühzeitige und umfassende Öffentlichkeitsinformation zugrunde.[570] Hierbei ist eine verständliche,[571] transparente,[572] angemessene und qualitätsvolle Kommunikation[573] auf Augenhöhe[574] anzustreben. Sie sollte den Mehrwert der Entwicklungsmaßnahme adressatengerecht[575] transportieren und über vielfältige Kommunikationsinstrumente[576] zum Dialog einladen.[577] Die Projektkommunikation sollte in einem

---

565 *Brettschneider,* Erfolgsbedingungen für Kommunikation und Bürgerbeteiligung bei Großprojekten, 2016, S. 226 ff.; *VDI,* Richtlinie 7001, 2014, S. 13 ff.

566 *Vetter/Klages/Ulmer,* Der moderne Staat 2013, S. 266 ff.

567 *Ackermann,* Wahlen, Abstimmungen und dialogorientierte Beteiligung, 2023, S. 35.

568 *Brettschneider,* Erfolgsbedingungen für Kommunikation und Bürgerbeteiligung bei Großprojekten, 2016, S. 226 ff.; *VDI,* Richtlinie 7001, 2014, S. 13 ff.; *Hadžic,* Einwohneranträge auf der kommunalen Ebene, 2023, S. 318 ff.; *Netzwerk Bürgerbeteiligung,* Qualitätsstandards Bürgerbeteiligung, 2013, S. 1 ff.

569 *Ackermann,* Wahlen, Abstimmungen und dialogorientierte Beteiligung, 2023, S. 48 ff.

570 *Vetter/Klages/Ulmer,* Der moderne Staat 2013, S. 259.

571 *Brettschneider,* Erfolgsbedingungen für Kommunikation und Bürgerbeteiligung bei Großprojekten, 2016, S. 226 ff.; *VDI,* Richtlinie 7001, 2014, S. 13 ff.

572 *Hadžic,* Einwohneranträge auf der kommunalen Ebene, 2023, S. 318 ff.; *Netzwerk Bürgerbeteiligung,* Qualitätsstandards Bürgerbeteiligung, 2013, S. 1 ff.

573 *Burg u. a.,* Bausteine erfolgreicher Innenentwicklung, 2009, S. 11 f.

574 *Hadžic,* Einwohneranträge auf der kommunalen Ebene, 2023, S. 318 ff.; *Netzwerk Bürgerbeteiligung,* Qualitätsstandards Bürgerbeteiligung, 2013, S. 1 ff.

575 *Kühnau u. a.,* Doppelte Innenentwicklung, 2017, S. 37; *Böhm u. a.,* BfN-Skripten 2016, S. 242 ff.

576 *Brettschneider,* Erfolgsbedingungen für Kommunikation und Bürgerbeteiligung bei Großprojekten, 2016, S. 226 ff.; *VDI,* Richtlinie 7001, 2014, S. 13 ff.

577 *Hadžic,* Einwohneranträge auf der kommunalen Ebene, 2023, S. 318 ff.; *Netzwerk Bürgerbeteiligung,* Qualitätsstandards Bürgerbeteiligung, 2013, S. 1 ff.

angemessenen Maße und nicht mit dem Ansinnen der Erzielung von Mengeneffekten erfolgen. Stattdessen sollte sie der substanziellen Arbeit im Rahmen integrierter Innenentwicklungen dienen. Mit diesem Ziel sollte die städtische Kommunikation fest im kommunalen Alltag verankert und reflektierend sowie ergebnisorientiert ausgerichtet sein.[578]

Keinesfalls sollte die Erwartung einer Rechtsverbindlichkeit geschürt werden, wenngleich Kommunen bestrebt sein sollten, die Ergebnisse aus informellen Beteiligungsverfahren nachvollzierbar zu dokumentieren und zu berücksichtigen.[579] Letzteres sollte im Rahmen einer mehrphasigen, integrierten Beteiligungsplanung in den jeweiligen Projektphasen geschehen, welche an späterer Stelle der vorliegenden Arbeit aufgezeigt werden.[580]

Mit einem Fokus auf die Nachhaltigkeit von Innenentwicklungsprojekten sollte partizipativ, kooperativ[581] und im Dialog mit der Bürgerschaft und allen relevanten Stakeholdern agiert werden. Transparenz sollte in Planungsprozess einen hohen Stellenwert haben und es sollte eine Öffnung gegenüber gesellschaftlichen Überlegungen und Konzepten stattfinden.[582]

6.3.2 Kommunikationsformate im Rahmen einer integrierten Innenentwicklung

Innenentwicklungsmaßnahmen sind zumeist standortgebundene Bau- und Infrastrukturprojekte des Typus *Leben und Arbeiten* und fallen somit in den Anwendungsbereich der VDI-Richtlinie 7001. Diese formuliert Kommunikations- und Beteiligungsstandards für die verschiedenen Projektphasen von Großprojekten. Angelehnt an diese Projektphasen werden verschiedene kommunikative Öffentlichkeitsbeteiligungsmöglichkeiten unter Bezugnahme auf ihre Wirkungsgrade

---

[578] *Selle,* Über Bürgerbeteiligung hinaus, 2014, S. 413 ff.

[579] *VDI,* Richtlinie 7001, 2014, S. 7.

[580] *Vetter/Klages/Ulmer,* Der moderne Staat 2013, S. 259.

[581] *UBA,* Die Stadt für Morgen, 2017, S. 22; *Wehrli-Schindler,* Mit neuen Methoden zu einer differenzierten Innenentwicklung, 2007, S. 60.

[582] *Kühnau u. a.,* Doppelte Innenentwicklung, 2017, S. 37 ff.; *Reinke,* Doppelte Innenentwicklung, 2016, S. 35; *Böhm u. a.,* BfN-Skripten 2016, S. 174 f., 242 ff.; *Pautsch/Haug,* Beteiligungsverfahren im repräsentativ-demokratischen Entscheidungsprozess, 2023, S. 239 f.; *Burg u. a.,* Bausteine erfolgreicher Innenentwicklung, 2009, S. 11 f.; *BMVBS/BBR,* Integrierte Stadtentwicklung als Erfolgsbedingung einer nachhaltigen Stadt, 2007, S. 19 f.; *Wehrli-Schindler,* Mit neuen Methoden zu einer differenzierten Innenentwicklung, 2007, S. 66.

untersucht. Dabei wird zwischen der informativen, der beratenden und der mitgestaltenden Ebene unterschieden. Für jeden Wirkungsgrad werden jeweils kommunale Formate aufgezeigt. Zudem wird eine Bewertung ihrer Stärken und Schwächen vorgenommen. Es werden verschiedene Voraussetzungen für eine gelingende Partizipation aufgezeigt. Auch wird eine Einordnung in den Projektverlauf einer integrierten Innenentwicklung erfolgen.[583]

Die nachfolgend untersuchten informativen, konsultativen und kooperativen Wege informeller Beteiligung sind ein Auszug aus einem umfangreichen Pool an Beteiligungsmöglichkeiten und keinesfalls als abschließend zu betrachten. Sie haben jedoch für integrierte Innenentwicklungsmaßnahmen eine besonders hohe Relevanz. Idealerweise sollten sie nicht isoliert, sondern ineinandergreifend und aufeinander aufbauend Anwendung finden.

6.3.2.1 Untersuchung informativer Ansätze

Die nach Arnstein's Leiter der Partizipation oftmals als Scheinbeteiligung geltende[584] Information und Öffentlichkeitsarbeit bei Innenentwicklungsvorhaben[585] verfolgt das Ziel, die Bürgerschaft auf ein konkretes Innenentwicklungsprojekt aufmerksam zu machen. Zudem sollen die Projektziele und der jeweils aktuelle Planungsstand in die Öffentlichkeit transportiert werden.[586] Durch den Ausbau von entsprechenden Marketinginstrumenten[587] soll der Nutzen des Vorhabens aktiv beworben werden. Außerdem soll eine Transparenz hinsichtlich der Informationsquellen, der Auftraggeberschaft, der potenziellen Unsicherheiten und der Einordnung in Mehr- oder Minderheitsinteressen hergestellt werden. Zudem soll die Basis für eine kontroverse Gutachtenlage und für eine individuelle Meinungsbildung geschaffen werden. Sie ist daher die Grundlage für alle weitergehenden Beteiligungsstufen. Die Instrumente einer informativ wirkenden Bürgerbeteiligung lassen sich in Online- und Printauftritte sowie in Pressearbeit und Veranstaltungen kategorisieren.[588] Als Online-Informationskanäle kommen

[583] *VDI,* Richtlinie 7001, 2014, S. 5 f., 7 ff.

[584] *WBGU,* Hauptgutachten, 2016, S. 115; *Arnstein,* JAIP 1969, S. 217.

[585] *Böhm u. a.,* BfN-Skripten 2016, S. 174 f.

[586] *VDI,* Richtlinie 7001, 2014, S. 7 ff.; *WBGU,* Hauptgutachten, 2016, S. 16.

[587] *Kron,* Zukunftsfähige Stadtplanung in Stuttgart, 2007, S. 21.

[588] *VDI,* Richtlinie 7001, 2014, S. 7 ff. *WBGU,* Hauptgutachten, 2016, S. 16.

beispielsweise Diskussionsforen, Internet- und Bauflächenbörsen,[589] Open-Data-Spaces, Projektblogs und Projektwebseiten in Betracht. Hinsichtlich der Printkanäle stehen Medien wie etwa Broschüren, Flyer,[590] Informationsmaterial[591] und Plakate[592] sowie weiteres Material zum Projektmarketing zur Wahl. Zu einer guten Pressearbeit[593] können Pressemitteilungen und -konferenzen sowie journalistische Hintergrundgespräche beitragen.[594] Auch Bürgerversammlungen,[595] Ausstellungen, Vorträge und runde Tische können informativ wirken. Prozesse von informativ wirkender Öffentlichkeitsbeteiligung verursachen insbesondere zu Beginn hohe zusätzliche Projektkosten, einen hohen zeitlich-personellen Mehraufwand und einen erhöhten Bedarf an Professionalität. Hinzu kommt, dass verschiedene Personen dieselben kommunizierten Sachverhalte auf unterschiedliche Art und Weise interpretieren und dass Informationen seitens der Bürgerschaft häufig subjektiv, die jeweils individuelle Auffassung bestärkend, aufgefasst werden. Eine nur informative Partizipation reicht zwar nicht aus, um Akzeptanzdefizite auszuräumen oder ihnen gänzlich vorzubeugen. Dennoch lässt sich durch sie die individuelle Informationsgrundlage der Bürgerschaft verbreitern[596] und dadurch deren Akzeptanz zumindest ein Stück weit erhöhen.[597] Die durch informative Formate ermöglichte Senkung der Wahrscheinlichkeit einer fehlerhaften Kommunikation hilft bei der Vorbeugung von Fehlentscheidungen[598] und Widerständen und ermöglicht es, Gerüchte vor ihrer Entstehung abzufangen und Befürchtungen in einer frühen Projektphase auszuräumen.[599] Somit wirkt sich eine gute Öffentlichkeitsarbeit positiv auf das Vertrauen der Bevölkerung bereits in früheren Projektstadien aus[600] und trägt zu einer Verbesserung der Projektplanung bei.[601]

---

[589] *Kron,* Zukunftsfähige Stadtplanung in Stuttgart, 2007, S. 21.
[590] *VDI,* Richtlinie 7001, 2014, S. 7 ff.
[591] *Burg u. a.,* Bausteine erfolgreicher Innenentwicklung, 2009, S. 20 f.
[592] *VDI,* Richtlinie 7001, 2014, S. 7 ff.
[593] *Burg u. a.,* Bausteine erfolgreicher Innenentwicklung, 2009, S. 20 f.
[594] *VDI,* Richtlinie 7001, 2014, S. 7 ff.
[595] *Burg u. a.,* Bausteine erfolgreicher Innenentwicklung, 2009, S. 20 f.
[596] *VDI,* Richtlinie 7001, 2014, S. 7 ff., 10 ff.
[597] *Burg u. a.,* Bausteine erfolgreicher Innenentwicklung, 2009, S. 20 f.
[598] *VDI,* Richtlinie 7001, 2014, S. 10 ff.
[599] *Burg u. a.,* Bausteine erfolgreicher Innenentwicklung, 2009, S. 20 f.
[600] *VDI,* Richtlinie 7001, 2014, S. 10 ff.
[601] *Burg u. a.,* Bausteine erfolgreicher Innenentwicklung, 2009, S. 20 f.

Hinsichtlich des Spannungsfeldes zwischen verschiedenen Interessensgruppen hilft Kommunikation dabei, Stimmungsbilder und Haltungen in der Bevölkerung zu bündeln und mögliche Dissens- und Konsensfelder schneller zu identifizieren. Zum einen kann dadurch das Ausmaß von Konflikten reduziert werden. Zum anderen kann einer Ausuferung ebendieser vorgebeugt werden. Änderungen im Zeitablauf oder bei sonstigen Rahmenbedingungen können eine informative Partizipation erschweren. Daher ist bei integrierten Innenentwicklungsprojekten auf eine durchdachte Kommunikationsstrategie zu achten. Um von Beginn an Vertrauen und damit die Basis guter Kommunikation und gelingender Beteiligung zu schaffen, sollte frühzeitig[602] und kontinuierlich informiert werden.[603] Im Sinne der Transparenz sollten auch kontroverse Themen offen angesprochen werden. Für eine breite Reichweite sollte zum einen auf Verständlichkeit beim Transport fachspezifischer Sachverhalte geachtet werden. Zum anderen empfiehlt es sich, weiterführende Informationsbezugsquellen darzulegen. Der Umfang und die Intensität des Informationsflusses sollten passgenau auf die Projektgröße und auf mögliche Spannungsfelder abgestimmt sein.[604]

Die Wahl der jeweils geeigneten informativen Partizipationsinstrumente und deren Kombinationsmöglichkeiten sollten in Abhängigkeit vom zu erwartenden Konflikt- bzw. Eskalationspotenzial der Innenentwicklungsmaßnahme, von deren im Zuge der öffentlichen Debatte beobachteten Akzeptanz, von den jeweiligen Verhandlungsspielräumen sowie von den jeweils verfügbaren Ressourcen getroffen werden. Dafür sollten die Projektverantwortlichen zu Beginn eine umfassende Stimmungsanalyse vornehmen und Konfliktpotenziale ergründen.[605]

Bei der Auswertung der Experteninterviews nach Kleinstädten (Kategorie A), Mittelstädten (Kategorie B) und Großstädten (Kategorie C) wird deutlich, dass die Städte Bremen (C), Dinslaken (B) und Friedrichshafen (B) regelmäßig *Informationsveranstaltungen* durchführen. Vor der gesetzlich vorgeschriebenen Bürgerbeteiligung, bzw. vor der Veröffentlichung des Bebauungsplans, wird die Bürgerschaft informiert. Sie hat die Möglichkeit, kritische Punkte gemeinsam mit der Verwaltung zu diskutieren. Dadurch wird in einem recht frühen Stadium ein Stimmungsbild abgefragt, sodass Konflikte vor ihrem Entstehen ausgeräumt werden können. Konflikten wird hierdurch also durch die Herstellung von Transparenz und Verständnis offensiv begegnet. Dennoch können nicht immer

[602] *VDI,* Richtlinie 7001, 2014, S. 7 ff., 10 ff.

[603] *Burg u. a.,* Bausteine erfolgreicher Innenentwicklung, 2009, S. 20 f.

[604] *VDI,* Richtlinie 7001, 2014, S. 7 ff., 10 ff.

[605] *VDI,* Richtlinie 7001, 2014, S. 20 ff.

alle Besucherinnen und Besucher solcher Veranstaltungen zufrieden gestimmt werden.[606]

Eine Alternative zur klassischen Informationsveranstaltung bietet die *mobile Bürgerversammlung*, welche die Stadt Nürnberg (C) regelmäßig durchführt. Im Rahmen dieses informativen Beteiligungsformats fährt die Stadtverwaltung mehrmals im Jahr gemeinsam mit der Bürgerschaft Entwicklungsgebiete mit dem Fahrrad ab. Hierbei besteht die Möglichkeit, analog oder über virtuelle Umfragetools zu kommunizieren und Kritik zu äußern. Es wird somit ein niedrigschwelliger Gesprächseinstieg ermöglicht. Da teilweise auch hochumstrittene Entwicklungsgebiete angesteuert werden, kann die Bevölkerung über dieses Format auch Kritik und Bedenken platzieren. Ein barrierefreier Zugang für mobilitätseingeschränkte Personen zu mobilen Bürgerversammlungen kann durch den Einsatz von Motorradgespannen gewährleistet werden. Auch besteht die Möglichkeit, Gebärdensprachdolmetscher und inklusive Höranlagen zur Sicherstellung einer gleichberechtigten Teilhabe der gesamten Bürgerschaft, einzusetzen. Mobile Bürgerversammlungen bieten sich sowohl in der Planungsphase als auch in der Umsetzungsphase an. Sie werden vom jeweils zuständigen Sachbearbeiter durchgeführt. Sie sind dadurch zwar einerseits sehr aufwändig. Andererseits steigern sie jedoch die Identifikation und Motivation der Mitarbeitenden mit ihrem jeweiligen Projekt.[607]

Die Anwohnerschaft einer Innenentwicklungsmaßnahme kann zudem über eine *Stadtteilzeitung* informiert werden. Diese sollte nach den Erfahrungen der Stadt Siegen (C) für einen gerechten Zugang und eine möglichst große Reichweite kostenlos und allen Haushalten im jeweiligen Quartier zugänglich gemacht werden. Es empfiehlt sich, das Instrumentarium bereits sehr früh im Projektverlauf einzusetzen.[608]

Den Quartiersbezug schafft auf informativer Ebene auch die *Planungskneipe*, mit der die Stadt Nürnberg (C) Erfahrungen vorweisen kann. Als niedrigschwelliger Ort mit Nachbarschaftsbezug besteht hier die Möglichkeit, dass Fachleute über Einzelheiten informieren und Unklarheiten frühzeitig geklärt werden können.[609]

Ebenfalls zu einem sehr frühen Zeitpunkt empfiehlt sich die Einrichtung einer interaktiven *Projekthomepage*, wie sie beispielsweise die Stadt Siegen (C) für den Rückbau der Siegplatte im Einsatz hatte. Projekthomepages können eine große

[606] I8; I7; I1.

[607] I6.

[608] I11.

[609] I6.

Reichweite erzielen und kontinuierlich über den jeweils aktuellen Planungs- bzw. Umsetzungsstand sowie später auch über den Baufortschritt informieren.[610]

In der Umsetzungsphase kann eine *Baustellenhotline* geschaltet werden, die idealerweise jeden Tag besetzt sein sollte. Einen ähnlichen informativen Effekt bringt die Einrichtung eines Baustellenbüros mit offenen Türen für alle Projektinteressierten während der Bauphase. Mit beiden Instrumentarien hat die Stadt Siegen (C) während des Rückbaus der Siegplatte als ein interdisziplinäres Großprojekt positive Erfahrungen gemacht.[611]

Im Gruppenvergleich wird deutlich, dass tendenziell Mittel- und Großstädte auf informative informelle Beteiligungsinstrumente zurückgreifen. Dies könnte an dem zumeist recht hohen zeitlichen und personellen Ressourceneinsatz liegen, den kleinere Kommunen aus ihrem eigenen Personalkörper nur schwerlich erbringen können. Auch könnte in Städten der Kategorie A das förmliche Beteiligungsverfahren bereits ein ausreichendes Maß an Transparenz und Akzeptanz herstellen. Zwei Möglichkeiten der Information über Innenentwicklungsmaßnahmen, die kleinere Städte und Gemeinden sicherlich schon teilweise nutzen und die jedoch in den Experteninterviews nicht dezidiert benannt wurden, sind die regelmäßigen Bürgerinformationen über die Gemeindehomepage oder über das Gemeindeblatt im Projektverlauf.

6.3.2.2 Betrachtung konsultativer Möglichkeiten

Die konsultativ wirkende Partizipationsebene dient der Diskussion konkreter Vorschläge und der Erarbeitung von Ideen und Handlungsempfehlungen in Bezug auf integrierte Innenentwicklungsmaßnahmen. Sie bildet eine Basis, auf welche im weiteren Projektverlauf aufgebaut werden kann. Ihr beratender Charakter soll lokales Wissen bei der interessierten Bürgerschaft abfragen und eine Integration unterschiedlicher Interessen in die Maßnahmenplanungen ermöglichen.[612]

Als konkrete Konsultationsinstrumente können beispielsweise eine moderierte Ansprache von Grundstückseigentümern sowie deren Beratung und die Kontaktvermittlung zwischen Bedarfsträgern und Anbietern genannt werden.[613] Auch kann eine konsultative Wirkung bei der Befragung der Bürgerschaft, beim Ersuchen von Bürgerzeugnissen und von partizipativen Bewertungen der jeweiligen Kommune[614] sowie bei der Initiierung von Fokusgruppen, Zukunftswerkstätten,

---

[610] I11.

[611] I11.

[612] *VDI,* Richtlinie 7001, 2014, S. 7 ff.

[613] *Elgendy/Dahm/Ruther-Mehlis,* Siedlungsflächenmanagement, 2014, S. 29.

[614] *WBGU,* Hauptgutachten, 2016, S. 16.

World Cafés, Szenario-Workshops[615] und Baulückenbörsen[616] erzielt werden. Als weiteres konsultatives Instrument seien Stadtteilfonds genannt, welche eine dezentrale Entscheidung über die Mittelverwendung im jeweiligen Stadtteil ermöglichen. Sie dienen der Aktivierung und dem Empowerment der lokalen Bevölkerung, steigern deren Entscheidungs- und Gestaltungsmöglichkeiten und bilden dadurch die Grundlage für Selbstorganisationsprozesse und für eine unbürokratische und schnelle Realisierung kleinerer Maßnahmen.[617] Allgemein lassen konsultierende partizipative Instrumente eine konstruktive Entwicklung von Innenentwicklungsmöglichkeiten zu. Dennoch spiegeln sich die Ergebnisse konsultativer Beteiligungsprozesse kaum in kommunalen Entscheidungen wider. Teilweise nehmen die politischen bzw. kommunalen Entscheidungsträger den Input der Bürgerschaft lediglich zur Kenntnis. Teilweise leiten sie daraus unklare Entscheidungen ab und zum Teil werden die Erkenntnisse gänzlich abgelehnt.[618] Auch die Politikberaterin Sherry Arnstein reduziert die konsultativ wirkende Partizipationsebene auf eine Scheinbeteiligung.[619]

Bei aller Kritik kann konsultative Beteiligung eine große Wirkkraft entfalten. Für eine gelingende konsultative Wirkung von Beteiligungsprozessen sollten die vielfältigen Interessen und Sichtweisen möglichst umfassend Berücksichtigung finden. Die Grundvoraussetzung hierfür ist eine Kenntnis der Rahmenbedingungen der geplanten Innenentwicklungsvorhaben seitens der Bürgerschaft. Ein breites Angebot an zielgruppenspezifischen Medien und kommunikativen Wegen, wie beispielsweise in Präsenz stattfindende Veranstaltungen oder Onlineangebote, empfiehlt sich ebenso, wie eine Kombination ebendieser. Letztere ermöglicht möglichst allen Bevölkerungsgruppen einen Zugang, denn es verfügen nicht alle Menschen in einer Stadt über denselben Zugang zu digitalen Medien und über dasselbe Maß an Mobilität.[620] Für einen maximalen Nutzen durch die vorgestellten Beratungsaktivitäten ist zudem eine Netzwerkbildung zwischen Handwerksbetrieben, Architekturbüros und dem finanziellen Sektor erstrebenswert.[621]

---

[615] *VDI,* Richtlinie 7001, 2014, S. 7 ff.

[616] *Elgendy/Dahm/Ruther-Mehlis,* Siedlungsflächenmanagement, 2014, S. 29.

[617] *Difu,* Soziale Stadt Info 14, 2003, zit. nach *BMVBS/BBR,* Integrierte Stadtentwicklung als Erfolgsbedingung einer nachhaltigen Stadt, 2007, S. 19 f.

[618] *Neunecker,* Wie wirkt sich Bürgerbeteiligung auf die Entscheidungen von Stadt- und Gemeinderäten aus?, 2016, S. 213 ff.

[619] *WBGU,* Hauptgutachten, 2016, S. 115; *Arnstein,* JAIP 1969, S. 217.

[620] *VDI,* Richtlinie 7001, 2014, S. 7 ff.

[621] *Spangenberger,* UPR 2009, S. 221.

Eine beratende Wirkung hat das Beteiligungsformat *PLANWERKdialog Urbane Innenstadt* der Stadt Halle (C). Es ermöglicht eine Diskussion von Projektplanungen mit verschiedenen Beteiligten über einen Zeitraum von mehreren Jahren.[622] Im Unterschied zu informativen Formaten wird beim PLANWERK-dialog Urbane Innenstadt die Öffentlichkeit bei der Zieldefinition einbezogen. Die darauffolgenden ersten intensiven planerischen Auseinandersetzungen finden anschließend unter Ausschluss der Öffentlichkeit statt. Wenn die Planungen stehen, werden sie erneut mit der Bürgerschaft diskutiert. Die Bevölkerung erhält also die Möglichkeit, sich in einem sehr frühen Projektstadium einzubringen und Ziele zu definieren. An den konkreten Projektplanungen ist sie wiederum nicht beteiligt.[623]

Mit dem Fokus auf die Quartiersentwicklung hat die Stadt Leipzig (C) Erfahrungen mit der *Bildung von Quartiersräten* gemacht. Diese dienen dazu, die Interessen von betroffenen Akteuren im jeweiligen Stadtteil noch vor der Planungsphase abzufragen. Hierzu werden Veranstaltungen mit verschiedenen fachspezifischen Untergruppen organisiert, welche von einem externen Moderator geleitet werden. Dieses beratende Beteiligungsinstrument eignet sich vor allem für Themen, wie die Ausgestaltung von Schulgeländen oder des urbanen Grüns im jeweiligen Stadtteil. Während sich die themenbezogen einberufenen Räte gestalterisch in ihrem jeweiligen Stadtteil einbringen können und mit ihnen ein regelmäßiger Austausch über einen längeren Zeitraum stattfindet, gibt es wiederum auch divergierende Interessen unter den beteiligten Akteuren. Diese können eine hemmende Wirkung auf die mitgestalterische Intention von Quartiersräten haben. Auch können aufgrund der Vielzahl an Akteuren oftmals nicht alle interessierten Stakeholder beteiligt werden.[624]

Ein weiteres konsultatives Beteiligungsformat mit Stadtteilbezug ist der *Stadtteilspaziergang*, mit dem die Stadt Neutraubling (A) Erfahrungen vorweisen kann. Bei den in der Konzeptphase angebotenen Spaziergängen werden gemeinsam mit der Bürgerschaft verschiedene Straßenzüge abgelaufen. Währenddessen werden in einem informellen Dialog Entwicklungsmöglichkeiten diskutiert. Die Bürgerschaft hat dadurch die Möglichkeit, die Verwaltung auf Optimierungsbedarfe aufmerksam zu machen und im Rahmen von Ortsbegehungen Vorschläge für

[622] I14.

[623] I14.

[624] I2.

Verschönerungsmaßnahmen, für eine andere Verkehrsführung oder für mehr Barrierefreiheit zu unterbreiten. Von Nachteil ist, dass bei diesem Format nicht alle Bevölkerungsgruppen aktivierbar sind.[625]

Eine große Reichweite kann hingegen mit digitalen beratenden Beteiligungsformaten erzielt werden. So stellt etwa das *digitale Partizipationssystem* (DIPAS), wie es bei der Stadt Bremen (C) im Einsatz ist, eine hybride Alternative dar. Das DIPAS ermöglicht es der Verwaltung, zu informieren, Menschen abzuholen und frühzeitig Interessen abzufragen, die ggf. Berücksichtigung finden können. Es wird also in einem frühen Stadium ein Stimmungsbild abgefragt, sodass Konflikte idealerweise vor ihrem Entstehen ausgeräumt werden können. In Abgrenzung zu klassischen Informationsveranstaltungen bzw. Bürgerversammlungen bietet das digitale Partizipationssystem die Möglichkeit, gezielt die Meinungen jener Personenkreise abzufragen, die später im jeweiligen Entwicklungsgebiet leben oder arbeiten werden.[626]

Eine weitere digitale Beteiligungsmöglichkeit mit beratender Wirkungskraft stellt die *Online-Veranstaltung* dar, wie sie beispielsweise die Stadt Dinslaken (B) durchführt. Zielgerichteter als vergleichbare Präsenzveranstaltungen kann die Bürgerschaft in diesem Format ihre Themen einbringen und interaktiv in Karten des Entwicklungsgebietes eintragen. Die Einladung zu Online-Veranstaltungen kann etwa über die lokale Presse, über soziale Medien oder auch über die Projekt-Homepage erfolgen.[627]

Eine sehr zeit- und kostenintensive, jedoch repräsentative analoge Beteiligungsmöglichkeit mit beratender Wirkung stellt die *Haushaltsumfrage* dar. Im Rahmen der Konzeptphase werden hier die Wünsche aus der Bürgerschaft abgefragt. Dieses Format bietet sich insbesondere für kleinere Gebiete an. So können beispielsweise die Haushalte in einem bestimmten Entwicklungsgebiet oder in einer kleineren Kommune befragt werden. Die Stadt Freudenberg (A) hat positive Erfahrungen mit diesem konsultativen Tool gemacht.[628]

Ähnlich der Haushaltsumfrage hat die Stadt Friedrichshafen (B) im Zusammenhang mit ihrem Integrierten Stadtentwicklungskonzept *Bürgerbefragungen* durchgeführt. Diese dienten der gemeinsamen Erarbeitung der Handlungsfelder des Konzepts und fanden während der Erarbeitung, zur Halbzeit und nach Abschluss zur Fortschreibung statt. Die befragten Personen aus der Bürgerschaft wurden zufallsbasiert ausgewählt und aktiv zur Beteiligung ermutigt. Sie

[625] I9.

[626] I8.

[627] I7.

[628] I12.

hatten sodann die Möglichkeit, Wünsche einzubringen. Die Befragungen sollten vor Fertigstellung des jeweiligen Bauantrags durchgeführt werden, um die Bürgerwünsche berücksichtigen zu können.[629]

Im Gruppenvergleich wird deutlich, dass vor allem großangelegte Formate mit verschiedenen Stakeholdern und Interessensgruppen durch Mittel- und Großstädte Anwendung finden. Kleinstädte hingegen können aufgrund der sie auszeichnenden Bürgernähe und kurzen Wege auf direktere konsultative Gesprächskanäle, wie Haushaltsumfragen und Stadtteilspaziergänge, zurückgreifen. Zusammenfassend lässt sich feststellen, dass alle Kommunengrößen die Relevanz von beratend wirkender Beteiligung erkannt haben.

6.3.2.3 Diskussion um kooperative Wege

Die als „echte“ Partizipation geltende partnerschaftliche Bürgerbeteiligung überträgt Macht und Kontrolle an die Bürgerschaft.[630] Sie zeichnet sich durch Kooperationen,[631] partnerschaftliche Verhandlungen[632] und Mitgestaltungsmöglichkeiten aus. Letztere impliziert einen strukturierten Umgang mit Kontroversen und mit gegensätzlichen Interessen unter Betrachtung einer konkreten Problemstellung im Projektverlauf. Sie verfolgt das Ziel, auf konstruktive Art und Weise einen Ausgleich im Spannungsfeld verschiedener Interessen zu schaffen und hierbei idealerweise einen Konsens zu finden. Dabei sollen aufgeheizte Debatten zunächst durch eine gemeinsame Faktenklärung versachlicht werden, um eine Befriedung etwaiger Konflikte zu erzielen.[633] Durch eine zielgerichtete Kooperation der für eine integrierte Innenentwicklung relevanten Stakeholder sollen neue Spielräume erschlossen werden.[634] Dazu empfiehlt sich eine gezielte Bestärkung derjenigen Personen aus der Bürgerschaft, welche einen Kooperationswillen zeigen.[635]

Mit kooperativer Wirkung kommen runde Tische in Betracht, in denen Vorhabenträger mit Betroffenen aus der Bürgerschaft sprechen und diskutieren

---

[629] I1.

[630] *WBGU,* Hauptgutachten, 2016, S. 115; *Arnstein,* JAIP 1969, S. 217.

[631] *Elgendy/Dahm/Ruther-Mehlis,* Siedlungsflächenmanagement, 2014, S. 29; *Kühnau u. a.,* Natur und Landschaft 2016, S. 331 f.

[632] *Burg u. a.,* Bausteine erfolgreicher Innenentwicklung, 2009, S. 28 f.

[633] *VDI,* Richtlinie 7001, 2014, S. 7 ff.

[634] *Preuß/Michalski,* Mobilität, Flächen und Bauen neu denken und gemeinsam qualifizieren, 2023, S. 9.

[635] *BMI,* Memorandum Urbane Resilienz, 2021, S. 3 f.

können.[636] Auch offene Bürgerforen[637] oder thematische Web-Foren und Diskussionsplattformen[638] sowie Bürgerkonferenzen,[639] Stakeholder-Konferenzen und Online-Konferenzen[640] erfüllen diesen Zweck. Teilweise sind hierbei Mediationen erforderlich.[641] Sehr effektiv hinsichtlich ihrer kooperativen Beteiligungswirkung auf integrierte Innenentwicklungsvorhaben sind Workshops zur Erarbeitung eines Entwicklungsleitbildes,[642] allgemeine Planungsworkshops[643] und Testplanungsworkshops, in denen Innenentwicklungsziele formuliert werden.[644] Testplanungen[645] und Planungszellen[646] können die hierbei erzielten Erfolge abrunden. Zur Steigerung der Kreativität von Entwicklungsmaßnahmen können kommunale Diskurs- und Experimentierräume geschaffen werden.[647] Hierfür eignen sich Zukunftswerkstätten, Bürgerwettbewerbe und auch Schulprojekte.[648] Die bei Maßnahmen mit Bezug zur Jugend, wie etwa Schulprojekten, zu beteiligende Zielgruppe der Jugend kann auch durch demonstrative Partizipationskanäle, wie etwa Social-Media, erreicht werden.[649]

Im Gegensatz zur informativen und konsultativen Ebene wird bei mitwirkenden Beteiligungsformaten der mithin höchste personelle und zeitliche Aufwand sowie das höchste Maß an Professionalität erfordert. Kooperativ durchgeführte Innenentwicklungsprojekte können tendenziell dennoch Ersparnisse in Zeit und Geld verzeichnen. So kommt es beispielsweise seltener zu Verzögerungen oder

[636] *VDI,* Richtlinie 7001, 2014, S. 7 ff.

[637] *Spangenberger,* UPR 2009, S. 218; *Kersting,* Online Partizipation, 2019, S. 109 ff.

[638] *Kersting,* Online Partizipation, 2019, S. 109 ff.

[639] *Spangenberger,* UPR 2009, S. 218.

[640] *Kersting,* Online Partizipation, 2019, S. 109 ff.

[641] *VDI,* Richtlinie 7001, 2014, S. 7 ff.

[642] *Wehrli-Schindler,* Mit neuen Methoden zu einer differenzierten Innenentwicklung, 2007, S. 59 f.

[643] *Kron,* Zukunftsfähige Stadtplanung in Stuttgart, 2007, S. 21.

[644] *Wehrli-Schindler,* Mit neuen Methoden zu einer differenzierten Innenentwicklung, 2007, S. 59 f.

[645] *Kron,* Zukunftsfähige Stadtplanung in Stuttgart, 2007, S. 21.

[646] *WBGU,* Hauptgutachten, 2016, S. 16.

[647] *BMI,* Memorandum Urbane Resilienz, 2021, S. 3 f.; *WBGU,* Hauptgutachten, 2016, S. 418 ff.

[648] *Spangenberger,* UPR 2009, S. 218.

[649] *Kersting,* Online Partizipation, 2019, S. 109 ff.; derzeit nur als Hochschulschrift veröffentlicht, jedoch mit hohem wissenschaftlichen Gehalt wird zur Vertiefung der Jugendbeteiligung folgende Masterarbeit empfohlen: *Meyer/Sander/Schmidt,* Kommunale Jugendbeteiligung in Baden-Württemberg, 2024.

zusätzlichen Kosten aufgrund von späteren Einwänden aus der Bevölkerung oder gar von Gerichtsverfahren aufgrund von Unstimmigkeiten in der Projektumsetzung.[650] Außerdem steigen die Effizienz und die Transparenz von der Projektplanung an, wenn Einzelinteressen frühzeitig aufeinander abgestimmt werden. Eine breite Akzeptanz und Verbindlichkeit kann durch die Herstellung einer Übereinstimmung zwischen verschiedenen involvierten Stakeholdern erzielt werden und auch Grundstückseigentümer können Verständnis für gemeinwohlorientierte Belange entwickeln.[651] Entscheidend ist ihre Beteiligung bei der Erarbeitung eines gemeinsam getragenen Ergebnisses durch die Auslotung von Kompromissen und Handlungsspielräumen. Letztere können durch eine professionell durchgeführte kooperative Partizipation gesteigert werden.[652] Eine Mitwirkung der Öffentlichkeit an konzeptionellen Ansätzen oder an einzelnen kleineren Innenentwicklungsprojekten kann beispielsweise Impulse für die Revitalisierung von Brachen liefern[653] und dadurch die Planungs- und Umsetzungswahrscheinlichkeit erhöhen.[654] Es bleibt festzustellen, dass bei der Kontextbetrachtung größerer Innenentwicklungsvorhaben gemeinsame Kräfte ein großes Entwicklungspotenzial bergen.[655]

Eine gelingende kooperativ wirkende Bürgerbeteiligung setzt eine frühzeitige Einbeziehung der Öffentlichkeit voraus.[656] Zudem sollte diese für die Herstellung einer breiten Akzeptanz häufig und auf einer gemeinsamen Informationsbasis erfolgen. Etwaige Unklarheiten sollten ausgeräumt werden, um eine Entscheidungsfindung herbeizuführen. Insgesamt sollte die Beteiligungsstrategie integrierter Innenentwicklungsprojekte durchdacht sein[657] und Raum für Flexibilität und für externe Vorschläge bereithalten.[658] Es lässt sich festhalten, dass

---

[650] *VDI,* Richtlinie 7001, 2014, S. 10 ff.

[651] *Wehrli-Schindler,* Mit neuen Methoden zu einer differenzierten Innenentwicklung, 2007, S. 59 f.

[652] *VDI,* Richtlinie 7001, 2014, S. 7 ff., 10 ff.

[653] *Kron,* Zukunftsfähige Stadtplanung in Stuttgart, 2007, S. 21.

[654] *VDI,* Richtlinie 7001, 2014, S. 10 ff.

[655] *Wehrli-Schindler,* Mit neuen Methoden zu einer differenzierten Innenentwicklung, 2007, S. 59 f.

[656] *Burg u. a.,* Bausteine erfolgreicher Innenentwicklung, 2009, S. 20 f.

[657] *VDI,* Richtlinie 7001, 2014, S. 7 ff., 10 ff.

[658] *Burg u. a.,* Bausteine erfolgreicher Innenentwicklung, 2009, S. 20 f.

Mitgestaltungsprozesse nur kooperativ möglich sind.[659] Entscheidend hierfür ist ein gemeinsames inhaltliches Ziel und eine Zusammenarbeit auf Augenhöhe.[660]

Dass *Bürgerveranstaltungen* nicht nur informativ bzw. konsultativ, sondern auch mitgestaltend wirken können, geht aus dem Interview mit der Stadt Heidelberg (C) hervor. Die Bürgerschaft wird hier in jedem Planungsschritt einbezogen. Verwaltungsseitig werden mehrere Varianten aufgezeigt, über die anschließend eine Abstimmung erfolgt. Zudem kann die Bürgerschaft eigene Wünsche und Ideen einbringen. Diese intensive Form der Beteiligung im gesamten Planungsprozess wirkt sich einerseits positiv auf die spätere Entscheidung im Gemeinderat aus. Andererseits ist sie sehr zeitintensiv und es besteht das Risiko, dass einzelne Personen auffallend forsch auftreten und andere nicht zu Wort kommen lassen.[661]

Ebenfalls kooperativ wirkt der *Runde Tisch*, mit dem die Städte Friedrichshafen (B) und Siegen (C) Erfahrungen gemacht haben. Bei diesem Format werden verschiedene Interessensvertretungen, wie etwa Einzelhändler, Immobilieneigentümer und Vertretungen aus der Bürgerschaft, regelmäßig eingeladen und zusammengebracht. Auf diesem Wege kann einerseits verwaltungsseitig informiert und andererseits zu konstruktiven Diskussionen angeregt werden. Die beteiligten Stakeholder sind sodann Multiplikatoren in die Richtung ihrer Kundschaft und fördern dadurch die Vertrauensbasis in Innenentwicklungsprojekte. Dennoch kommt es vor, dass Einzelinteressen stark in den Vordergrund rücken.[662]

Ein besonders innovatives Beteiligungsformat mit mitwirkendem Charakter stellt die *Popup-Maßnahme* dar. Hierbei wird die geplante zukünftige Situation simuliert. Es wird das Gespräch mit den Menschen gesucht und konkret über das Projekt diskutiert. In der Regel werden Popup-Maßnahmen gut angenommen. Sie ermöglichen der Bevölkerung, konkret über ein geplantes Projekt zu diskutieren, sich einzubringen und selbstwirksam zu sein. Alle Bevölkerungsgruppen haben bei diesem Format die Möglichkeit, sich einzubringen. Die Stadt Ludwigsburg (B) hat die Erfahrung gemacht, dass es das Vertrauen gegenüber kommunalen Entwicklungsbestrebungen fördert.[663]

Aus den Experteninterviews geht hervor, dass vor allem große Kommunen Erfahrungen mit verschiedenen *Werkstatt- und Wettbewerbsformaten* vorweisen können. So hat z. B. die Stadt Halle (C) eine Beteiligungswerkstatt bei der Entwicklung ihres integrierten Stadtentwicklungskonzepts durchgeführt. Hierfür

---

[659] *VDI,* Richtlinie 7001, 2014, S. 7 ff.

[660] *Beck,* Forum Wohnen und Stadtentwicklung 2024, S. 114 f.

[661] I4.

[662] I11; I1.

[663] I15.

wurde an der Universität eine Planungszelle eingerichtet, die per Zufallsstichprobe Personen aus der Bürgerschaft ausgewählt hat. Ihnen wurden Fachvorträge angeboten, über die sie debattieren durften. Sie hatten schließlich die Möglichkeit, ein Bürgergutachten zu verabschieden und sich damit kooperativ einzubringen.[664] Als weiteres Beispiel sei die Stadt Essen (C) genannt, die je nach Größe, Relevanz und politischer Brisanz einer Entwicklungsmaßnahme Perspektivenwerkstätten anbietet. Dieses großangelegte Format fand in der Vergangenheit mit über 2.000 Beteiligten statt, wobei ein Wochenende lang in den örtlichen Messehallen getagt wurde. Gutachter aus den Bereichen Verkehr, Klima, Lärm, Luft informierten mit ihrer Expertise und die Bürgerschaft konnte Verbesserungsvorschläge zu bestehenden Planungsentwürfen einreichen.[665] Auch die Städte Solingen (C) und Karlsruhe (C) haben Erfahrungen mit Werkstatt- und Wettbewerbsformaten, insbesondere mit Planungswerkstätten, -workshops und -wettbewerben, gemacht.[666] Eine zentrale Stärke von Werkstatt- und Wettbewerbsformaten ist der mitunter enorme Ideenzuwachs.[667] Auch kann eine architektonische, städtebauliche und gestalterische Qualitätssicherung durch den Erhalt zahlreicher neuer Planungs- und Lösungsansätze gefördert werden.[668] Zudem findet eine frühzeitige Einbindung unterschiedlicher Interessen statt,[669] wodurch Entscheidungen transparent und nachvollziehbar gemacht werden können. Dies sorgt für mehr Verständnis in der Bevölkerung, wodurch sich Zielkonflikte frühzeitig bewältigen lassen. Und auch unter dem Leitziel einer nachhaltigen Innenentwicklung sind Werkstattformate förderlich. Sie veranlassen nicht selten Vorhabenträger dazu, ihre Planungen zu überdenken und nachhaltiger zu bauen.[670] Den Vorteilen steht jedoch ein enormer zeitlicher und personeller Aufwand entgegen.[671] Auch ist der Rücklauf manchmal nicht zufriedenstellend bzw. repräsentativ. Eine Schwäche von Workshop- und Werkstattformaten ist also, dass man ggf. nicht alle Interessen abholen kann, sondern nur einen begrenzten Beteiligtenkreis hat.[672]

---

664 I14.

665 I3.

666 I5; I13.

667 I3.

668 I5; I13.

669 I5.

670 I13.

671 I14; I3.

672 I5.

Und so kommt es trotz der aufwändigen Beteiligung auch weiterhin zur Bildung von Bürgerinitiativen und Unzufriedenheit in Teilen der Bevölkerung.[673] Aus den Experteninterviews geht zudem die Erfahrung hervor, dass die in Beteiligungswerkstätten und -workshops erarbeiteten Lösungsansätze häufig durch das Wettbewerbsrecht zunichtegemacht werden.[674]

Im Gruppenvergleich wird deutlich, dass vor allem Städte der Kategorien B und C auf kooperative informelle Beteiligungsinstrumente zurückgreifen. Vermutlich ist dies auf den zumeist sehr hohen zeitlichen und personellen Ressourceneinsatz zurückzuführen, welchem kleinere Kommunen zumeist nicht nachkommen können.

6.3.3 Einordnung der drei Wirkungsgrade in den Projektverlauf

Eine pauschale Aussage über den Kommunikationsweg und den Informationsgehalt einzelner Informationen ist nur schwerlich zu treffen, da sich die informative, die beratende und die kooperative Beteiligungsebene im Beteiligungsprozess oftmals nicht exakt voneinander unterscheiden lassen. Die nachfolgende Zuordnung der drei untersuchten Wirkungsgrade kommunikativer Beteiligung zu verschiedenen Projektphasen ist daher als Empfehlung und unter dem Vorbehalt projektspezifischer Gegebenheiten zu verstehen.[675] Für die Zuordnung der Beteiligungselemente zu den Phasen des Projektmanagementansatzes einer integrierten Innenentwicklung aus Kapitel sechs wurden Analogien zu verschiedenen Projektablaufschemata hergestellt.

Initiierungs- und Vorlaufphase
Nicht selten kommt die Anregung zur Realisierung eines Innenentwicklungsvorhabens von Seiten der Bürgerschaft.[676] Ob verwaltungs- oder bürgerseitig initiiert, besteht zu Beginn noch eine Vielzahl an Möglichkeiten für Verhandlungen oder für Interessensübereinkünfte. Daher sollte die Öffentlichkeit im Rahmen der Vorlaufphase an der Prüfung der Notwendigkeit des Innenentwicklungsprojektes sowie etwaiger damit in Zusammenhang stehender Bedarfe und

[673] I13.

[674] I5.

[675] *VDI,* Richtlinie 7001, 2014, S. 7 ff., 10 ff.

[676] *Vetter/Klages/Ulmer,* Der moderne Staat 2013, S. 265.

Alternativen auf mitgestaltende Art und Weise beteiligt werden. Dabei können Konfliktpotenziale frühzeitig erkannt und ausgeräumt werden.[677]

Konzeptphase

In der Konzeptphase sind die strategischen Grundlagen der Kommunikation und dialogischen Beteiligung zu schaffen und verschiedene Angebote der kooperativen Ebene zu unterbreiten.[678] Informelle Beteiligungsprozesse sollten hierbei informativ, auf die Sammlung von Ideen und auf eine Mitwirkung an den Vorbereitungen des weiteren Beteiligungswesens ausgelegt sein.[679] Im Rahmen einer Ablauforganisation sollte eine situationsabhängige Definition der Kommunikations- und Beteiligungswege sowie des entsprechenden Berichtswesens erfolgen. Zudem sollte die Projektkoordination zwischen den Projektbeteiligten geklärt werden.[680] Im Zuge der Aufbauorganisation sollte eine Klärung des Umfangs und der Zuständigkeit etwaiger Kommunikations- und Beteiligungsaktivitäten stattfinden und durch einen entsprechenden Ressourcenaufbau untermauert werden. Ergänzend sollte eine Vorbereitung bzw. Schulung der Projektverantwortlichen sowie eine Ausstattung des Kommunikations- bzw. Beteiligungsverantwortlichen mit der Kompetenz, komplexe Inhalte allgemeinverständlich zu transportieren, erfolgen. Eine Stakeholder-Analyse sollte in dieser Projektphase die dauerhaft zu beteiligenden Akteursgruppen, wie den Projektträger, diverse Genehmigungsbehörden sowie Umwelt- und Wirtschaftsverbände, die IHK und weitere politische Akteure ermitteln. Zudem sollten direkt betroffene Personen aus der Bürgerschaft, Bürgerinitiativen und die allgemeine Öffentlichkeit berücksichtigt werden. Auch Lokalzeitungen, überregionale Medien und soziale Netzwerke sollten für eine Berichterstattung über das jeweilige Innenentwicklungsvorhaben in den Kommunikationsmedien als Stakeholder registriert werden. Im Rahmen einer Themen-Analyse sollte eine Analyse der Positionen und eine Ableitung der Hauptargumente der einzelnen Akteursgruppen erfolgen. Diese sollte einzelne Themen des Projekts anhand von früheren Positionspapieren und Stellungnahmen untersuchen. Hierzu eignet sich eine Themenlandkarte, in welcher die Aussagen verschiedener Stakeholdergruppen, eine Inhaltsanalyse für die Medienberichterstattung, ein Social Media-Monitoring sowie eine Beteiligungs-Risikoanalyse als Basis für die Beteiligungs- und Kommunikationsstrategie Raum

---

677 *VDI,* Richtlinie 7001, 2014, S. 10 ff.

678 *VDI,* Richtlinie 7001, 2014, S. 10 ff., 22 f.

679 *Vetter/Klages/Ulmer,* Der moderne Staat 2013, S. 265.

680 *Brettschneider,* Erfolgsbedingungen für Kommunikation und Bürgerbeteiligung bei Großprojekten, 2016, S. 230 ff.

finden können. Letztere bedarf der vorherigen Klärung der Beteiligungs- und Kommunikationsziele, der zentralen Themen und Kernbotschaften, der Kommunikationsinstrumente sowie der in Betracht kommenden Alternativen.[681] Auf dieser Grundlage sollten schließlich verschiedene Gemeinwohl- und Einzelinteressen gegenübergestellt werden und im Rahmen einer Krisenkommunikation unter Bestandsaufnahme verschiedener Interessenlagen und erkennbarer Konfliktfelder analysiert werden.[682]

Analysephase
Die Analysephase dient der transparenten Abwägung der Vor- und Nachteile verschiedener Kommunikations- und Beteiligungsvarianten sowie möglicher kontextualer Risiken und verfügbarer Bewältigungsalternativen.[683] Auch sollte in dieser Phase eine intensive Fortsetzung der Umsetzung der Beteiligungs- und Kommunikationsstrategie auf informativer, konsultativer und kooperativer Ebene erfolgen. In der Analysephase des Innenentwicklungsprojektes sollte ein Anwohnerdialog eingerichtet werden.[684] Außerdem sollte eine Schwerpunktsetzung auf die kooperative Beteiligungsebene erfolgen.[685] Es sollte eine möglichst breite Öffentlichkeit an der Entwicklung und Bewertung verschiedener Alternativen zu den seitens der Kommunalverwaltung vorgegebenen Projektzielen, Interessen und Alternativen beteiligt werden.[686]

Planungsphase
In der Planungsphase liegt der Schwerpunkt auf der konsultativen Ebene. So sollten lokales Erfahrungswissen und Anregungen aus der Bürgerschaft genutzt[687] und ein Dialog mit der Bürgerschaft gesucht werden. Kommunalverwaltung und -politik sollten regelmäßig über die im Rahmen der Planungsphase getroffenen Entscheidungen informieren und dabei auf eine verständliche Kommunikation

---

[681] *Brettschneider,* Erfolgsbedingungen für Kommunikation und Bürgerbeteiligung bei Großprojekten, 2016, S. 230 ff.

[682] *VDI,* Richtlinie 7001, 2014, S. 27 ff., 22 f.

[683] *Brettschneider,* Erfolgsbedingungen für Kommunikation und Bürgerbeteiligung bei Großprojekten, 2016, S. 234.

[684] *VDI,* Richtlinie 7001, 2014, S. 29.

[685] *VDI,* Richtlinie 7001, 2014, S. 10 ff.

[686] *Vetter/Klages/Ulmer,* Der moderne Staat 2013, S. 265.

[687] *VDI,* Richtlinie 7001, 2014, S. 10 ff.

achten. Eine Visualisierung der Planungen und eine öffentliche Erläuterung des Vergabeverfahrens können hierbei unterstützen.[688]

In einem frühen Stadium der Planungsphase sollte ganz besonders auf eine verständliche Sprache des fachlichen Diskurses geachtet werden. Hier findet eine Kombination von formalen und informellen Beteiligungsverfahren statt. Auf der Informationsebene sollten Maßnahmen für eine Projekttransparenz, wie etwa der Ausbau der Projekt-Website sowie Newsletter und Social Media, zum Einsatz kommen. Konsultativ eignen sich während dieses frühen Stadiums der Planung bilaterale Gespräche, Beiräte sowie zielgruppenspezifische und themenrelevante Veranstaltungen. Diese können etwa Bürgerkonferenzen, Zukunftswerkstätten und Onlineformate, wie Videokonferenzen, sein. Auf kooperativer Ebene können runde Tische und Mediationen angeboten werden. Bei der späteren und konkreteren Planung von Innenentwicklungsprojekten, welche kurz vor ihrer Ausführung stehen, sollte hingegen ein kontinuierlicher Dialog mit den beteiligten Akteuren geführt werden. So sollte beispielsweise die Projekt-Webseite unter Darstellung umfassender Hintergrundinformationen, unter Bereitstellung von Möglichkeiten für Rückfragen und unter Bereitstellung von Daten und Grafiken kontinuierlich weiterentwickelt werden. Alternativ könnte ein Projekt-Blog mit laufenden Projektinformationen bespielt werden. Auch Broschüren, Flyer und Newsletter sollten neben regelmäßigen Beiträgen in den sozialen Medien gestreut werden. Eine aktive Pressearbeit rundet die allgemeine Öffentlichkeitsarbeit in diesem Projektplanungsstadium ab. Für konkrete Rückfragen aus der Bevölkerung sollten Bürgerbüros bzw. Bürgertelefone eingerichtet werden. Zur Herstellung einer öffentlichen Identifikation mit dem Innenentwicklungsvorhaben eignen sich Veranstaltungen mit Erlebnischarakter, wie Ausstellungen oder Ortsbegehungen, für die Vermittlung von Projektinformationen. Auf konsultativer Ebene zeigen sich in der fortgeschrittenen Planungsphase Anwohnerkonferenzen und Bürgerwerkstätten als besonders geeignete Instrumente. Kooperativ sei zu Nachbarschaftsforen zur Platzierung konkreter Anregungen geraten.[689]

Um ein möglichst breites Stimmungsbild aus der Bevölkerung zu erhalten, sollte zudem eine regelmäßige Rückkopplung mit ebendieser stattfinden und als Entscheidungsgrundlage Verwendung finden.[690]

---

[688] *Brettschneider,* Erfolgsbedingungen für Kommunikation und Bürgerbeteiligung bei Großprojekten, 2016, S. 234 f.

[689] *VDI,* Richtlinie 7001, 2014, S. 30 f.

[690] *Vetter/Klages/Ulmer,* Der moderne Staat 2013, S. 265.

Umsetzungs- und Steuerungsphase
Während der Projektumsetzung ist der Informationsbedarf seitens der Bürgerschaft besonders hoch.[691] So sollte daher in dieser Projektphase ein Informations- und Besucherzentrum und eine Live-Bildübertragung der Baustelle über eine Web-Cam eingerichtet werden.[692] Neben der Information der Öffentlichkeit über den laufenden Umsetzungsstand[693] sollte die Baustelle positiv für die Bürgerschaft erlebbar gemacht werden. Hierzu eignet sich ein gezieltes Baustellenmarketing in Form von Besichtigungen, Schulführungen oder Kulturevents im Rahmen besonderer Meilensteine.[694] Eine Kooperation ist auch in der Umsetzungs- und Steuerungsphase weiterhin möglich. Mindestens jedoch sollte ein regelmäßiger Umsetzungsbericht zur Information der Bürgerschaft veröffentlicht werden. Für Konflikte sollte eine Ombudsperson, welche rund um die Uhr erreichbar ist, eingerichtet werden.[695]

Abschlussphase
Im Rahmen der Projektabschlussphase sollte eine Eröffnungsfeier das umgesetzte Innenentwicklungsprojekt abrunden. Es sollten insbesondere der Gemeinwohlgewinn durch das Vorhaben[696] sowie die gute Zusammenarbeit unter den verschiedenen beteiligten Akteuren während der Projektlaufzeit hervorgehoben werden.[697] Abschließend sollte eine Befragung der Bürgerschaft im Rahmen einer Evaluation erfolgen.[698]

---

[691] *VDI,* Richtlinie 7001, 2014, S. 10 ff.

[692] *Brettschneider,* Erfolgsbedingungen für Kommunikation und Bürgerbeteiligung bei Großprojekten, 2016, S. 235.

[693] *VDI,* Richtlinie 7001, 2014, S. 32 f.

[694] *Brettschneider,* Erfolgsbedingungen für Kommunikation und Bürgerbeteiligung bei Großprojekten, 2016, S. 235.

[695] *VDI,* Richtlinie 7001, 2014, S. 10 ff., 32 f.

[696] *Brettschneider,* Erfolgsbedingungen für Kommunikation und Bürgerbeteiligung bei Großprojekten, 2016, S. 235.

[697] *VDI,* Richtlinie 7001, 2014, S. 33 f.

[698] *Vetter/Klages/Ulmer,* Der moderne Staat 2013, S. 265.

6.4 Zwischenergebnis zur gelingenden Umsetzung einer ganzheitlichen, nachhaltigen und integriert ausgerichteten Innenentwicklung mittels Projektmanagement und Kommunikation

Hinsichtlich der Frage, wie die Realisierung einer integrierten Innenentwicklung unter Berücksichtigung möglicher Spannungsfelder und Interessenskonflikte gelingen kann, wurde zunächst festgestellt, dass Innenentwicklungsvorhaben die Eigenschaften eines Projektes erfüllen. Sodann wurden verschiedene Projektmanagementansätze auf ihre Eignung zur Umsetzung von Innenentwicklungsprojekten untersucht, um aufgrund vorhandener Möglichkeiten einen stadtplanerischen Projektmanagementansatz abzuleiten. Dieser umfasst eine Initiierungs- und Vorlaufphase, eine Konzeptphase, eine Analysephase, eine Planungsphase, eine Umsetzungs- und Steuerungsphase sowie eine Abschlussphase.

Mit dem Ziel einer gelingenden Umsetzung von integrierten Innenentwicklungsmaßnahmen lässt sich feststellen, dass der Konzeption des Innenentwicklungsprojektes die größte Bedeutung zukommt. Eine umfassende Konzeptionierung sollte neben dem Projektaufbau und -ablauf auch interne und externe Stakeholder sowie regionale Aspekte einbeziehen. Zudem sollte sie die Projektziele definieren und durch ein umfassendes Risikomanagement untermauern. Letzteres sollte etwaige interaktionale, ökonomische, kapazitive sowie rechtliche Schwierigkeiten aufgreifen. Unter der Prämisse des Bürokratieabbaus sollte hier ein besonderes Augenmerk auf digitale Möglichkeiten zur Optimierung einzelner Prozesse innerhalb des jeweiligen Innenentwicklungsprojektverlaufs gelegt werden. In der Analysephase sollten durch eine umfangreiche Untersuchung vorhandener Potenziale, umfeldbezogener Rahmenbedingungen, von Kosten und verfügbaren Ressourcen sowie der allgemeinen Machbarkeit unter Berücksichtigung des Nutzwertes die Basis für die spätere Planung und Umsetzung geschaffen werden.

Die Ziele von Entwicklungen im Innenbereich sollten Kommunen möglichst frühzeitig mit der Öffentlichkeit abstimmen.[699] Als zweiter Baustein einer erfolgreichen Umsetzung integrierter Innenentwicklungsvorhaben wurden daher informative, konsultative und kooperative Möglichkeiten informeller Bürgerbeteiligung untersucht. Mögliche Instrumentarien wurden anhand ihrer Chancen und Risiken für den Projektverlauf, insbesondere auch mit Blick auf mögliche Konflikte, erforscht und in einen zeitlichen Kontext gebracht. Hierfür wurden

[699] *Stadt Fellbach,* Flächen gewinnen durch Innenentwicklung, 2011, S. 18.

sie den jeweiligen Projektphasen des zuvor entwickelten Projektmanagementansatzes einer integrierten Innenentwicklung zugeordnet. Zusammenfassend lässt sich festhalten, dass Transparenz eine zentrale Voraussetzung für eine gelingende integrierte Innenentwicklung darstellt. Daher kommt der informativen Ebene der Bürgerbeteiligung in allen Projektphasen eine besonders hohe Bedeutung zu.[700]

Vor allem sollte auf die Wahl möglichst flexibler Beteiligungsinstrumente geachtet werden,[701] die idealerweise auch sozial benachteiligte und bildungsferne Teile der Bevölkerung in kommunikative Beteiligungsprozesse einbeziehen können.[702] Informeller Partizipation obliegt ein immenser Gestaltungsspielraum. Ihre Instrumente lassen sich zumeist flexibel an aktuelle und örtliche Gegebenheiten anpassen und ermöglichen somit einen konstruktiven, direkten, wenngleich strukturierten Austausch. Sie sollten daher als ein selbstverständlicher Bestandteil in Vorhaben einer integrierten Innenentwicklung zu verstehen sein.[703] Koproduktive und gemeinschaftliche Gestaltungsprozesse sind zu unterstützen und zu optimieren, um Kommunen einen besseren Umgang mit konträren Interessen zu ermöglichen und ihnen die Last der Gesamt-Verantwortung ein Stück weit zu nehmen. Eine Zusammenarbeit kann sich zudem positiv auf die Qualität von städtischen Entwicklungen auswirken.[704]

---

[700] *VDI,* Richtlinie 7001, 2014, S. 10 ff.

[701] *Köckler/Engelhardt-Fröhlich,* Grün in der Stadt als Thema umweltbezogener Gerechtigkeit, 2016, S. 714; *DUH,* Umweltgerechtigkeit durch Partizipation auf Augenhöhe, 2014, S. 7.

[702] *Böhm u. a.,* BfN-Skripten 2016, S. 242 ff.

[703] *VDI,* Richtlinie 7001, 2014, S. 7.

[704] *EU2020,* Neue Leipzig Charta, 2020, S. 8 f.

7 Diskussion und kritische Würdigung

Ziel der vorliegenden Arbeit war die Erforschung eines integrierten, ganzheitlich und nachhaltig ausgerichteten Innenentwicklungsansatzes unter Betrachtung des Spannungsfeldes zwischen Public Value und Partikularinteressen.

Forschungsfrage 1
Die erste Forschungsfrage der vorliegenden Arbeit lautet: „Wie kann eine ganzheitliche Nachhaltigkeitsstrategie im Sinne einer integrierten Innenentwicklung ausgestaltet sein?“ Diese Frage wurde in Kapitel vier beantwortet. Ziel von Forschungsfrage eins war ein Erkenntnisgewinn hinsichtlich der Bestandteile einer ganzheitlichen Nachhaltigkeitsstrategie. Zudem wurde ein Aufschluss über die Handlungsfelder, welche eine integrierte Innenentwicklung umfassen sollte, um ganzheitlich und nachhaltig ausgerichtet zu sein, angestrebt. Es sollte ein Eindruck darüber gewonnen werden, wie das Stadtplanungsrecht eine integrierte Innenentwicklung als ganzheitliche Nachhaltigkeitsstrategie stützen kann.

Die Forschungsergebnisse, welche in Kapitel vier beschrieben wurden, werden nachfolgend interpretiert und ausgewertet.

Um die Bestandteile einer ganzheitlichen Nachhaltigkeitsstrategie zu erforschen, wurden zunächst die Begriffe der Stadtplanung, Nachhaltigkeit, Ganzheitlichkeit und Integriertheit definiert. Anschließend wurden verschiedene Bestandteile einer ganzheitlichen Nachhaltigkeitsstrategie erforscht. Grundlage hierfür waren Literatur-Quellen sowie ausgewählte Dokumente und Auswertungsergebnisse von Experteninterviews.

Auf Grundlage der erhobenen Daten lässt sich festhalten, dass der übergeordnete Rahmen einer nachhaltigen, ganzheitlich betrachteten und integriert ausgerichteten Innenentwicklung die Stadtplanung darstellt. Hierbei ist zunächst

C. Krause, *Integrierte Innenentwicklung als ganzheitliche Nachhaltigkeitsstrategie der Stadtplanung im Spannungsfeld zwischen Public Value und Partikularinteressen*, Politik gestalten – Kommunikation, Deliberation und Partizipation bei politisch relevanten Projekten, https://doi.org/10.1007/978-3-658-49824-5_7

fraglich, welcher der zahlreichen Nachhaltigkeitsbegriffe in Bezug auf die Innenentwicklung von Städten passend sein könnte.

Nachhaltigkeit ist beständig, statisch und als Zustand zu betrachten[1] und dient im kommunalen Kontext zur Gewährleistung einer intergenerativen Gerechtigkeit.[2] Da die Innenentwicklung mit ihrem Fokus auf einer Entwicklung im Innenbereich ein dynamisches Geschehen ist und kein statisches Abbild des Status Quo im Innenbereich darstellt, ist fraglich, ob der statische Nachhaltigkeitsbegriff Anwendung finden kann. Vielmehr geht es bei einer nachhaltigen Innenentwicklung doch darum, eine dauerhafte Entwicklung zu gewährleisten. Hierfür sind im Zuge des innerstädtischen Wachstums die begrenzten Umweltressourcen und die Artenvielfalt zu erhalten und energetische sowie rohmaterialistische Ressourcen schonend einzusetzen.[3] Im Sinne des Nachhaltigkeitsgedankens sollte die Innenentwicklung also integrativ ökologische, ökonomische und soziale Kriterien berücksichtigen[4] und ganzheitlich alle Lebensbereiche einbeziehen.[5]

In diesem Zusammenhang ist fraglich, wie ein integrierter Ansatz im Kontext der Innenentwicklung ausgestaltet sein kann. Hierfür ist zunächst das dabei zugrundeliegende Portfolio an möglichen Handlungsfeldern zu diskutieren. Um die Handlungsfelder einer integrierten, ganzheitlich und nachhaltig ausgerichteten Innenentwicklung zu erforschen, wurden in Kapitel vier anhand eines qualitativ ausgerichteten Literaturreviews, einer qualitativen Dokumentenanalyse sowie einer qualitativen Auswertung von Experteninterviews die bauplanungsrechtlichen Handlungsfelder beschrieben.

Hinsichtlich der Frage, was Ganzheitlichkeit in Bezug auf die Innenentwicklung bedeuten kann und ob ein ganzheitliches Handeln überhaupt möglich ist, hilft die Bewusstseinsschaffung darüber, dass im Begriff der Ganzheitlichkeit das Wort *Ganzes* enthalten ist, welches ein abgrenzbares Objekt impliziert.[6] Zu ebendieser Objektabgrenzung bedarf es weiterer ganzer Objekte, die zu einem bestimmten Zeitpunkt in Verbindung zueinander stehen.[7] Als Ganzheitlichkeit im

---

[1] *Pufé,* Nachhaltigkeit, 2017, S. 43.

[2] *Hauff,* Unsere gemeinsame Zukunft, 1987, S. XV; *BMVBS/BBR,* Integrierte Stadtentwicklung als Erfolgsbedingung einer nachhaltigen Stadt, 2007, S. 9; *Rat der EU,* Schlussfolgerungen des Vorsitzes, 2005, Anlage 1 S. 28 f.

[3] *Hauff,* Unsere gemeinsame Zukunft, 1987, S. XV.

[4] *Koch/Krellenberg,* Nachhaltige Stadtentwicklung, 2021, S. 9; *Kegelmann/Martens:* Kommunale Nachhaltigkeit, 2013, S. 8.

[5] *Born/Kreuzer,* Nachhaltigkeit Lokal, 2002, S. 5, 12 ff.

[6] *Nagel,* Über die Aussage „Das Ganze ist mehr als die Summe seiner Teile", 1971, S. 126.

[7] *Probst/Ulrich,* Anleitung zum ganzheitlichen Denken und Handeln, 1995, S. 96; *Nagel,* Über die Aussage „Das Ganze ist mehr als die Summe seiner Teile", 1971, S. 126.

Sinne der Stadtentwicklung kann ein Zusammenwirken verschiedener kommunaler Aufgaben- bzw. Entwicklungsbereiche betrachtet werden. Jedes Tätigkeitsfeld ist nach diesem Verständnis ein Ganzes, eingebettet in der Gesamtheit der jeweiligen kommunalen Aufgaben. Mit der in Art. 28 Abs. 2 GG den deutschen Kommunen zugesprochenen kommunalen Selbstverwaltung umfasst eine ganzheitliche Stadtentwicklung in jeder Kommune ein individuelles Spektrum an kommunalen Aufgaben. Hinzu kommt, dass die Stadtentwicklungsplanung als solche eine freiwillige kommunale Aufgabe ist und daher per se der kommunalen Gestaltungsfreiheit unterliegt.[8]

Da die Innenentwicklung immer mit baulichen Entwicklungen einhergeht[9] und in den rechtlichen Rahmen des Stadtplanungsrechts eingebettet ist, umfasst eine ganzheitliche Innenentwicklung im Sinne der vorliegenden Forschungsarbeit die Handlungsfelder der Bauleitplanung (§ 1 Abs. 6 BauGB).

Der zuvor diskutierte integrierte ganzheitliche Ansatz soll jedoch nicht nur bauliche Themen betrachten, sondern alle kommunalen Handlungsfelder miteinander in Verbindung setzen. Hierfür ist eine integrierte Vorgehensweise im Zuge von Innenentwicklungsprojekten erforderlich.[10]

Eine Erkenntnis der in Kapitel vier erforschten Ergebnisse ist, dass Innenentwicklung unter der Prämisse einer ganzheitlichen integrierten Betrachtungsweise immer auch die Innenstadtentwicklung umfassen sollte. Diese Erkenntnis eröffnet ein neues Forschungsfeld, nämlich jenes der Innenstadtentwicklung im Rahmen von Innenentwicklungsprojekten, welches Raum für anschließende Forschungsarbeiten lässt. Zudem lässt sich über die Übertragbarkeit der vierzehn Handlungsfelder auf andere Kommunen, die jeweilig vorherrschenden Strukturen und Behördengrößen diskutieren. Die individuellen Gegebenheiten einer jeden Kommune erfordern ein spezifisches Portfolio an kommunalen Handlungsfeldern, insbesondere im Pool der freiwilligen kommunalen Aufgaben. Für jede Kommune sind daher die Handlungsfelder unterschiedlich bedeutsam. Die abgeleiteten Handlungsfelder einer integrierten, nachhaltigen und ganzheitlichen Innenentwicklung sind also als ein Vorschlag zu betrachten, aus dem jede Kommune die für sie jeweils relevanten Aspekte entnehmen kann.

---

[8] *Heinz,* Stadtentwicklungsplanung, 1998, S. 234.

[9] *Schubert u. a.,* Innenentwicklung in städtischen Quartieren, 2019, S. 7; *Schiller u. a.,* UBA-Texte 2009, S. 19 ff.

[10] *Koch/Krellenberg,* Nachhaltige Stadtentwicklung, 2021, S. 21; *Watson,* Planning Theory 2016, S. 1 ff.

Forschungsfrage 2
Die zweite Forschungsfrage der vorliegenden Arbeit lautet: „Wie kann die Umsetzung von ganzheitlichen nachhaltigen Stadtplanungs-/ Stadtentwicklungskonzepten im Sinne einer integrierten Innenentwicklung unter Berücksichtigung des Konfliktpotenzials zwischen Partikular- und Public Value-Interessen in Bezug auf die erforschten Handlungsfelder gelingen?" Diese Forschungsfrage wurde in den Kapiteln fünf und sechs beantwortet. Zur Beantwortung von Forschungsfrage zwei wurde unter Bezugnahme auf das mit einer ganzheitlichen Nachhaltigkeitsstrategie im Sinne einer integrierten Innenentwicklung einhergehende Konfliktpotenzial zwischen Partikular- und Public Value-Interessen ein entsprechendes Umsetzungsmodell entwickelt. Die Erwartung an die vorliegende Forschungsarbeit bestand hierbei einerseits in einem Bewusstseinsgewinn hinsichtlich möglicher Interessenskonflikte in Bezug auf die zuvor erforschten Handlungsfelder. Andererseits sollten verschiedene Umgangsmöglichkeiten mit diesen Konflikten erforscht werden. Ein weiteres Ziel bestand darin, verschiedene Möglichkeiten informeller kommunikativer Beteiligung sowie Erkenntnisse über weitere erforderliche Schritte für eine erfolgreich umgesetzte integrierte Innenentwicklung zu ergründen.

Die Forschungsergebnisse, welche in den Kapiteln fünf und sechs beschrieben wurden, werden nachfolgend interpretiert und ausgewertet.

Um zu erforschen, wie das Stadtplanungsrecht die integrierte Innenentwicklung als ganzheitliche Nachhaltigkeitsstrategie stützen kann, wurden in Kapitel fünf für jedes der zuvor ergründeten vierzehn Handlungsfelder durch eine qualitative Auswertung von Literatur, Dokumenten und Experteninterviews mögliche Maßnahmen erforscht und rechtlich untermauert. Aspekte, welche ein durch die integrierte Innenentwicklung induziertes Spannungsfeld zwischen Public Value und Partikularinteressen deutlich machen, wurden auf Grundlage desselben Methodendreiklangs erforscht.

Als prioritäres städtebauliches Ziel ist laut Datenlage eine gesunde und sichere Wohnumgebung herzustellen.[11] Zum Erhalt von Gesundheit und Sicherheit der Stadtbevölkerung sind die Themen Lärm[12] und Luftverschmutzung[13] von hoher

[11] *Dirnberger,* in: *Spannowsky/Uechtritz,* BeckOK BauGB, 2023, § 1 Rn. 82; *Battis,* in: *Battis/Krautzberger/Löhr,* BauGB, 2022, § 1 Rn. 52.

[12] *Preuß u. a.,* UBA-Texte 2020, S. 5.

[13] *Franke/Löhr/Sander,* Soziale Stadt, 2000, S. 247 f.; *Ministerio de Vivienda,* Wohnungsbaupolitik als Instrument für Stadterneuerung, 2006, S. 1 ff., zit. nach *BMVBS/BBR,* Integrierte Stadtentwicklung als Erfolgsbedingung einer nachhaltigen Stadt, 2007, S. 26 f.

Relevanz. Ihnen kann beispielsweise durch einen Ausbau der innerstädtischen Grün- und Freiflächen begegnet werden.[14]

Auf Grundlage der Forschungsergebnisse lässt sich festhalten, dass zur Förderung des Wohn- und Sozialraums zum einen ausreichend,[15] zeitgemäßer,[16] qualitativ hochwertiger[17] und bezahlbarer Wohnraum verfügbar gemacht werden sollte. Zum anderen erstreckt sich das Handlungsfeld auch auf das Leben im Quartier und fordert eine lebenswerte Wohnumgebung. Die Datenlage macht deutlich, dass hierfür einerseits eine entsprechende Wohnraumgestaltung erforderlich ist. Zum anderen kann diesem Ziel durch die Förderung von Nutzungsdurchmischungen und integrierenden Angeboten nachgegangen werden. Hinsichtlich der Herstellung einer gesundheitsförderlichen, bedürfnisgerechten, qualitativ hochwertigen Wohnumgebung wird deutlich, dass kulturelle,[18] bildungssektorale[19] und freizeitgestalterische Angebote der Erfüllung der sozialen Bedürfnisse der Einwohnerschaft dienen. Hierfür können beispielsweise wiederum Frei- und Grünflächen im städtischen Raum genutzt werden.[20]

Neben der Gewährleistung einer Unterbringung geflüchteter Menschen im Zuge von Innenentwicklungsmaßnahmen[21] sollte im Zuge der Quartiersentwicklung eine soziale Durchmischung gefördert werden.[22] Des Weiteren sollte eine bedarfsgerechte Infrastruktur vorgehalten werden.[23] Auch sollte eine gewisse Attraktivität des jeweiligen Stadtteils in den Fokus genommen werden.[24] Eng

---

[14] *UBA,* Die Stadt für Morgen, 2017, S. 16 f.

[15] *Eichholz/Schoppengerd,* Herausforderung Innenentwicklung, 2022, S. 30 ff.

[16] *Wehrli-Schindler,* Mit neuen Methoden zu einer differenzierten Innenentwicklung, 2007, S. 60 f.

[17] *Eichholz/Schoppengerd,* Herausforderung Innenentwicklung, 2022, S. 30 ff.

[18] *BMI,* Stadtentwicklungsbericht der Bundesregierung, 2020, S. 42, 94; *Statistisches Bundesamt,* Nachhaltige Entwicklung in Deutschland, 2021, S. 98 ff.; *BMVBS/BBR,* Integrierte Stadtentwicklung als Erfolgsbedingung einer nachhaltigen Stadt, 2007, S. 26 ff.; *UBA,* Die Stadt für Morgen, 2017, S. 4, 8, 17 f.

[19] *Battis,* in: *Battis/Krautzberger/Löhr,* BauGB, 2022, § 1 Rn. 58.

[20] *Heinig/Krämer/Weigel,* Bipolare Stadtentwicklung in Leipzig, 2007, S. 24, 27 f.

[21] *Dirnberger,* in: *Spannowsky/Uechtritz,* BeckOK BauGB, 2023, § 1 Rn. 131e.

[22] *WBGU,* Hauptgutachten, 2016, S. 167 ff.; *UN-Habitat,* International Guidelines on Urban and Territorial Planning, 2018, S. 34; *UN-Habitat,* A New Strategy of Sustainable Neighbourhood Planning, 2015, S. 1 ff.

[23] *BMI,* Stadtentwicklungsbericht der Bundesregierung, 2020, S. 94 ff.

[24] *BMVBS/BBR,* Städtebauliche Aufwertungsstrategien in benachteiligten Stadtquartieren, 2007, S. 7, 29, 46; *Ministerio de Vivienda,* Wohnungsbaupolitik als Instrument für Stadterneuerung, 2006, S. 1 ff., zit. nach *BMVBS/BBR,* Integrierte Stadtentwicklung als Erfolgsbedingung einer nachhaltigen Stadt, 2007, S. 29 ff.

einher gehen die Maßnahmen der Quartiersentwicklung mit jenen des Bestandserhalts. Hier liegt der Fokus auf dem Erhalt des baukulturellen Erbes, der historischen Innenstädte und stadtgeschichtlicher Bauten in gestalterischer städtebaulicher Hinsicht.[25] Vor allem in ebendiesen historischen Stadtteilen sind diverse kirchliche Einrichtungen vorzufinden, wenngleich Kirchen und Religionsgemeinschaften gesamtgemeindliche Aufgaben erfüllen. Aufgrund der Datenlage, wie auch des Bauplanungsrechts, sind ihre Bedarfe von kommunaler Seite entgegenzunehmen.[26]

Eine besonders hohe Relevanz erfahren gemäß den im Methodendreiklang erhobenen Daten der Umwelt-, Natur- und Klimaschutz. Ihnen schreibt auch der Gesetzgeber eine äußerst hohe Bedeutung zu, indem er beispielsweise die Umweltprüfung im Zuge von Bauleitplanverfahren vorschreibt und rechtliche Schnittstellen zum Naturschutzrecht herstellt.[27] Einen Beitrag leistet in diesem Zusammenhang die Forstwirtschaft, welche neben der Landwirtschaft und der Wirtschaft durch Handlungsfeld 8 gefördert werden soll. Neben den Schnittstellen gibt es auch Konflikte zwischen beiden Handlungsfeldern. So forciert die Wirtschaftsförderung etwa eine Förderung von Gewerbeflächen[28] und schafft dadurch eine gewisse Nutzungskonkurrenz zu umweltrelevanten Belangen.[29] Unterstrichen wird das primäre Ziel der Land-, Forst- und Wirtschaftsförderung, nämlich die Gewährleistung einer bevölkerungsnahen Versorgung, durch bauleitplanerische Rahmensetzungen. Mit wirtschaftlichen Belangen eng einher geht die Verkehrs- und Mobilitätsentwicklung, welche beispielsweise durch verkehrskonzeptionelle Festsetzungen im Flächennutzungsplan oder durch eine konkrete Erschließungsplanung auf Bebauungsplanebene[30] gefördert werden soll. Konkret soll die Individualverkehrsmenge reduziert und durch zukunftsträchtige Mobilitätsformen abgelöst werden. Auch soll beispielsweise der Verkehr auf bestimmte Bereiche gelenkt werden, um andere wiederum zu entlasten.[31]

---

[25] *BMI,* Stadtentwicklungsbericht der Bundesregierung, 2020, S. 72; *Spangenberger,* UPR 2009, S. 217.

[26] *Söfker/Runkel,* in: *Ernst u. a.*, Baugesetzbuch, 2023, Rn. 142.

[27] *Battis*, in: *Battis/Krautzberger/Löhr*, BauGB, 2022, § 1 Rn. 64, 65.

[28] *Kron,* Zukunftsfähige Stadtplanung in Stuttgart, 2007, S. 16 f.

[29] *Heinig/Krämer/Weigel,* Bipolare Stadtentwicklung in Leipzig, 2007, S. 27 ff.

[30] *Dirnberger,* in: *Spannowsky/Uechtritz*, BeckOK BauGB, 2023, § 1 Rn. 108, 114.

[31] *Eichholz/Schoppengerd,* Herausforderung Innenentwicklung, 2022, S. 23 ff.; *Bunzel/Hinzen/UBA,* Arbeitshilfe Umweltschutz in der Bebauungsplanung, 2000, S. 45 ff.

Im Zuge von Innenentwicklungsmaßnahmen bergen militärische Liegenschaften nach Datenlage ein großes Innenentwicklungspotenzial.[32] Ihre Umnutzung[33] kann u. a. der Erfüllung des städtebaulichen Entwicklungsziels eines ressourcenschonenden Umgangs mit der Fläche dienen.[34] Letzterer wird jedoch zumeist anhand von Nachverdichtungsmaßnahmen erwirkt,[35] wobei ein Augenmerk auf das Stadtbild gelegt werden sollte.[36] Verschiedene formelle, wie auch informelle Instrumente[37] fördern die Innenentwicklung im engeren Sinne, welche den Nachhaltigkeitsgedanken in Bezug auf städtebauliche Entwicklungen trägt.[38]

Doch wo Flächen im Innenbereich nachverdichtet und versiegelt werden, sollte nicht zuletzt mit Blick auf Starkregenereignisse präventiv gegen mögliche Hochwasser vorgegangen werden. Hierfür sollten Regenwasserversickerungsanlagen im Zuge von Innenentwicklungsmaßnahmen mit eingeplant werden.[39] Umso relevanter erscheint die Förderung von Grün- und Freiflächen, welche positive Effekte auf Natur und Klima[40] sowie auf die Wohn- und Lebensqualität hat.[41]

Es kann im Einzelfall hinterfragt werden, inwiefern die in Kapitel fünf erforschten Maßnahmen geeignet sind, um einen Public Value zu generieren und inwieweit hierbei ein Spannungsfeld zwischen ebendiesem und Partikularinteressen eröffnet wird. Grundsätzlich sollten Kommunalverwaltungen durch ihr Handeln einen Public Value für ihre Stadtbevölkerung herstellen.[42] Dieser wird durch die Konsumenten kommunalen Handelns, also die von einer Innenentwicklungsmaßnahme betroffenen Personen aus der Bürgerschaft, bewertet

---

[32] *Beilein,* Aktivierung von Stadtbrachen für das Wohnen, 2010, S. 16.

[33] *Schubert u. a.,* Innenentwicklung in städtischen Quartieren, 2019, S. 7; *Schiller u. a.,* UBA-Texte 2009, S. 20 ff.

[34] *BMI,* Stadtentwicklungsbericht der Bundesregierung, 2020, S. 94 ff.; *UBA,* Die Stadt für Morgen, 2017, S. 8.

[35] *Lüpke,* Innenentwicklung als dominierende Aufgabe der Stadtentwicklung, 2007, S. 32.

[36] *Baldauf*, Innenentwicklung PUR planen und realisieren, 2003, S. 32.

[37] *Dirnberger,* in: *Spannowsky/Uechtritz,* BeckOK BauGB, 2023, § 1 Rn. 127, 128.

[38] *WBGU,* Hauptgutachten, 2016, S. 422.

[39] *Eichholz/Schoppengerd,* Herausforderung Innenentwicklung, 2022, S. 22.

[40] *Franke/Löhr/Sander,* Soziale Stadt, 2000, S. 247 f.; *Ministerio de Vivienda,* Wohnungsbaupolitik als Instrument für Stadterneuerung, 2006, S. 1 ff., zit. nach *BMVBS/BBR,* Integrierte Stadtentwicklung als Erfolgsbedingung einer nachhaltigen Stadt, 2007, S. 26 f.

[41] *Eichholz/Schoppengerd,* Herausforderung Innenentwicklung, 2022, S. 30 ff.; *BMUB,* Grün in der Stadt, 2015, S. 96; *Becker u. a.,* Neue Freiräume für den urbanen Alltag, 2009, S. 35.

[42] *Zavolokina/Sprenkamp/Schenk,* Citizens' Expectations About Achieving Public Value, 2023, S. 1 f.

und nicht durch die öffentliche Hand selbst.[43] Diese (inter-)subjektive Bewertung des öffentlichen Wertes einer Innenentwicklungsmaßnahme erschwert eine Abgrenzung zu Partikularinteressen, denn es stellt sich die Frage, was denn nun eigentlich Partikularinteressen und was wiederum Public-Value-Bestrebungen sind.

Kapitel fünf der vorliegenden Forschungsarbeit zeigt Beispiele aus Literatur und Praxis auf, die einen möglichen Public Value und mögliche konträre Einzelinteressen in Bezug auf die vierzehn Handlungsfelder einer integrierten Innenentwicklung verdeutlichen. Da das in Kapitel fünf geschaffene Verständnis von Public Value eine Bewertung durch den Adressatenkreis einer Maßnahme und nicht verwaltungsseitig vorsieht, bietet die Verwendung der in den Experteninterviews gewonnen Daten an dieser Stelle Raum für Diskussionen.[44] Aufgrund der Bürgernähe der im Rahmen der Experteninterviews interviewten Personen wurde von einer Übertragbarkeit der Ergebnisse ausgegangen. Dennoch bieten die bürgerseitige Überprüfung und Ergänzung der im Rahmen der vorliegenden Arbeit erhobenen qualitativen Daten ein Potenzial für auf diese Studie aufbauende empirische Untersuchungen. Auch lässt die beschriebene mangelnde Abgrenzungsmöglichkeit zwischen Gemeinwohlbeitrag und Partikularinteressen Raum für weitere Forschung. Diese sollte sich mit der Frage auseinandersetzen, wie eine Abgrenzung von Gemeinwohl- und Einzelinteressen in Bezug auf integrierte Innenentwicklungsmaßnahmen vorgenommen und messbar gemacht werden kann. Hierbei könnte also insbesondere die Sicht der Bürgerschaft in Bezug auf den Public Value von Interesse sein.

Übergreifend sollten Innenentwicklungsmaßnahmen im Sinne von Public Value verlässlich, gerecht, inklusiv und die Lebensqualität steigernd durchgeführt werden.[45] Hierfür bedarf es Stimmen aus dem Adressaten- und Betroffenenkreis, also ein bürgerorientiertes Handeln,[46] welches eine politische Teilhabe an lokalen Entscheidungsprozessen zulässt.[47]

Um zu erfahren, welche Schritte die erfolgreiche Umsetzung einer ganzheitlichen, den Nachhaltigkeitskriterien entsprechenden, integriert ausgerichteten

---

[43] *Cordella/Bonia,* Government Information Quarterly 2012, zit. nach *Panagiotopoulos/Klievink/Cordella,* Government Information Quarterly 2019, S. 1 ff.

[44] *Abu-Tayeh/Portmann/Stürmer*, HMD Praxis der Wirtschaftsinformatik 2017, S. 531, 534; *Moore,* Creating Public Value, 1995, S. 27 ff., 36 ff.; *Talbot,* Public Money & Management 2011, S. 28; *Meynhardt,* International Journal of Public Administration 2009, S. 205.

[45] *EU2020,* Neue Leipzig Charta, 2020, S. 2.

[46] *BMI,* Memorandum Urbane Resilienz, 2021, S. 7.

[47] *WBGU,* Hauptgutachten, 2016, S. 147 ff.

Innenentwicklung begünstigen können, wurde in Kapitel sechs ein Projektmanagementansatz entwickelt. Dieser greift die Besonderheiten entsprechender Maßnahmen auf. Er wurde qualitativ durch ein Review der einschlägigen Literatur, durch die Analyse ausgewählter Dokumente sowie durch die Auswertung von Experteninterviews entwickelt. Um Erkenntnis darüber zu gewinnen, wie sich die in Kapitel fünf untersuchten Spannungsfelder lösen lassen, wurden in Kapitel sechs zudem verschiedene Instrumente der kommunikativen Beteiligung erforscht. Hierfür erfolgte ebenfalls zunächst ein Literaturreview. Es folgte eine Analyse ausgewählter Dokumente, bevor schließlich Experteninterviews analysiert wurden.

Integrierte Innenentwicklungsprojekte sind zumeist bauliche Großprojekte mit zahlreichen ineinandergreifenden kommunalen Betätigungsfeldern. In Kapitel sechs wurden verschiedene mit städtebaulichen Projekten in Zusammenhang stehende Projektmanagementansätze untersucht. Der Projektmanagementansatz des Stadtentwicklers Dr. Spangenberger ist für die Durchführung von Innenentwicklungsmaßnahmen ausgelegt.[48] Spangenberger verzichtet jedoch auf die Abschluss- und Evaluierungsphase, welche unter den Kriterien einer ganzheitlichen integrierten Innenentwicklung als unverzichtbar zu betrachten ist. Burg u. a. verzichten in ihrem Ansatz ebenfalls auf eine Abschlussphase.[49] Die Beteiligungs-Richtlinie des Vereins Deutscher Ingenieure definiert einen sehr umfassenden Projektmanagementansatz, der sich jedoch nur auf einen isolierten Aspekt integrierter Innenentwicklungsmaßnahmen, nämlich auf die Beteiligung der Bevölkerung in entsprechenden Großprojekten, konzentriert.[50] Der zuletzt betrachtete Projektmanagementansatz des Deutschen Instituts für Normung ist sehr allgemein gehalten und damit auf eine Vielzahl verschiedenster Projektarten ausgelegt. Die integrierte Vorgehensweise des im Rahmen der vorliegenden Arbeit entwickelten Innenentwicklungsansatzes erfordert jedoch ein spezifischeres Vorgehen.[51]

Aufgrund der genannten Einschränkungen in der Übertragbarkeit der vorgestellten Projektmanagementansätze auf den hier entwickelten Innenentwicklungsansatz wurde unter Berücksichtigung der Ansätze aus Literatur und Praxis ein neuer Projektmanagementansatz konzipiert. Dieser ist auf die Realisierung ganzheitlicher, nachhaltiger, integrierter Innenentwicklungsmaßnahmen ausgerichtet.

---

[48] *Spangenberger,* UPR 2009, S. 218 ff.

[49] *Burg u. a.,* Bausteine erfolgreicher Innenentwicklung, 2009, S. 17.

[50] *VDI,* Richtlinie 7001, 2014, S. 22 ff.

[51] *Peters/Schelter,* Kompakte Einführung in das Projektmanagement, 2021, S. 11 ff.; *DIN,* DIN 69901–5. Projektmanagement, 2009, S. 5 ff.

Demnach werden entsprechende Projekte durch einen politischen Grundsatzbeschluss initiiert. Ein politischer Grundsatzbeschluss ermächtigt Kommunen zum Handeln und stellt gleichzeitig ein politisches Bekenntnis zur Priorisierung entsprechender Maßnahmen dar. Daher wird der politische Grundsatzbeschluss als grundsätzliche und allen anderen Projektphasen vorangestellte Ermächtigung eingestuft. Die vorliegende Arbeit greift diese Auffassung auf und stellt die Initiierung vor alle Bestandsaufnahmen und Planungen.[52]

Auf die Initiierung integrierter Innenentwicklungsprojekte folgt deren Konzeptionierung. In der Konzeptphase werden Aufbau und Ablauf, verschiedene interne und externe Stakeholder sowie die Rolle der Region festgelegt. Auch werden übergeordnete Projektziele definiert und mögliche Risiken erfasst.[53] Es lässt sich darüber diskutieren, ob das vorgestellte Ablaufmodell auf alle Kommunen übertragbar ist. Dies bietet ggf. Anlass für weitergehende Forschungsarbeiten. Auch sollte die Organisationsform entsprechender Projekte an die individuellen örtlichen Bedingungen angepasst werden. Die genannten Möglichkeiten der Aufbauorganisation, möglicher interner und externer Stakeholder sowie die Rolle der Region sind als Vorschläge zu betrachten und kommunenspezifisch auszurichten.

Der im Rahmen der Konzeptphase vorgestellte Pool an handlungsfeldübergreifenden Projektzielen ist eine Zusammenfassung der in Literatur und Verwaltungspraxis priorisierten Leitgedanken in Bezug auf eine integrierte, nachhaltige und ganzheitlich ausgerichtete Innenentwicklung von Städten. Die Relevanz der einzelnen übergreifenden Projektziele unterliegt aufgrund der unterschiedlichen lokalen und strukturellen Besonderheiten einer jeden Kommune.[54]

Der Konzeptionierung kommt gemäß des entwickelten Projektmanagementansatzes eine besondere Relevanz zu, denn sie dient der Weichenstellung für derartige komplexe und integrierte Großprojekte. Da das in ihr enthaltene Risikomanagement bereits ein Konzept zur Begegnung der möglichen Risiken beinhaltet und da einzelne Risiken bereits in der Analysephase auftreten können, sollten mögliche Risiken auch tatsächlich bereits in der Konzeptphase und nicht erst in der Analysephase gemanagt werden. Eine Befassung mit möglichen Risiken im Rahmen der Analysephase wurde aufgrund der Forschungsergebnisse als zu spät eingestuft.

Nach der Konzeptphase und noch vor der Projektplanung sieht der entwickelte Projektmanagementansatz eine umfassende Analyse der projektrelevanten

[52] *Kühnau u. a.,* Doppelte Innenentwicklung, 2017, S. 13.

[53] *Spangenberger,* UPR 2009, S. 218 ff.; *Peters/Schelter,* Kompakte Einführung in das Projektmanagement, 2021, S. 11 ff.; *DIN,* DIN 69901-5. Projektmanagement, 2009, S. 17 f.

[54] *Kühnau u. a.,* Doppelte Innenentwicklung, 2017, S. 12.

Gegebenheiten vor. Diese beinhaltet die Entwicklungspotenziale, das jeweils vorherrschende Umfeld, die individuell vorhandenen Ressourcen, mögliche Projektkosten sowie die Einstufung von Nutzwert und Machbarkeit. Die Analyse der Ressourcen, jene der Projektkosten sowie die Diskussion um Nutzwert und Machbarkeit wurden bewusst nicht in der Planungsphase verortet, da als Grundlage der weiteren Projektplanung zunächst eine Bestandsaufnahme erfolgen sollte. Hierbei ist zu beachten, dass die Finanzierung von Innenentwicklungsmaßnahmen von der wirtschaftlichen Situation der jeweiligen Kommune abhängt. Auch wurde in den Experteninterviews deutlich, dass die zur Akquise von Fördermitteln benötigten personellen und zeitlichen Ressourcen durch die Kommunen teilweise nur schwer aufzubringen sind. Entsprechend individuell sind demnach auch der Nutzwert und die Machbarkeit von Innenentwicklungsmaßnahmen zu bewerten.

Die Planungsphase des entwickelten Projektmanagementansatzes dient dazu, aus den Projektzielen und strategischen Entwicklungsleitbildern[55] konkrete Arbeitspakete zu schnüren, die Zuständigkeiten zu definieren und die einzuhaltenden Fristen und Termine zu planen.[56] Einige mögliche Schnittstellenproblematiken zu den vorangehenden Projektphasen wurden bereits diskutiert.

Der entwickelte Projektmanagementansatz trennt die Umsetzungs- und Steuerungsphase von der Abschlussphase. Demnach sind in der Umsetzungs- und Steuerungsphase die geplanten Innenentwicklungsmaßnahmen durchzuführen[57] und hinsichtlich der zuvor geplanten Termine, Budgets, Kosten, Risiken und Ressourcen zu überwachen.[58]

In der Abschlussphase wird der Projektverlauf unter Erstellung eines Abschlussberichts sowie einer Abschlusskalkulation evaluiert.[59] Die für eine optimale Qualitätssicherung erforderliche Evaluierung von Innenentwicklungsprojekten durch die Beteiligung von Gestaltungsbeiräten sollte dabei unabhängig von der Kommunengröße und -struktur einen hohen Stellenwert haben.[60]

---

[55] *Wehrli-Schindler,* Mit neuen Methoden zu einer differenzierten Innenentwicklung, 2007, S. 66.

[56] *Peters/Schelter,* Kompakte Einführung in das Projektmanagement, 2021, S. 11 ff.; *DIN,* DIN 69901–5. Projektmanagement, 2009, S. 7.

[57] *Spangenberger,* UPR 2009, S. 218 ff.

[58] *Peters/Schelter,* Kompakte Einführung in das Projektmanagement, 2021, S. 11 ff.; *DIN,* DIN 69901–5. Projektmanagement, 2009, S. 12, 18.

[59] *Peters/Schelter,* Kompakte Einführung in das Projektmanagement, 2021, S. 11 ff.; *DIN,* DIN 69901–5. Projektmanagement, 2009, S. 6.

[60] *BMVBS/BBR,* Integrierte Stadtentwicklung als Erfolgsbedingung einer nachhaltigen Stadt, 2007, S. 15 f.; *Reiß-Schmidt,* Wachstum nach innen, 2007, S. 54.

Über alle Projektphasen hinweg empfiehlt sich aufgrund der Komplexität und des nicht seltenen Widerstandes gegenüber Innenentwicklungsmaßnahmen seitens der Bevölkerung[61] eine umfangreiche kommunikative Beteiligung der Bürgerschaft. Diese sollte sowohl informativ als auch konsultativ und kooperativ ausgerichtet sein.[62] Fraglich ist, ob ihr mit Blick auf eine Kosten-Nutzen-Abwägung eine entsprechend hohe Priorisierung für die Umsetzung von integrierten Innenentwicklungsmaßnahmen zugeschrieben werden kann. Einerseits kann sie helfen, Konflikte und Zieldivergenzen zwischen den Projektverantwortlichen und der Bevölkerung frühzeitig aufzudecken und Kompromisse auszuloten.[63] Kooperative Formate ermöglichen der Bürgerschaft gar, als eigenständige Projektpartner[64] behördliche Entscheidungen mit vorzubereiten.[65] Andererseits erfordern sie zusätzliche Ressourcen[66] und werden daher seitens der Kommunen teilweise als belastend erlebt.[67] Insbesondere unter dem Leitgedanken einer gemeinwohlorientierten Stadtentwicklung sollte die Bevölkerung trotz der begrenzten Kapazitäten in integrierte Innenentwicklungsprojekte einbezogen werden.[68] Diskutiert werden sollte innerbehördlich unter Abwägung der jeweils erwarteten Kosten und des sich jeweils erhofften Nutzens, welche informativen, konsultativen und kooperativen Beteiligungsformate mit ihren jeweiligen Stärken und Schwächen für das jeweilige Innenentwicklungsprojekt in Frage kommen.

Zusammenfassend lässt sich feststellen, dass es sich bei den in den einzelnen Projektphasen dargestellten Komponenten um eine Selektion der aufgrund der Datenlage besonders relevant erscheinenden Umsetzungsempfehlungen handelt. Die Sichtweise der Bürgerschaft hinsichtlich der vorgestellten Beteiligungsformate wäre ein interessanter Anknüpfungspunkt für weitergehende Forschungsarbeiten. Ein weiterer Forschungsansatz wäre die Untersuchung der Möglichkeiten zur Aktivierung bislang wenig präsenter Bevölkerungsgruppen bei informellen Beteiligungsformaten.

---

[61] *Wehrli-Schindler,* Mit neuen Methoden zu einer differenzierten Innenentwicklung, 2007, S. 66.

[62] *Remer,* Wahlen, Abstimmungen und dialogorientierte Beteiligung, 2023, S. 29 ff.

[63] *Kühnau u. a.,* Doppelte Innenentwicklung, 2017, S. 39; *Reinke,* Doppelte Innenentwicklung, 2016, S. 35; *Böhm u. a.,* BfN-Skripten 2016, S. 174 f.

[64] *Selle,* Über Bürgerbeteiligung hinaus, 2014, S. 48 f.

[65] *Pautsch/Haug,* Beteiligungsverfahren im repräsentativ-demokratischen Entscheidungsprozess, 2023, S. 239 f.

[66] *Kühnau u. a.,* Doppelte Innenentwicklung, 2017, S. 39.

[67] *Selle,* Über Bürgerbeteiligung hinaus, 2014, S. 413 ff.

[68] *EU2020,* Neue Leipzig Charta, 2020, S. 1 ff.

Die Ergebnisse der vorliegenden Forschungsarbeit beziehen sich auf die Situation und die Gegebenheiten in Deutschland. Durch die Einbeziehung internationaler und europäischer Quellen wurde der Blick zwar geweitet, sodass eine Übertragbarkeit der Forschungsergebnisse auf andere Länder grundsätzlich möglich sein kann. Diese erfordert jedoch einerseits eine Anpassung an das jeweilig geltende Recht und andererseits eine darauf aufbauende empirische Forschung mit internationalem Fokus.

8 Fazit und Forschungsausblick

Die Innenentwicklung von Städten unter der Prämisse einer Siedlungsentwicklung im Innenbereich, anstelle weiterer Erschließungen im Außenbereich, war in den vergangenen Jahren Gegenstand zahlreicher Forschungsarbeiten. Darüber hinaus forcieren internationale, europäische und bundesweite Stadtentwicklungsziele einen integrierten Ansatz. In der Praxis sind häufig Schwierigkeiten in der Realisierung von Innenentwicklungsmaßnahmen erkennbar. Auch ergeben sich aufgrund der sich wandelnden urbanen Themen Zweifel an der Kompatibilität der vorhandenen Innenentwicklungsansätze mit den Zielen einer integrierten, nachhaltigen und ganzheitlich gedachten Stadtentwicklung.

Diese Problematiken sollte die vorliegende Arbeit durch die Entwicklung eines integrierten Innenentwicklungsansatzes als ganzheitliche Nachhaltigkeitsstrategie der Stadtplanung unter Berücksichtigung des Spannungsfeldes zwischen Public Value- und Partikularinteressen erforschen.

Hierbei stellte sich zunächst die Frage, wie eine ganzheitliche Nachhaltigkeitsstrategie im Sinne einer integrierten Innenentwicklung ausgestaltet sein kann. Um sich der Frage anzunähern, sollten zunächst die Bestandteile einer ganzheitlichen Nachhaltigkeitsstrategie herausgearbeitet werden. Daran anknüpfend sollten die Handlungsfelder einer integrierten und ganzheitlichen, nachhaltig ausgerichteten Innenentwicklung erforscht werden. Zudem sollte geprüft werden, inwiefern das Stadtplanungsrecht die integrierte Innenentwicklung als ganzheitliche Nachhaltigkeitsstrategie stützen kann.

Weitergehend stellte sich die Frage, wie die Umsetzung von ganzheitlichen nachhaltigen Stadtplanungs-/Stadtentwicklungskonzepten im Sinne einer

C. Krause, *Integrierte Innenentwicklung als ganzheitliche Nachhaltigkeitsstrategie der Stadtplanung im Spannungsfeld zwischen Public Value und Partikularinteressen*, Politik gestalten – Kommunikation, Deliberation und Partizipation bei politisch relevanten Projekten, https://doi.org/10.1007/978-3-658-49824-5_8

integrierten Innenentwicklung unter Berücksichtigung des Konfliktpotenzials zwischen Partikular- und Public Value-Interessen in Bezug auf die erforschten Handlungsfelder gelingen kann. Zur Beantwortung dieses Fragenkomplexes sollten zunächst relevante Aspekte zur Verdeutlichung und Lösung des Spannungsfeldes zwischen Public Value- und Partikularinteressen in Bezug auf die erforschten Handlungsfelder ergründet werden. Es sollte zudem untersucht werden, welche Schritte die erfolgreiche Umsetzung einer ganzheitlichen nachhaltigen Stadtplanungs-/Stadtentwicklungsstrategie im Sinne einer integrierten Innenentwicklung bedarf. Daran anknüpfend sollten verschiedene Instrumente informeller Beteiligung erforscht werden.

Zur Beantwortung der beiden Fragenkomplexe diente eine dreistufige explorative Datenerhebung aus Literatur, Dokumenten und Experteninterviews.

Angelehnt an den planungsrechtlich definierten Innenbereich[1] ist die Innenentwicklung eine Form der Stadtplanung bzw. Stadtentwicklung, die sich auf die Umnutzung von Bestandsgebäuden und baulich bereits genutzten Grundstücken sowie auf eine Nachverdichtung konzentriert.[2] Dabei vereint sie diverse, sich auf den baulichen Bestand konzentrierende Planungs- und Umsetzungsmöglichkeiten in einer gesamtgemeindlichen Strategie.[3] Als zentrales Leitbild einer ressourcenschonenden nachhaltigen Siedlungsentwicklung ist die Innenentwicklung mit der Aufgabe betraut, den Siedlungsbestand in seiner Qualität zu verbessern und dabei einen weiteren Flächenverbrauch zu Siedlungs- oder Verkehrszwecken zu vermeiden.[4] Eingebettet ist sie daher in die Stadtplanung, die auf gesamtstädtischer Ebene alle Planungen innerhalb eines definierten Zeitraumes vereint und dabei die Bedürfnisse der Bevölkerung, der lokalen Wirtschaft, der Umwelt und der Kommunalpolitik in einer Gesamtstrategie berücksichtigt.[5]

Unter der Prämisse einer intergenerativen Gerechtigkeit fördert die Innenentwicklung ein ressourcenschonendes Wachstum in sozialer, wirtschaftlicher und ökologischer Sicht[6] und erfüllt damit die aus dem Brundtland-Bericht entsprungenen Nachhaltigkeitskriterien.[7]

---

[1] *BBSR,* Erfolgsfaktoren für Wohnungsbauvorhaben, 2018, S. 19.

[2] *Lüpke,* Innenentwicklung als dominierende Aufgabe der Stadtentwicklung, 2007, S. 32.

[3] *Spangenberger,* UPR 2009, S. 217; *Siedentop,* Fub 2003, S. 90 ff.

[4] *BBSR,* Innenentwicklungspotenziale in Deutschland, 2014, S. 31 ff.; *Die Bundesregierung,* Nationale Nachhaltigkeitsstrategie, 2012, S. 40, 194 ff.

[5] *Brunotte u. a.,* Lexikon der Geographie, 2002, S. 277.

[6] *Hauff,* Unsere gemeinsame Zukunft, 1987, S. 5, XV.

[7] *Koch/Krellenberg,* Nachhaltige Stadtentwicklung, 2021, S. 9; *Kegelmann/Martens:* Kommunale Nachhaltigkeit, 2013, S. 8; *Hauff,* Unsere gemeinsame Zukunft, 1987, S. 5.

Für eine ganzheitliche Ausrichtung sollte die Innenentwicklung das vollständige kommunale Wirken umfassen. Dabei ist auf die Vernetzung der unterschiedlichen kommunalen Aufgaben bezugzunehmen.[8] Eine Reduktion hinsichtlich einer allgemein gültigen Ganzheitlichkeit der Innenentwicklung erfolgt durch die im Grundgesetz verankerte kommunale Selbstverwaltung (Art. 28 Abs. 2 GG), welche den Kommunen eine Gestaltungsfreiheit hinsichtlich der von ihr wahrgenommenen Aufgaben einräumt.[9] Sie bewirkt, dass die Ganzheitlichkeit einer Innenentwicklungsstrategie in jeder Kommune individuell ausgestaltet ist. Um Kommunen einen ganzheitlichen Vorschlag in Bezug auf ihre Innenentwicklung zu unterbreiten, greift die vorliegende Arbeit auf die Handlungsfelder der Bauleitplanung (§ 1 Abs. 6 BauGB) zurück.[10] Dadurch ergibt sich der wissenschaftliche Erkenntnisgewinn, dass eine ganzheitlich gedachte Innenentwicklung immer auch mit einer Innenstadtentwicklung einhergehen sollte.

Im Sinne eines integrierten Stadtentwicklungsansatzes[11] vernetzt eine ganzheitliche Innenentwicklung verschiedene kommunale Handlungsfelder und vereint sie zu einer Gesamtheit des jeweilig ausgestalteten Portfolios an kommunalen Aufgaben.[12] Zur individuellen Zusammenstellung dessen bietet Kapitel fünf der vorliegenden Arbeit einen umfassenden Pool an möglichen Maßnahmen und rechtlichen Instrumenten innerhalb der zentralen Handlungsfelder einer integrierten ganzheitlichen, den Nachhaltigkeitskriterien entsprechenden Innenentwicklung. Kapitel fünf beschreibt zudem zahlreiche Konfliktpotenziale innerhalb des Spannungsfeldes um Gemeinwohl- und Partikularinteressen und verdeutlicht die Relevanz informeller Beteiligungsformate und eines Projektmanagementansatzes für eine gelingende Realisierung von Innenentwicklungsmaßnahmen.

Grundsätzlich sollten Kommunalverwaltungen das Ziel verfolgen, einen Public Value für ihre Stadtbevölkerung herzustellen.[13] Dementsprechend besteht auch das Ziel der im Rahmen der vorliegenden Forschungsarbeit ergründeten

---

[8] *IM BW,* Kommunaler Produktplan BW, 2020, S. 1 ff.

[9] *Heinz,* Stadtentwicklungsplanung, 1998, S. 234.

[10] *Koch/Krellenberg,* Nachhaltige Stadtentwicklung, 2021, S. 21; *BBSR,* Nationale Stadtentwicklungspolitik, 2021, S. 7 ff., 12 ff., 15 ff., 22 ff.

[11] *Koch/Krellenberg,* Nachhaltige Stadtentwicklung, 2021, S. 21; *Watson,* Planning Theory 2016, S. 1 ff.

[12] *Koch/Krellenberg,* Nachhaltige Stadtentwicklung, 2021, S. 21; *BBSR,* Nationale Stadtentwicklungspolitik, 2021, S. 7 ff., 12 ff., 15 ff., 22 ff.; *Probst/Ulrich,* Anleitung zum ganzheitlichen Denken und Handeln, 1995, S. 96.

[13] *Zavolokina/Sprenkamp/Schenk,* Citizens' Expectations About Achieving Public Value, 2023, S. 1 f.

Handlungsfelder, Maßnahmen und Instrumente darin, einen öffentlichen Wert herzustellen. Nach Prüfung verschiedener Auslegungen des Public Value-Begriffs, besteht dieser jedoch in der subjektiven Bewertung des Gemeinwohlbeitrags einer öffentlichen Leistung aus Sicht der Bürgerschaft.[14] Da demnach die Perspektive der unmittelbar von einer Innenentwicklungsmaßnahme betroffenen Bürgerschaft über den Public Value entscheidet,[15] ist die Abgrenzung zwischen Public Value- und Partikularinteressen diskussionsbedürftig und nicht immer eindeutig. Eine im Rahmen der vorliegenden Arbeit gewonnene Erkenntnis ist, dass die Einstufung eines Interesses als Public Value oder Einzelinteresse vielmehr im Auge des Betrachters liegt. Um im Rahmen der Innenentwicklung also einen maximalen Public Value zu generieren, bedarf es eines Stimmungsbildes seitens der Bevölkerung. Um einen entsprechenden, niedrigschwelligen Dialog mit der Bürgerschaft herzustellen oder gar kooperative Prozesse anzustoßen, wurden in Kapitel sechs verschiedene kommunikative Beteiligungsformate erforscht und hinsichtlich ihrer Stärken und Schwächen sowie hinsichtlich des idealen Anwendungszeitpunktes untersucht.

Neben der informellen Einbeziehung der Bevölkerung in Innenentwicklungsmaßnahmen bedarf es weiterer Aspekte für eine gelingende Umsetzung entsprechender Großprojekte. Diese wurden im Rahmen von Kapitel sechs erforscht und in ein Projektmanagement eingebettet.

Nach Prüfung diverser Projektmanagementansätze hinsichtlich ihrer Anwendbarkeit für ganzheitliche integriert ausgerichtete und dem Nachhaltigkeitsgedanken entsprechenden Innenentwicklungsvorhaben wurde ein neuer Projektmanagementansatz entwickelt. Dieser umfasst die Initiierung und Konzeptionierung integriert ausgerichteter Innenentwicklungsprojekte sowie die Analyse der projektrelevanten Gegebenheiten, ebenso wie die Projektplanung, -umsetzung, -steuerung und -evaluierung.

Die Diskussion um endliche Ressourcen hat den Fokus der weiteren Siedlungsentwicklung auf die Innenentwicklung gelenkt. Anfang des Jahres 2023 wurde das Konzept der dreifachen Innenentwicklung als Fortschreibung der Innenentwicklung im engeren Sinne sowie der doppelten Innenentwicklung veröffentlicht. Gleichzeitig traten integrierte Stadtentwicklungsstrategien in den 1960er

---

[14] *Abu-Tayeh/Portmann/Stürmer*, HMD Praxis der Wirtschaftsinformatik 2017, S. 531; *Moore*, Creating Public Value, 1995, S. 27 ff., 36 ff.

[15] *Zavolokina/Sprenkamp/Schenk*, Citizens' Expectations About Achieving Public Value, 2023, S. 1.

Jahren erstmals in Erscheinung[16] und erfuhren seit der im Jahr 2007 verabschiedeten Leipzig Charta einen großen Bedeutungszuwachs.[17] Durch die Untersuchung der Innenentwicklung nach integrierten und ganzheitlichen Gesichtspunkten unter Einbeziehung der Kriterien einer nachhaltigen Stadtentwicklung wurde im Rahmen der vorliegenden Forschungsarbeit ein neuer, zukunftsfähiger Innenentwicklungsansatz entwickelt. Dieser umfasst mögliche Handlungsfelder, Maßnahmen, Konfliktpotenziale, kommunikative Beteiligungsformate und Projektmanagementaspekte und begleitet Kommunen von der Projektidee bis zum Abschluss mit dem Ziel einer gelingenden Umsetzung.

Die vorliegende Forschungsarbeit eröffnet diverse Anknüpfungspunkte für weiterführende Forschungsbestrebungen, denn sie betrachtet die Thematik ausschließlich explorativ. Einige Forschungsbedarfe wurden bereits in Kapitel sieben aufgezeigt. Daran anknüpfend kann eine Ausweitung um quantitativ orientierte Fragestellungen sinnvoll sein, um eine Übertragbarkeit auf, bzw. um die Relevanz der erforschten und beforschten Handlungsfelder für andere Kommunengrößen und andere strukturelle Gegebenheiten herzustellen. Auch kann die Schnittstelle zwischen der Innenentwicklung und der Innenstadtentwicklung näher untersucht werden. Weitergehend erforscht werden könnte zudem die Abgrenzung und Messbarmachung von Gemeinwohl- und Einzelinteressen in Bezug auf integrierte Innenentwicklungsmaßnahmen. Da der Public Value einer Maßnahme von der Bürgerschaft bewertet wird, könnte hierbei insbesondere die Sicht der Bevölkerung von Interesse sein. Hinsichtlich des in der Konzeptphase in Kapitel sechs vorgestellten Ablaufmodells sowie der hier erforschten Projektorganisationsform wäre eine quantitative Erhebung hinsichtlich der Geeignetheit zu den jeweils vorherrschenden individuellen örtlichen Bedingungen denkbar. Auch die Relevanz verschiedener interner und externer Stakeholdergruppen für die unterschiedlichen Handlungsfelder lassen Raum für eine aufbauende quantitative Erhebung.

Die im Rahmen der Konzeptphase vorgestellten handlungsfeldübergreifenden Projektziele, wie auch die potenziellen Risiken integrierter Innenentwicklungsmaßnahmen könnten aufgrund der unterschiedlichen lokalen und strukturellen Besonderheiten einer jeden Kommune variieren und eröffnen weitere qualitative und quantitative Forschungsfelder.

Auch könnten zukünftige Forschungsarbeiten die Fördermöglichkeiten, ggf. unter Hervorhebung der landesspezifischen Besonderheiten, weitergehend untersuchen.

---

[16] *Franke/Strauss,* Integrierte Stadtentwicklung in deutschen Kommunen, 2010, S. 253; *Heinz,* Stadtentwicklungsplanung, 1998, S. 234 ff.

[17] *Koch/Krellenberg,* Nachhaltige Stadtentwicklung, 2021, S. 20.

Die in Kapitel sechs erforschten Beteiligungsformate könnten durch eine bürgerseitige empirische Erhebung auf ihre Relevanz bzw. auf Ergänzungsvorschläge hin untersucht werden. Auch wäre interessant, die Gründe für eine bislang beobachtete selektive Teilnahme an Beteiligungsformaten zu ergründen. Damit einhergehend wäre zu erforschen, wie bislang wenig präsente Bevölkerungsgruppen aktivierbar sind.

Aus rechtlicher Sicht gibt es ebenfalls weitere Forschungsbedarfe. So hat in Deutschland jedes Bundesland ein individuelles Landesrecht in Ergänzung zum Bundesrecht. Die unterschiedlichen landesgesetzlichen Rahmenbedingungen und landesrechtlichen Möglichkeiten miteinander zu vergleichen, bietet Raum für weitere Forschungsarbeiten.

Wie an den entsprechenden Stellen der vorliegenden Arbeit angekündigt, ist eine BauGB-Nouvelle in Planung. Die konkrete Ausgestaltung des neuen BauGB ist zum aktuellen Zeitpunkt ungewiss. Nach Inkrafttreten der neuen Fassung des BauGB wird eine Auseinandersetzung mit den geänderten rechtlichen Rahmenbedingungen in Bezug auf eine ganzheitliche, integrierte, nachhaltige Innenentwicklung erforderlich sein.

> *„And we hope that it will lead thoughtful men and women in all fields of endeavor to consider the need for concerted action now if we are to preserve the habitability of this planet for ourselves and our children.“*[18]

[18] *Watts, William,* in: *Meadows u. a.,* The Limits to Growth, 1972, S. 12.

Literatur- und Quellenverzeichnis

Abu-Tayeh, Gabriel/Portmann, Edy/Stürmer, Matthias: „Züri wie neu“: Public Value von Online-Partizipation, in: HMD Praxis der Wirtschaftsinformatik, 54(4)2017, S. 530–543

Ackermann, Kathrin: Dialogorientierte Beteiligung: Dialogorientierte Beteiligung, in: Vetter, Angelika/Remer, Uwe (Hrsg.): Dialogische Bürgerinnen- und Bürgerbeteiligung in Baden-Württemberg, Wiesbaden 2023, S. 35–60

Adli, Mazda: Stress and the City. Warum Städte uns krank machen. Und warum sie trotzdem gut für uns sind, München 2017

Akademie für Raumentwicklung in der Leibniz-Gemeinschaft (ARL): Perspektiven netto-null Flächenverbrauch. Positionspapier aus der ARL 149, Hannover 2024; https://www.arl-net.de/system/files/pdf/2024-06/pospapier_149_0.pdf [Stand: 14.10.2024]

Albrecht, Juliane: Die Stadt im Klimawandel: Handlungsfelder, Rechtsinstrumente und Perspektiven der Anpassung (Climate Resilient Cities), in: Zeitschrift für Umweltrecht (ZUR), 01/2020, S. 12–21

Ansel, Wolfgang: Leitfaden Dachbegrünung für Kommunen. Nutzen, Fördermöglichkeiten, Praxisbeispiele. Projekt-Nr. 28269–23. Deutsche Bundesstiftung Umwelt (DBU). Abschlussbericht, Nürtingen 2011; https://cms.dbu.de/media/29071409182171pn.pdf [Stand: 14.10.2024]

Arnstein, Sherry R.: A Ladder Of Citizen Participation, in: Journal of the American Institute of Planners (JAIP), 35(4)1969, S. 216–224; https://doi.org/10.1080/01944366908977225 [Stand: 14.10.2024]

Baldauf, Gerd: Innenentwicklung PUR planen und realisieren. Studie im Auftrag des Wirtschaftsministeriums Baden-Württemberg und des Ministeriums für Umwelt und Verkehr Baden-Württemberg, Stuttgart 2003

Bannister, Frank/Connolly, Regina: ICT, Public Values and Transformative Government: A Framework and Programme for Research, in: Government Information Quarterly, 31(1)2014, S. 119–128

Battis, Ulrich/Krautzberger, Michael/Löhr, Rolf-Peter: Baugesetzbuch. Kommentar, 15. Aufl., München 2022

C. Krause, *Integrierte Innenentwicklung als ganzheitliche Nachhaltigkeitsstrategie der Stadtplanung im Spannungsfeld zwischen Public Value und Partikularinteressen*, Politik gestalten – Kommunikation, Deliberation und Partizipation bei politisch relevanten Projekten, https://doi.org/10.1007/978-3-658-49824-5

Battis, Ulrich/Krautzberger, Michael/Löhr, Rolf-Peter: Gesetz zur Erleichterung von Planungsvorhaben für die Innenentwicklung der Städte („BauGB 2007"), in: Neue Zeitschrift für Verwaltungsrecht (NVwZ), 2/2007, S. 121–248

Baum, Sarah/Elsasser, Peter/Goetzke, Roland/Henseler, Martin/Hoymann, Jana/Kreins, Peter: Handlungsfelder der Landnutzung, in: Gömann, Horst/Fick, Johanna (Hrsg.): Wechselwirkungen zwischen Landnutzung und Klimawandel, Wiesbaden 2021, S. 71–142

Baumüller, Jürgen/Ahmadi, Yasaman: Beitrag von Regenwasserbewirtschaftungsmaßnahmen und freiraumplanerischen Gestaltungselementen zur Verbesserung des Stadtklimas. Im Rahmen des Forschungsprojekts „Stadt als hydrologisches System im Wandel. Schritte zu einem anpassungsfähigen Management des urbanen Wasserhaushalts" (SAMUWA), Stuttgart 2016; https://www.project.uni-stuttgart.de/samuwa/img/pdfs/baumueller_ahmadi_2016_rwb_massnahmen_und_stadtklima.pdf [Stand: 14.10.2024]

Beck, Sebastian: Kooperative Stadtentwicklung als Koproduktion, in: Forum Wohnen und Stadtentwicklung, 3/2024, S. 114–116

Becker, Carlo/Hübner, Sven/Krüger, Thomas/Kreutz, Stefan/Bundesinstitut für Bau-, Stadt- und Raumforschung (BBSR) im Bundesamt für Bauwesen und Raumordnung (BBR) (Hrsg.): Urbane Freiräume. Qualifizierung, Rückgewinnung und Sicherung urbaner Frei- und Grünräume. Handlungsempfehlungen für die kommunale Praxis, Bonn 2019; https://www.bbsr.bund.de/BBSR/DE/veroeffentlichungen/sonderveroeffentlichungen/2019/urbane-freiraeume-dl.pdf?__blob=publicationFile&v=1 [Stand: 14.10.2024]

Becker, Carlo/Hübner, Sven/Langenbrinck, Gregor/Neumüllers, Marie/Willinger, Stephan/Bundesministerium für Verkehr, Bau und Stadtentwicklung (BMVBS) (Hrsg.): Neue Freiräume für den urbanen Alltag. Modellprojekte im ExWoSt-Forschungsfeld „Innovationen für familien- und altengerechte Stadtquartiere", Berlin 2009; https://www.nationale-stadtentwicklungspolitik.de/NSP/SharedDocs/Publikationen/DE_Ressorforschung/freiraeume.pdf?__blob=publicationFile&v=1 [Stand: 14.10.2024]

Becker, Martin: Soziale Stadtentwicklung und Gemeinwesenarbeit in der Sozialen Arbeit, 2. Aufl., Stuttgart 2021

Beilein, Andreas: Aktivierung von Stadtbrachen für das Wohnen. Chancen und Hemmnisse zwischen Standortprägung, Image und Nachfragetrends, in: Bundesinstitut für Bau-, Stadt- und Raumforschung (BBSR) im Bundesamt für Bauwesen und Raumordnung (BBR) (Hrsg.): Informationen zur Raumentwicklung, Ausgabe 1, Bonn 2010, S. 13–26; https://www.bbsr.bund.de/BBSR/DE/veroeffentlichungen/izr/2010/1/Inhalt/izr-1-2010-komplett-dl.pdf?__blob=publicationFile&v=1 [Stand: 114.10.2024]

Blum, Peter/Böhme, Christa/Kollmair, Michael/Kühnau, Christina/Reinke, Markus/Willen, Luise/Bundesamt für Naturschutz (BfN) (Hrsg.): Orientierungswerte für öffentliches Grün. Kurzfassung des Forschungsberichts Stadtnatur erfassen, schützen und entwickeln, Bonn 2024; https://repository.difu.de/handle/difu/253 [Stand: 14.10.2024]

Böhm, Jutta/Böhme, Christa/Bunzel, Arno/Kühnau, Christina/Landua, Detlef/Reinke, Markus: Urbanes Grün in der doppelten Innenentwicklung, in: BfN-Skripten, 444/2016; https://www.bfn.de/publikationen/bfn-schriften/bfn-schriften-444-urbanes-gruen-der-doppelten-innenentwicklung [Stand: 14.10.2024]

Bormann, Carla/Werner, Franziska: Urbane Räume. Ankunftsräume für Geflüchtete und ihre Funktionen, in: Werner, Franziska/Piechura, Philipp/Bormann, Carla/Breckner, Ingrid (Hrsg.): Flucht, Raum, Forschung. Einführung in die raumsensible FluchtMigrationsforschung, Wiesbaden 2024

Born, Manfred/Kreuzer, Klaus: Nachhaltigkeit Lokal. Lokale Agenda 21 in Deutschland. Eine Zwischenbilanz 10 Jahre nach Rio, Bonn 2002; http://www.rio-10.de/rioprozess/bilanzpapiere/bilanzpapier_agenda21.PDF [Stand: 14.10.2024]

Brettschneider, Frank: Erfolgsbedingungen für Kommunikation und Bürgerbeteiligung bei Großprojekten, in: Glaab, Manuela (Hrsg.): Politik mit Bürgern – Politik für Bürger. Praxis und Perspektiven einer neuen Beteiligungskultur, Wiesbaden 2016, S. 219–238

Brunotte, Ernst/Gebhardt, Hans/Meurer, Manfred/Meusburger, Peter/Nipper, Josef: Lexikon der Geographie in vier Bänden. Dritter Band. Ökos bis Wald, Heidelberg/Berlin 2002

Bundesamt für Bauwesen und Raumordnung (BBR) (Hrsg.): Wohnungs- und Immobilienmärkte in Deutschland 2006. Kurzfassung, Bonn 2007; https://www.bbsr.bund.de/BBSR/DE/veroeffentlichungen/abgeschlossen/berichte/2006_2007/Bd27Kurzfassung.pdf?__blob=publicationFile&v=2 [Stand: 14.10.2024]

Bundesinstitut für Bau-, Stadt- und Raumforschung (BBSR) im Bundesamt für Bauwesen und Raumordnung (BBR) (Hrsg.): Innenentwicklungspotenziale in Deutschland. Ergebnisse einer bundesweiten Umfrage und Möglichkeiten einer automatisierten Abschätzung, Bonn 2014; https://www.bbsr.bund.de/BBSR/DE/veroeffentlichungen/sonderveroeffentlichungen/2013/DL_Innenentwicklungspotenziale_D_neu.pdf?__blob=publicationFile&v=1 [Stand: 14.10.2024]

Bundesinstitut für Bau-, Stadt- und Raumforschung (BBSR) im Bundesamt für Bauwesen und Raumordnung (BBR) (Hrsg.): Stadt- und Gemeindetypen in Deutschland, Bonn o. J.; https://www.bbsr.bund.de/BBSR/DE/forschung/raumbeobachtung/Raumabgrenzungen/deutschland/gemeinden/StadtGemeindetyp/StadtGemeindetyp.html [Stand: 14.10.2024]

Bundesinstitut für Bau-, Stadt- und Raumforschung (BBSR) im Bundesamt für Bauwesen und Raumordnung (BBR): Erfolgsfaktoren für Wohnungsbauvorhaben im Rahmen der Innenentwicklung von dynamischen Städten, Bonn 2018; https://www.bbsr.bund.de/BBSR/DE/veroeffentlichungen/sonderveroeffentlichungen/2018/erfolgsfaktoren-wohnungsbauvorhaben.html [Stand: 14.10.2024]

Bundesinstitut für Bau-, Stadt- und Raumforschung (BBSR) im Bundesamt für Bauwesen und Raumordnung (BBR): Nationale Stadtentwicklungspolitik. Neue Leipzig-Charta. Die transformative Kraft der Städte für das Gemeinwohl, Bonn 2021; https://www.bbsr.bund.de/BBSR/DE/veroeffentlichungen/sonderveroeffentlichungen/2021/neue-leipzig-charta-pocket-dl.pdf?__blob=publicationFile&v=3 [Stand: 14.10.2024]

Bundesinstitut für Bau-, Stadt- und Raumforschung (BBSR) im Bundesamt für Bauwesen und Raumordnung (BBR): Bündnis für bezahlbares Wohnen und Bauen. Bericht 2014 bis 2017, Bonn 2018; https://www.bbsr.bund.de/BBSR/DE/veroeffentlichungen/sonderveroeffentlichungen/2018/buendnis-bezahlbares-wohnen-dl.pdf?__blob=publicationFile&v=1 [Stand: 14.10.2024]

Bundesinstitut für Bau-, Stadt- und Raumforschung (BBSR) im Bundesamt für Bauwesen und Raumordnung (BBR): Handlungsziele für Stadtgrün und deren empirische Evidenz. Indikatoren, Kenn- und Orientierungswerte, Bonn 2018; https://www.bbsr.bund.de/BBSR/DE/veroeffentlichungen/sonderveroeffentlichungen/2018/handlungsziele-stadtgruen.html [Stand: 14.10.2024]

Bundesministerium des Innern, für Bau und Heimat (BMI) (Hrsg.): Memorandum Urbane Resilienz. Wege zur robusten, adaptiven und zukunftsfähigen Stadt. Nationale Stadtentwicklungspolitik, Berlin 2021; https://www.nationale-stadtentwicklungspolitik.de/NSPWeb/SharedDocs/Blogeintraege/DE/memorandum_urbane_resilienz.html [Stand: 14.10.2024]

Bundesministerium des Innern, für Bau und Heimat (BMI): Empfehlungen auf Grundlage der Beratungen in der Kommission für „Nachhaltige Baulandmobilisierung und Bodenpolitik" (Baulandkommission). 02.07.2019, Berlin 2019; https://www.deutscher-verband.org/fileadmin/user_upload/documents/Kommissionen/Baulandkommission_Praeambel_Handlungsempfehlungen_Mitglieder_03.07.2019.pdf [Stand: 14.10.2024]

Bundesministerium des Innern, für Bau und Heimat (BMI): Stadtentwicklungsbericht der Bundesregierung 2020, Berlin 2021; https://www.bbsr.bund.de/BBSR/DE/veroeffentlichungen/ministerien/bmi/verschiedene-themen/2021/stadtentwicklungsbericht-bundesregierung-2020.html [Stand: 14.10.2024]

Bundesministerium für Umwelt, Naturschutz, Bau und Reaktorsicherheit (BMUB) (Hrsg.): Grün in der Stadt. Für eine lebenswerte Zukunft. Grünbuch Stadtgrün, Berlin 2015; https://www.bbsr.bund.de/BBSR/DE/veroeffentlichungen/ministerien/bmub/verschiedene-themen/2015/gruenbuch-2015-dl.pdf?__blob=publicationFile&v=2 [Stand: 14.10.2024]

Bundesministerium für Umwelt, Naturschutz, Bau und Reaktorsicherheit (BMUB) (Hrsg.): Leipzig Charta zur nachhaltigen Europäischen Stadt, Berlin 2007; https://www.bmuv.de/fileadmin/Daten_BMU/Download_PDF/Nationale_Stadtentwicklung/leipzig_charta_de_bf.pdf [Stand: 14.10.2024]

Bundesministerium für Umwelt, Naturschutz, Bau und Reaktorsicherheit (BMUB): Verwahrloste Immobilien. Leitfaden zum Einsatz von Rechtsinstrumenten beim Umgang mit verwahrlosten Immobilien – „Schrottimmobilien", 2. Aufl., Berlin 2014; https://www.staedtebaufoerderung.info/SharedDocs/downloads/DE/Praxis/ArbeitshilfenundLeitfaeden/verwahrloste-immobilien.pdf?__blob=publicationFile&v=1 [Stand: 14.10.2024]

Bundesministerium für Verkehr, Bau und Stadtentwicklung (BMVBS)/Bundesamt für Bauwesen und Raumordnung (BBR): Integrierte Stadtentwicklung als Erfolgsbedingung einer nachhaltigen Stadt. Hintergrundstudie zur „Leipzig Charta zur nachhaltigen europäischen Stadt" der deutschen Ratspräsidentschaft, Ausgabe 8, Bonn 2007; https://www.bbsr.bund.de/BBSR/DE/veroeffentlichungen/bbsr-online/2007/ON082007.html [Stand: 14.10.2024]

Bundesministerium für Verkehr, Bau und Stadtentwicklung (BMVBS)/Bundesamt für Bauwesen und Raumordnung (BBR): Integrierte Stadtentwicklung in Stadtregionen. Projektabschlussbericht, Bonn 2009; https://www.bbsr.bund.de/BBSR/DE/veroeffentlichungen/bbsr-online/2009/ON372009.html [Stand: 14.10.2024]

Bundesministerium für Verkehr, Bau und Stadtentwicklung (BMVBS)/Bundesamt für Bauwesen und Raumordnung (BBR): Städtebauliche Aufwertungsstrategien in benachteiligten Stadtquartieren. Gute Praxisbeispiele in Europa, Berlin/Bonn 2007; https://www.bbsr.bund.de/BBSR/DE/veroeffentlichungen/bbsr-online/2007/DL_EU_05_07.pdf?__blob=publicationFile&v=1 [Stand: 14.10.2024]

Bundesministerium für Wohnen, Stadtentwicklung und Bauwesen (BMWSB) (Hrsg.): Integrierte städtebauliche Entwicklungskonzepte in der Städtebauförderung. Eine Arbeitshilfe für Kommunen, 3. Aufl., Berlin 2023; https://www.staedtebaufoerderung.info/SharedDocs/downloads/DE/Praxis/ArbeitshilfenundLeitfaeden/Arbeitshilfe_ISEK_2023.pdf?__blob=publicationFile&v=5 [Stand: 14.10.2024]

Bundesministerium für Wohnen, Stadtentwicklung und Bauwesen (BMWSB): Innenstadtratgeber. Realexperimente: Planungshilfe und Impulsgeber für die Innenstadtentwicklung, Berlin 2023; https://www.bmwsb.bund.de/SharedDocs/downloads/Webs/BMWSB/DE/veroeffentlichungen/stadtentwicklung/realexperimente.html [Stand: 14.10.2024]

Bundesministerium für Wohnen, Stadtentwicklung und Bauwesen (BMWSB): Referentenentwurf. Entwurf eines Gesetzes zur Stärkung der integrierten Stadtentwicklung. Bearbeitungsstand 29.07.2024, Berlin 2024; https://www.bmwsb.bund.de/SharedDocs/gesetzgebungsverfahren/Webs/BMWSB/DE/novelle-baugb-2024.html [Stand: 03.09.2024]

Bunzel, Arno/Hinzen, Ajo/Umweltbundesamt (UBA) (Hrsg.): Arbeitshilfe Umweltschutz in der Bebauungsplanung, Berlin 2000

Burg, Stephanie/Fahle, Bernd/Hoinkis, Alf/Hiester, Uwe/Schmücker, Volker/Sahrbacher, Bernd/Schrenk, Volker/Großmann, Tobias: Bausteine erfolgreicher Innenentwicklung. Empfehlungen aus der kommunalen Praxis, Stuttgart 2009; https://pd.lubw.de/31250 [Stand: 14.10.2024]

Cordella, Antonio/Bonia, Carla: A Public Value Perspective for ICT Enabled Public Sector Reforms: A Theoretical Reflection, in: Government Information Quarterly, 29(4)2012, S. 512–520

Dahm, Susanne: Bau- und Wohnflächenreserven in kleinen Kommunen Baden-Württembergs. Innenentwicklungspotenziale vor dem Hintergrund einer sich ändernden Bevölkerungsstruktur, in: Universitätsverlag Karlsruhe: Schriftenreihe des Instituts für Städtebau und Landesplanung, Universität Karlsruhe (TH), Ausgabe 36, Karlsruhe 2007 (zugl. Diss. Univ. Karlsruhe); https://www.ksp.kit.edu/site/books/m/10.5445/KSP/1000006695/ [Stand: 14.10.2024]

Der Senator für Umwelt, Bau und Verkehr der Freien Hansestadt Bremen (SUBV): Merkblatt für eine wassersensible Stadt- und Freiraumgestaltung. Empfehlungen und Hinweise für eine zukunftsfähige Regenwasserbewirtschaftung und eine Überflutungsvorsorge bei extremen Regenereignissen in Bremen, Bremen 2015; https://www.transparenz.bremen.de/metainformationen/merkblatt-wassersensible-stadt-und-freiraumgestaltung-druck-pdf-61882 [Stand: 14.10.2024]

Deutsche Umwelthilfe (DUH): Umweltgerechtigkeit durch Partizipation auf Augenhöhe. Strategien und Empfehlungen für Grünprojekte in Stadtquartieren, Radolfzell 2014; https://www.duh.de/uploads/tx_duhdownloads/Partizipation-auf-Augenh%C3%B6he_web.pdf [Stand: 14.10.2024]

Deutsche Vereinigung für Wasserwirtschaft, Abwasser und Abfall e. V. (DWA) (Hrsg.): DWA-Regelwerk. Arbeitsblatt DWA-A 138–1. Anlagen zur Versickerung von Niederschlagswasser – Teil 1: Planung, Bau, Betrieb. Entwurf, Hennef 2020

Deutscher Rat für Landespflege: Durch doppelte Innenentwicklung Freiraumqualitäten erhalten, in: Deutscher Rat für Landespflege: Schriftenreihe des Deutschen Rates für Landschaftspflege. Freiraumqualitäten in der zukünftigen Stadtentwicklung, Ausgabe 78 Bonn 2006, S. 5–39; https://www.yumpu.com/de/document/view/854240/deutscher-rat-fur-landespflege-freiraumqualitaten-in-der-zukunftigen [Stand: 14.10.2024]

Deutsches Institut für Normung e.V. (DIN): DIN 69901–5. Projektmanagement. Projektmanagementsysteme. Teil 5: Begriffe, Berlin 2009

Deutsches Institut für Urbanistik (Difu): Soziale Stadt Info 14. Schwerpunkt Aktivierung und Beteiligung. Ein Blick in sieben europäische Länder, Berlin 2003

Deutsches Institut für Urbanistik (Difu): Was ist eigentlich… Doppelte Innenentwicklung?, Berlin 2023; https://difu.de/11144 [Stand: 14.10.2024]

Die Bundesregierung: Bericht über die Umsetzung der Agenda 2030 für nachhaltige Entwicklung. Freiwilliger Staatenbericht Deutschlands zum HLPF 2021, Berlin 2021; https://www.bmz.de/resource/blob/86824/staatenbericht-deutschlands-zum-hlpf-2021.pdf [Stand: 14.10.2024]

Die Bundesregierung: Nationale Nachhaltigkeitsstrategie. Fortschrittsbericht 2012, Berlin 2012; https://www.bundesgesundheitsministerium.de/service/publikationen/details/nationale-nachhaltigkeitsstrategie-fortschrittsbericht-2012 [Stand: 14.10.2024]

Dirnberger, Franz: Baugesetzbuch. BeckOK BauGB, München 2018

Döring, Nicola: Forschungsmethoden und Evaluation in den Sozial- und Humanwissenschaften, 6. Aufl., Berlin 2023

Dosch, Fabian/Hensold, Claus/Job, Hubert/Pütz, Marco: „Mehr Wert für die Fläche": Handlungsempfehlungen für das Flächenmanagement, in: Job, Hubert/Pütz, Marco (Hrsg.)/Akademie für Raumforschung und Landesplanung: Flächenmanagement. Grundlagen für eine nachhaltige Siedlungsentwicklung mit Fallbeispielen aus Bayern. Arbeitsmaterial der ARL, Hannover 2006, S. 202–211; https://www.arl-net.de/system/files/media-shop/pdf/am_322.pdf [Stand: 14.10.2024]

Dosch, Fabian: Wie sich Städte auf den Klimawandel vorbereiten können. Modellvorhaben einer klimawandelgerechten Stadtentwicklung, in: Knieling, Jörg/Müller, Bernhard (Hrsg.): Klimaanpassung in der Stadt- und Regionalentwicklung. Ansätze, Instrumente, Maßnahmen und Beispiele, in: Bundesministerium für Bildung und Forschung: KLIMZUG. Klimawandel in Regionen zukunftsfähig gestalten, Ausgabe 7, München 2015, S. 77–102

Dresing, Thorsten/Pehl, Thorsten: Praxisbuch Interview, Transkription & Analyse. Anleitungen und Regelsysteme für qualitativ Forschende, 8. Aufl., Marburg 2018

Eichholz, Ann-Kathrin/Schoppengerd, Johanna: Herausforderung Innenentwicklung – Konfliktlösungen im Bebauungsplan, in: Schriften zur Stadt- und Landschaftsentwicklung der Hochschule Osnabrück, Ausgabe 1, Osnabrück 2022; https://doi.org/10.48769/opus-3497 [Stand: 14.10.2024]

Elgendy, Hany/Dahm, Susanne/Ruther-Mehlis, Alfred: Siedlungsflächenmanagement: Bausteine einer systematischen Herangehensweise, in: Meinel, Gotthard/Schumacher, Ulrich/Behnisch, Martin (Hrsg.): Flächennutzungsmonitoring VI. Innenentwicklung – Prognose – Datenschutz, IÖR-Schriften, Ausgabe 65, Berlin 2014, S. 23–32; https://nbn-resolving.org/urn:nbn:de:bsz:14-qucosa2-75361 [Stand: 14.10.2024]

Elgendy, Hany/Seidemann, Dirk/Wilske, Sebastian: New Challenges for City- and Regional Planning: Inner Development of Cities and Regions for Promoting Sustainable Development. 40th ISOCARP Congress, Genf 2004; https://www.isocarp.net/data/case_studies/480.pdf [Stand: 14.10.2024]

Engel, Judith: Wien Hauptbahnhof – Wie Bürgerbeteiligung Planung und Bau eines Großprojekts begleiten kann, in: Glaab, Manuela (Hrsg.): Politik mit Bürgern – Politik für Bürger. Praxis und Perspektiven einer neuen Beteiligungskultur, Wiesbaden 2016, S. 239–256

Erler, Gisela: Bürgerbeteiligung – vom Helfen zum Mitentscheiden, in: Kegelmann, Jürgen/Martens, Kay-Uwe (Hrsg.): Kommunale Nachhaltigkeit. Jubiläumsband zum 40-jährigen Bestehen der Hochschule Kehl und des Ortenaukreises, Baden-Baden 2013, S. 261–268

Ernst, Werner/Zinkahn, Willy/Bielenberg, Walter/Krautzberger, Michael/Külpmann, Christoph: Baugesetzbuch. Band I. Kommentar, München 2023

EU2020.de: NEUE LEIPZIG CHARTA. Die transformative Kraft der Städte für das Gemeinwohl. Verabschiedet beim Informellen Ministertreffen Stadtentwicklung am 30. November 2020, Leipzig 2020; https://www.bmwsb.bund.de/Webs/BMWSB/DE/themen/stadt-wohnen/stadtentwicklung/neue-leipzig-charta/neue-leipzig-charta-node.html [Stand: 14.10.2024]

Europäische Kommission: Mitteilung der Kommission an das Europäische Parlament, den Rat, den europäischen Wirtschafts- und Sozialausschuss und den Ausschuss der Regionen. Fahrplan für ein ressourcenschonendes Europa, Brüssel 2011; https://www.europarl.europa.eu/meetdocs/2009_2014/documents/com/com_com(2011)0571_/com_com(2011)0571_de.pdf [Stand: 14.10.2024]

Evert, Klaus-Jürgen: Lexikon. Landschafts- und Stadtplanung. Mehrsprachiges Wörterbuch über Planung, Gestaltung und Schutz der Umwelt, Heidelberg 2001

Ewing, Reid/Hamidi, Shima: Measuring Sprawl 2014. Smart Growth America. Making Neighborhoods Great Together, Washington 2014; https://smartgrowthamerica.org/wp-content/uploads/2016/08/measuring-sprawl-2014.pdf [Stand: 14.10.2024]

Faus, Rainer/Storks, Simon/Friedrich-Ebert-Stiftung (Hrsg.): Das pragmatische Einwanderungsland. Was die Deutschen über Migration denken, Bonn 2019; https://library.fes.de/pdf-files/fes/15213-20190402.pdf [Stand: 14.10.2024]

Fina, Stefan: Wie zersiedelt ist noch nachhaltig? Erfassung und Bewertung urbaner Flächennutzungsdynamik im Widerstreit unterschiedlicher Nachhaltigkeitsziele, in: Meinel, Gotthard/Schumacher, Ulrich/Behnisch, Martin (Hrsg.): Flächennutzungsmonitoring VI. Innenentwicklung – Prognose – Datenschutz, IÖR-Schriften, Ausgabe 65, Berlin 2014, S. 201–211; https://nbn-resolving.org/urn:nbn:de:bsz:14-qucosa2-75193 [Stand: 14.10.2024]

Franke, Thomas/Löhr, Rolf-Peter/Sander, Robert: Soziale Stadt. Stadterneuerungspolitik als Stadtpolitikerneuerung, in: Deutsches Institut für Urbanistik: Archiv für Kommunalwissenschaften, 39. Jahrgang, Band II, Berlin 2000, S. 243–268; https://repository.difu.de/handle/difu/52131 [Stand: 14.10.2024]

Franke, Thomas/Strauss, Wolf-Christian: Integrierte Stadtentwicklung in deutschen Kommunen – eine Standortbestimmung, in: Bundesinstitut für Bau-, Stadt- und Raumforschung (BBSR) im Bundesamt für Bauwesen und Raumordnung (BBR): Informationen zur Raumentwicklung, Ausgabe 4, Bonn 2010, S. 253–262; https://www.bbsr.bund.de/BBSR/DE/veroeffentlichungen/izr/2010/4/Inhalt/DL_FrankeStrauss.pdf?__blob=publicationFile&v=1 [Stand: 14.10.2024]

Frerichs, Stefan/Küpper, Christoph/Noky, Bernd/Simon, André/Adrian, Luise/Bunzel, Arno/Pätzold, Ricarda/Rakel, Magdalena: Umwelt- und Aufenthaltsqualität in kompakt-urbanen und nutzungsgemischten Stadtstrukturen. Analysen, Fallbeispiele, Handlungsansätze unter Nutzung und Weiterentwicklung des Bauplanungs- und Umweltrechts, in: Umweltbundesamt-Texte (UBA-Texte), 6/2018; https://www.umweltbundesamt.de/sites/default/files/medien/1410/publikationen/2018-01-29_texte_06-2018_stadtstrukturen.pdf [Stand: 14.10.2024]

Fuchs, Oliver/Schleifnecker, Thomas: Handbuch ökologische Siedlungsentwicklung. Konzepte zur Realisierung zukunftsfähiger Bauweisen, in: Institut für Entwicklungsplanung und Strukturforschung GmbH an der Universität Hannover: Initiativen zum Umweltschutz, Ausgabe 32, Berlin 2001

Fuhrhop, Daniel: Versteckte Wohnraumreserven. Der „unsichtbare Wohnraum" am Beispiel „Homeshare", in: Forum Wohnen und Stadtentwicklung, 4/2024, S. 201–204

Gärtner, Annika/Sander, Gerald G./Bühler-Kölmel, Sandra: Klimaresilienz auf kommunaler Ebene. Erfolgsfaktoren für baden-württembergische Kommunen mit weniger als 20.000 Einwohnern, Ludwigsburg, 2024; https://opus-hslb.bsz-bw.de/frontdoor/deliver/index/docId/5862/file/Gaertner_Annika_MPM_2023_MA.pdf [Stand: 30.11.2024]

Gatzweiler, Hans-Peter/Adam, Brigitte/Milbert, Antonia/Pütz, Thomas/Spangenberg, Martin/Sturm, Gabriele/Walther, Antje: Klein- und Mittelstädte in Deutschland – eine Bestandsaufnahme, in: Bundesinstitut für Bau-, Stadt-, und Raumforschung (BBSR) im Bundesamt für Bauwesen und Raumordnung (BBR): Analysen Bau.Stadt.Raum, Ausgabe 10, Bonn 2012

Gläser, Jochen/Laudel, Grit: Experteninterviews und qualitative Inhaltsanalyse als Instrumente rekonstruierender Untersuchungen. Lehrbuch, 4. Aufl., Wiesbaden 2010

Göddecke-Stellmann, Jürgen: Renaissance der Großstädte – eine Zwischenbilanz, in: Bundesinstitut für Bau-, Stadt- und Raumforschung (BBSR) im Bundesamt für Bauwesen und Raumordnung (BBR): BBSR-Berichte KOMPAKT, Ausgabe 9, Bonn 2011; https://www.bbsr.bund.de/BBSR/DE/veroeffentlichungen/berichte-kompakt/2011/DL_9_2011.pdf?__blob=publicationFile&v=2 [Stand: 14.10.2024]

Goetzke, Roland/Hoymann, Jana: Auf dem Weg zu einer an den Klimawandel angepassten Siedlungsentwicklung?, in: Meinel, Gotthard/Schumacher, Ulrich/Behnisch, Martin (Hrsg.): Flächennutzungsmonitoring VI. Innenentwicklung – Prognose – Datenschutz, IÖR-Schriften, Ausgabe 65, Berlin 2014, S. 303–310; https://nbn-resolving.org/urn:nbn:de:bsz:14-qucosa2-75295 [Stand: 14.10.2024]

Grundwald, Armin/Kopfmüller, Jürgen: Nachhaltigkeit, 3. Aufl., Frankfurt 2022

Gstach, Doris/Berding, Ulrich: Doppelte Innenentwicklung – zur Wiederentdeckung eines alten Prinzips unter erschwerten Bedingungen, in: Bundesinstitut für Bau-, Stadt- und Raumforschung (BBSR) im Bundesamt für Bauwesen und Raumordnung (BBR) (Hrsg.): Informationen zur Raumentwicklung, Ausgabe 6, Stuttgart 2016, S. 661–674; https://www.fh-erfurt.de/fileadmin/Dokumente/Personen/ARS/Doris_Gstach/gstach_berding_doppelte_innenentwicklung.pdf [Stand: 14.10.2024]

Hadžic, Raza: Einwohneranträge auf der kommunalen Ebene, in: Brettschneider, Frank (Hrsg.): Direkte Demokratie und Kommunikation. Studien zu kommunalen Bürgerentscheiden und Einwohneranträgen, Wiesbaden 2023, S. 315–377

Halbig, Guido/Kurmutz, Uwe/Knopf, Daniel: Klimawandelgerechtes Stadtgrün, in: Bundesinstitut für Bau-, Stadt- und Raumforschung (BBSR) im Bundesamt für Bauwesen und Raumordnung (BBR): Grün in der Stadt. Informationen zur Raumentwicklung, Ausgabe 6, Stuttgart 2016, S. 675–688; https://www.bbsr.bund.de/BBSR/DE/veroeffentlichungen/izr/2016/6/Inhalt/downloads/izr-6-2016-komplett-dl.pdf?__blob=publicationFile&v=1 [Stand: 14.10.2024]

Hauff, Volker: Unsere gemeinsame Zukunft. Der Brundtland-Bericht der Weltkommission für Umwelt und Entwicklung, Greven 1987

Heineberg, Heinz/Kraas, Frauke/Krajewski, Christian: Stadtgeographie, 6. Aufl., Paderborn 2022

Heinig, Stefan/Krämer, Alexander/Weigel, Oliver: Bipolare Stadtentwicklung in Leipzig. Handlungsstrategien zur Stärkung der Innenentwicklung, in: Scholl, Bernd (Hrsg.): Stadtgespräche. Institut für Raum- und Landschaftsentwicklung. Eidgenössische Technische Hochschule Zürich, Zürich 2007, S. 23–31

Heinz, Werner: Stadtentwicklungsplanung, in: Häußermann, Hartmut: Großstadt. Soziologische Stichworte, Opladen 1998, S. 235–246

Helfferich, Cornelia: Leitfaden- und Experteninterviews, in: Baur, Nina/Blasius, Jörg (Hrsg.): Handbuch Methoden der empirischen Sozialforschung, 3. Aufl., Wiesbaden 2022, S. 875–892

Illiges, Norbert/Büchler, Henning/Ullrich, Peter/Böttger, Susanne: Fachgutachten. Allgemeine Anforderungen an gesunde Wohn- und Arbeitsverhältnisse. B-Plan 1–40a Bernauer Straße, Berlin 2014; https://digital.zlb.de/viewer/metadata/15862846/ [Stand: 14.10.2024]

Innenministerium Baden-Württemberg (IM BW): Kommunaler Produktplan Baden-Württemberg, Stuttgart 2020; https://im.baden-wuerttemberg.de/fileadmin/redaktion/m-im/intern/dateien/pdf/20200501_Produktplan_BW.pdf [Stand: 14.10.2024]

Jenssen, Till: Klimaschutz durch städtebauliche Dichte! Möglichkeiten und Grenzen der räumlichen Steuerung von Treibhausgas-Emissionen, in: RaumPlanung, 147/2009, S. 281–284

Kaiser, Mathias: Naturnahe Regenwasserbewirtschaftung als Baustein einer nachhaltigen Siedlungsentwicklung. Demonstriert mithilfe der Entwicklung und Umsetzung von Modellprojekten, Dortmund 2004 (zugl. Diss. Univ. Dortmund); https://d-nb.info/1011532379/34 [Stand: 14.10.2024]

Kaltenbrunner, Robert: Gesellschaft durch Dichte? Städtebau und urbanes Leben, in: Die Architekt, 5/2017, S. 22–27

Kegelmann, Jürgen/Martens, Kay-Uwe (Hrsg.): Kommunale Nachhaltigkeit. Jubiläumsband zum 40-jährigen Bestehen der Hochschule Kehl und des Ortenaukreises, Baden-Baden 2013

Kegelmann, Jürgen/Schweizer, Christine/Geiger, Albert/Kurt, Martin/Lang, Niki: Nachhaltige Stadtentwicklung durch nachhaltige Verwaltungsentwicklung. Die (Kommunal-) Verwaltung der Zukunft, in: vhw-Schriftenreihe, 32/2021; https://www.vhw.de/fileadmin/user_upload/08_publikationen/vhw-schriftenreihe-tagungsband/PDFs/vhw_Schriftenreihe_Nr._32_Nachhaltige_Stadtentwicklung_durch_nachhaltige_Verwaltungsentwicklung_web.pdf [Stand: 14.10.2024)

Kelle, Udo/Kluge, Susann: Vom Einzelfall zum Typus. Fallvergleich und Fallkontrastierung in der qualitativen Sozialforschung, 2. Aufl., Wiesbaden 2010

Kersting, Norbert: Online Partizipation: Evaluation und Entwicklung – Status quo und Zukunft, in: Hofmann, Jeanette/Kersting, Norbert/Ritzi, Claudia/Schünemann, Wolf (Hrsg.): Politik in der digitalen Gesellschaft. Zentrale Problemfelder und Forschungsperspektiven, Bielefeld 2019, S. 105–122

Koch, Florian/Krellenberg, Kerstin/Reuter, Klaus/Libbe, Jens/Schleicher, Katharina/Krumme, Klaus/Schubert, Susanne/Kern, Kristine: How can the Sustainable Development Goals be Implemented? Challenges for Cities in Germany and the Role of Urban Planning, in: The Planning Review (disP), 55(4)2019, S. 14–27; https://doi.org/10.1080/02513625.2019.1708063 [Stand: 14.10.2024]

Koch, Florian/Krellenberg, Kerstin: Nachhaltige Stadtentwicklung. Die Umsetzung der Sustainable Development Goals auf kommunaler Ebene, Wiesbaden 2021

Koch, Michael: Ökologische Stadtentwicklung. Innovative Konzepte für Städtebau, Verkehr und Infrastruktur, Stuttgart/Berlin/Köln 2001

Köckler, Heike/Engelhardt-Fröhlich, Cornelia: Grün in der Stadt als Thema umweltbezogener Gerechtigkeit, in: Bundesinstitut für Bau-, Stadt- und Raumforschung (BBSR) im Bundesamt für Bauwesen und Raumordnung (BBR): Grün in der Stadt. Informationen zur Raumentwicklung, Ausgabe 6, Stuttgart 2016, S. 711–722; https://www.bbsr.bund.de/BBSR/DE/veroeffentlichungen/izr/2016/6/Inhalt/downloads/izr-6-2016-komplett-dl.pdf?__blob=publicationFile&v=1 [Stand: 14.10.2024]

Korda, Martin: Städtebau. Technische Grundlagen, 5. Aufl., Wiesbaden 2005

Körner-Blätgen, Nadine/Sturm, Gabriele: Wandel demografischer Strukturen in deutschen Großstädten. Informationen aus der vergleichenden Stadtbeobachtung, in: Bundesinstitut für Bau-, Stadt- und Raumforschung (BBSR) im Bundesamt für Bauwesen und Raumordnung (BBR): BBSR-Analysen KOMPAKT, Ausgabe 4, Bonn 2016; https://www.bbsr.bund.de/BBSR/DE/veroeffentlichungen/analysen-kompakt/2016/ak-04-2016-dl.html?__blob= [Stand: 14.14.2024]

Kötter, Theo/Müller-Grunau, Sven/Freudenberg, Jens/Huttenloher, Christian/Bundesinstitut für Bau-, Stadt und Raumforschung (BBSR) im Bundesamt für Bauwesen und Raumordnung (BBR) (Hrsg.): Planspiel zur Einführung einer „Innenentwicklungsmaßnahme" („Innenentwicklungsmaßnahmengebiet") in das Baugesetzbuch. Abschlussbericht, Bonn 2019; https://www.bbsr.bund.de/BBSR/DE/veroeffentlichungen/ministerien/bmi/verschiedene-themen/2018/innenentwicklungsmassnahme.html [Stand: 14.10.2024]

Kötter, Theo: Chancen und Grenzen der Innenentwicklung – zwischen Umnutzung und Rückbau, in: Forum Wohnen und Stadtentwicklung, 1/2010, S. 7–12; https://www.vhw.de/fileadmin/user_upload/08_publikationen/verbandszeitschrift/2000_2014/PDF_Dokumente/2010/FWS_1_2010/FWS_1_10_Koetter.pdf [Stand: 14.10.2024]

Kraftfahrtbundesamt (KBA): Bestand. Zahlen zum 1. Januar 2024 im Überblick, Flensburg 2024; https://www.kba.de/DE/Statistik/Fahrzeuge/Bestand/bestand_node.html;jsessionid=71D073E20855B1B3049246E7096C6C19.live11293 [Stand: 14.10.2024]

Krellenberg, Kerstin/Bergsträßler, Hannah/Bykova, Daria/Kress, Nele/Tyndall, Katharine: Urban Sustainability Strategies Guided by the SDGs – A Tale of Four Cities, in: Sustainability, 11(4)2019, S. 1–20; https://www.mdpi.com/2071-1050/11/4/1116 [Stand: 14.10.2024]

Kron, Detlef: Zukunftsfähige Stadtplanung in Stuttgart. Innenentwicklung und nachhaltiges Bauflächenmanagement, in: Scholl, Bernd (Hrsg.): Stadtgespräche. Institut für Raum- und Landschaftsentwicklung. Eidgenössische Technische Hochschule Zürich, Zürich 2007, S. 12–22

Kühnau, Christina/Böhm, Jutta/Reinke, Markus/Böhme, Christa/Bunzel, Arno/Bundesamt für Naturschutz (Hrsg.): Doppelte Innenentwicklung – Perspektiven für das urbane Grün. Empfehlungen für Kommunen, Bonn 2017; https://www.bfn.de/sites/default/files/BfN/planung/siedlung/Dokumente/dopi_brosch.pdf [Stand: 14.10.2024]

Kühnau, Christina/Böhme, Christa/Bunzel, Arno/Böhm, Jutta/Reinke, Markus: Von der Theorie zur Umsetzung: Stadtnatur und doppelte Innenentwicklung. Empirische Ergebnisse einer Befragung deutscher Großstädte und Handlungsempfehlungen, in: Natur und Landschaft, 7/2016, S. 329–335

Landtag von Baden-Württemberg: Drucksache 13/4665, Stuttgart 2005

Laukemper, Jürgen/Sgobba, Antonella: Handlungsfeld Mobilität und Verkehr, in: Bott, Helmut/Grassl, Gregor/Anders, Stephan: Nachhaltige Stadtplanung. Lebendige Quartiere. Smart Cities. Resilienz, 2. Aufl., München 2018, S. 117–125

Liebold, Renate/Trinczek, Rainer: Experteninterview, in: Kühl, Stefan/Strodtholz, Petra/ Taffertshofer, Andreas (Hrsg.): Handbuch Methoden der Organisationsforschung. Quantitative und Qualitative Methoden, Wiesbaden 2009, S. 32–56

Lösken, Gilbert/Ansel, Wolfgang/Backhaus, Tobias/Bartel, Yvonne-Christin/Bornholdt, Hanna/Bott, Peter/Henze, Michael/Hokema, Jakob/Köhler, Manfred/Krupka, Bernd W./ Mann, Gunter/Münster, Marko/Neisser, Holger/Roth-Kleyer, Stephan/Ruttensperger, Stefan/Schenk, Dieter/Sprenger, Daniel/Upmeier, Martin/Westerholt, Daniel/Landscape Development and Landscaping Research Society e.V. (FLL) (Hrsg.): Green Roof Guidelines. Guidelines for the Planning, Construction and Maintenance of Green Roofs, 6. Aufl., Bonn 2018

Lucon, Oswaldo/Ürge-Vorsatz, Diana/Ahmed, Azni Zain/Akbari, Hashem/Bertoldi, Paolo/ Cabeza, Luisa/Eyre, Nicholas/Gadgil, Ashok/Harvey, Danny/Jiang, Yi/Liphoto, Enoch/ Mirasgedis, Sevastianos/Murakami, Shuzo/Parikh, Jyoti/Pyke, Christopher/Vilarino, Maria Virginia: Buildings, in: Intergovernmental Panel on Climate Change: Climate Change 2014. Migration of Climate Change. Working Group III Contribution to the Fith Assessment Report of the Intergovernmental Panel on Climate Change, Cambridge 2014, S. 671–738

Lüpke, Dieter von: Innenentwicklung als dominierende Aufgabe der Stadtentwicklung. Das Beispiel der Stadt Frankfurt am Main, in: Scholl, Bernd (Hrsg.): Stadtgespräche. Institut für Raum- und Landschaftsentwicklung. Eidgenössische Technische Hochschule Zürich, Zürich 2007, S. 32–44

Mathey, Juliane/Rößler, Stefanie/Lehmann, Iris/Bräuer, Anne/Goldberg, Valeri/Kurbjuhn, Cornelia/Westbeld, Anna: Noch wärmer, noch trockener? Stadtnatur und Freiraumstrukturen im Klimawandel, in: Bundesamt für Naturschutz (BfN): Naturschutz und Biologische Vielfalt, Ausgabe 111, Bonn/Bad Godesberg 2011

Maurer, Jakob: Innenentwicklung: Eine Theoretische Annäherung, in: Scholl, Bernd (Hrsg.): Stadtgespräche. Institut für Raum- und Landschaftsentwicklung. Eidgenössische Technische Hochschule Zürich, Zürich 2007, S. 5–11

Maurer, Jakob: Thesen zur Innenentwicklung, in: Ministerium für Umwelt und Verkehr (UVM)/Wirtschaftsministerium (WM) Baden-Württemberg/Institut für Städtebau und Landesplanung (ISL) der Universität Karlsruhe: Innenentwicklung vor Außenentwicklung. Strategien, Konzepte, Instrumente. Dokumentation des Fachkongresses am 15./ 16. Mai 2003 in Karlsruhe, Stuttgart 2003, S. 115–118; https://nbn-resolving.de/urn:nbn: de:kobv:109-opus-13397 [Stand: 14.10.2024]

Mayer, Amelie-Theres/Schwehr, Peter/Bürgin, Matthias: Nachhaltige Quartiersentwicklung im Fokus flexibler Strukturen, Luzern 2011

Mayer, Horst Otto: Interview und schriftliche Befragung. Grundlagen und Methoden empirischer Sozialforschung, 6. Aufl., München 2013

Mayring, Philipp: Qualitative Forschungsdesigns, in: Mey, Günter/Mruck, Katja (Hrsg.): Handbuch Qualitative Forschung in der Psychologie, 2. Aufl., Wiesbaden 2020, S. 3–17

Mayring, Philipp: Qualitative Inhaltsanalyse. Grundlagen und Techniken, 13. Aufl., Weinheim 2022

Meadows, Donella/Meadows, Dennis/Randers, Jorgen/Behrens, William: The Limits to Growth. A Report for THE CLUB OF ROME'S Projetc on the Predicament of Mankind, New York 1972

Meyer, Helge/Sander, Gerald G./Schmidt, Nalan: Kommunale Jugendbeteiligung in Baden-Württemberg. Eine Studie zu Qualität und Möglichkeiten der Qualitätssteigerung durch Anpassung des § 41a Gemeindeordnung, Ludwigsburg, 2024; https://opus-hslb.bsz-bw.de/frontdoor/deliver/index/docId/5847/file/Meyer_Helge_MPM_2023_MA.pdf [Stand: 30.11.2024]

Meynhardt, Timo: Public Value Inside: What ist Public Value Creation?, in: International Journal of Public Administration, 32(3)2009, S. 192–219

Meynhardt, Timo: Public Value: Organisationen machen Gesellschaft, in: OrganisationsEntwicklung, 4/2013, S. 4–7

Ministerio de Vivienda, Dirección General de Urbanismo y Política de Suelo: Wohnungsbaupolitik als Instrument für Stadterneuerung. Bericht Spaniens für das 17. Treffen der Wohnungsbauminister der Europäischen Union am 16. und 17. Oktober 2006 in Barcelona, Madrid 2006

Ministerium für Klimaschutz, Umwelt, Landwirtschaft, Natur- und Verbraucherschutz des Landes Nordrhein-Westfalen (MUNLV NRW): Handbuch Stadtklima. Maßnahmen und Handlungskonzepte für Städte und Ballungsräume zur Anpassung an den Klimawandel, Düsseldorf 2011; https://www.lanuv.nrw.de/fileadmin/lanuv/klimaanpassung/dokumente/handbuch_stadtklima.pdf [Stand: 14.10.2024]

Ministerium für Landesentwicklung und Wohnen Baden-Württemberg (MLW BW): Bauplanungsrecht. Einheitliche Regeln schaffen, Stuttgart o. J.; https://mlw.baden-wuerttemberg.de/de/bauen-wohnen/baurecht/bauplanungsrecht [Stand: 14.10.2024]

Ministry of the Interior and Kingdom Relations (BZK): „Gemeinsamer Rahmen für die zukünftige Städtepolitik in Europa. Die Städte als Motor Europas. Entwurf vom 20.09.2004, Kopenhagen 2004

Ministry of the Interior and Kingdom Relations (BZK): Ministerial Meeting Urban Policy „Cities Empower Europe“. Conclusions Dutch Presidency 2004, Kopenhagen 2005

Möller, Karl Friedrich/Machleidt, Jonas/Ministerium für Infrastruktur und Landwirtschaft des Landes Brandenburg (MIL) (Hrsg.): Leitfaden Immissionsschutz in Bebauungsplänen, Potsdam 2014; https://mil.brandenburg.de/sixcms/media.php/9/Leitfaden_Immissionsschutz_in_Bebauungspl%C3%A4nen_2014_web.pdf [Stand: 14.10.2024]

Moore, Mark: Creating Public Value. Strategic Management in Government, Cambridge 1995

Muckel, Petra: Der Alltag mit Akten – psychologische Rekonstruktionen bürokratischer Phänomene. Eine empirische Untersuchung in verschiedenen Institutionen auf der Grundlage der Grounded Theory, Aachen 1997

Müller, Bernhard/Leibniz-Institut für ökologische Raumentwicklung: Risiken beherrschen, Chancen nutzen. Die Region Dresden stellt sich dem Klimawandel. Strategiekonzept zum Integrierten Regionalen Klimaanpassungsprogramm für die Region Dresden, Dresden 2013; http://regklam.de/fileadmin/Daten_Redaktion/Publikationen/Strategiekonzept_130924_final_online.pdf [Stand: 14.10.2024]

Müller, Christa: Wurzeln schlagen in der Fremde. Die Internationalen Gärten und ihre Bedeutung für Integrationsprozesse, München 2002; https://urbane-gaerten.de/images/wurzeln_schlagen_in_der_fremde.pdf [Stand: 14.10.2024]

Musiolik, Jörg/Kohler, Anna/Vögeli, Pascal/Lobsiger-Kägi, Evelyn/Carabias-Hütter, Vicente: Leitfaden zur Umsetzung von Smart-City-Initiativen in der Schweiz, Bern 2019; https://www.researchgate.net/publication/344466583_EnergieSchweiz-Leitfaden-SmartCity-DE [Stand: 14.10.2024]

Nadler, Angela/Meißner, Erhard/Rosenzweig, Georg/Bayerisches Landesamt für Wasserwirtschaft (LfW) (Hrsg.): Naturnahe Entwässerung von Verkehrsflächen in Siedlungen. Erlaubnisfrei in Bayern, München 2005; https://www.bestellen.bayern.de/application/applstarter?APPL=eshop&DIR=eshop&ACTIONxSETVAL(artdtl.htm,APGxNODENR:3778,AARTxNR:lfw_was_00288,AARTxNODENR:283529,USERxBODYURL:artdtl.htm,KATALOG:StMUG,AKATxNAME:StMUG,ALLE:x)=X [Stand: 14.10.2024]

Nagel, Ernest: Über die Aussage: „Das Ganze ist mehr als die Summe seiner Teile", in: Topitsch, Ernst: Logik der Sozialwissenschaften, 7. Aufl., Köln 1971, S. 225–235

Netzwerk Bürgerbeteiligung: Qualitätsstandards Bürgerbeteiligung, Bonn 2013; https://www.netzwerk-buergerbeteiligung.de/fileadmin/Inhalte/PDF-Dokumente/Qualita%CC%88tskriterien/nbb_qualitaetskriterien_februar2013.pdf [Stand: 14.10.2024]

Neunecker, Martina: Wie wirkt sich Bürgerbeteiligung auf die Entscheidungen von Stadt- und Gemeinderäten aus? Vergleichende Befunde am Beispiel des „Bürgerhaushaltes" in Deutschland, in: Glaab, Manuela (Hrsg.): Politik mit Bürgern – Politik für Bürger. Praxis und Perspektiven einer neuen Beteiligungskultur, Wiesbaden 2016, S. 199–218

Overbeck, Gerhard/Hartz, Andrea/Fleischhauer, Mark: Ein 10-Punkte-Plan „Klimaanpassung". Raumentwicklungsstrategien zum Klimawandel im Überblick, in: Bundesinstitut für Bau-, Stadt- und Raumforschung (BBSR) im Bundesamt für Bauwesen und Raumordnung (BBR): Informationen zur Raumentwicklung, Ausgabe 6, Bonn 2008, S. 363–380; https://www.bbsr.bund.de/BBSR/DE/veroeffentlichungen/izr/2008/6_7/Inhalt/DL_OverbeckHartzFleischhauer.pdf?__blob=publicationFile&v=1 [Stand: 14.10.2024]

Panagiotopoulos, Panos/Klievink, Bram/Cordella, Antonio: Public Value Creation in Digital Government, in: Government Information Quarterly, 36(4)2019, S. 101421

Parnell, Susan: Defining a Global Urban Development Agenda, in: World Development, 78/2016, S. 529–540

Patel, Zarina/Greyling, Saskia/Simon, David/Arfvidsson, Helen/Moodley, Nishendra/Primo, Natasha/Wright, Carol: Local Responses to Global Sustainability Agendas: Learning From Experimenting With the Urban Sustainable Development Goal in Cape Town, in: Sustainability Science, 12/2017, S. 785–797; https://link.springer.com/article/10.1007/s11625-017-0500-y [Stand: 14.10.2024]

Pautsch, Arne/Haug, Volker: Beteiligungsverfahren im repräsentativ-demokratischen Entscheidungsprozess – eine rechtliche Problemskizze, in: Vetter, Angelika/Remer, Uwe (Hrsg.): Dialogische Bürgerinnen- und Bürgerbeteiligung in Baden-Württemberg, Wiesbaden 2023, S. 233–251

Peters, Gertrudis/Ludwig, Gesine/Risch, Ben Michael/Pflug, Tanja/Hessischer Städtetag/Architekten- und Stadtplanerkammer Hessen (Hrsg.): Orientierungshilfe zur Vergabe öffentlicher Grundstücke nach Konzeptqualität, Wiesbaden 2017; https://www.akbw.de/fileadmin/download/Freie_Dokumente/Vergabe_und_Wettbewerb/Informationen_zu_Vergabeverfahren/AKH_LF_Konzeptvergabe_20170824_Downloadversion.pdf [Stand: 14.10.2024]

Peters, Theo/Schelter, Nicole: Kompakte Einführung in das Projektmanagement. Mit vielen praxisnahen Beispielen und modernen didaktischen Instrumenten, Wiesbaden 2021

Potsdam Institut für Klimafolgenforschung e.V. (PIK): Klimafolgen Online. Climate Impacts in Germany, Potsdam 2024; http://kfo.pik-potsdam.de//ger/index_en.html?language_id=en [Stand: 14.10.2024]

Prenger-Berninghoff, Kathrin/Neht, Alice/Hein, Simon/Institut für Stadtbauwesen und Stadtverkehr der RWTH Aachen University (Hrsg.): Klima-Check in der Bauleitplanung. Checkliste für Klimaschutz und Klimaanpassung, Aachen o. J.; https://www1.isb.rwth-aachen.de/BESTKLIMA/download/Klima-Check-Final_interaktiv.pdf [Stand: 14.10.2024]

Preuß, Thomas/Bunzel, Arno/Hanke, Stefanie/Michalski, Daniela/Pichl, Josefine/Steinrücke, Elena/Janßen, Antje/Riemer, Evelyn: Gute Praxisbeispiele kompakter und zugleich lärmarmer städtischer Quartiere. Abschlussbericht, in: Umweltbundesamt-Texte (UBA-Texte), 195/2020; https://www.umweltbundesamt.de/publikationen/gute-praxisbeispiele-kompakter-zugleich-laermarmer [Stand: 14.10.2024]

Preuß, Thomas/Michalski, Daniela: Mobilität, Flächen und Bauen neu denken und gemeinsam qualifizieren. Leitbild dreifache Innenentwicklung: Neues Hintergrundpapier gibt Empfehlungen für eine umweltorientierte, gesundheitsfördernde und sozial gerechte Stadt- und Raumentwicklung, in: Deutsches Institut für Urbanistik (Difu): Berichte. Das Magazin des Difu, Ausgabe 1, Berlin 2023; https://difu.de/publikationen/2023/difu-berichte-1-2023 [Stand: 14.10.2024]

Prior, Lindsay: Repositioning Documents in Social Research, in: Sociology, 42(5)2008, S. 821–836

Probst, Gilbert/Ulrich, Hans: Anleitung zum ganzheitlichen Denken und Handeln. Ein Brevier für Führungskräfte, 4. Aufl., Bern 1995

Pufé, Iris: Nachhaltigkeit, 3. Aufl., Konstanz/München 2017

Rat der Europäischen Union: Schlussfolgerungen des Vorsitzes. Tagung vom 16./17. Juni 2005, Brüssel 2005; https://data.consilium.europa.eu/doc/document/ST-10255-2005-INIT/de/pdf [Stand: 14.10.2024]

Rat der Europäischen Union: Überprüfung der EU-Strategie für nachhaltige Entwicklung, Brüssel 2006; https://data.consilium.europa.eu/doc/document/ST-10917-2006-INIT/de/pdf [Stand: 14.10.2024]

Reinke, Markus: Doppelte Innenentwicklung – Wie soll das gehen?, in: Meinel, Gotthard/Förtsch, Daniela/Schwarz, Steffen/Krüger, Tobias/Leibniz-Institut für ökologische Raumentwicklung e. V. (Hrsg.): Flächennutzungsmonitoring VIII. Flächensparen – Ökosystemleistungen – Handlungsstrategien, IÖR-Schriften, Ausgabe 69, Berlin 2016, S. 31–40; https://core.ac.uk/download/pdf/268019279.pdf [Stand: 14.10.2024]

Reinke, Markus: Herausforderungen bei der Umsetzung der „doppelten Innenentwicklung", in: DNT Journal, 2019, S. 169–178; https://www.deutscher-naturschutztag.de/dnt-journal [Stand: 14.10.2024]

Reiß-Schmidt, Stefan: Renaissance „Integrierter Konzepte" in der Stadtentwicklung? Vortrag im 440. Kurs des Instituts für Städtebau Berlin „Integrierte Konzepte in der Stadtentwicklung" vom 4. bis 6. November 2002 in Berlin, Berlin 2002

Reiß-Schmidt, Stephan: München – kompakt, urban, grün. Perspektiven und Grenzen der Innenentwicklung, in: Flächenmanagement und Bodenordnung (fub), 4/2011, S. 152–158

Reiß-Schmidt, Stephan: Strategisches Flächenmanagement und Innenentwicklung, in: Ministerium für Umwelt und Verkehr (UVM)/Wirtschaftsministerium (WM) Baden-Württemberg/Institut für Städtebau und Landesplanung (ISL) der Universität Karlsruhe: Innenentwicklung vor Außenentwicklung. Strategien, Konzepte, Instrumente. Dokumentation des Fachkongresses am 15./16. Mai 2003 in Karlsruhe, Stuttgart 2003, S. 45–50; https://nbn-resolving.de/urn:nbn:de:kobv:109-opus-13397 [Stand: 14.10.2024]

Reiß-Schmidt, Stephan: Wachstum nach innen. Das Beispiel München: Nachhaltige Stadtentwicklung zwischen Wandel und Identität, in: Scholl, Bernd (Hrsg.): Stadtgespräche. Institut für Raum- und Landschaftsentwicklung. Eidgenössische Technische Hochschule Zürich, Zürich 2007, S. 45–54

Remer, Uwe: Wahlen, Abstimmungen und dialogorientierte Beteiligung in den Gemeinden Baden-Württembergs, in: Vetter, Angelika/Remer, Uwe (Hrsg.): Dialogische Bürgerinnen- und Bürgerbeteiligung in Baden-Württemberg, Wiesbaden 2023, S. 13–34

Robert-Koch-Institut (RKI) (Hrsg.): Epidemiologisches Bulletin. Schätzung der Zahl hitzebedingter Sterbefälle und Betrachtung der Exzess-Mortalität. Berlin und Hessen. Sommer 2018, in: Epidemiologisches Bulletin, 23/2019, S. 193–206; https://www.rki.de/DE/Content/Infekt/EpidBull/Archiv/2019/Ausgaben/23_19.pdf?__blob=publicationFile [Stand: 14.10.2024]

Rosmiarek, Ralf: Offener Brief an Parlamentarier in Bund und Ländern: Staatsleistungen endlich ablösen. Ein neutraler Staat für eine freie Gesellschaft, in: Humanistischer Pressedienst, 2019; https://hpd.de/artikel/neutraler-staat-fuer-freie-gesellschaft-16485 [Stand: 14.10.2024]

Rumley, Pierre-Alain: Haushälterischer Umgang mit dem Boden – Konzepte und aktueller Stand in der Schweiz, in: Ministerium für Umwelt und Verkehr (UVM)/Wirtschaftsministerium (WM) Baden-Württemberg/Institut für Städtebau und Landesplanung (ISL) der Universität Karlsruhe: Innenentwicklung vor Außenentwicklung. Strategien, Konzepte, Instrumente. Dokumentation des Fachkongresses am 15./16. Mai 2003 in Karlsruhe, Stuttgart 2003, S. 39–44; https://nbn-resolving.de/urn:nbn:de:kobv:109-opus-13397 [Stand: 14.10.2024]

Sander, Gerald G./Krause, Charlotte: Nachhaltigkeit in der Stadtentwicklung. Die dreifache Innenentwicklung auf dem Prüfstand, Wiesbaden, 2025

Schiller, Georg/Gutsche, Jens-Martin/Siedentop, Stefan/Deilmann, Clemens: Von der Außen- zur Innenentwicklung in Städten und Gemeinden. Das Kostenparadoxon der Baulandentwicklung, in: Umweltbundesamt-Texte (UBA-Texte), 31/2009; https://www.umweltbundesamt.de/publikationen/von-aussen-zur-innenentwicklung-in-staedten [Stand: 14.10.2024]

Schindler, Jörg M.: Innenentwicklung durch (Gemeinschafts-)Dachgärten im Bebauungsplan, in: Umwelt- und Planungsrecht (UPR), 5/2017, S. 161–167

Schmid, Patrick: Erfolgreiches Projektmanagement. Einfach. Praktisch. Agil. Nützliche Methoden für kleine und mittlere Projekte, 8. Aufl., Regensburg 2023

Schmidt-Eichstaedt, Gerd: Erste Fragen und Antworten zur praktischen Anwendung des beschleunigten Verfahrens nach § 13a BauGB 2006/2007, in: baurecht (BauR), 38(7)2007, S. 1148–1159

Scholl, Armin: Die Befragung, 4. Aufl., Stuttgart 2018

Scholl, Bernd: Innenentwicklung vor Außenentwicklung! Einführung in das Thema des Kongresses, in: Ministerium für Umwelt und Verkehr (UVM)/Wirtschaftsministerium (WM) Baden-Württemberg/Institut für Städtebau und Landesplanung (ISL) der Universität Karlsruhe: Innenentwicklung vor Außenentwicklung. Strategien, Konzepte, Instrumente. Dokumentation des Fachkongresses am 15./16. Mai 2003 in Karlsruhe, Stuttgart 2003, S. 11–14; https://nbn-resolving.de/urn:nbn:de:kobv:109-opus-13397 [Stand: 14.10.2024]

Scholl, Bernd: Thesen zur inneren Entwicklung unserer Städte und Regionen, in: Scholl, Bernd (Hrsg.): Stadtgespräche. Institut für Raum- und Landschaftsentwicklung. Eidgenössische Technische Hochschule Zürich, Zürich 2007, S. 80–87

Schreier, Margit: Qualitative Content Analysis in Practice, London 2012

Schreier, Margit: Varianten qualitativer Inhaltsanalyse: Ein Wegweiser im Dickicht der Begrifflichkeiten, in: Forum Qualitative Sozialforschung, 15(1)2014

Schrödter, Hans/Breuer, Rüdiger/Köhler, Horst/Quaas, Michael/Schmaltz, Karsten/Schrödter, Wolfgang/Stand, Gerulf: Baugesetzbuch. Kommentar, 6. Aufl., München 1998

Schubert, Klaus/Klein, Martina: Das Politiklexikon. Begriffe – Fakten – Zusammenhänge, 8. Aufl., Bonn 2021

Schubert, Susanne/Bunge, Christiane/Gellrich, Angelika/Schlippenbach, Ulrike von/Reißmann, Daniel/Umweltbundesamt (Hrsg.): Innenentwicklung in städtischen Quartieren: Die Bedeutung von Umweltqualität, Gesundheit und Sozialverträglichkeit, Dessau-Roßlau 2019; https://www.umweltbundesamt.de/sites/default/files/medien/1410/publikationen/2020-01-13_hgp_innenentwicklung_umweltqualitaet_gesundheit_sozialvertraeglichkeit_final_bf.pdf [Stand: 14.10.2024]

Schubert, Susanne/Eckert, Karl/Dross, Miriam/Michalski, Daniela/Preuß, Thomas/Schröder, Alice/Umweltbundesamt (Hrsg.): Dreifache Innenentwicklung – Definition, Aufgaben und Chancen für eine umweltorientierte Stadtentwicklung. Ergebnisse aus dem Forschungsfeld urbaner Umweltschutz und dem Forschungsprojekt „Neues Europäisches Bauhaus weiterdenken – AdNEB“, 2. Aufl., Dessau-Roßlau 2023; https://www.umweltbundesamt.de/publikationen/dreifache-innenentwicklung [Stand: 14.10.2024]

Scott, John: A Matter of Record. Documentary Sources in Social Research, Cambridge 1990

Selle, Klaus: Über Bürgerbeteiligung hinaus: Stadtentwicklung als Gemeinschaftsaufgabe? Analysen und Konzepte, Lemgo 2014

Senatsverwaltung für Stadtentwicklung und Wohnen des Landes Berlin (SenStadtWohn): Wohnungsneubau. Quartiersgaragen in Berlin. Studie zum Umgang mit ruhendem Verkehr in den neuen Stadtquartieren, Berlin 2018; https://nbn-resolving.de/urn:nbn:de:kobv:109-1-14550686 [Stand: 14.10.2024]

Senatsverwaltung für Stadtentwicklung und Wohnen des Landes Berlin (SenStadtWohn)/Senatsverwaltung für Umwelt, Verkehr und Klimaschutz des Landes Berlin (SenUVK): Berliner Leitfaden. Lärmschutz in der verbindlichen Bauleitplanung 2017, Berlin 2017; https://www.berlin.de/sen/uvk/umwelt/laerm/laermschutz-in-der-bauleitplanung/ [Stand: 14.10.2024]

Seto, Karen/Dhakal, Shobhakar/Bigio, Anthony/Blanco, Hilda/Delgado, Gian Carlo/Dewar, David/Huang, Luxin/Inaba, Atsushi/Kansal, Arun/Lwasa, Shuaib/McMahon, James/Müller, Daniel/Murakami, Jin/Nagendra, Harini: Human Settlements, Infrastructure and Spatial Planning, in: Intergovernmental Panel on Climate Change: Climate Change 2014. Migration of Climate Change. Working Group III Contribution to the Fith Assessment Report of the Intergovernmental Panel on Climate Change, Cambridge 2014, S. 923–1000

Siedentop, Stefan: Innenentwicklung als Leitbild einer nachhaltigen städtebaulichen Entwicklung?, in: Flächenmanagement und Bodenordnung (fub), 65(3)2003, S. 89–98

Siragusa, Alice/Vizcaino, Maria Pilar/Proietti, Paola/Lavalle, Carlo: European Handbook for SDG Voluntary Local Reviews. EUR 30067 EN. Publications Office of the European Union, Luxembourg 2020; https://publications.jrc.ec.europa.eu/repository/handle/JRC118682 [Stand: 14.10.2024]

Spangenberger, Volker: Zukunftsaufgabe Innenentwicklung – Umsetzung in der Planungspraxis, in: Umwelt- und Planungsrecht (UPR), 29(6)2009, S. 217–222

Spannowsky, Willy/Uechtritz, Michael: BeckOK BauGB, 59. Aufl., München 2023

Speer, Albert: Innere Qualitäten der Stadt entwickeln, in: Ministerium für Umwelt und Verkehr (UVM)/Wirtschaftsministerium (WM) Baden-Württemberg/Institut für Städtebau und Landesplanung (ISL) der Universität Karlsruhe: Innenentwicklung vor Außenentwicklung. Strategien, Konzepte, Instrumente. Dokumentation des Fachkongresses am 15./16. Mai 2003 in Karlsruhe, Stuttgart 2003, S. 33–38; https://nbn-resolving.de/urn:nbn:de:kobv:109-opus-13397 [Stand: 14.10.2024]

Staatsministerium Baden-Württemberg (Stm BW): Maßnahmenpakete für einfachere und schnellere Verfahren, Stuttgart 2019; https://stm.baden-wuerttemberg.de/de/themen/verwaltungsmodernisierung-und-buerokratieabbau/arbeitsprogramm-buerokratieabbau#c162520 [Stand: 14.10.2024]

Stadt Fellbach: Flächen gewinnen durch Innenentwicklung, Fellbach 2011

Stadt Hamburg: Dezentrale naturnahe Regenwasserbewirtschaftung. Ein Leitfaden für Planer, Architekten, Ingenieure und Bauunternehmer, Hamburg 2006; https://www.hamburg.de/contentblob/135118/4bab847f13e77cbfba5cfa1cbeaa22ab/data/d-broschuere-regenwasserbewirtschaftung.pdf [Stand: 14.10.2024]

Statistisches Bundesamt: Flächenerhebung nach Art der tatsächlichen Nutzung. Qualitätsbericht 2021, Wiesbaden 2022; https://www.destatis.de/DE/Methoden/Qualitaet/Qualitaetsberichte/Land-Forstwirtschaft-Fischerei/flaechenerhebung.pdf?__blob=publicationFile [Stand: 14.10.2024]

Statistisches Bundesamt: Nachhaltige Entwicklung in Deutschland. Indikatorenbericht 2021, Wiesbaden 2021; https://www.destatis.de/DE/Themen/Gesellschaft-Umwelt/Nachhaltigkeitsindikatoren/Publikationen/Downloads-Nachhaltigkeit/indikatoren-0230001219004.html [Stand 14.10.2024]

Statistisches Bundesamt: Umweltökonomische Gesamtrechnungen. Nachhaltige Entwicklung in Deutschland. Daten zu den Indikatoren zu Umwelt und Ökonomie 2015, Wiesbaden 2016; https://www.bundesregierung.de/resource/blob/975226/427926/749c646611e129dbf254bdba20bebfe4/2016-01-05-umweltoekonomische-gesamtrechnungen-data.pdf?download=1 [Stand: 14.10.2024]

Talbot, Colin: Paradoxes and Prospects of „Public Value", in: Public Money & Management, 31(1)2011, S. 27–34

The World Bank/Urban Development & Local Government: Cities and Climate Change: An Urgent Agenda, Ausgabe 10, Washington DC 2010; https://openknowledge.worldbank.org/server/api/core/bitstreams/3843aba9-9c34-5610-8a48-9e4b1e4d805b/content [Stand: 14.10.2024]

Thiesen, Andreas: Das Ende der Nachverdichtung. Über die offenen Flanken der Stadtentwicklung, in: Forum Wohnen und Stadtentwicklung, 1/2016, S. 37–38; https://www.vhw.de/fileadmin/user_upload/08_publikationen/verbandszeitschrift/FWS/2016/1_2016/FWS_1_16_Thiesen.pdf [Stand: 14.10.2024]

Timmermann, Ulrike/Becker, Klaus/Beier, Harm-Eckart/Lange, Gerd/Schuhmann, Volker/Ulenberg, Alfred/Forschungsgesellschaft Landschaftsentwicklung Landschaftsbau e.V. (FLL) (Hrsg.): Empfehlungen zur Versickerung und Wasserrückhaltung, Bonn 2005

Topp, Hartmut: Mehr Mobilität und weniger Verkehr bei Innen- vor Außenentwicklung, in: Ministerium für Umwelt und Verkehr (UVM)/Wirtschaftsministerium (WM) Baden-Württemberg/Institut für Städtebau und Landesplanung (ISL) der Universität Karlsruhe: Innenentwicklung vor Außenentwicklung. Strategien, Konzepte, Instrumente. Dokumentation des Fachkongresses am 15./16. Mai 2003 in Karlsruhe, Stuttgart 2003, S. 51–56; https://nbn-resolving.de/urn:nbn:de:kobv:109-opus-13397 [Stand: 14.10.2024]

Umweltbundesamt (UBA): Die Stadt für Morgen. Umweltschonend mobil – lärmarm – grün – kompakt – durchmischt. Für Mensch und Umwelt, 2. Aufl., Bonn 2017; https://www.umweltbundesamt.de/sites/default/files/medien/421/publikationen/20170505_stadt_von_morgen_2_auflage_web.pdf [Stand: 14.10.2024]

Umweltbundesamt (UBA): Reduzierung der Flächeninanspruchnahme durch Siedlung und Verkehr. Materialienband, in: Umweltbundesamt-Texte (UBA-Texte), 90/2003; https://www.umweltbundesamt.de/sites/default/files/medien/publikation/long/2587.pdf [Stand: 14.10.2024]

UN-Habitat: A New Strategy of Sustainable Neighbourhood Planning: Five Principles. Urban Planning. Discussion Note 3, New York 2015; https://unhabitat.org/sites/default/files/download-manager-files/A%20New%20Strategy%20of%20Sustainable%20Neighbourhood%20Planning%20Five%20principles.pdf [Stand: 14.10.2024]

UN-Habitat: International Guidelines on Urban and Territorial Planning. Handbook, New York 2018; https://unhabitat.org/sites/default/files/documents/2019-05/international_guidelines_on_urban_and_territorial_planning_-_handbook_.pdf [Stand: 14.10.2024]

Ürge-Vorsatz, Diana/Eyre, Nick/Graham, Peter/Harvey, Danny/Hertwich, Edgar/Jiang, Yi/Kornevall, Christian/Majumdar, Mili/McMahon, James/Mirasgedis, Sevastianos/Murakami, Shuzo/Novikova, Aleksandra: Energy End-Use: Buildings, in: Johansson, Thomas/Patwardhan, Anand/Nakicenovic, Nebojsa/Gomez-Echeverri, Luis: Global Energy Assessment. Toward a Sustainable Future, Cambridge/New York 2012, S. 649–760

Verbücheln, Maic/Jolk, Anna-Kristin/Pichl, Josefine/Deutsches Institut für Urbanistik (Difu) (Hrsg.): Plan4Change. Klimaangepasste Planung im Quartier am Beispiel des Ostparks in Bochum. Neue Wege zu einer klimaangepassten Stadtplanung, Berlin/Köln 2017; https://www.bochum.de/C125830C0042AB74/vwContentByKey/W2BLCC86324BOCMDE/$File/P4C_Broschuere_final_DruckCMYKRZ_klein_FINAL.pdf [Stand: 14.10.2024]

Verein Deutscher Ingenieure (VDI): VDI-Richtlinie 3787 Blatt 9 – Umweltmeteorologie. Berücksichtigung von Klima und Lufthygiene in räumlichen Planungen, Düsseldorf 2004

Verein Deutscher Ingenieure (VDI): VDI-Richtlinie 7001 – Kommunikation und Öffentlichkeitsbeteiligung bei Planung und Bau von Infrastrukturprojekten. Standards für die Leistungsphasen der Ingenieure, Berlin 2014

Vereinte Nationen: The Sustainable Development Goals Report 2023: Special Edition. Towards a Rescue Plan for People and Planet, New York 2023; https://reliefweb.int/report/world/sustainable-development-goals-report-2023-special-edition?gad_source=1&gclid=EAIaIQobChMIvfOpiI3ThgMV1qaDBx3VeACMEAAYASAAEgI-iPD_BwE [Stand: 14.10.2024]

Vereinte Nationen: Ziele für nachhaltige Entwicklung. Bericht 2022, New York 2022; https://www.un.org/Depts/german/millennium/SDG-2022-DEU.pdf [Stand: 14.10.2024]

Vetter, Angelika/Klages, Helmut/Ulmer, Frank: Bürgerbeteiligung braucht Verstetigung und Verlässlichkeit: Gestaltungselemente einer dauerhaften und systematischen Bürgerbeteiligung in Städten und Gemeinden, in: Der moderne Staat, 6(1)2013, S. 253–271

Vogler, Herrmann: Umsetzungsschritte für eine nachhaltige Stadt- und Regionalentwicklung – qualitativ hochwertiges Wachstum nach innen, in: Ministerium für Umwelt und Verkehr (UVM)/Wirtschaftsministerium (WM)Baden-Württemberg/Institut für Städtebau und Landesplanung (ISL) der Universität Karlsruhe: Innenentwicklung vor Außenentwicklung. Strategien, Konzepte, Instrumente. Dokumentation des Fachkongresses am 15./16. Mai 2003 in Karlsruhe, Stuttgart 2003, S. 97–100; https://nbn-resolving.de/urn:nbn:de:kobv:109-opus-13397 [Stand: 14.10.2024]

Watson, Vanessa: Locating Planning in the NewUrban Agenda of the UrbanSustainable Development Goal, in: Planning Theory, 15(4)2016, S. 435–448; https://doi.org/10.1177/1473095216660786 [Stand: 14.10.2024]

Webster, Jane/Watson, Richard T.: Analyzing the Past to Prepare for the Future: Writing a Literature Review, in: MIS Quarterly, 26(2)2002, S. xiii-xxiii

Wehrli-Schindler, Birgit: Zürich: Mit neuen Methoden zu einer differenzierten Innenentwicklung, in: Scholl, Bernd (Hrsg.): Stadtgespräche. Institut für Raum- und Landschaftsentwicklung. Eidgenössische Technische Hochschule Zürich, Zürich 2007, S. 55–67

Welters, Hartmut/Sterl, Joachim/Jentgens, Anne/Wahler, Bastian: Bundesinstitut für Bau-, Stadt- und Raumforschung (BBSR) im Bundesamt für Bauwesen und Raumordnung (BBR) (Hrsg.): Städtebauliche Nachverdichtung im Klimawandel. Ein ExWoSt-Fachgutachten, in: Bundesinstitut für Bau-, Stadt- und Raumforschung (BBSR) im Bundesamt für Bauwesen und Raumordnung (BBR): ExWoSt-Informationen 46/1, Ausgabe 12, Bonn 2014; https://www.bbsr.bund.de/BBSR/DE/veroeffentlichungen/exwost/46/exwost46.html [Stand: 14.10.2024]

Westphal, Christiane: Dichte und Schrumpfung. Kriterien zur Bestimmung angemessener Dichten in Wohnquartieren schrumpfender Städte aus Sicht der stadttechnischen Infrastruktur, in: IÖR-Schriften, Ausgabe 49, Dresden 2008; https://www.yumpu.com/de/document/view/5338806/dichte-und-schrumpfung-leibniz-institut-fur-okologische- [Stand: 14.10.2024]

Wilske, Sebastian: Innenentwicklung vor Außenentwicklung – Innere Reserven in der Region Stuttgart, Karlsruhe 2003

Wissenschaftlicher Beirat der Bundesregierung Globale Umweltveränderungen (WBGU): Hauptgutachten. Der Umzug der Menschheit: Die transformative Kraft der Städte, Berlin 2016; https://www.wbgu.de/de/publikationen/publikation/der-umzug-der-menschheit-die-transformative-kraft-der-staedte [Stand: 14.10.2024]

Wissenschaftlicher Beirat der Bundesregierung Globale Umweltveränderungen (WBGU): Hauptgutachten. Welt im Wandel. Gesellschaftsvertrag für eine große Transformation, 2. Aufl., Berlin 2011; https://www.wbgu.de/de/publikationen/publikation/welt-im-wandel-gesellschaftsvertrag-fuer-eine-grosse-transformation#sektion-downloads [Stand: 14.10.2024]

Wissenschaftsladen Bonn e. V. (WILA): Grün statt Grau. Gewerbegebiete im Wandel. Modellprojekt. Gewerbegebiete im Klimawandel. Leitfaden für Kommunen zur Klimavorsorge, Bonn 2019; https://www.wilabonn.de/images/PDFs/Gruen_statt_Grau/Themenheft_Klimaanpassung_WEB.pdf [Stand: 14.10.2024]

World Health Organization (WHO) (Hrsg.): Urban Green Spaces and Health. A Review of Evidence, Copenhagen 2016; https://iris.who.int/bitstream/handle/10665/345751/WHO-EURO-2016-3352-43111-60341-eng.pdf?sequence=3&isAllowed=y [Stand: 14.10.2024]

Zavolokina, Liudmila/Sprenkamp, Kilian/Schenk, Birgit: Citizens' Expectations About Achieving Public Value and the Role of Digital Technologies: It Takes Three to Tango!. 56th Hawaii International Conference on System Sciences, Maui 2023